U0266823

陆相断陷盆地物源体系和沉积演化

——以苏北高邮凹陷为例

林春明　张　妮　张　霞　等　著

科学出版社

北　京

内 容 简 介

本书立足于钻井、测井、地震及相关分析化验等资料，以沉积岩石学、沉积学、地球化学和石油地质学等为理论指导，采用重矿物、石英阴极发光、锆石 U-Pb 测年、元素地球化学等技术手段，对苏北盆地高邮凹陷古近纪地层进行了物源综合研究，并在此基础上，剖析了苏北盆地高邮凹陷古近系戴南组地层格架和沉积特征，精细剖析了盆地内沉积过程、环境演化、沉积体系展布、砂体类型及其控制因素等，提出了陆相断陷盆地沉积演化过程和模式。

本书在陆相断陷盆地物源体系和沉积演化的研究方法、研究过程等方面均有创新，是一部理论联系实际的学术专著，可供地质相关科技工作者、高等院校师生阅读和参考。

图书在版编目（CIP）数据

陆相断陷盆地物源体系和沉积演化：以苏北高邮凹陷为例 / 林春明等著. —北京：科学出版社，2020.12

ISBN 978-7-03-066816-5

Ⅰ. ①陆… Ⅱ. ①林… Ⅲ. ①陆相-断陷盆地-石油地质学-高邮 ②陆相-断陷盆地-地球化学勘探-高邮 Ⅳ. ①P618.130.625.34 ②P632

中国版本图书馆 CIP 数据核字（2020）第 221438 号

责任编辑：王 运/责任校对：张小霞
责任印制：吴兆东/封面设计：无极书装

科学出版社 出版
北京东黄城根北街 16 号
邮政编码：100717
http://www.sciencep.com
北京建宏印刷有限公司 印刷

科学出版社发行 各地新华书店经销
*
2020 年 12 月第 一 版 开本：787×1092 1/16
2020 年 12 月第一次印刷 印张：13
字数：310 000

定价：179. 00 元
（如有印装质量问题，我社负责调换）

本书作者名单

林春明　张　妮　张　霞

张志萍　李艳丽　周　健

岳信东　姚玉来

前　言

油气是一种重要的能源矿产和战略资源，在世界经济发展中占有重要地位，并对国际政治、军事、科技等方面产生广泛而深远的影响。21 世纪，各国对未来全球油气资源供求形势和安全问题十分关注。陆相断陷盆地是我国含油气盆地的主要类型，对其内油气资源的勘探开发，要求把盆地的形成、物质来源及充填物的沉积序列、层序地层格架、砂体类型和展布等方面的认识提高到一个精细高度，为成藏地质条件研究、油气勘探和预测提供更充分的地质依据。本书以沉积学、地球化学和石油地质学等为理论指导，立足于大量钻井、测井、地震及化验分析等资料，以苏北盆地高邮凹陷古近纪地层为研究对象，阐明了盆地内古近系地层格架、物质来源，沉积特征、沉积过程和砂体类型等，探讨陆相断陷盆地的物源体系和沉积演化特征。

本书研究内容主要包括以下几方面：①采用重矿物、石英阴极发光、锆石 U-Pb 测年、元素地球化学等多种手段，对高邮凹陷古近系戴南组（E_2d）、阜宁组（E_1f）和泰州组（K_2t）地层进行物源综合研究，初步判断物源方向，以及母岩类型、发育年龄、形成期次和对沉积盆地的贡献等，阐述了不同地层之间的物源关系，并结合中国东部特殊的地体构造特征，对苏北盆地古近纪地层的构造环境进行探讨。②高邮凹陷古近纪碎屑物质主要来自盆地内部（结晶基底）及周边再旋回造山带，即扬子地块新太古代—古元古代结晶基底和大别-苏鲁造山带广泛分布的新元古代浅变质岩基底，母岩可能为高钾 I 型花岗片麻岩，同时还受到张八岭隆起区南段中生代侵入岩影响；它们对高邮凹陷的物源影响最晚可追溯到白垩纪晚期（K_2t），之后因 E_1f 时期发生大规模湖盆扩张，凹陷不同地区所受物源影响发生变化。③通过钻井岩心观察和描述，以及录测井和粒度等资料分析，确定高邮凹陷戴南组包括扇三角洲、三角洲、近岸水下扇和湖泊等四种沉积相类型，11 种亚相和 22 种微相；沉积体系包括近岸水下扇-湖泊、扇三角洲-湖泊、三角洲-湖泊和湖泊四个沉积体系，在凹陷南坡发育近岸水下扇-湖泊、扇三角洲-湖泊和三角洲-湖泊三种沉积体系，北坡发育三角洲-湖泊沉积体系。④研究区发育两种大的砂体类型，一是与河流入湖相关的砂体，二是与湖泊作用相关的砂体，其中与河流入湖相关的砂体又包括近岸水下扇砂体、扇三角洲砂体和三角洲砂体。⑤高邮凹陷戴南组的沉积相类型及展布主要受古构造、物质来源、古气候及湖侵等因素控制；戴南组沉积体的分布范围自下而上逐渐扩大，具分片性、继承性、调整性和叠加性等特征；沉积序列由退积、进积和加积三种基本旋回叠加型式构成，垂向上既具继承性，又具侧向迁移性，同一时期不同地区受构造控制，而同一地区不同时期受湖侵控制。

本书是研究团队二十多年来科研成果的总结，是集体劳动的产物，由南京大学的林春明教授和张霞副教授、金陵科技学院的张妮副教授等共同完成。第一章和第二章由林春明、张妮、张霞执笔，第三章至第六章由张妮、林春明、张霞、周健执笔，第七章和第八章由林春明、张志萍、张霞、李艳丽、岳信东、姚玉来执笔。全书由林春明、张霞负责汇总编辑，李绪龙、赵雪培、李鑫参加本书排版和校正工作。参加本书研究工作的还有高丽坤、漆滨汶、潘峰、徐深谋、陈顺勇、张猛、蒋智格等，夏长发、李斌晨、赵雪培清绘部分图件。

衷心感谢刘玉瑞、牟荣、李亚辉、刘启东、张春峰、马英俊、杨芝文、李鹤勇、邱永峰、陈莉琼、刘东鹰、叶绍东、陈军、董桂玉、郑源财、毕天卓和戴祉平等同志的支持和帮助，同时感谢石油及地质部门等有关单位及人员的帮助。最后希望本书所述研究方法、学术成果和认识，能对陆相断陷盆地的油气勘探开发提供借鉴和参考。

目　录

第1章　绪　论

1.1　沉积盆地

1.1.1　沉积盆地基本概念和特征

盆地是指地壳上具有相同或相似发育特征（包括沉积特征、应力环境、发育时间和过程）的统一的沉陷单元，当盆地中发育相当厚度沉积物且中心比周围厚得多时，称为沉积盆地。沉积盆地是地球表面或岩石圈表面相对长时期处于沉降状态并被厚层沉积物充填的盆地。一般来说，沉积盆地有三个基本属性：①它是由一定的物质组成的，多由1～20 km厚的沉积岩体组成；②发育在一定的地质时代，沉积盆地可以是现代的，也可以是地质历史时期的；③具有一定的空间形态，或多或少地保留了它原有的盆状形态。

中国及毗邻海域沉积盆地特别发育，经初步统计，面积大于200 km^2的沉积盆地有417个（李国玉和吕鸣岗, 2002）。截至目前，世界上已经大规模勘探开发的含油气盆地约有200个，重要的含油气盆地有80个。在中国的417个沉积盆地中，陆上和近海有重要的含油气盆地12个，即松辽盆地、渤海湾盆地、鄂尔多斯盆地、塔里木盆地、准噶尔盆地、四川盆地、柴达木盆地、吐哈盆地、苏北-东海盆地、珠江口盆地、莺歌海盆地和琼东南盆地。

沉积盆地具有如下一些基本特征：①沉积盆地是地表的沉降区，地表除沉积盆地以外的其他区域都是遭受侵蚀的剥蚀区，即沉积物的物源区，因此，沉积盆地既可以分布在大洋深海、大陆架上，也可以分布在海岸、山前、山间地带等，它是地质历史中古海洋（古湖泊）、古气候记录的唯一载体。②沉积盆地是在壳幔均衡、构造、沉积、气候等综合作用下形成的；充填物来自物源区风化剥蚀和近源火山喷出物质的搬运沉积，以及原地化学、生物及机械作用形成的盆内沉积物。③沉积盆地蕴藏着大量矿产，不仅矿种多，而且储量大，世界资源总储量的75%～85%是沉积和沉积变质成因的，主要分布在沉积盆地中；石油、天然气、煤、油页岩等可燃有机矿产及盐类矿产几乎全部是沉积成因的，铁、锰、铝、磷、放射性金属及铜、铅、锌、汞、锑等矿产多属沉积成因或与沉积岩有成因关系（林春明, 2019）。

沉积盆地分析的基本思想就是把沉积盆地作为一个开放的系统和基本研究单元，进行整体解剖和综合分析。旨在阐明沉积环境和气候环境，了解各地层单元形成时的沉积条件和它们之间的古地理关系，探讨构造作用对盆地成因、盆地形成期的构造格架和现今构造轮廓所施加的影响（张顺等, 2003；林春明等, 2007a）。这种研究方法符合系统中具体分析结构怎样决定系统功能的原则。油气的形成、演化与现今存在的形式，是整个盆地演化过程中各结构要素间相互作用达到动态平衡的产物，故整体性研究对含油气沉积盆地分析具有更重要的现实意义。通过地质、地球物理等基础资料，可对沉积盆地进行沉积、层序地层、构造、能量场与流体系统和背景分析。

目前沉积盆地研究进展有：①地震地层学、地震沉积学及层序地层学以及与之密切相关的沉积体系分析、旋回和事件地层分析等为盆地充填研究带来了新的概念体系与方法；②物源和沉积环境分析、构造-地层分析使盆地的构造演化与沉积充填的关系更为密切地结合起来；③盆地的形成机制和主要类型盆地动力学模型的建立；④盆地埋藏史和盆地沉降史模拟；⑤盆地演化与地球深部背景和板块相互作用的关系；⑥盆地演化过程中油气的形成、运移与聚集以及与成矿作用的关系。

1.1.2 陆相断陷盆地研究

断陷盆地指断块构造中的沉降地块，又称地堑盆地，它的外形受断层线控制，多呈狭长条状。盆地的边缘由断层崖组成，坡度陡峻，边线一般为断层线。随着时间的推移，断陷盆地中充填着从山地剥蚀下来的沉积物，其上或者积水形成湖泊（如贝加尔湖、滇池），或者因河流的堆积作用而被河流的冲积物所填充，形成被群山环绕的冲积、湖积、洪积平原。从断层组成来看，断陷盆地或受控于一条主要边界断层，呈现半地堑型盆地；后受控于多组横向倾斜的断层、形成地垒型或地堑型盆地（Kingston et al., 1983）。随着近海海域、大陆架以及深水区域油气勘探开发的日益成熟，其深部断陷盆地的勘探开发引起世界范围的广泛关注。与世界深部断陷盆地勘探开发相似但不同，中国作为陆相盆地产油大国，其断陷盆地油气勘探多集中于浅部断陷盆地，尽管现今埋藏深度差异较大，深部断陷盆地和陆相断陷盆地均具有非常大的油气勘探潜力（Zhang et al., 2012; Jiang et al., 2018, 2019; 李海涛等, 2019）。

中国石油和天然气绝大多数赋存于陆相含油气盆地中，陆相断陷盆地是我国含油气盆地的主要类型，具有丰富的油气资源（吴崇筠和薛叔浩, 1993; 何幼斌和王文广, 2017）。松辽盆地、渤海湾盆地、鄂尔多斯盆地、苏北盆地等浅水三角洲、砂质碎屑流模式的建立，拓展了湖盆中心岩性油气藏的勘探领域和勘探进程。陆相断陷盆地沉积相的研究萌芽于20世纪60年代大庆特大油田的发现。数百米层段中相变剧烈的数百层薄层砂、泥岩间互的湖盆碎屑岩储层，启示我们必须搞清每个砂岩体储层的特征才能开发好这样的大油田，通过对开发单元、成因单元沉积相进行精细刻画，解剖砂体内部的结构单元，才能认清陆相储层的实际。20世纪60年代开始开展“微观沉积学”研究，70、80年代渤海湾盆地的胜利、大港、辽河、华北、中原和冀东等陆上油田和渤海海域的勘探开发，使得对古近系多凸多凹小型断陷湖盆中各具特色的沉积相展开了全面的实践和研究。但由于陆相断陷盆地露头少，断裂活动差异性强，物源变化快，沉积相带窄且发育不全，沉积相的研究更加复杂。不同学者在研究同一盆地甚至同一凹陷时，对相同沉积相的认识大相径庭，与客观实际具有较大的差异。

姜在兴（2010）系统地对湖盆沉积相进行了阐述，从水动力条件特征出发，在详细分析了湖浪、湖流、潮流，水体分层等因素作用的基础上，对湖盆发育的沉积相沉积特征进行了深入的剖析，探讨了断陷盆地的沉降中心、沉积中心分布位置。根据砂体在湖盆中的沉积环境及砂体的沉积学特征，将湖泊砂体划分为三角洲、扇三角洲、滩坝、重力流沉积扇、重力流水道及风暴重力流等类型，并建立了断陷盆地砂体沉积模式。赵澄林等（2001）针对断陷盆地沉积相类型提出“四扇一沟”，其中“四扇”指分布于陆地环境的冲积扇体系、分布于河湖过渡环境的河控三角洲体系和扇三角洲体系，以及分布于深湖或半深湖环境的湖底扇体系，“一沟”是分布于盆内纵向或横向断槽或断谷中的重力流沟道体系。陈清华（2007）对断陷盆地总结为“五扇一沟”，即冲积扇、扇三角洲、近岸水下扇、深水浊积扇、滑塌浊积扇和沟道浊积岩体系。李丕龙（2003）按照盆地演化阶段、沉积体成因类型，结合勘探实践经验，将陆相断陷盆地沉积相划分为 6 大类 15 亚类，增加了滩坝沉积相和碳酸盐沉积相。这些沉积相之间具有一定的配置关系，形成了不同的组合关系。由此可见，国内学者对于断陷盆地沉积相的类型分类存在一定的差异，在分类方案依据上，各有侧重，因此，对于沉积相类型需要更深入地研究其沉积特征，剖析其内在本质，寻找科学、合理的划分方案。

对于陆相断陷盆地沉积相的空间分布规律的研究，多数学者倾向于按照沉积地貌横向特征分为“陡坡带、缓坡带、凹陷带”三大沉积环境带（朱筱敏, 1998; 薛叔浩, 2002; 李丕龙, 2003）。陡坡带是控盆边界断层发育的位置，具有地势坡度陡、近物源、古地形起伏变化大、构造活动强烈、水体较深等特点，发育浊流、冲积扇和扇三角洲等沉积，形成了独特的沉积相分布规律。缓坡带与陡坡带相比，构造活动相对较弱，地势平缓，水体较浅，因此造成沉积物颗粒较细，类型较多，受沉积条件控制，缓坡带的沉积类型主要有河流三角洲、辫状河三角洲、浊积扇、滨浅湖细粒碎屑沉积和碳酸盐浅滩沉积。凹陷带是指断陷盆地的长轴方向，有时在凹陷带中或其一侧分布有隆起带。中央凹陷带地势平缓，水体安静，受多方物源供给，除了半深湖-深湖相沉积主体以外，还广泛发育三角洲和浊积扇沉积（林春明等, 2009a）。

断陷盆地经历了裂陷期、断陷期和拗陷期三个阶段的构造演化，沉积相的类型均有所变化，不仅如此，气候变迁、湖盆水量变化、物源供应等因素都影响着沉积相的类型。构造演化明显控制新生代沉降-沉积作用，进而控制了不同时期的岩性、岩相带的展布。朱筱敏等强调地势高差旋回变化，以及母岩类型、河流水系等因素的作用，分析陆相断陷盆地沉积相具有平面分布的不对称性和垂向演化的继承性和新生性（朱筱敏, 1998; 朱筱敏等, 2017）。Galloway 强调大陆斜坡对沉积相的控制作用（Galloway, 1998）。林畅松等（2000）通过对沉积断层及其组合样式对沉积相发育及分布控制作用的深入研究，提出“构造坡折”对沉积相的控制模式。张建林（2002）通过研究断陷盆地高速沉积充填期特征，认为凹陷内的古地貌、物源是控制沉积相发育和展布的主要因素。物源决定沉积相发育的位置、古地貌决定沉积相的展布、两者的结合决定沉积相形成的类型。王纪祥（2003）认为构造调节带对主体物源体系形成与分布起着至关重要的制约作用，主物源体系一般分布在横向调节带控制的地势低和河流入盆的地方。于兴河等（2007）从空间和时间两个方面阐述了构造特征直接控制沉积充填特征，气候主要控制沉积物性质，沉积物补偿和湖平面升降主要控制沉积充填的空间展布型式。

由于陆相断陷盆地内部结构的复杂性以及众多的影响因素，其沉积充填特征及模式多样化，众多学者按照不同的控制因素建立了相应的模式。金强（1994）从断裂展布形态划分出单断式盆地三种沉积充填模式：犁式河湖充填模式、箕式扇体充填模式和多米诺三角洲-重力流充填模式。刘秋生（2001）从盆地演化、剖面形态和沉积分布特征出发，提出“花窗结构，菱形中心”的沉积模式。李丕龙（2003）依据陆相断陷盆地构造演化、层序地层学研究及沉积相分析，建立了陆相断陷盆地断陷期沉积充填模式，主要包括干旱盐湖型、深水断陷湖盆型和浅湖型三种沉积充填模式。其他学者从陆相断陷盆地层序地层的主控因素出发，将边界断裂的活动作为湖盆沉降的主控因素，不同的断裂活动方式，产生了不同的层序模式及沉积模式（朱筱敏, 1998）。前人研究的这些模式在特定地区具有很好的指导意义，但由于断陷盆地地质条件的复杂性，在应用到其他地区时，则存在一定的问题。因此，寻找适用于断陷盆地的具有代表性的沉积模式仍是研究的重点。

经过沉积工作者数十年的努力，可以说，中国已形成了比较系统、成熟的陆相断陷盆地沉积学理论体系，在国际上也占有重要地位。不仅成功地解决了石油勘探开发大量的生产实际问题，也为沉积学理论宝库做出了一定的贡献。其理论特色可以大体归纳如下：

（1）陆相含油气盆地均属于构造成因的湖盆，不同的构造风格和沉降方式导致的古地形古地貌，加上古气候等古地理环境，控制着沉积体系的展布（林畅松等, 2000）。

（2）湖盆沉积物以外源碎屑岩占绝对优势，湖泊内源沉积物极少，构造湖盆受主体构造带方向的控制，一般有长短轴之分，分别形成了风格不同的纵向、横向沉积体系。由于湖盆沉降的不均匀性，横向上又有陡坡、缓坡之分，导致了碎屑岩充填型式的斑斓多彩，特别是断陷湖盆的横向体系。

（3）陆相湖盆沉积充填的主控因素是构造活动、气候和碎屑物质供应。构造沉降是湖盆发育的最关键因素。对于断陷湖盆，边界断裂的活动是湖盆沉降的主控因素，不同的断裂活动方式，可以产生不同的充填模式（刘立和王东坡, 1996; 朱筱敏, 1998）。

（4）多期幕式构造活动，加上长短周期性的气候变化，湖盆沉积物一般表现为多级次的旋回性，短期旋回常以高频形式出现，因此陆相湖盆常出现多套和多种含油气生-储-盖组合。

（5）陆相湖盆发育有五大类沉积体系：冲积扇、河流、三角洲、湖泊、沼泽体系。由于碎屑岩沉积体系与沉积中心生油区的距离较近，所有环境的碎屑岩体都有条件接受油源成为储层。依据“沉积作用-储层非均质性响应-油气开采动态”特征，可以把不同环境的储层砂体分为 13 种基本类型：湿地冲积扇砂砾岩体、干旱冲积扇砂砾岩体、短流程辫状河砂体、长流程辫状河砂体、高弯度曲流河砂体、低弯度曲流河砂体、限制型河道砂体、顺直型河道砂体、扇三角洲砂砾岩体、三角洲前缘砂体、水道式重力流砂体、透镜状重力流砂体以及湖湾滩坝砂体。

（6）湖盆三角洲类型相对简单，几乎全属河控三角洲，可以（冲积扇）扇三角洲和正常（河流）三角洲为两个端点类型进一步细分，两者构成了性质截然不同的储层。河流、三角洲砂体仍然是湖盆中占有主要石油储量的储层，一个湖盆中主要的河流-三角洲体系也总是主力油田所在。然而在湖盆中扇三角洲砂砾体储层与三角洲砂体储层同等发育和重要；水道式重力流砂体也更具有一定的重要地位，这些构成了陆相湖盆储层的一个重要特色。

（7）近源短距离搬运和湖泊水体能量较小等基本环境因素，导致了陆相湖盆碎屑岩储层相对海相同类环境储层砂体规模小和连续性差，非均质性更为严重。

虽然众多学者对陆相断陷盆地的沉积相进行了深入的研究，但由于断陷盆地自身的复杂性，其理论及研究方法还不是非常成熟，尚存在许多问题亟待解决。而且对沉积相的认识大多基于以前岩性地层学的范畴，还没有完全深入到层序格架中讨论沉积作用。20世纪80年代以来迅速发展的层序地层学为沉积相的研究开辟了新的思路，其中心思想是以海（湖）平面变化作为控制盆地沉积充填和演化的主导因素，通过一系列具有地质时间意义的物理界面建立盆地的等时地层格架，将沉积相、沉积体系及体系域置于盆地的整体层序框架中进行研究，从而能够正确地建立盆地内沉积相与沉积体系的平面展布、空间配置、时间序次及其时空演化关系，合理解释沉积相演化与盆地形成的构造机制之间的成因联系（Galloway, 1998）。可以预见利用层序地层进行不同规模的沉积相研究是今后沉积学发展的方向，也是工作的重点。因此，更需要以正确的理论为指导，科学的方法为手段，充分利用现代的高新技术，如数理统计、神经网络和三维可视化技术等，定性分析与定量模拟相结合，随着研究的不断深入和发展，沉积相理论将不断得到完善，其在实践上的应用也会更加广泛。

总结中国勘探实践，在陆相断陷盆地中的断凸区、陡坡区、凹陷区、缓坡-低凸区以及不同的体系域中，都可能控制并形成不同类型的非构造圈闭组合（王一同等, 2018），就各类圈闭的几何学特征而言，在断凹内各个次级构造带中可能存在各种隐蔽油气藏。

在断凸区，其下部存在地层-不整合遮挡圈闭；在后期的拗陷沉积阶段中，常出现地层超覆、构造-地层超覆、大型披覆低幅背斜圈闭及河道成因的岩性圈闭。

在陡坡带中，存在着单台阶或多台阶控凹生长断层，可能形成裙边状的冲积扇、扇三角洲、水下扇和各种断块及滚动背斜圈闭组合，且亦可以形成下降盘潜山、断阶上潜山、潜山内幕圈闭，低位域坡折带的盆底扇、斜坡扇发育的岩性圈闭，水进体系域的浊积扇、高位体系域的扇三角洲前缘及前三角洲的滑塌浊积体等，并且基底主控断层往往地温梯度高，有利于源岩成熟（林春明等, 2009a）。

在凹陷区，除低位域盆底扇和高位域的三角洲进积砂体外，还包括水下重力流水道砂体，更重要的是，沿凹陷长轴方向的汇流水系常在洼陷区形成大型的浊积砂体，可为大型岩性油气田提供优越的成藏条件。

在缓坡区，除断块和断鼻圈闭外，基岩潜山、内幕地层、大量的地层不整合遮挡、断陷层下部常形成下切水道充填砂、地层超覆、断陷层中湖岸滩等地层和岩性油气藏，拗陷层中则有大型河道砂体圈闭。缓坡区往往存在大面积分布的河道与三角洲沉积组合，频繁抬升构造背景和河道下切沟壑成片分布叠置，是形成大中型圈闭的有利条件。

1.2 物 源 研 究

在沉积学中，物源分析包括古侵蚀区的判别、古地貌特征的重塑、古河流体系的再现、物源区的位置和气候、母岩的性质、沉积物的搬运路径及沉积盆地构造背景的确定等，因此，物源分析是沉积盆地分析的重要内容之一。近年来，随着现代分析手段的提高，物源研究已发展成为多方法、多技术的综合研究领域。如电子探针、质谱分析、阴极发光等先进技术在物源分析中应用日益广泛，同时，各种沉积、构造、地震、测井等地质方法与化学、物理、数学等学科的结合应用使物源分析方法日趋增多，并不断地相互补充和完善，使物源判定更具说服力，也使研究的范围有所扩大。例如物源分析在原盆地恢复、古地理再造、限定造山带的侧向位移量、确定地壳的特征、验证断块或造山带演化模型、绘制沉积体系图、进行井下地层对比以及评价储层的品质等方面，也都起到重要作用（赵红格和刘池洋, 2003）。目前应用较多的物源分析方法主要有碎屑岩类分析法、重矿物法、沉积法、地球化学法和同位素法。通过以下对不同物源分析方法的简单描述，我们将对物源研究的进展有所了解。

1.2.1　砂岩碎屑成分的物源分析法

砂岩中的基质和胶结物特征及数量受成岩作用的影响很大，只有碎屑颗粒才具有相对稳定性，因而可用其进行砂岩物源和大地构造背景分析（Zhang et al., 2012）。Dickinson（1985）建立了砂质碎屑矿物成分与物源区之间的系统关系，并依据大量的统计数据绘制了经验判别图解（Q-F-L，Qm-F-Lt，Qp-Lv-Ls，Qm-P-K）。其中物源区的划分和判别方法在国内外都得到了广泛的应用，并成功地解释了许多物源区的构造背景（刘立和胡春燕, 1991; 李忠等, 2000）。但该分析方法也存在一些局限性，例如 Dickinson（1985）建立的判别图解仅依据沉积物通过直接和短途搬运进入邻近盆地而形成的砂岩物源区性质来判别这种较为特殊的情况。而在一般情况下，沉积盆地中的砂岩常因在搬运入盆的过程中混入碰撞缝合带、活动大陆边缘或不同性质构造单元的混合物源，且次生作用、风化作用、长距离的搬运和成岩作用等对源区碎屑颗粒的改变而影响到判别图解的可靠性（Basu et al., 1975）。因此，砂岩碎屑矿物成分的物源区判别必须与其他地质证据相结合才能得出较为切合实际的结论。

1.2.2　阴极发光的物源分析法

对岩石中主要造岩矿物发光性的研究有助于判别沉积环境和岩石的成因，碎屑颗粒的发光分析可直接用来查明物源区性质和状况。碎屑岩中常见的石英、长石和岩屑多随物源变化而具有不同的发光特征，依此可分析有关造岩组分的来源。虽然阴极发光性的研究也广泛应用于矿物学和岩石学等其他领域，但首先还是应用在沉积岩中。不同因素对矿物颜色影响的多样性和复杂性，使得在同一盆地的不同区域主控因素不同的矿物其发光性亦不同。长石为三大岩类中最常见的矿物，但不同产状的长石其发光颜色变化很大。石英的发光性则较为复杂，地质体、时代和产状不同的石英发光性有很大差别。因此碎屑岩中矿物的阴极发光特征可用来大致判断高邮凹陷中石英颗粒的来源。但是该方法受到较多主观经验和随机因素的影响，因而在源区判别的过程中需借助其他物源分析手段综合判断。

1.2.3 重矿物的物源分析法

重矿物分析法主要建立在沉积物对母岩的重矿物组合的继承性基础上。碎屑岩中的重矿物组合既受碎屑岩物质搬运距离的控制，也受母岩区岩石类型的影响。碎屑重矿物的不同组合是源区研究的重要指示（Morton and Hallsworth, 1999; 赵红格和刘池洋, 2003）。重矿物稳定系数和重矿物的成熟度（ZTR 指数）可用来研究碎屑沉积物的搬运方向和搬运距离（王明磊等, 2009），因此重矿物分析在沉积盆地的物源方向分析中具有重要的意义，需要注意的是，考虑到搬运过程中的稀释作用，重矿物含量应是相对含量而非绝对含量。虽然重矿物组合、重矿物稳定系数和 ZTR 指数可较好地指示物源方向（徐田武等, 2009），但对源区位置、母岩性质等均不能起到较好的指示作用。

1.2.4 沉积法

在大型湖盆中，波浪和湖流是改造沉积物的重要营力。河流带入湖盆的沉积物在波浪和湖流的双重作用下被改造、搬运和再分配。当湖平面相对下降时，波浪和湖流作用相对较弱，而河流水动力作用十分突出，主要形成河控三角洲，此时河流的建设作用较强，输入泥沙量大，改造作用较弱，水下分流河道和河口坝砂体呈指状延伸；湖侵时，波浪和湖流的改造作用明显加强，三角洲前缘砂体及河流带入湖盆的沉积物必将被波浪和湖流再改造、再分配，在河口两侧形成一系列平行于湖岸的砂滩、砂嘴和砂坝，并在它们的向陆一侧形成半封闭的沼泽沉积；随着改造作用的进一步增强，原先沉积的砂体继续沿湖岸方向发生侧向迁移，可在缺少物源的滨岸区形成滨浅湖滩坝砂体，也可在搬运过程中受到古残丘的遮挡沉积下来，并在湖浪和沿岸流的综合作用下形成新的滨浅湖滩坝砂体。随着湖岸线的频繁迁移，砂体既可向湖方向推进，也可向平行岸线方向迁移，最终形成分布面积广、厚度稳定的若干砂岩层叠加的剖面结构。根据盆地钻井、测井、地震等资料，经过详细的地层对比与划分，做出某时期的地层等厚图、沉积相展布图等相关图件，可推断出物源区的相对位置，结合岩性、成分、沉积体形态、粒度、沉积构造（波痕、交错层理等）、古流向及植物微体化石等资料，可使物源区更具可靠性（李忠等, 2000）。

1.2.5 地球化学法

随着现代分析手段和技术水平的提高，物源分析也在向定量化方向发展。稀土元素（REE）配分型式、微量元素示踪、化学变异指数（CIA）、风化强度的量化、构造背景判别以及同位素测年技术的应用等已逐渐将物源从描述性向定量化转变。这些方法不仅具有很好的可操作性而且具有很好的可靠性和直观性。

1. 元素地球化学

REE、微量元素、主量元素在沉积物中的富集取决于物源、风化作用、成岩作用、沉积物的搬运分选和个体元素的水动力地球化学性质的综合影响。REE 以及 Th、Sc 和 Cr、Co 对源区特征的分析最有价值，因为它们最难溶，因而相对稳定，而且这些元素只随陆源碎屑沉积物搬运，因而能反映源区的地球化学性质。将地球化学法应用于物源的研究兴起于 20 世纪 80 年代，Taylor 等最先提出用 REE、Th、Sc 和高场强元素来确定源岩，其中相容元素和不相容元素的比值可用来区分长英质和镁铁质组分，并用稀土模式来指示物源（Taylor and McLennan, 1985）。随后 Bhatia 和 Roser 先后提出了用泥质、砂泥质岩石的主量元素地球化学特征来判别物源类型，从而作为微量元素法的补充，即用 K_2O、Na_2O、SiO_2、Al_2O_3、MgO 等判别图来区别被动大陆边缘、活动大陆边缘和大洋岛弧、大陆岛弧物源区（Bhatia, 1985; Roser and Korsch, 1986; 杨守业和李从先, 1999）。McLennan 在以上研究基础上分析总结了元素地球化学在限制沉积物源方面的应用，其优点是可以应用到富含基质的砂岩和页岩中，并根据全岩化学组分和钕同位素组成，分析了五种物源类型——古老大陆上地壳、再循环沉积岩、年轻的未分异弧、年轻的分异弧和各种外来组分的特征，并提出了不同元素对物源的指示意义（Taylor and McLennan, 1985; McLennan, 1989; McLennan et al., 1993），例如 Eu 的负异常指示源区以花岗质上地壳为主；不相容元素对相容元素的相对富集（高 LREE 值和 Th/Sc 高值）表明源区为相对长英质的岩石组分和相对强的风化作用环境；Th/Sc 值是粗粒沉积物源区的敏感指数，而 Zr/Sc 值是锆石富集的有用指数。Cullers（2000）则提出通过 SiO_2-Al_2O_3 判别图了解源区矿物成分的差异。

之后，元素地球化学方法虽然在物源研究中不断补充和验证，但发展缓慢。尤其是在沉积岩领域中，沉积岩的物源研究在沉积学及石油天然气等领域具有重要意义，但由于沉积岩物源区比较复杂，研究难度较大。在沉积岩的研究领域中，物源分析包括古侵蚀区的判别、古地貌特征的重塑、古河流体系的再现，以及物源区母岩的性质、沉积体系的发育、气候和沉积盆地构造背景的确定等，因此物源分析是盆地分析的重要内容之一（陈衍景等, 1996; 林春明等, 2002, 2003; 李艳丽等, 2011; 林春明和张霞, 2018）。盆地中沉积体系的类型、发育规模以及分布空间等对油气的聚集具有根本性的影响，而沉积体系的发育规模则与物源区关系密切（林春明和张霞, 2018），因此，物源分析在确定沉积物源位置和性质及沉积物搬运路径，甚至整个盆地的沉积作用和构造演化等方面意义重大，对盆地的油气勘探将具有重要的指导作用（McLennan, 1989; Gu et al., 2002）。

目前，元素地球化学应用于沉积学领域的物源研究较多集中在对海水、河流或沙漠沉积物的物源分析（李艳丽等, 2011; Zhang et al., 2015; 张霞等, 2018），而探讨沉积盆地的物源研究相对较少，且主要集中在不同地区的物源对比或高邮凹陷的构造背景判别

（Lacassie et al., 2004; Huang et al., 2006），如赵志根等（2001）根据大别山北麓和华北东南晚古生代砂泥岩样品中的REE数据对比，认为两者物源在晚古生代没有联系。李双应等（2005）根据元素地球化学特征，认为大别山东南麓的中、上三叠统和下、中侏罗统碎屑岩的源岩来源广泛，可能反映了前陆盆地物源的二元特征。相较而言，将元素地球化学应用于苏北盆地的物源研究很少，且主要集中在对苏北盆地某个小凹陷的物源分析或是古地理环境的恢复（傅强等, 2007）。

2. 风化强度的量化

Nesbitt等最早提出化学变异指数（CIA），此指数提供了一种定量化硅酸盐矿物风化（化学变异）程度的方法，CIA值结合风化作用判别图（A-CN-K图）可对源区所经历的化学风化作用强弱进行判别，恢复源区的古气候条件，还可较好地反映源岩成分（Nesbitt and Young, 1982）。

1.2.6 单颗粒的稳定同位素测年

单颗粒的地质年代测定代表着物源研究的新进展。目前应用的主要有三种方法：碎屑颗粒的裂变径迹测年法、含铀微相（如锆石、独居石和榍石）的U-Pb测年法和碎屑颗粒的氩激光探针测年法。裂变径迹测年法在物源研究应用中的不足在于沉积物的热史可能使部分或全部径迹退火而重新调整径迹年龄。裂变径迹测年法在物源研究尤其是沉积盆地的物源分析中也曾获得一些成果（Dunkili and Kuhlemann, 2001），周祖翼等曾对苏北盆地JSG井进行了磷灰石的裂变径迹分析，认为样品中存在的两组年龄表明沉积时存在两个不同的物源区（周祖翼等, 2001）。但由于该技术在火成岩的测年中常存在误差，因此应用并不广泛。

近年来，随着二次离子质谱（SIMS）和激光剥蚀-等离子体质谱仪（LA-ICP-MS）等高精度原位微区分析手段的发展和完善，人们可以快速获取大量的碎屑锆石U-Pb年龄数据，碎屑锆石年代学逐渐成为沉积学研究的重要方向，在物源分析领域也具有其独特的优势。由于LA-ICP-MS和高分辨率离子探针（SHRIMP）等测年方法数据精度高，可以提供物源形成的确切年代，锆石U-Pb年代学已成为国际研究的热点之一（Vermeesch, 2004; Weislogel et al., 2006; Liu et al., 2012）。李献华（1999）、梁细荣和李献华（2000）在国内较早利用LA-ICP-MS对年轻锆石进行U-Pb测年。研究结果表明，均匀颗粒锆石的$^{206}Pb/^{238}U$值测量精度为5%～10%，定年精度和准确度优于3%，对于大颗粒及均匀的年轻锆石U-Pb定年可与灵敏的SHRIMP定年结果相比。随后，在中国大别山、华北、西北地区相继应用碎屑锆石年龄技术在物源特征研究、探讨源区基底性质等方面取得较多成果（李双应等, 2005; 柳小明等, 2007; 牛漫兰等, 2008; 胡建等, 2010）。但总体而言，大多数锆石U-Pb测年的研究主要集中于火成岩或变质岩的年代学分析，其锆石年龄常较为明确地指向某个时代或源区所经历的某个构造-热事件，测试过程或研究方法相对简单。而沉积岩因具有复杂性和多物源性，锆石U-Pb测年结果常得到多个年龄峰值，从而对应多个物源、多个母岩形成期次或多个构造-热事件（Dodson et al., 1988）。且在测试过程中，为了避免沉积岩中可能出现的相对较大的随机性，每个沉积岩样品需要进行打点测试的数量要比火成岩和变质岩多出几倍，以保证测试数据的可靠，因此沉积岩的实验成本相对较高，锆石年代学研究也相对具有难度，将该技术应用于沉积盆地的物源研究成果极少。

碎屑颗粒的氩激光探针测年法也可以较好地反映碎屑物质的年龄和所经历的构造-热事件（朱光等, 2005）。胡世玲等就曾利用激光探针 ^{40}Ar - ^{39}Ar 法对大别山碧溪岭榴辉岩样品中的石榴子石和绿辉石单颗粒进行原位测定获得两条等时线年龄，结果表明该区榴辉岩经历了两期构造-热事件，即发生在加里东期的榴辉岩超高压变质作用和快速抬升折返的燕山期热事件（胡世玲等, 1999）。

综上所述，物源研究在盆地分析中具有重要的意义，是沉积盆地的大地构造背景判别、古环境恢复的重要依据，因此对物源的研究与探讨非常必要。就目前发展趋势及精度而言，元素地球化学和同位素地球化学方法越来越受青睐，因为它可准确确定物源年龄，进而判断物源区的特征和性质。但是大部分关于物源的研究方法较为孤立，很少应用于沉积盆地的物源综合研究，即使有也主要是以传统的物源研究方法对沉积盆地内部的物源方向进行分析。例如，徐田武等（2009）以苏北盆地高邮凹陷泰一段为例，综合利用重矿物法、碎屑岩类分析法和沉积法对高邮凹陷的物源进行了分析，确认高邮凹陷泰一段沉积时期存在来自南部的通扬隆起、北部的建湖隆起、西部的菱塘桥低凸起这三个物源方向。实践表明，虽然对盆地、造山带物源区的判定方法很多，但任何一种研究方法，只要其理论基础正确，测试或鉴定方法无误，均有其不可取代的优越性和难以避免的局限性，在地质学反演中尤为如此。随着研究的不断深入，各种方法不断趋于详细和完善，其中的新手段将会不断地加入和改进（赵红格和刘池洋, 2003）。需要注意的是，不同的物源研究方法开阔了物源研究的思路，尤其是元素地球化学和同位素地球化学方法在物源分析中的应用，使得物源研究更加精确。但是，即使再先进的分析方法，也需在传统的物源研究方法的基础上，借助宏观的区域构造背景和沉积环境，从高邮凹陷的具体实际与研究方法本身的优越性和局限性出发，扬长补短，而不是取新弃旧，这样才可能取得深入、有重要意义的研究成果，这样才能使物源分析结果更为全面和可靠。本书认为，物源分析在总体上应采取以下方法才能获得较为理想的结论：先通过地层发育状况（包括接触关系和沉积界面特征等）与常用的古构造判别方法从宏观上判定其大地构造背景，因为目前在大地构造背景判定方面还没有更好的方法可用，然后再利用地球化学方法进一步分析源区的母岩类型、源区位置、母岩形成年龄、古地理环境等。总之对物源分析的研究，由于单一方法的局限性，应强调利用多种方法进行综合分析。

苏北盆地属苏北-南黄海盆地西部的陆上部分，其内中、新生界沉积厚度大且分布广，高邮凹陷是苏北盆地油气最富集的 个凹陷，前人对苏北盆地高邮凹陷戴南组的研究主要集中在古生物、层序地层、油气藏、沉积相等方面，随着戴南组勘探和研究程度的提高，展示了该区戴南组具备较好的构造-岩性油气藏的勘探前景，但整个苏北盆地在地球化学领域的研究程度很低。研究区所在的下扬子盆地是中国南方海相油气勘探领域除四川盆地外唯一获得工业性规模储量的区域，因具有特殊的构造位置和演化历史而受到石油地质界的广泛关注，因此下扬子地区的地质构造演化一直以来是研究的热点，但对其新生代以来构造演化的研究相对缺乏（林春明等, 2003）。本书在元素地球化学分析的基础上，对苏北盆地高邮凹陷古近系戴南组时期的母岩类型及其对物源的指示作用进行探讨，对该区戴南组时期的古湖泊环境（包括风化作用类型、风化程度和古气候条件等在该区的空间差异以及是否发生海侵等）进行恢复，并结合中国东部特殊的地体构造特征对该区包括整个苏北盆地和下扬子地区在古近纪时期的构造环境进行探讨（张妮, 2012; 林春明, 2019），进一步丰富源岩沉积学的信息，初步建立盆地沉积岩和源岩之间的对应关系，也为下扬子地区新生代的构造演化提供地球化学方面的证据。

第2章　区域地质概况

苏北高邮凹陷地理上位于江苏省扬州市北部，在构造划分上属于苏北盆地的东台拗陷中部，是东台拗陷6个凹陷中的一个（图2-1）。东西长约100 km，南北宽约25～35 km，面积约2670 km^2。前人对高邮凹陷及邻区的区域地质特征进行了广泛的研究，本书主要以高邮凹陷戴南组为研究对象，从碎屑组分、重矿物、阴极发光、元素地球化学、U-Pb锆石测年以及沉积相演化等方面对研究区的物源体系和沉积演化进行研究。

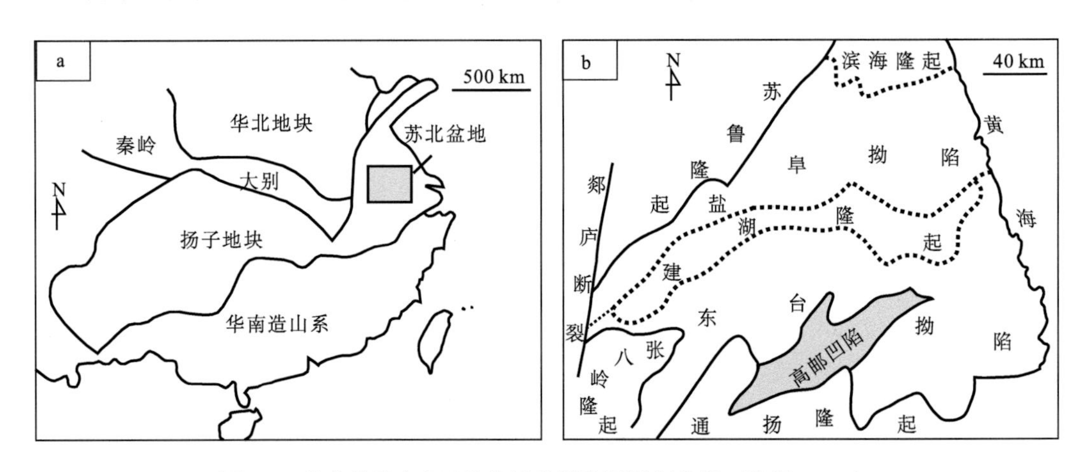

图2-1　苏北盆地高邮凹陷构造位置和区域划分图（张妮, 2012）

a. 苏北盆地构造位置图；b. 苏北盆地构造区划及高邮凹陷构造位置图

2.1　地 理 概 况

高邮凹陷位于长江三角洲的江苏省中部高邮市（北纬32°47′，东经119°25′），地处江淮平原南端，东接宝应，西连滁州，南望扬州，北临金湖。京沪高速公路和京杭大运河纵贯全市南北，运河大桥、湖区漫水公路和高邮、珠湖船闸连接运河东西。高邮市境内土地平坦，地面标高一般为2～3.3 m（青岛标高）。土质主要为黏土，土层较厚，该地区属亚热带温润季风气候区，常年主导风为东南风，平均风速3.6 m/s；年平均气温15 ℃；年平均降雨量1030 mm，年平均气压1016 mbar（1 mbar=100 Pa），年平均相对湿度67%，无霜期为217天。具有气候温和、雨量充沛、四季分明、日光充足、无霜期长等特点。

2.2 地 质 概 况

2.2.1 区域地质背景

扬子地块，又称扬子地台，是和华北地块相对应的中国南方前寒武纪克拉通块体，华北地块广泛出露太古宙岩石，扬子地块太古宙基底出露有限，如崆岭杂岩（张丽娟等, 2011）。扬子地块因长江干流纵贯全区而得名。扬子地块范围包括川、黔、滇、鄂、湘等省的大部分地区、陕南和桂北地区以及长江下游的皖、苏两省部分地区。传统上较狭义的扬子地块指介于中央造山系东段秦岭-大别-苏鲁造山带与江南隆起之间的中、古生界出露和覆盖地区，并以齐岳山断裂和郯庐断裂为界分成上、中、下扬子 3 个次一级地块。扬子地块在新元古代末期完成克拉通化的地台基底之上沉积的海相沉积盖层，是一个规模小而活动相对强烈的小型陆块，发育的地台型沉积地层包括震旦系、下古生界、上古生界和中、下三叠统等，不同时期受区域构造事件的影响而发生不同程度的区域构造变形（图 2-1a）。

扬子地块基底在形成过程中经历了多次构造运动，最终在晋宁运动中形成统一的克拉通轮廓。高邮凹陷变质基底具有双重结构特征，在上地壳层盖层之下，有浅变质岩系和深成变质岩系，后者以高地震波速、高电阻率、高磁场强度、高密度为特征，前者则相反。深变质岩系呈团块状分布，而浅变质岩系将其环绕，最大的一块位于建湖以东、大丰以北地区，与南黄海中部的正平缓磁场连成一体，可统称之为“南黄海陆核”，时代属古太古代—新元古代，陆核外围还有若干小型块体散布（图 2-2; 张永鸿, 1991）。在苏北、苏南地区也分布有深成变质岩系基底，但呈被断裂切割的小块分布。在深成变质岩系基底周围大面积分布着浅变质基底（陈沪生等, 1999）。扬子地块中、新生代构造大体经历了印支期到燕山早期以挤压作用为主的变形、燕山晚期到喜马拉雅早期以伸展作用为主的变形，以及喜马拉雅晚期以隆升挤压作用为主的变形。但不同地区构造变形仍然有很大的差异。由于不同时期构造变形性质的明显转变和多次叠加，扬子地块不同段中、古生界具有十分复杂的变形机制，形成了各地块特有的构造特征和改造格局。

苏北盆地位于江苏省东北部，与南黄海盆地构成以新生界为主的统一盆地的陆域和海域部分，其中苏北盆地属于苏北-南黄海盆地的陆上部分，是扬子地块东部一个白垩纪—古近纪的大型断陷盆地（图 2-2; 蔡乾忠, 2003; 毛凤鸣和戴靖, 2005）。而通常所称的苏北盆地主要是指由中、新生代地层充填的陆相沉积盆地，面积约 3.5×10^4 km^2。盆地西界为郯庐断裂，北接苏鲁造山带，向东伸入黄海，南以扬州—如皋一线为界。根据苏北盆地的区域构造背景，将苏北盆地划分为 4 个近东西向展布的二级构造单元，由南向北分别为东台拗陷、建湖隆起、盐阜拗陷（图 2-1b）。其中 2 个拗陷又由数个单断裂谷式凹陷所组成，可进一步分为 24 个三级构造单元，其中东台拗陷包括凹陷 6 个，低凸起 9 个，这 6 个凹陷中的金湖、高邮、溱潼、海安 4 个凹陷构成了苏北盆地油气勘探的主体区域（陈安定, 2001）。

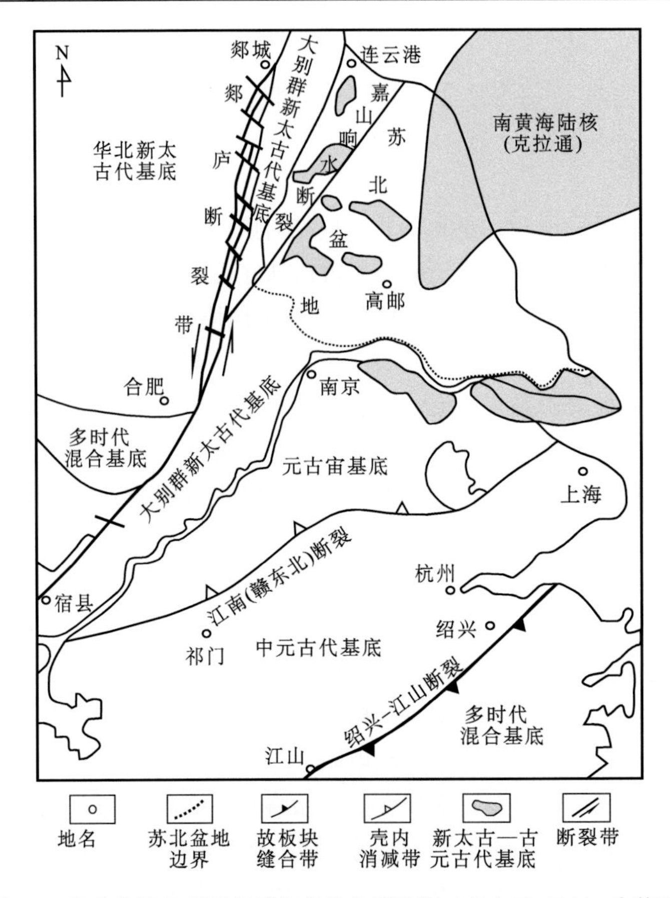

图 2-2　苏北盆地及邻区变质基底分布示意图（张永鸿, 1991, 有修改）

在大地构造上，苏北盆地位于中、新生代西太平洋构造域的弧后区，属下扬子构造-沉积区的一部分。华北地块与下扬子地块的碰撞造山带位于其北部，东部为环太平洋构造域，使该地区保留有丰富的古构造信息和物质记录，特殊的构造位置使对该地区构造演化的研究一直是热点。近年来，随着地质、钻井和地震资料的逐渐丰富，不同学者对其构造演化取得了许多新的认识。

苏北盆地自形成后经历了多期盆地转换、盆地改造和多期的断裂活动、褶皱运动，形成了非常复杂的构造面貌，因此对其构造演化的研究仍是一个复杂的难题。关于盆地形成和演化的主流观点，仍是用“拉张作用”和“裂谷盆地”来解释成因的，即板块俯冲引起地幔物质上拱，导致壳层裂陷等一系列连锁反应，从而形成苏北盆地（邱海峻等, 2003）。

舒良树等认为苏北盆地在形成与发展过程中曾经历过山前挤压的前陆盆地、弧后扩张的裂陷盆地、大规模拉张的断陷盆地和热沉降的拗陷盆地等 4 个演化阶段（舒良树等, 2005）。刘玉瑞等则认为，苏北盆地主要受伸展和右行走滑双重应力地质作用影响，右行扭动是诱导形成走滑断层的主因，主要受郯庐断裂活动的控制，因此，苏北盆地 NE 向张性断层占主导，NW 向构造不发育或呈隐伏状（刘玉瑞等，2004；刘玉瑞，2010）。苏北地区在印支燕山期曾发生大规模推覆，形成一系列断面西倾、走向 NE 的逆断层（如高邮凹陷南界断裂），是新生代断裂发育的先存基础。断面上覆沉积负荷的增加可使上盘回滑，从而牵动上部新生界层系形成正断层。

古近系阜宁组（E_1f）沉积期末，苏北盆地有一次构造回返过程，对该地区 E_1f 之后的沉积地貌和构造特征等均具有重要影响。戴南组（E_2d）沉积期是正断层形成的有利时期之一，苏北盆地在该时期受挤压抬升，使盆地边界和盆内燕山早中期处于隐伏状态的逆断层复活，形成一系列 NE 向张性剪切断裂带，将前期 E_1f 时期统一的拗陷盆地分割为若干个 NE 向小型断陷，这些断陷包括高邮凹陷均呈南断北超、南陡北缓的不对称型，断陷强烈，上下盘升降明显（断距多超过 1 km），断裂的发育常具有同生性质。E_1f 沉积末期，苏北盆地发生至少两次构造回返过程，导致金湖凹陷至高邮凹陷北坡成为挤压缓冲地带，大型断裂少。盆地自形成后经历了多期构造运动的改造，具有构造分割性强的特点。盆地内发育近 EW 向的“一隆两拗”的构造格局，两个拗陷又由数个单断裂谷式凹陷所组成。

2.2.2　高邮凹陷构造划分

高邮凹陷在构造划分上属于苏北盆地的东台拗陷中部，是在晚白垩世仪征运动和古新世末期吴堡运动期间，由于断块差异沉降而形成的南断北超箕状凹陷（陈安定, 2001）。高邮凹陷在继承 E_1f 南断北超的基本构造格局下，戴南组一段（E_2d_1）沉积时期受真武事件的影响，使得高邮凹陷断层的伸展方式由单向伸展转向不均衡的双向伸展，NNW 倾向的吴堡断层和真 1、真 2 断层与对倾的汉留断层强烈正断活动，垂直断距近 1000 m，活动强度基本相当，生长指数均超过 3（图 2-3 中 *A-B* 剖面），形成明显的对称式地堑，凹陷南部深凹带形成，为高邮凹陷 E_2d 沉积提供了充足的可容空间。断块高部位隆起甚至低凸起等抬升强烈，其上 E_2d 有的是上部缺失（如柘垛低凸起），有的则全部缺失（如吴堡低凸起），E_1f 在这些地区均是部分缺失。说明这些地区在 E_2d_1 沉积时期已成为凹陷内的物源供给区（周健等, 2011）。

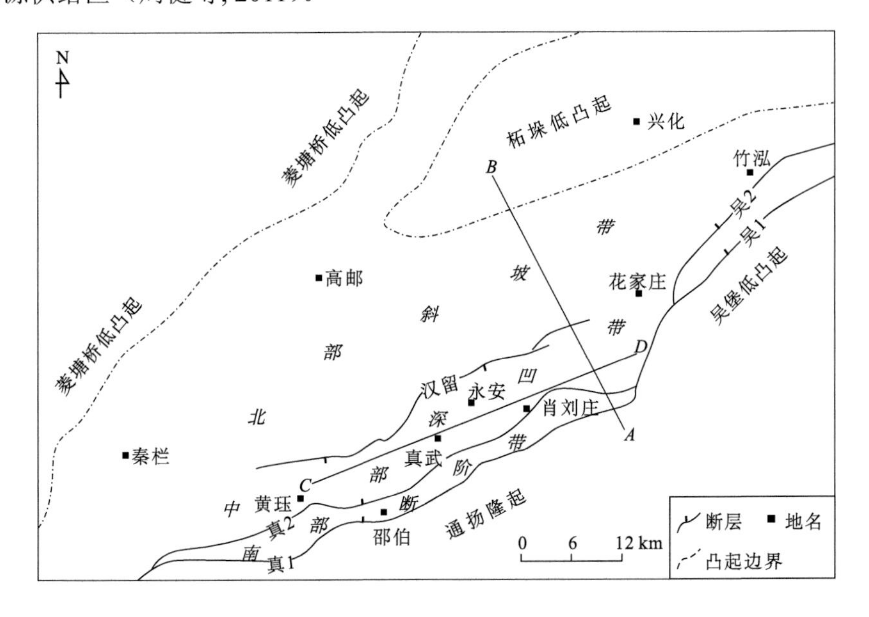

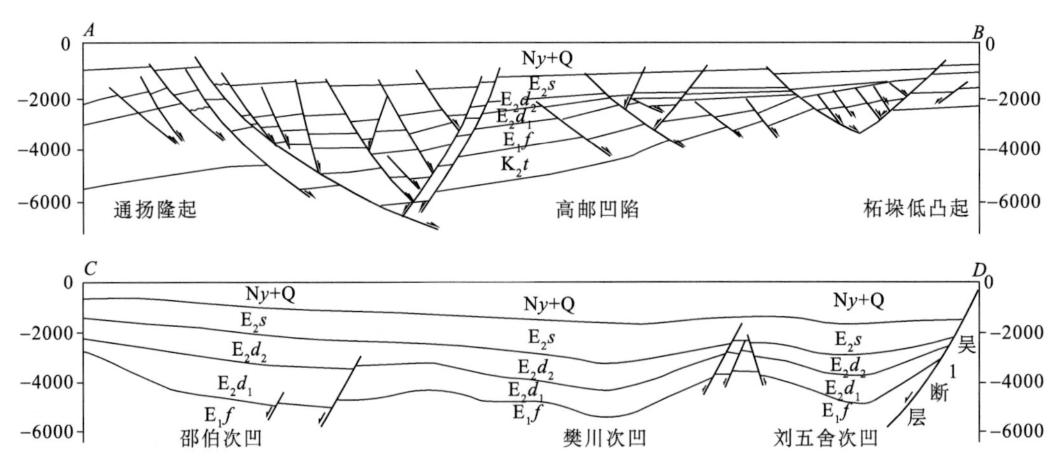

AB. G44测线；*CD*. 86G190.5+85G188.5；K_2t. 泰州组；E_1f. 阜宁组；E_2d_1. 戴南组一段；E_2d_2. 戴南组二段；E_2s. 三垛组；Ny+Q. 盐城组和第四系

图 2-3　苏北盆地高邮凹陷构造区划和地震地质解释构造剖面（邱旭明等, 2006, 有修改）

在 E_2d 沉积时期，高邮凹陷南以大断层与通扬隆起相邻，北以平缓的斜坡与柘垛低凸起相接，东靠吴堡低凸起与溱潼凹陷相连，西接菱塘桥低凸起与金湖凹陷相隔(图 2-3)，东西长约 100 km，南北宽约 25～35 km，面积约 2670 km^2。从高邮凹陷南界断裂向东南至海安一带，那里既是箕状断陷最发育的地区，也是真武事件强烈挤压抬升区，说明挤压导致岩层线性破裂，为正断层发育奠定了基础。高邮凹陷南界断裂下（古生界）逆、上（新生界）正，可能在背斜纵向垮塌基础上形成，并可能有老基岩逆断层回滑参与作用。因此，南部深凹带以不对称向斜为形成基础，并由于长期处于拗陷沉积中心，同沉积下滑作用相对明显。受区域作用力的影响，高邮凹陷内断裂系统以 NEE 向为基本展布方向（舒良树等, 2005）。以真 1、真 2 和汉留断层为界，高邮凹陷自南向北可被依次划分为南部断阶带、中部深凹带、北部斜坡带（图 2-3 中 *A-B* 剖面），中部深凹带自西向东发育邵伯、樊川、刘五舍三个次凹（图 2-3 中 *C-D* 剖面），次凹沿大断层呈串珠状分布（李储华等, 2007）。高邮凹陷在新生代发育了 NEE 向、NE 向、NW 向三组断裂。区内主要发育一级边界断层真 1 断层和吴 1 断层，二级大断层真 2、吴 2 以及它们的补偿断层——汉留断层，还有众多的三、四级断层。

2.3　地层特征

2.3.1　苏北盆地沉积地层

地球物理和钻井资料证实，古生代以来苏北盆地的沉积厚度超过 11000 m，其中古近纪断陷沉积厚度超过 6000 m，新近纪拗陷沉积厚度 1000～1300 m。苏北盆地发育上白垩统泰州组二段（K_2t_2）、古新统阜宁组二段（E_1f_2）和四段（E_1f_4）等 3 套区域性烃源岩，以及泰州组一段（K_2t_1）、阜宁组一段（E_1f_1）、三段（E_1f_3）、始新统戴南组（E_2d）和三垛组（E_2s）等 5 套以湖相三角洲、河流相、近岸水下扇等砂岩为主体的储集层，构成的 5 套储盖组合都已经发现油气藏（邱海峻等, 2003）。

根据地震剖面和地层资料，苏北盆地内存在多个明显的沉积间断面，说明盆地在中、新生代演化过程中经历过多次抬升和剥蚀。在 E_2d 沉积前，苏北盆地经历了仪征和吴堡运动，E_2d 沉积过程中经历了真武事件，E_2d 沉积之后经历了三垛运动。其中仪征运动发生在晚白垩世（约 83 Ma），是中生代后期的一次差异升降运动，是盆地从区域拗陷成盆期向拉张断陷箕状盆地转换的转折点，促使南断北超、南陡北缓、南厚北薄、南深北浅的箕状断陷形成与发展，该次事件在高邮凹陷南界形成真 1 断层。吴堡运动发生在始新世之初（约 55 Ma），以 E_2d 低角度不整合覆盖于阜宁组（E_1f）之上为标志，表现为 E_2d 的局部缺失和 E_1f 的局部剥蚀。该事件仍以差异升降运动为主，导致建湖隆起雏形形成和苏北地区凹陷、凸起次级单元的初步划分，即建湖隆起、柘垛低凸起、菱塘桥低凸起、吴堡低凸起和通扬隆起整体抬升，除湖盆中心保留部分残余水体外，绝大部分 E_1f 露出水面并遭受强烈剥蚀并伴随断层活动，最大剥蚀厚度逾 1800 m，使得凹陷周围的隆起和低凸起成为潜在的主要物源供给区。真武事件发生在始新世（约 50 Ma），以 E_2s 低角度不整合于 E_2d 之上为特征。导致苏北盆地东面和北面抬升并遭受剥蚀，西面和南面相对沉降，对盆地“两拗一隆”构造的形成、次级凹陷-凸起格局的进一步分化起了重要作用。三垛运动发生在渐新世（38～25 Ma），以盐城组（N_2y）不整合超覆于 E_2s 之上为标志，这是一次强烈的构造隆升和剥蚀事件，造成渐新统的区域缺失，并导致苏北盆地被进一步改造（表 2-1；邱旭明等, 2006）。

由此可见，仪征运动奠定了苏北盆地的基础，在不平整的基础上盆地由小至大、断-拗陷发展，形成盆地的三期生油建造；吴堡运动使盆地解体为断凹结构，最终完成断陷发展；而三垛运动使盆地整体抬升，遭受长期的强烈剥蚀之后盆地恢复新一轮拗陷而逐渐消亡。而就强度、规模而言，仪征和三垛运动是对盆内影响最大的地质事件，导致区域性挤压向拉张体制转换和整体抬升并遭受强烈剥蚀。吴堡和真武两个运动表现为挤压抬升，但对盆区破坏性并不大，可粗略看作盆地的继承发育期，故 K_2t 到 E_2s 形成时的环境比较稳定，是区内勘探潜力极佳的层位。目前发现的油气藏主要分布在东台拗陷，以金湖凹陷、高邮凹陷油气最为富集，类型主要为构造圈闭油气藏（表 2-1）。

表 2-1　苏北盆地新生界地层简表（邱旭明等, 2006, 有修改）

地层					主要岩性与油层	沉积相带	主要构造运动
系	统	组	段	厚度/m			
第四系		东台组		120～159	土黄、灰黄色砂质黏土与黄灰色砂砾层互层	河湖相夹海侵	三垛运动
新近系	中-上新统	盐城组	上段（Ny_2）	156～374	浅灰黄、浅灰色砂砾层与浅棕色黏土层，组成 3～4 个正旋回	河流相	

续表

地层					主要岩性与油层	沉积相带	主要构造运动
系	统	组	段	厚度/m			
新近系	中-上新统	盐城组	下段（Ny_1）	330～706	浅棕红、灰绿色粉砂质泥岩与灰白、灰黄色中粗砂岩、砾状砂岩、细砾岩互层，组成4～7个正旋回，中上部常夹一、二层灰黑色玄武岩，可作辅助标志层	河流相	三垛运动
古近系	始-渐新统	三垛组	上段（E_2s_2）	448～772	浅棕、浅灰黄色粉-细砂岩，含砾砂岩夹棕红色泥岩，在永安获工业油流	河流-三角洲相	
			下段（E_2s_1）	361～654	中上部棕红色泥岩夹浅棕、浅灰色砂岩，下部棕色块状砂岩，含砾砂岩，分7个砂层组，均有油层，下部6、7砂层组为真武油田主要产层。下部有一层灰黑色泥岩标志层，块状砂岩之上有一、二层玄武岩辅助标志层		
		戴南组	上段（E_2d_2）	448～685	褐色泥岩与浅棕、灰色粉、细砂岩呈不等厚互层，分5个砂层组，均有油层，以2.5砂层组底部砂层为主要产层		真武运动
			下段（E_2d_1）	408～705	灰紫、灰黑色泥岩与灰色薄层粉细砂岩互层， 3个粉砂层组，均有油层，以1.2砂层组的油层居多，上部以3～5层高电导灰黑色泥岩为标志层	湖相-三角洲相	吴堡运动
	古-始新统	阜宁组	四段（E_1f_4）	272～575	灰黑色泥岩、页岩夹薄层浅灰色泥灰岩，灰质粉砂细砂岩。本段有机质丰富，为良好生油层	湖相	
			三段（E_1f_3）	149～235	灰黑色泥岩、灰质泥岩夹薄层灰质粉砂岩，白云质粉砂岩，泥灰岩	湖相-三角洲相	
			二段（E_1f_2）	101～367	灰黑色泥岩、灰质泥岩夹薄层泥灰岩，灰质白云岩，藻状白云岩，灰质粉砂岩	湖相	
			一段（E_1f_1）	153～426	深灰、暗棕色泥岩与浅棕、灰色粉、细砂岩互层，向下砂岩增多。在许庄获工业油流	河流相	
白垩系	上白垩统	泰州组	K_2t	155～251	下部灰白色块状砂岩、砾岩夹深灰、暗棕色泥岩，上部灰黑色泥岩夹薄层泥灰岩	湖相	仪征运动

2.3.2　高邮凹陷沉积地层

高邮凹陷是苏北盆地油气最富集的一个凹陷，也是整个苏北盆地诸凹陷中沉降幅度最大、沉积最厚、地层最全的凹陷，中、新生界沉积厚度达7000 m。高邮凹陷E_2d最大厚度大于1500 m（表2-2），主要为一套三角洲、扇三角洲、湖泊相沉积，相带复杂，多物源供给。E_2d地层广泛发育，是高邮凹陷的主要储集层之一，与下伏古近系E_1f和上覆

E_2s 呈不整合接触。E_2d 自下而上可划分为一段（E_2d_1）和二段（E_2d_2）。其中 E_2d_1 地层厚度一般为 0～300 m，最厚可达 700 多米，与下伏 E_1f 不整合接触，是在吴堡事件后地势悬殊的背景下接受沉积充填的，主要在凹陷的陡坡深凹发育较好，在该段层位上部发育一套黑色泥岩层，岩、电性突出（即“五高导”层）且比较稳定，构成区内第四个重要区域地层划分标志层，在纵向剖面上由下至上形成粗-细沉积旋回。根据次级沉积旋回和泥岩隔层发育特征又可将 E_2d_1 细分为一亚段（$E_2d_1^1$）、二亚段（$E_2d_1^2$）和三亚段（$E_2d_1^3$）。E_2d_2 地层沉积范围略大于 E_2d_1，继承了 E_2d_1 的沉积格局，岩性变化稳定，该段地层一般厚 150～400 m，与下伏地层（E_1f_4）假整合接触。E_2d_2 分为五个亚段，分别为一亚段（$E_2d_2^1$）、二亚段（$E_2d_2^2$）、三亚段（$E_2d_2^3$）、四亚段（$E_2d_2^4$）和五亚段（$E_2d_2^5$）（表 2-2）。

表 2-2　高邮凹陷 E_2d 地层划分简表

地层					最大厚度/m	岩性	岩性描述	地质事件
系	统	组	段	亚段				
古近系	始新统	三垛组一段			700		浅棕灰色砂岩夹棕色或灰黑色泥岩	真武事件
		戴南组	E_2d_2	$E_2d_2^1$	150		灰色、暗棕色泥岩、粉砂质泥岩、泥质粉砂岩与灰色粉砂岩夹细砂岩呈略等厚互层	
				$E_2d_2^2$	200			
				$E_2d_2^3$	150		棕色、暗棕色泥岩夹浅棕色、浅灰色粉砂岩、细砂岩，向上变细以泥岩为主	
				$E_2d_2^4$	200			
				$E_2d_2^5$	250		浅棕色、浅灰色粉砂岩、细砂岩、不等粒砂岩与灰色、棕色、紫色泥岩，粉砂质泥岩互层	
			E_2d_1	$E_2d_1^1$	200		黑色、深灰色、紫色泥岩为主夹深灰色粉砂质泥岩，浅灰色砂岩	
				$E_2d_1^2$	300		棕色、灰色不等粒砂岩、粉砂岩，棕色、暗紫色泥岩呈不等厚互层	
				$E_2d_1^3$	400		灰色细砂岩，不等粒砂岩，砾状砂岩与深灰色、灰色、暗紫色泥岩，粉砂质泥岩呈不等厚互层	吴堡事件
	古新统阜宁组四段				500		深灰-灰黑色泥页岩	

泥岩　粉砂质泥岩　泥质粉砂岩　粉砂岩　不等粒砂岩　细砂岩　砾状砂岩

第 3 章　岩石学特征及物源分析

3.1　样品来源及分析方法

陆源碎屑岩中的主要岩石类型是砂岩，碎屑岩中的碎屑物质主要来源于母岩机械破碎的产物，是反映沉积物来源的重要标志。砂岩中的主要碎屑成分石英、长石、岩屑以及重矿物在恢复物源区的研究中具有极为重要的意义（刘立和胡春燕, 1991）。因此，分析高邮凹陷各层段砂岩类型、石英类型和阴极发光条件下的特征、岩屑类型、重矿物组合以及重矿物指数等，可帮助对高邮凹陷的物源方向和母岩类型进行判断（姚玉来等, 2010; 林春明等, 2007b, 2009b, 2010; 周健等, 2010, 2011）。

通过对高邮凹陷内 58 口井来自 E_2d 的 156 张碎屑岩薄片进行鉴定，对石英、长石和岩屑的成分及含量、多晶石英类型及含量等进行统计，分析高邮凹陷内各区块 E_2d 地层内的砂岩类型、多晶石英类型，判断高邮凹陷的母岩类型和分布情况。阴极发光样品选择在高邮凹陷 E_2d_1 的 3 个亚段岩性稳定的砂岩中取样，其中戴一段三亚段（$E_2d_1^3$）取样 15 件；戴一段二亚段（$E_2d_1^2$）取样 54 件；戴一段一亚段（$E_2d_1^1$）取样 32 件。石英阴极发光观察是在南京大学内生金属矿床成矿机制国家重点实验室进行的，仪器型号为 RELION III CL，实验条件为产生电子光束的加速电压 15 kV，束电流 500 μA，配用 Nikon 公司生产的 LV100POL 型发光显微镜及自动照相系统。

同时，结合区域地质背景，对高邮凹陷内 64 口井的 1288 件重矿物实测数据进行统计，分析高邮凹陷内各区块的重矿物组合类型，计算各井的重矿物稳定系数和 ZTR 指数，综合判断在 E_2d_1 中 3 个亚段沉积时期，高邮凹陷内的主要物源方向。重矿物分析样品的处理和分析方法，按照《海洋调查规范 第 8 部分：海洋地质地球物理调查》（GB/T 12763.8—2007）规定进行，在廊坊市诚信地质服务有限公司完成。流程如下：

（1）烘干、称重：将沉积物样品倒入坩埚中，于 60 ℃低温烘干，然后称重并记录样品的原始重量。

（2）按粒度分类：用浓度为 10%的六偏磷酸钠溶液浸泡样品直至样品完全分散后，用 0.063 mm 的湿筛筛分出 ＞0.063 mm 粒级的颗粒。

（3）轻重矿物分离：①粗淘。用淘洗盘对>0.063 mm 的样品进行淘洗，轻矿物密度较低，分布于水中和淘洗盘边缘，重矿物则沉于淘洗盘底部，由此初步分离出各粒级的轻重矿物。②精淘。用密度为 2.80 g/mL 的三溴甲烷溶液浸泡重矿物样品，进一步提取出其中的轻矿物。因密度差异，重矿物会沉降到坩埚底部，轻矿物则浮于液体表面。待沉降稳定后，将上部溶液通过镜头纸，轻矿物被保留在镜头纸上，重矿物留在坩埚底部。

（4）清洗：用酒精冲洗轻重矿物，去除矿物表面的残留重液。

（5）称重：将分离出的轻、重矿物在低温下烘干，然后称重、记录分析样品的重量。

（6）鉴定：在双目实体显微镜和偏光显微镜下鉴定重矿物，一般统计 400～600 个颗粒。

3.2　碎屑组分特征及物源分析

按照福克的三端元分类法，薄片鉴定数据（图 3-1）表明，E_2d 沉积时期，高邮凹陷沉积物岩性以岩屑长石砂岩和长石岩屑砂岩为主；其中曹庄地区的沉积物岩性以长石岩屑砂岩和岩屑石英砂岩为主（图 3-1）。同时对 E_1f 鲕粒灰岩和灰岩、K_2t 砂岩薄片进行鉴定，与 E_2d 进行分析对比，初步确定高邮凹陷戴南组物源与下伏地层有关联。

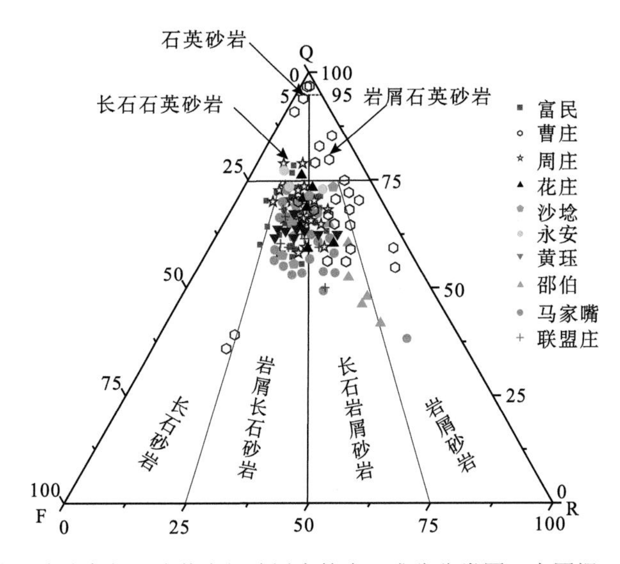

图 3-1　苏北盆地高邮凹陷戴南组碎屑岩的岩石成分分类图（底图据 Folk, 1974）

石英含量在 48.15%～66.02%之间，平均 50.90%。长石含量为 12.19%～22.63%，平均 17.41%，以钾长石和斜长石为主，其中斜长石含量大于钾长石，且可见绢云母化或被方解石交代，钾长石中以正长石和微斜长石为主。岩屑含量为 17.04%～38.77%，平均为 25.59%。岩屑中可观察到变质岩岩屑（Lm）、沉积岩岩屑（Ls）和火成岩岩屑（Lv）。变质岩岩屑中以石英岩岩屑为主， 沉积岩岩屑中主要包括燧石岩屑、碳酸盐岩屑以及少量泥岩岩屑。火成岩岩屑主要可见长英质火成岩岩屑和玄武岩岩屑。高邮凹陷中以变质岩岩屑为主，其次为火成岩岩屑和沉积岩岩屑。杂基平均含量为 6.15%，主要为黏土、碳酸盐以及少量岩屑碎片。但由于假杂基的存在以及斜长石和岩屑的交代作用，这个含量可能高于实际的杂基含量。

Crook 首次提出通过矿物组成模式来判别高邮凹陷的母岩构造背景（Crook, 1974），该分析方法得到了较为成熟的发展。碎屑岩中的碎屑组分和结构特征能直接反映物源区和沉积盆地的构造环境。通过对选定层位砂岩样品中的石英、长石、岩屑含量进行统计，用 Dickinson（1985）碎屑骨架三角图进行投值。根据点的分布情况可确定物源类型。

Q-F-L 图中可区分陆块、岩浆弧和再旋回造山带三个基本物源区。本书选取了 Dickinson 于 1985 年提出的 Q-F-L 和 Qm-F-Lt 两种碎屑组分-物源区的分类模式进行研究。我们挑选了 100 多个中等磨蚀程度的砂岩样品进行矿物组成模式分析（Ingersoll et al., 1984），模式分析中用到的参数在表 3-1 中列出。

表 3-1　苏北盆地高邮凹陷 E_2d 碎屑岩中的石英类型分析

地区	井号	Qm	Qp	Qt	F	L	Lt
周庄	周 26	62.01	3.21	65.22	15.56	19.22	22.43
	周 27	57.33	3.12	60.45	13.73	25.82	28.94
	周 19-1	65.41	0.02	65.43	15.26	19.31	19.33
	周 28	59.17	0.98	60.15	20.73	19.12	20.10
	周 54	54.32	5.89	60.21	12.19	27.60	33.49
	周 51	59.38	1.23	60.61	12.92	26.47	27.70
	周 22	57.02	3.21	60.23	15.93	23.84	27.05
	周 36	63.50	2.23	65.73	15.32	18.95	21.18
	周 Z37	60.24	0.01	60.25	18.15	21.60	21.61
	周 38	55.15	10.87	66.02	12.73	21.25	32.12
黄珏	黄 15	52.42	5.63	58.05	18.37	23.58	29.21
花庄	花 x13	57.31	3.23	60.54	22.08	17.38	20.61
	花 3A	52.89	3.54	56.43	22.63	20.94	24.48
	花 1	53.89	1.25	55.14	25.73	19.13	20.38
	花 6	43.41	10.82	54.23	20.24	25.53	36.35
真武	真 81	49.19	5.90	55.09	18.59	26.32	32.22
	真 84	47.83	10.20	58.03	14.90	27.07	37.27
曹庄	曹 10	45.64	10.12	55.76	20.23	24.01	34.13
	曹 11	52.83	8.45	61.28	12.61	26.11	34.56
马家嘴	马 14	38.68	8.24	46.92	15.68	37.40	45.64
	马 19	37.36	8.09	45.45	15.78	38.77	46.86
	马 25	41.60	8.72	50.32	15.43	34.25	42.97
联盟庄	联 7	36.94	10.09	47.03	15.23	37.74	47.83
	联 8	54.91	5.27	60.18	22.78	17.04	22.31
	联 11	33.65	12.67	46.32	18.13	35.55	48.22
	联 21	32.26	15.89	48.15	20.23	31.62	47.51
	联 19	49.87	6.00	55.87	18.90	25.23	31.23

*主要参数（引自 Ingersoll et al., 1984）	Qm=单晶石英
Qt =石英总量（Qm+Qp）	Qp=多晶石英
F=斜长石总量	Lv=火成岩岩屑
L=不稳定岩屑（Lv+Lm+Ls）	Lm=变质岩岩屑
Lt=多晶质岩屑（L+Qp）	Ls=沉积岩岩屑（除燧石和硅化灰岩）

将高邮凹陷进行薄片鉴定采样的每口井位的平均矿物成分在矿物组成判别图（图3-2）中进行投影，结果显示，大部分样品在 Q-F-L 判别图中落在再旋回造山带物源区（图 3-2a），在 Qm-F-Lt 判别图中，大部分样品主要落在再旋回石英和混合物源区中（图 3-2b; Dickinson, 1985）。由此推断，高邮凹陷在 E_2d 沉积时期，其物源主要来自再旋回造山带物源区，并混合较多来自其他源区的物质，有待进一步证实。

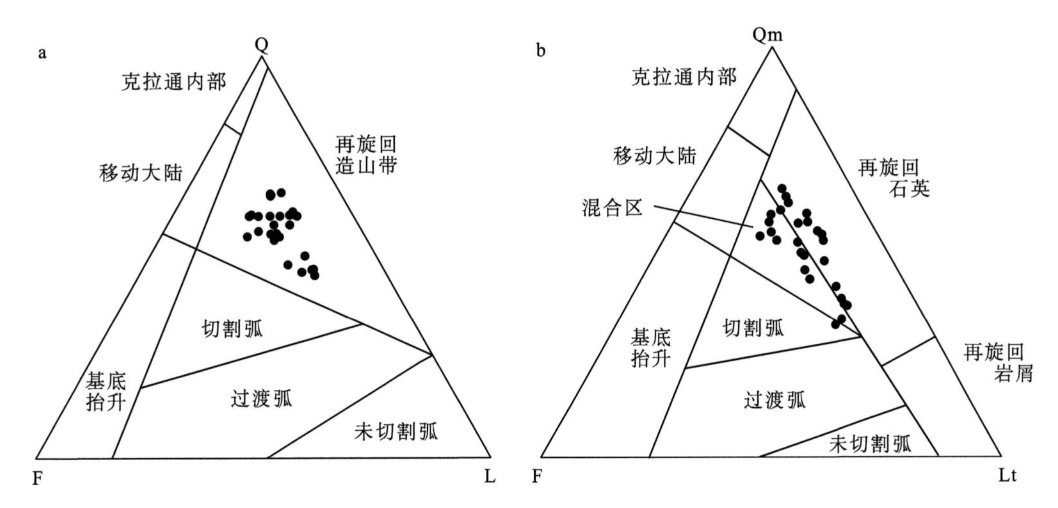

图 3-2　苏北盆地高邮凹陷 E_2d 碎屑岩组分的物源区判别图

a. Q-F-L 物源区判别图；b. Qm-F-Lt 物源区判别图（底图据 Dickinson, 1985）

3.3　石英特征及物源分析

3.3.1　岩石学特征

因为石英颗粒化学性质稳定，抗风化能力很强，既抗磨又难分解，所以石英具有很大的研究价值。观察石英中所含包裹体及波状消光现象，结合颗粒大小及颗粒形状等特征，有助于判断石英的来源。碎屑岩中的单晶石英类型可帮助确定母岩的岩性，多晶石英则指的是颗粒为多个石英晶体的集合体，不同类型的母岩崩解后会产生特征明显不同的多晶石英，因此不同来源的石英其特点往往不同。

正交偏光镜下，高邮凹陷 E_2d_1 碎屑岩中可同时观察到单晶石英（Qm）和多晶石英（Qp）（图 3-3a），其中单晶石英含量相对较高，说明高邮凹陷母岩中同时存在花岗岩、片麻岩和片岩。Qm 中可同时见波状消光和非波状消光，但以波状消光占多数，不含气液包裹体（图 3-3b）。Basu 认为，砂岩中石英若多为非波状消光，说明其母岩主要来自火成岩，而来自低变质岩的 Qp 可同时包括波状消光和非波状消光（Basu et al., 1975），由此可见，高邮凹陷的母岩来自低变质岩的可能性较大。样品中可见少量沉积岩岩屑（Ls）和火成岩岩屑（Lv），Qm 常呈现次棱角-次圆状，偶见磨圆较好的石英颗粒，说明物源在搬运过程中曾经过一定程度的磨蚀（图 3-3c，d，f）。不同类型岩屑和 Qm 间以线接触为主，并被碳酸盐胶结物胶结（图 3-3e）。大部分 Qp 颗粒包含的石英晶体多于 3 个，这种颗粒可分为两种类型：①Qp 中包含的晶体数目大于 5 个，这些晶体呈拉长状且表现为不规则或细齿状边缘，常指示变质岩的母岩（图 3-3a）；②Qp 中包含的晶体数目大于 5 个，这些晶体呈直线或微曲状接触，指示火成岩的母岩（Folk, 1974）。镜下观察，第一

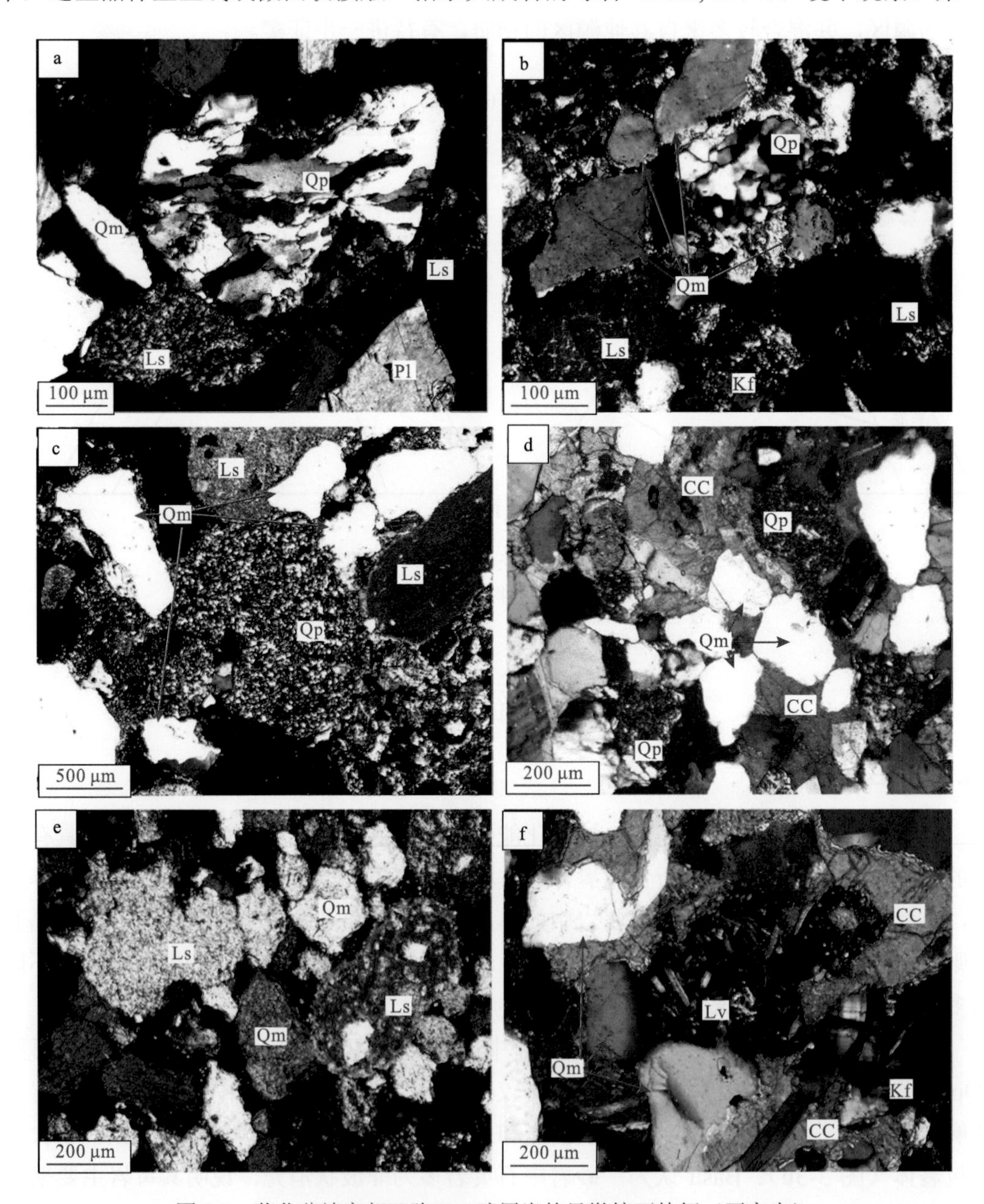

图 3-3　苏北盆地高邮凹陷 E_2d 碎屑岩的显微镜下特征（正交光）

a. 镜下同时可见 Qm 和 Qp，Qm 中的石英晶体间呈拉长状，并呈不规则或细齿状边缘；b. Qm 中同时可见波状消光和非波状消光；c. Ls 广泛分布；d. Qm 呈次棱角–次圆状分布；e. 颗粒间以线接触为主；f. Qm、Kf、Lv 被碳酸盐胶结物胶结。Lm. 变质岩岩屑；Ls. 沉积岩岩屑；Lv. 火成岩岩屑；Kf. 钾长石颗粒；Qm. 单晶石英；Qp. 多晶石英；Pl. 斜长石；CC. 碳酸盐胶结物

种 Qp 类型在高邮凹陷中较为常见，可分辨出变质石英岩岩屑和脉石英岩屑。变质石英岩岩屑中各石英晶粒外形极不规则，彼此镶嵌接触，石英多显波状消光或带状消光，各亚颗粒的消光位不同。而脉石英岩屑中不规则的石英晶粒呈镶嵌状和梳状，为镶嵌型波状消光。第二种 Qp 类型较少见到，说明高邮凹陷的母岩主要来自变质岩源区。

3.3.2　阴极发光特征

陆源碎屑中石英、长石和岩屑的性质与原始岩石直接相关，尽管在原始岩石解体后由搬运、磨蚀、溶解而失去了一些物质，但保留下来的组分基本代表着原始母体的岩石面貌，不同岩石所解体的物质具有不同的发光性。在硅酸盐矿物中，阴极发光颜色与晶体错位、缺陷和微量元素的含量等因素有关，而这些因素影响阴极发光颜色的程度则取决于母岩性质和结晶环境，所以硅酸盐矿物中的阴极发光受物源控制。特别是石英，阴极发光揭示了在常规透射光显微镜下极难区别的颗粒之间的差异，因此利用石英的阴极发光特征判断其来源和母岩性质是一种重要的途径。

当加速电子束轰击阴极发光时，来自不同物源区和成因的石英在阴极发光条件下显示不同的颜色，故可辨别石英颗粒是在火成环境下原始结晶的，还是在变质条件下重结晶的。变质条件不同，阴极发光颜色也不同，进而据此可以恢复母岩类型。一般来说，来源于火山岩的石英，以蓝紫色为主；来源于深变质岩的石英，以棕色、褐紫色为主，来源于浅变质岩的石英以棕色、浅褐色和暗褐色为主，来自沉积岩的石英不发光，此外，石英在阴极发光条件下显示的颜色还与石英原始结晶时的温度有关（表 3-2）。长石颗粒在阴极发光条件下常显示为亮蓝色、红色或绿色，其中发蓝色光的长石均含有少量 Ti^{4+}，而其他发光颜色的长石均无 Ti^{4+}，可见发蓝色光的长石与长石中含 Ti^{4+}密切相关；发红色光的长石较少，主要与 Fe^{3+}、Cr^{3+}和 Mn^{4+}有关；发绿色光的长石更加少见，常与 Mn^{2+}有关，例如拉长石中的 Ca^{2+}被 Mn^{2+}取代而发绿光，方解石胶结物则常呈现为橘黄色。因此我们可以根据碎屑岩中矿物的阴极发光特征来大致判断高邮凹陷中石英颗粒的来源，或者长石颗粒的成分特征，本节将主要着重于石英阴极发光对物源的指示。

表 3-2　石英发光类型与岩石类型及温度之间的关系

发光颜色	温度条件	来源	
紫色（在蓝紫和红紫之间变化）	573 ℃	火山岩	深成岩
棕色、褐紫色	>573 ℃	高级区域变质岩	变质的火山岩 变质的沉积岩
棕色、浅褐色和暗褐色	300～573 ℃	低级变质岩	接触变质岩 区域变质岩 变质的沉积岩
不发光	<300 ℃	沉积岩（自生石英）	

1. 戴南组一段三亚段阴极发光特征

花庄地区石英以蓝紫色石英为主（图 3-4 中 A），平均为 40%，褐色平均为 11%，不发光石英较少，说明花庄地区石英颗粒主要为火成石英颗粒，其次是变质石英颗粒，再旋回石英颗粒较少。长石主要呈棕绿色（图 3-4 中 B），其次是蓝紫色长石，偶见呈红褐色和粉红色长石，绿长石在岩石中不常见，电子探针分析表明，棕绿长石的 FeO 的含量略高于蓝色长石和红色长石，这可能与该类长石的低温变质作用有关，这说明长石以斜长石为主，且大都发生蚀变（图 3-5）。

富民北部和沙埝地区石英以棕褐色石英为主（图 3-6），平均为 65%，蓝紫色石英含量较少，不发光石英约为 5%，说明石英颗粒主要为变质石英颗粒，其次是再旋回石英颗粒，火成石英颗粒较少。长石颗粒主要呈亮蓝色，约为 10%，绿色长石含量平均为 5%，偶见红色长石，说明长石主要为碱性长石或斜长石，多发生蚀变（图 3-7）。

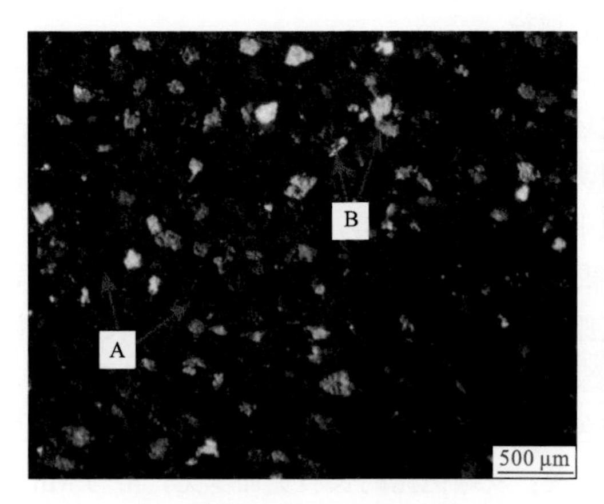

图 3-4　石英阴极发光图，花 20 井，2855 m，$E_2d_1^3$（A. 石英；B. 长石）

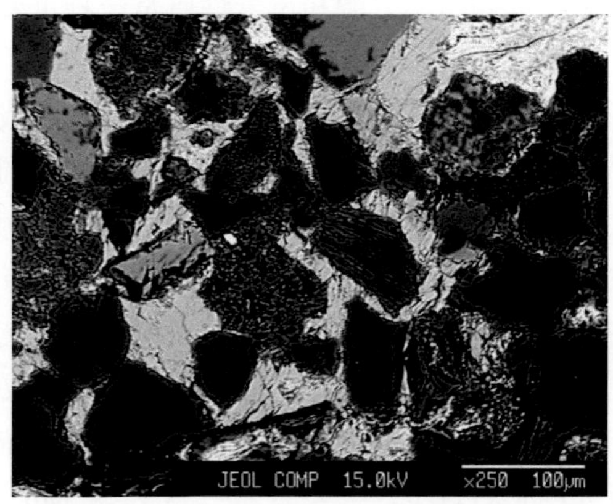

图 3-5　长石背离散射图，花 20 井，2855 m，$E_2d_1^3$

图 3-6　棕褐色石英，沙 3 井，2126.97 m，$E_2d_1^3$

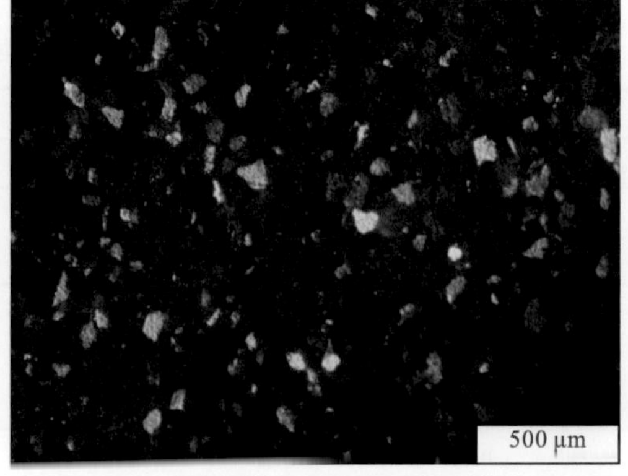

图 3-7　绿色长石，富 16-1 井，3346.06 m，$E_2d_1^3$

永安地区石英以蓝紫色石英为主，平均为55%，不发光石英平均为20%，棕褐色石英平均为10%，说明石英颗粒主要为火成石英颗粒，其次是再旋回石英颗粒，变质石英颗粒较少。长石以亮蓝色为主，平均为4%，其次为绿色长石。

曹庄地区石英以蓝紫色石英为主，平均为45%，不发光的石英约占10%，说明石英颗粒主要为火成石英颗粒，其次为再旋回石英颗粒。长石以浅棕绿色长石为主，平均为28%，亮蓝色长石约占10%，见少量红色长石。

真武地区石英以棕褐色石英为主，平均为 50%，蓝紫色石英平均为 6%。说明石英颗粒主要为变质石英颗粒，其次是火成石英颗粒，再旋回石英颗粒较少。长石以亮蓝色为主，平均为20%，见少量红色长石，偶见绿色长石。

综合高邮凹陷 $E_2d_1^3$ 石英阴极发光特征，做出该时期石英阴极发光平面分区（图3-8）。由图可以看出凹陷南部的马家嘴、黄珏、邵伯、真武与富民北部地区均以棕褐色石英为主，推测其沉积物可能来自相同的源区，母岩岩性以变质岩为主；凹陷其他地区均以蓝紫色石英为主，这些地区的沉积物也来自相同的源区，母岩岩性以火成岩为主。

2. 戴南组一段二亚段阴极发光特征

花庄地区石英仍以蓝紫色石英为主（图3-9），平均为65%，棕褐色和不发光石英较少，说明花庄地区石英颗粒主要为火成石英颗粒，变质石英颗粒和再旋回石英颗粒较少。长石主要呈亮蓝色，含量平均为5%，其次是浅绿色长石，偶见呈红褐色或粉红色长石。

周庄地区石英整体以深蓝紫色为主（图 3-10），平均为 65%，棕色石英次之，约为5%，不发光石英分布不均，一般小于3%，周51井不发光石英含量高达30%，这说明周庄地区石英整体为火成岩石英，周51井局部层段再旋回沉积石英含量较高，指示该区存在一个物源，或受阵发性物源的影响。周54井处沉积岩岩屑含量较高，说明此处离物源较近（图 3-11）。周庄地区长石多呈亮蓝色，含量平均为13%，红色、绿色长石含量较少，一般低于2%，说明周庄地区长石多为斜长石。

富民北部和沙埝地区石英以棕褐色为主（图 3-12），平均为 65%，蓝紫色石英含量较少，不发光石英约为 5%，说明石英颗粒主要为变质石英颗粒，其次是再旋回石英颗粒，火成石英颗粒较少。长石颗粒主要呈亮蓝色，约为10%，绿色长石含量平均为5%，偶见红色长石，说明长石主要为碱性长石或斜长石，长石多发生蚀变。橘黄色方解石10%。富民南部地区石英以蓝紫色为主，平均为 40%，棕色石英次之，约为 8%，不发光的石英较少，说明富民南部地区石英颗粒主要为火成石英颗粒，其次为变质石英颗粒，再旋回石英颗粒较少。长石主要呈浅棕绿色，含量高达30%，其次为亮蓝长石，约为10%，红色长石较少，约为4%。

曹庄地区石英颗粒以深蓝紫色为主，约占45%，其次是不发光石英，约占10%，棕色石英较少，说明曹庄地区石英主要为火成岩石英，其次是再旋回石英，变质石英颗粒最少。曹庄地区凹陷边缘的长石以绿色长石为主，至凹陷中心绿色长石含量减少，蓝色长石含量增加。

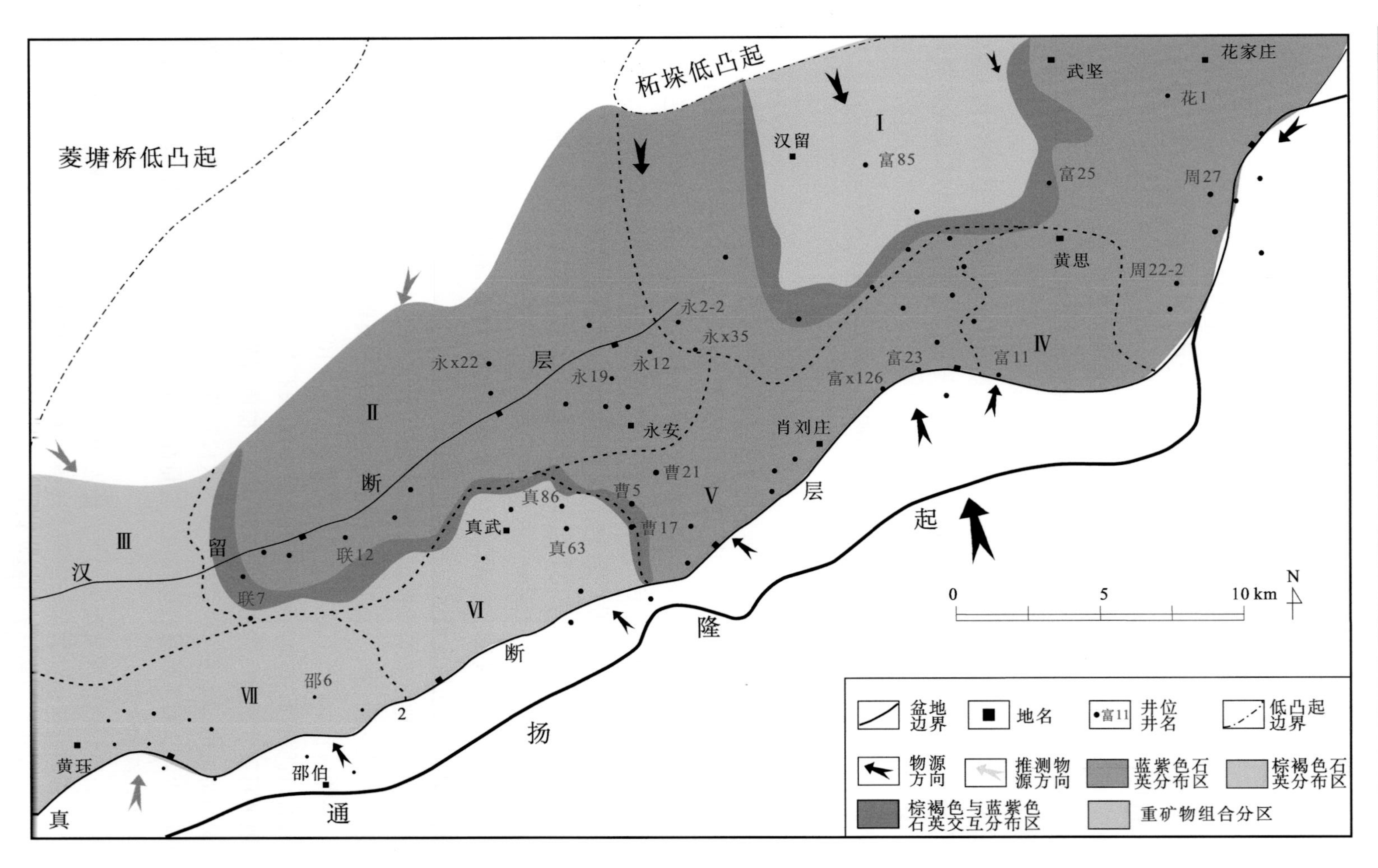

图 3-8　高邮凹陷戴一段三亚段石英阴极发光平面分区图

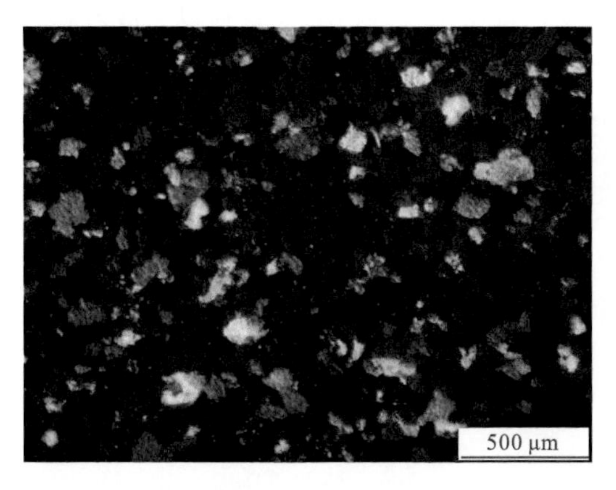

图 3-9　蓝紫色石英，花 1 井，2005.67 m，$E_2d_1^2$

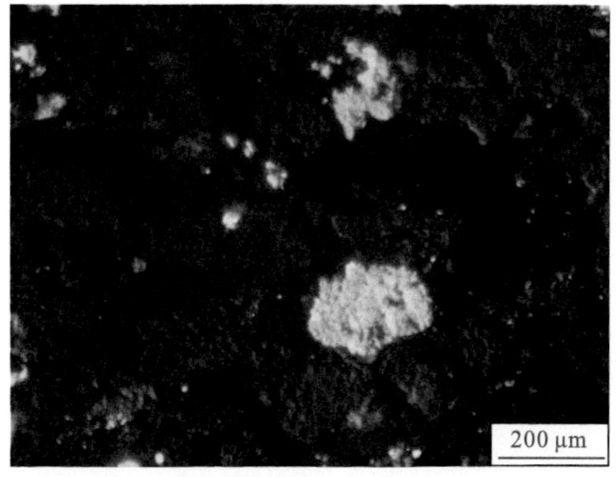

图 3-10　深蓝紫色石英，周 19-1 井，2698.97 m，$E_2d_1^2$

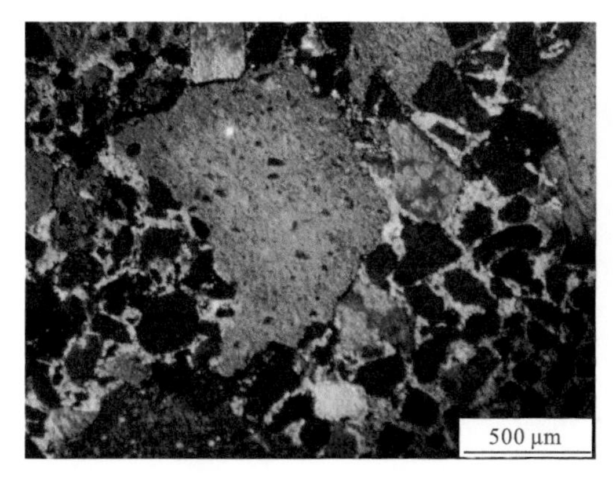

图 3-11　沉积岩岩屑，周 54 井，2178.02 m，$E_2d_1^2$

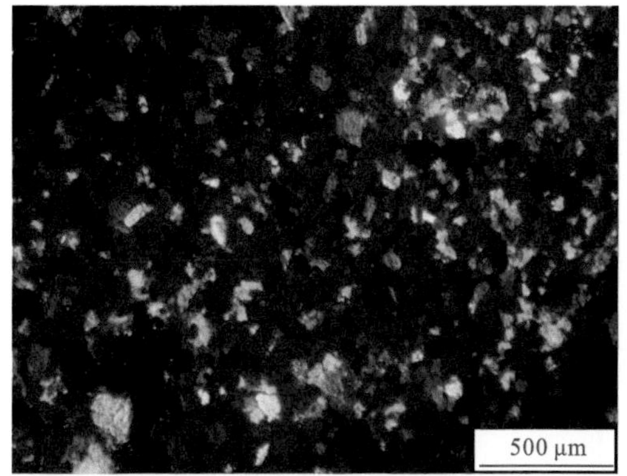

图 3-12　棕褐色石英，富 16-1 井，3346.06 m，$E_2d_1^2$

真武地区石英颗粒以紫褐色为主，约占 57.5%（图 3-13），其次是蓝紫色石英，约占 6%，不发光石英较少，含量一般低于 3%，说明石英颗粒主要为接触变质石英颗粒，其次是火成岩石英颗粒，再旋回石英颗粒较少。长石颗粒以亮蓝色长石为主，平均为 15%，红色和绿色长石含量较少，两者总含量不足 4%。

邵伯地区石英颗粒以棕褐色和紫褐色为主（图 3-14，图 3-15），约占 60%，其次是不发光石英颗粒，约占 7%，蓝紫色石英颗粒较少，这说明邵伯地区石英颗粒主要为变质岩石英，其次是沉积岩石英，火成岩石英较少。邵伯地区长石主要为红色，含量平均为 20%，沉积岩岩屑含量较高，约占 10%。

黄珏地区石英以棕褐色石英为主，含量平均为 62%，其次为蓝紫色和不发光石英，两者含量均不超过 5%，说明黄珏地区石英颗粒以变质岩颗粒为主，其次是火成岩石英和再旋回石英颗粒。长石以亮蓝色为主，平均含量为 9%。

永安地区石英以蓝色为主（图 3-16 中 A），含量平均为 55%，其次为棕色石英（图

3-16 中 B），含量约为 8%，不发光石英含量较少，说明永安地区石英颗粒以火成岩颗粒为主，其次是变质岩石英，再旋回石英颗粒较少。永安地区长石以亮蓝色为主，约占 15%。

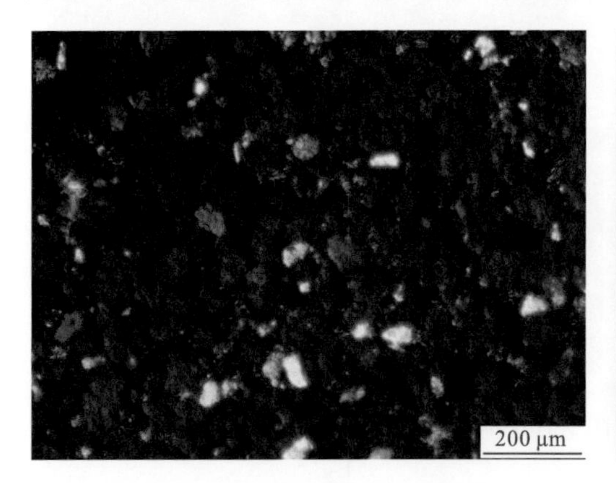

图 3-13　紫褐色石英，真 84 井，3159.64 m，$E_2d_1^2$

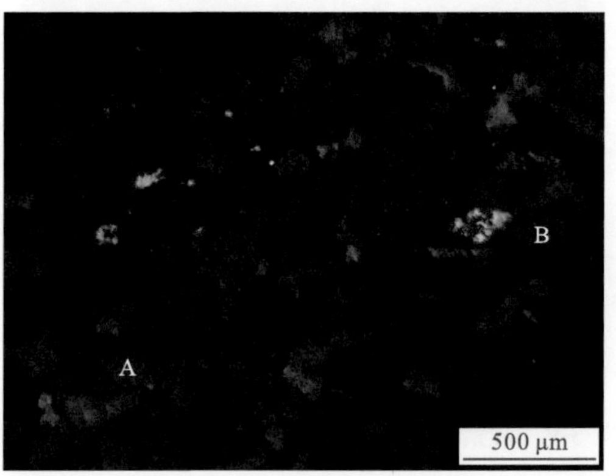

图 3-14　红色长石（A）和红色沉积岩岩屑（B），邵 x14 井，3346.06 m，$E_2d_1^2$

图 3-15　沉积岩岩屑，邵 x14 井，3346.06 m，$E_2d_1^2$

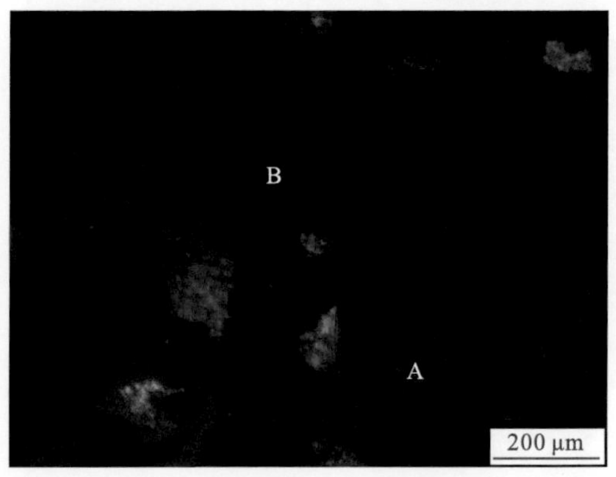

图 3-16　蓝色（A）和褐色（B）石英，永 x27 井，2631.38 m，$E_2d_1^2$

联盟庄地区石英以棕色石英为主，平均含量为 30%，蓝紫色石英含量约为 20%，不发光石英含量约为 8%，这说明联盟庄地区石英颗粒以变质岩颗粒为主，其次是火成岩石英颗粒，再旋回石英颗粒较少。断层附近的联 11 井富含沉积岩岩屑，含量达 35%，这说明汉留断层的活动对沉积作用影响较大，并指示该井区沉积物为近源沉积。该区长石以亮蓝色为主，平均含量为 10%，其次为绿色长石，红色长石较少。

马家嘴地区石英以棕褐色石英为主，平均含量为 50%，蓝紫色石英约为 15%，不发光石英较少，含量低于 5%，说明该区石英颗粒以变质岩石英为主，火成岩和再旋回石英颗粒较少。长石以棕红色为主，约占 10%，蓝色长石约为 5%。

综合高邮凹陷 $E_2d_1^2$ 石英阴极发光特征，做出该时期石英阴极发光平面分区（图 3-17）。由图可以看出凹陷南部的马家嘴、联盟庄、黄珏、邵伯、真武与富民北部地区均

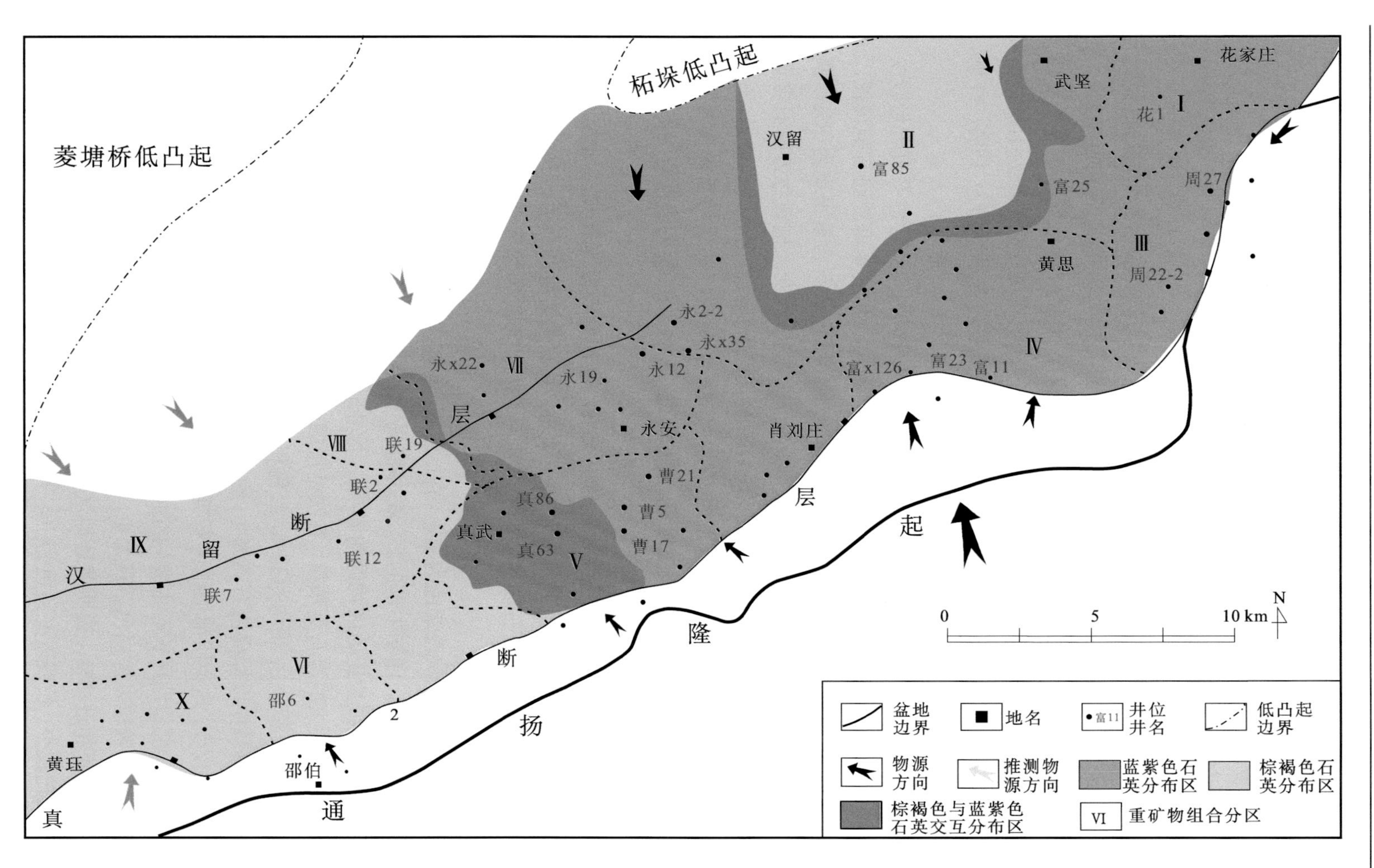

图 3-17　高邮凹陷戴一段二亚段石英阴极发光平面分区图

以棕褐色石英为主，推测其沉积物可能来自相同的源区，母岩岩性以变质岩为主；凹陷其他地区均以蓝紫色石英为主，这些地区的沉积物也来自相同的源区，母岩岩性以火成岩为主。$E_2d_1^2$ 与 $E_2d_1^3$ 相比，联盟庄地区物源发生了变化。

3. 戴南组一段一亚段阴极发光特征

花庄地区石英以蓝紫色石英为主，平均为 60%，不发光石英约为 5%，棕褐色较少，说明花庄地区石英颗粒主要为火成石英颗粒，再旋回石英颗粒和变质石英颗粒较少。长石主要呈亮蓝色，含量平均为 15%，其次是浅绿色长石，偶见红褐色或粉红色长石。

周庄地区石英整体以深蓝紫色为主，平均为 55%，棕色石英次之，约为 10%，不发光石英分布不均，一般小于 3%，周庄地区长石多呈亮蓝色，含量平均为 15%，红色、绿色长石含量较少，一般低于 5%。

富民北部和沙埝地区石英以棕褐色石英为主，平均为 60%，蓝紫色石英含量较少，不发光石英约为 8%，说明石英颗粒主要为变质石英颗粒，其次是再旋回石英颗粒，火成石英颗粒较少。长石颗粒主要呈亮蓝色，约为 12%，绿色长石含量平均为 8%，偶见红色长石，说明长石主要为碱性长石或斜长石，长石多发生蚀变。橘黄色方解石含量为 10%。富民南部地区石英以蓝紫色为主，平均为 50%，棕色石英次之，约为 3%，不发光的石英较少，说明富民南部地区石英颗粒主要为火成石英颗粒，其次为变质石英颗粒，再旋回石英颗粒较少。长石主要呈浅棕绿色，含量高达 28%，其次为亮蓝长石，约为 10%，红色长石较少，约为 3%。

曹庄地区石英颗粒以深蓝紫色为主，约占 55%，其次是不发光石英，约占 7%，棕色石英较少，说明曹庄地区石英主要为火成岩石英，其次是再旋回石英，变质石英颗粒最少。曹庄地区凹陷边缘的长石以蓝色为主，约占 15%，其次为绿色长石，平均含量为 3%，红色长石含量较少。

真武地区石英颗粒以深蓝紫色为主，约占 57.5%；棕褐色石英含量分布不均，凹陷边缘棕色石英含量较少，凹陷中部的真 86 井棕褐色石英含量较高，达 30%，推测其可能受西北方向联盟庄或曹庄地区物源的影响；不发光石英较少，含量一般低于 3%，这说明石英颗粒主要为火成岩石英颗粒，其次是接触变质石英颗粒，再旋回石英颗粒较少。长石颗粒以亮蓝色长石为主，平均为 15%，红色和绿色长石含量较少，两者总含量不足 4%。

邵伯地区石英颗粒以棕褐色石英为主，约占 50%，其次是不发光石英颗粒，约占 10%，蓝紫色石英颗粒较少，这说明邵伯地区石英颗粒主要为变质岩石英，其次是沉积岩石英，火成岩石英较少。邵伯地区长石主要为红色，含量平均为 15%。

黄珏地区石英颗粒以棕褐色石英为主，含量平均为 60%，其次为蓝紫色和不发光石英，两者含量均不超过 5%，说明黄珏地区石英颗粒以变质岩颗粒为主，火成岩石英和再旋回石英颗粒较少。长石以亮蓝色为主，平均含量为 10%，绿色和红色长石含量较少，两者总含量在 5%左右。

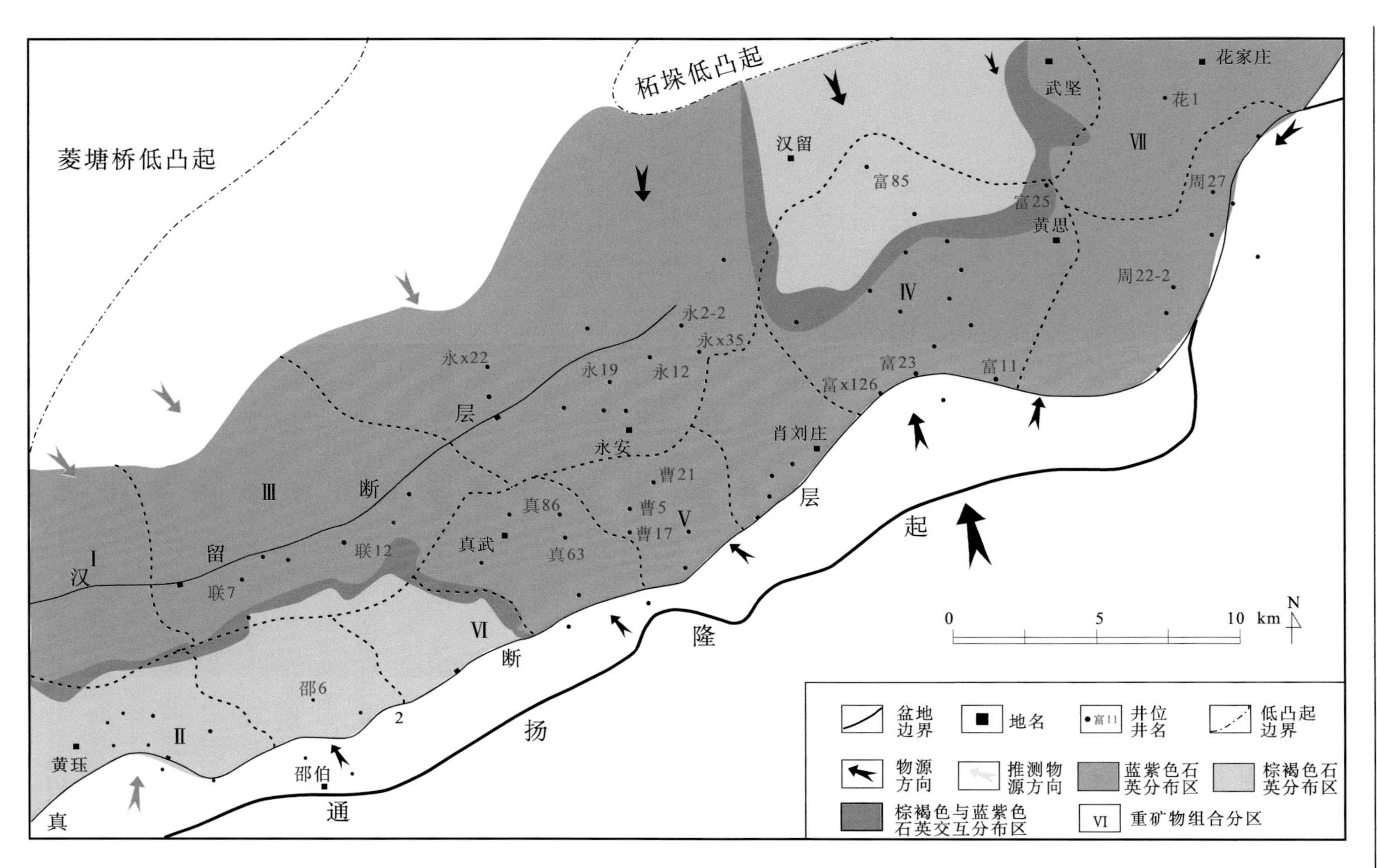

图 3-18　高邮凹陷戴一段一亚段石英阴极发光平面分区图

永安地区石英以蓝色为主，含量平均为 60%，其次为棕色石英，含量约为 5%，不发光石英含量较少，说明永安地区石英颗粒以火成岩颗粒为主，其次是变质岩石英，再旋回石英颗粒较少。永安地区长石以亮蓝色为主，约占 15%，部分长石被方解石溶蚀。

联盟庄地区石英以蓝紫色石英为主，平均含量为 35%，棕色石英含量约为 20%，不发光石英含量约为 5%，这说明联盟庄地区石英颗粒以火成岩颗粒为主，其次是变质岩石英颗粒，再旋回石英颗粒较少。该区长石以绿色长石为主，平均含量为 10%，其次为亮蓝色长石约为 5%，红色长石较少，含量不足 3%。

马家嘴地区石英以蓝紫色石英为主，平均含量为 40%，棕褐色石英约为 15%，不发光石英较少，含量低于 5%，说明该区石英颗粒以火成岩石英为主，变质岩和再旋回石英颗粒较少。长石以蓝色长石为主，约占 10%，棕红色长石约为 5%。

综合高邮凹陷 $E_2d_1^1$ 各地区石英阴极发光特征，并结合该时期的物源方向及分区做出该时期石英阴极发光平面分区（图 3-18）。由图可以看出凹陷南部的黄珏、邵伯、真武与富民北部地区均以棕褐色石英为主，推测其沉积物可能来自相同的源区，母岩岩性以变质岩为主；凹陷其他地区均以蓝紫色石英为主，这些地区的沉积物也来自相同的源区，母岩岩性以火成岩为主。$E_2d_1^1$ 与 $E_2d_1^2$ 相比，马家嘴地区物源发生了变化。

综上所述，凹陷南部的黄珏、邵伯、真武与凹陷北部的富民北部-沙埝地区均以棕褐色石英为主，推测其沉积物均主要来自母岩岩性为变质岩的源区。凹陷南部的周庄、富民南部、曹庄地区和凹陷北部的永安均以蓝紫色石英为主，说明这些地区的沉积物均主要来自母岩岩性为火成岩的源区。而在凹陷西南部的联盟庄和马家嘴地区，以棕褐色石英和蓝紫色石英为主且含量相当，说明该地区同时受到变质岩母岩和火成岩母岩的物源影响。高邮凹陷戴南组中来自沉积岩的石英含量最低，但南部陡坡带含量相对较高的沉积岩很可能大部分来自下伏老地层，说明南部陡坡带地区的构造运动相对其他地区频繁。

3.4　重矿物特征及物源分析

碎屑岩中的重矿物组合既受碎屑岩物质搬运距离的控制，也受母岩区岩石类型的影响。碎屑重矿物的不同组合是源区研究的重要指标（Morton and Hallsworth, 1999）。重矿物组合是物源搬运距离和岩性变化的极为敏感的指示剂（赵红格和刘池洋，2003）。在同一沉积盆地中，同时期、同物源的沉积物的重矿物组合特征基本一致，因此，可利用同时期重矿物组合推断沉积物来源的方向。随着搬运距离的增大，沉积物中不稳定重矿物含量逐渐减少，稳定重矿物含量相对升高，因此可利用重矿物稳定系数（碎屑岩中稳定陆源重矿物含量与不稳定陆源重矿物含量的比值）来研究碎屑沉积物的搬运方向和搬运距离的长短。通常重矿物稳定系数越大，沉积区距离物源区越远。在重矿物中，锆石、金红石和电气石的化学性质最稳定，它们在透明重矿物中所占的比例被称为 ZTR 指数，代表重矿物的成熟度，是判别矿物成熟度的指标。一般而言，来自同一剥蚀物源区、相同年代、同一河流沉积物的重矿物样品，常常具有相同或近似的重矿物组合和重矿物的相对百分含量，并且从上游至下游随着搬运距离的增加和改造程度的加剧，样品中不稳定重矿物数量将逐渐减少，稳定重矿物的数量将相对增多，重矿物稳定系数及 ZTR 指数也相应逐渐增大（王明磊等, 2009）。因此重矿物稳定系数和 ZTR 指数可用来研究碎屑沉积物的搬运方向和搬运距离，重矿物稳定系数和 ZTR 指数值越大，沉积区距离物源越远。

高邮凹陷 E_2d_1 地层中的陆源碎屑重矿物类型主要为石榴子石、黄铁矿和锆石，其次是磁铁矿、重晶石、褐铁矿、金红石和电气石，见白钛石、锐钛矿、榍石、钛铁矿、绿泥石，部分地区见硬石膏、磷灰石、尖晶石、板钛矿、独居石。其中石榴子石含量为 0.78%～85.00%，平均为31.47%；黄铁矿含量为0.1%～89.15%，平均为15.96%；锆石含量为0.1%～41.32%，平均为 13.66%。磁铁矿、电气石和褐铁矿的含量分别在 0.1%～53.08%，0.1%～33.10%和 0.1%～52.08%之间变化。稳定重矿物主要有石榴子石、锆石、磁铁矿、电气石、褐铁矿和金红石等，其总含量占重矿物总量的 0.90%～99.55%，平均为 72.19%；不稳定重矿物主要为黄铁矿、重晶石和磷灰石，偶见辉石、角闪石、绿帘石、云母和绿泥石，不稳定重矿物含量占重矿物总量的 0.45%～99.10%，平均为 20.43%。从稳定重矿物、不稳定重矿物相对含量面积图也可以看出，大多数井以稳定重矿物为主。

3.4.1　戴南组一段三亚段

高邮凹陷戴南组一段三亚段（$E_2d_1^3$）的 21 口井的陆源碎屑重矿物相对含量数据表明（表 3-3），该层段重矿物类型主要为石榴子石、黄铁矿和锆石，其次是磁铁矿、电气石、褐铁矿、金红石和重晶石，见白钛石、锐钛矿、榍石、钛铁矿、绿泥石，部分地区见硬石膏、磷灰石、尖晶石、板钛矿、独居石。其中石榴子石含量为 0.78%～57.25%，平均为32.81%；黄铁矿含量为0.1%～89.15%，平均为19.01%；锆石含量为3.5%～37.74%，平均为 16.70%。磁铁矿、电气石和褐铁矿的含量分别在 0.1%～53.08%，0.1%～15.26%和 0.1%～32.78%之间变化。

稳定重矿物主要有石榴子石、锆石、磁铁矿、电气石、褐铁矿和金红石等，其总含量占重矿物总量的 9.55%～98.31%，平均为 74.76%；不稳定重矿物主要为黄铁矿、重晶石和磷灰石，偶见辉石、角闪石、绿帘石、云母和绿泥石，不稳定重矿物含量占重矿物总量的 1.69%～98.31%，平均为 25.24%。

从表 3-4 可以看出，花庄地区花 1 井的重矿物组合为石榴子石+金红石+电气石+锆石组合，重矿物稳定系数为 87.5，值相对较高，指示沉积物经过一定距离的搬运；ZTR 指数为 0.25，值较小，双目镜下观察发现，锆石多数自形或半自形，圆度较好，只个别稍经磨圆，说明火成岩碎屑没有经过较长距离的搬运。以上说明花庄地区沉积物部分来自附近的高地，部分来自更远的物源区。

永安地区的重矿物组合具有两分性，永 2-2、永 12、永 19 和永 x35 井具有相似的重矿物组合，均以石榴子石+锆石+电气石为主，不同的是永 x35 井的磁铁矿含量较高，永 x22 的重矿物组合为锆石+磁铁矿+白钛石+石榴子石组合，与其他井相比磁铁矿和白钛石的含量较高，但是永安地区整体重矿物组合相似性程度较高，这说明其沉积物来自相同

表 3-3　苏北盆地高邮凹陷戴南组一段三亚段重矿物相对含量表

（单位：%）

	井名	主要稳定重矿物														主要不稳定重矿物					数据来源
		锆石	金红石	电气石	石榴子石	锐钛矿	榍石	白钛石	独居石	钛铁矿	尖晶石	板钛矿	褐铁矿	磁铁矿	夕线石	重晶石	黄铁矿	磷灰石	绿泥石	硬石膏	
曹庄	曹 17	13.80	3.52	2.97	57.25	0.88	0.00	0.58	0.59	1.49	0.00	0.00	10.41	0.14	0.00	1.76	2.64	3.81	0.00	0.00	实测
	曹 21	4.83	0.54	2.03	1.45	0.21	0.00	0.40	0.08	0.00	0.00	0.00	0.01	0.00	0.00	0.21	89.15	1.08	0.00	0.00	实测
	曹 5	7.59	1.65	2.18	51.55	0.00	2.20	0.00	0.00	0.48	0.00	0.02	0.74	0.31	0.00	19.12	13.24	0.00	1.07	0.00	综合
富民	富 11	7.29	3.69	2.64	17.50	0.15	0.00	0.00	0.00	0.00	0.00	0.07	3.03	53.08	0.00	3.32	7.60	0.00	0.37	1.46	资料
	富 23	22.60	9.77	11.91	28.86	5.50	0.00	7.79	0.14	0.00	0.00	0.00	0.46	0.00	0.00	0.61	1.83	10.39	0.00	0.00	实测
	富 25	12.43	3.23	3.63	46.92	0.15	0.00	0.00	0.14	0.00	0.00	0.10	3.26	19.13	0.00	8.19	1.23	0.00	0.42	1.26	资料
	富 85	11.57	4.05	2.31	40.72	0.58	0.00	1.16	0.14	0.00	0.95	0.00	0.00	0.00	0.00	8.68	27.53	2.31	0.00	0.00	实测
	富 x126	24.20	2.02	13.86	42.75	0.00	0.10	11.70	0.00	0.00	0.00	1.60	0.00	2.07	0.00	0.00	0.00	0.00	1.69	0.00	资料
联盟庄	联 12	8.95	5.37	0.33	3.13	1.79	0.00	0.00	0.00	0.00	0.00	0.00	0.00	0.00	0.00	2.69	75.06	2.69	0.00	0.00	实测
	联 7	7.38	6.73	15.26	0.99	3.28	0.00	2.14	0.05	0.00	0.24	0.00	0.44	0.00	0.00	18.04	39.71	5.74	0.00	0.00	实测
邵伥	邵 6	7.78	0.68	4.73	10.68	0.00	0.00	4.60	0.00	0.00	0.00	0.00	32.78	13.63	0.00	0.35	24.85	0.00	0.00	0.00	资料
永安	永 12	6.09	2.54	3.85	59.19	0.18	0.00	0.00	0.12	0.00	0.00	0.00	1.37	1.11	0.00	2.89	22.60	0.00	0.09	0.00	综合
	永 19	29.55	3.05	4.00	55.39	0.00	0.00	0.00	0.38	0.00	0.00	0.00	0.19	2.67	0.00	3.72	0.67	0.00	0.19	0.19	资料
	永 2-2	11.37	3.89	2.87	63.20	1.79	0.00	10.17	0.00	0.00	0.72	0.00	0.00	0.00	0.00	0.00	0.00	5.98	0.00	0.00	实测
	永 x22	48.75	0.50	2.95	13.00	0.00	0.00	17.95	0.00	0.00	0.00	0.00	2.20	10.30	0.00	0.85	3.55	0.00	0.00	0.00	资料
	永 x35	22.10	0.65	3.40	42.55	0.00	0.00	18.22	0.00	0.00	0.00	0.00	0.88	10.13	0.00	0.00	2.08	0.00	0.00	0.00	资料
真武	真 63	3.50	1.17	0.01	0.78	0.39	0.00	0.00	0.00	0.00	0.00	0.00	23.34	0.00	0.00	0.00	70.83	0.00	0.00	0.00	实测
	真 86	11.88	4.04	3.85	20.20	0.16	0.00	0.00	0.00	0.00	0.00	0.11	2.58	43.32	0.00	3.20	9.27	0.00	0.41	0.73	资料
周庄	周 22	37.74	7.29	6.34	40.09	0.13	0.09	0.00	0.00	0.09	0.00	0.00	0.00	3.46	0.00	3.13	0.57	0.00	0.91	0.00	资料
	周 27	25.69	3.15	3.30	46.80	1.57	0.00	2.34	1.10	0.11	0.11	0.00	0.11	0.00	0.00	3.67	6.82	5.25	0.00	0.00	实测
花庄	花 1	4.95	11.86	5.31	66.95	0.00	0.00	0.00	0.14	7.18	0.00	0.13	2.35	0.00	0.00	0.00	0.00	0.09	0.15	0.91	资料

表 3-4　苏北盆地高邮凹陷戴一段三亚段重矿物组合、重矿物稳定系数及 ZTR 指数表

地区	井号	重矿物组合	重矿物稳定系数	ZTR 指数
曹庄	曹 17	石榴子石+锆石+褐铁矿+金红石+电气石	10.97	0.22
	曹 21	锆石+电气石+石榴子石	0.11	0.77
	曹 5	石榴子石+锆石+电气石	1.98	0.17
富民	富 11	磁铁矿+石榴子石+锆石+金红石	6.83	0.16
	富 23	石榴子石+锆石+电气石+白钛石+锐钛矿	6.71	0.51
	富 25	石榴子石+磁铁矿+锆石+金红石	7.99	0.22
	富 85	石榴子石+锆石+金红石+电气石	1.60	0.29
	富 x126	石榴子石+锆石+电气石+白钛石+金红石	22.38	0.36
联盟庄	联 12	锆石+金红石+石榴子石+锐钛矿	0.24	0.75
	联 7	电气石+金红石+锆石+锐钛矿	0.57	0.80
邵 伯	邵 6	褐铁矿+磁铁矿+石榴子石+锆石	2.97	0.18
永安	永 12	石榴子石+锆石+电气石+金红石	2.90	0.17
	永 19	石榴子石+锆石+电气石+金红石	19.98	0.38
	永 2-2	石榴子石+锆石+金红石+电气石	15.72	0.19
	永 x22	锆石+磁铁矿+白钛石+石榴子石	21.74	0.55
	永 x35	石榴子石+锆石+磁铁矿+电气石	47.01	0.27
真武	真 63	褐铁矿+锆石+金红石	0.41	0.16
	真 86	磁铁矿+石榴子石+锆石+金红石+电气石	6.33	0.23
周庄	周 22	石榴子石+锆石+金红石+电气石	19.92	0.54
	周 27	石榴子石+锆石+金红石+电气石	5.36	0.38
花庄	花 1	石榴子石+金红石+电气石+锆石	87.5	0.25

的源区，其组合的差异是由各条河流控制的物源剥蚀区域面积不同导致的，结合其沉积特征及砂岩百分比等值线推测永安地区沉积物来自柘垛低凸起方向。

周庄地区的重矿物组合均为石榴子石+锆石+金红石+电气石组合，说明周庄地区的物源较稳定，周 27 井的稳定重矿物含量较低，重矿物稳定系数为 5.36，说明该井离物源区较近，据构造特征推测该井区处可能为沉积物入湖位置，ZTR 指数为 0.38，值也相对较低；周 22 井的重矿物稳定系数为 19.92， ZTR 指数为 0.54，由此推测，周庄地区在 $E_2d_1^3$ 沉积物来自吴堡低凸起方向，可能沿周 27 井向周 22 井方向推进。

富民地区的重矿物组合复杂，其中富 23 和富 x126 井具有相似的重矿物组合，为石榴子石+锆石+电气石+白钛石组合，富 11 和富 25 井为磁铁矿+石榴子石+锆石+金红石组合，富 85 井为石榴子石+锆石+金红石+电气石组合。富 23、x126、11 井均位于真 2 断层附近，重矿物稳定系数相近，富 11 井与富 23 和富 x126 井相比，磁铁矿的含量较高，石榴子石、锆石的含量相对低，且 ZTR 指数较低，以上说明富 11 井与富 23 和富 x126 井具有不同的物源体系。富 11 井的重矿物稳定系数和 ZTR 指数均较低，且紧挨真 2 断层，由此可推测富 11 井处可能存在一物源，且该井区离沉积物入湖口较近，沉积物来自邻近的通扬隆起。富 25 与富 11 井虽有相同的重矿物组合，两者之间因有樊川次凹相隔，不能判定其沉积物来自相同的源区。富 x126 与富 23 井相比，ZTR 指数较低，这说明富 x126 较富 23 井离物源更近，推测在两井之间存在一个物源。富 85 井的重矿物组合为石榴子石+锆石+金红石+电气石，推测富民北部地区沉积物来自柘垛低凸起方向。与永安地区相比，重矿物组合有一定相似性，结合石英阴极发光特征，推测富民北部与永安地区沉积物来自相同源区的不同层位的地层。

曹庄地区的曹 5 和曹 21 井重矿物组合为锆石+电气石+石榴子石组合，随着搬运距离的增加，锆石在重矿物中的比重增加，曹 21 井的不稳定的重矿物含量较高，绝大部分为黄铁矿，这可能与成岩环境有关。由湖岸至中心方向，ZTR 指数呈递增趋势，说明其沉积物来自通扬隆起。曹 17 井的重矿物组合为石榴子石+锆石+褐铁矿+金红石+电气石组合，曹 17 井局部富含褐铁矿，这与曹 5 和曹 21 井差异较明显，与真武地区的真 63 井相似，推测曹 17 井区受来自真武地区物源的影响。

真武地区真 63 井的重矿物组合为褐铁矿+锆石+金红石组合，真 86 井的重矿物组合为磁铁矿+石榴子石+锆石+金红石+电气石组合，真武地区的真 63 井褐铁矿含量较高，褐铁矿多为磁铁矿氧化产物，真 86 井的磁铁矿含量较高，呈黑色，次棱-次圆状，石榴子石不规则粒状，含量也较真 63 井高，由此推测两井具有相同的物源体系，两井的重矿物稳定系数和 ZTR 指数均较低，分别为 0.41 和 6.33，0.16 和 0.23，这说明沉积物离物源区较近，没有经过较长距离的搬运或为原来沉积的老地层因真 2 断层活动，被抬升而遭受剥蚀。

邵伯地区邵 6 井的重矿物组合为褐铁矿+磁铁矿+石榴子石+锆石组合，重矿物稳定系数为 2.97，说明沉积物没有经历较长距离的搬运，ZTR 指数为 0.18，值较低，说明该井区离物源较近。

联盟庄地区的重矿物组合为锆石+金红石+石榴子石+锐钛矿组合，与北部的永安地区重矿物组合相似程度较高，沿联 12 井向联 7 井方向，重矿物稳定系数和 ZTR 指数均成增加趋势，说明联盟庄地区的沉积物可能来自北部，即柘垛低凸起方向物源区。重矿物稳定系数较低，说明搬运距离很短，由此推测联盟庄地区 $E_2d_1^3$ 的沉积物可能是由于汉留断层的运动，原来的老地层垮塌，在下降盘就近堆积的结果，联 7 井含有较多的电气石，与联 12 井差别明显，推测联 7 井受其他方向物源的影响。

综上所述，高邮凹陷在 $E_2d_1^3$ 时期物源复杂，北部斜坡带的花庄、富民北部、永安地区沉积物部分来自柘垛低凸起方向，联盟庄地区的沉积物可能是由于汉留断层的运动，原来的老地层垮塌，在下降盘就近堆积的结果；周庄地区沉积物来自吴堡低凸起方向，可能沿周 27 井向周 22 井方向推进；南部陡坡带的富民南部、真武、邵伯地区沉积物来自通扬隆起，富民南部存在两个物源，富 11 井处可能存在一个物源，富 x126 与富 23 两井之间存在一个物源，真武、邵伯地区沉积物离物源区较近，没有经过较长距离的搬运或为原来沉积的老地层因真 2 断层活动，被抬升而遭受剥蚀。

3.4.2　戴南组一段二亚段

高邮凹陷戴南组一段二亚段（$E_2d_1^2$）的 54 口井的陆源碎屑重矿物相对含量数据表明（表 3-5），该层段重矿物类型主要为石榴子石、黄铁矿和锆石，其次是磁铁矿、重晶石、褐铁矿、金红石和电气石，见白钛石、锐钛矿、榍石、钛铁矿、绿泥石，部分地区见硬石膏、磷灰石、尖晶石、板钛矿、独居石。其中石榴子石含量为 1.26%～85.00%，平均为30.13%；黄铁矿含量为0.1%～84.94%，平均为12.91%；锆石含量为0.1%～39.81%，平均为 10.61%。磁铁矿、电气石和褐铁矿的含量分别在 0.1%～53.08%，0.63%～33.10%和 0.1%～52.08%之间变化。

稳定重矿物主要有石榴子石、锆石、磁铁矿、电气石、褐铁矿和金红石等，其总含量占重矿物总量的 0.90%～99.40%，平均为 63.21%；不稳定重矿物主要为黄铁矿、重晶石和磷灰石，偶见辉石、角闪石、绿帘石、云母和绿泥石，不稳定重矿物含量占重矿物总量的 0.60%～99.10%，平均为 22.03%。

从主要陆源重矿物组合、重矿物稳定系数及 ZTR 指数的分布可以看出（表 3-6），花庄地区重矿物组合均为石榴子石+锆石+电气石+磁铁矿+金红石组合，重矿物稳定系数均较高，说明沉积物经过较长距离的搬运；沿花 x13、花 1 井至花 3A 方向，重矿物稳定系数和 ZTR 指数呈递增趋势，说明沉积物沿此方向沉积，推测其物源为柘垛低凸起方向。

周庄地区在 $E_2d_1^2$，从总体情况来看，东部的周 54、36、38、51 井 ZTR 指数均比西部的周 19-1、22 井的值低，说明沉积物来自东部物源区方向，推测其沉积物来自吴堡低凸起方向。周 54 井的 ZTR 指数为 0.07，值最低，说明沉积物由周 54 井区附近注入，为近物源沉积，其重矿物组合为石榴子石+黄铁矿+磁铁矿组合，周 36、27 井与周 54 井相似，说明来自相同的母岩区。周 19-1 和周 x52 井的重矿物组合均为锆石+石榴子石+黄铁矿组合，与周 54 井相比，锆石含量较高，黄铁矿和石榴子石的含量均占主要地位，说明它们来自相同的物源区，但是由不同的河流分支携带入湖。周 22、26、38 井具有相似的重矿物组合，为石榴子石+锆石+磁铁矿+电气石组合，且 ZTR 指数由周 38 至周 26、22 井，呈递增趋势，说明沉积物来自周 38 井方向，推测周 38 井处可能存在一个物源。周 38 与周 36、54 井相比，石榴子石和黄铁矿所占比例相近，赤褐铁矿和钛磁铁矿的含量较高，ZTR 指数相近为 0.11，推测周 38 与周 36、54 井沉积物来自相同的母岩区，但是由不同的支流携带入湖。周 51 井的 ZTR 指数为 0.13，值较低，为近源沉积产物，推测周 51 井处可能存在一个物源。由以上分析可知，周庄地区北部周参 1 井区沉积物来自吴堡低凸起方向，周 22、26、36、38、54 井区的沉积物来自相同的物源区，但是由不同的河流携带入湖，周 51 井区可能存在一个物源。

表 3-5　苏北盆地高邮凹陷戴南组一段二亚段重矿物相对含量表　（单位：%）

	井名	主要稳定重矿物													主要不稳定重矿物						数据来源
		锆石	金红石	电气石	石榴子石	锐钛矿	榍石	白钛石	独居石	钛铁矿	尖晶石	板钛矿	褐铁矿	磁铁矿	重晶石	黄铁矿	磷灰石	绿帘石	绿泥石	硬石膏	
曹庄	曹 11	4.82	0.89	4.45	35.69	0.00	0.00	0.00	0.00	0.11	0.00	0.00	7.00	11.30	34.27	0.17	0.00	0.00	0.55	0.00	综合
	曹 21	4.20	0.47	1.76	1.26	0.19	0.00	0.36	0.07	0.00	0.00	0.00	0.01	0.00	0.19	81.71	0.93	0.00	0.00	0.00	实测
	曹 34	11.37	2.14	5.72	41.16	0.19	0.00	0.00	0.06	0.00	0.00	0.00	0.28	32.89	4.27	1.23	0.00	0.00	0.44	0.00	综合
	曹 5	5.40	5.07	2.00	56.39	0.28	0.00	0.00	0.00	0.00	0.00	0.00	1.52	9.83	0.00	18.00	0.00	0.00	0.93	0.00	实测
	曹 9	3.93	3.41	2.43	60.41	0.48	0.00	0.00	0.00	0.00	0.00	0.00	5.25	4.45	10.41	7.90	0.00	0.00	0.96	0.00	综合
	许浅 1-1	9.25	5.13	5.33	22.81	6.73	0.00	6.53	0.00	3.92	0.00	0.00	9.65	0.00	0.00	19.60	5.73	0.00	0.00	0.00	实测
富民	富 103	16.46	1.05	3.92	35.65	0.03	0.00	0.00	0.00	0.00	0.00	0.00	2.44	8.32	17.51	12.28	0.00	0.00	1.27	0.00	资料
	富 11	7.29	3.69	2.64	17.50	0.15	0.00	0.00	0.04	0.00	0.00	0.07	3.03	53.08	3.32	7.60	0.00	0.00	0.37	1.46	资料
	富 14	12.86	2.82	4.16	27.80	0.00	0.00	0.00	0.12	0.00	0.00	0.00	3.76	47.94	17.96	12.86	0.00	0.00	0.58	0.00	综合
	富 25	8.92	2.40	4.72	41.38	0.04	0.00	0.00	0.14	0.00	0.00	0.12	4.15	24.50	6.06	5.40	0.00	0.17	1.38	0.29	资料
	富 28	16.76	6.29	5.71	14.76	4.71	0.00	10.52	0.48	1.43	0.00	0.00	17.62	0.00	8.90	2.62	2.88	0.00	0.00	0.00	实测
	富 52	27.89	7.06	7.26	34.74	0.41	0.00	0.00	0.27	0.00	0.00	0.04	4.72	3.75	8.86	4.53	0.00	0.07	0.22	0.81	资料
	富 54	27.78	7.43	5.73	55.80	0.00	0.00	0.00	0.83	0.00	0.00	0.00	1.10	1.03	0.00	0.00	0.00	0.05	0.23	0.00	资料
	富 55	7.93	3.97	0.63	27.97	0.10	0.13	0.00	0.00	0.00	0.00	0.00	2.47	35.07	1.23	0.00	0.00	21.63	0.11	0.00	综合
	富 56	15.70	4.13	7.25	31.80	0.00	0.00	0.00	0.13	0.00	0.00	0.42	10.52	32.41	0.00	0.00	0.00	0.00	0.25	0.00	综合
	富 82	15.88	3.92	7.03	58.05	0.19	0.00	3.05	0.35	0.00	0.00	0.00	1.87	1.20	2.00	6.76	0.00	0.00	0.13	0.00	综合
	富 83	1.94	0.19	0.56	1.92	0.19	0.00	1.11	0.00	0.00	0.00	0.00	0.02	0.00	0.00	84.94	0.19	0.00	0.00	0.00	资料
	富 13	14.33	5.30	12.17	62.73	0.00	0.00	0.00	0.13	3.47	0.00	0.00	1.60	0.00	0.00	0.00	0.00	0.00	0.27	0.00	资料
	富 46	22.40	9.20	9.03	48.83	0.00	0.00	0.00	0.37	7.37	0.37	0.00	2.13	0.00	0.00	0.00	0.00	0.00	0.20	0.10	资料
	富 71	28.81	9.37	12.95	44.87	0.00	0.00	0.00	0.36	0.00	0.00	0.02	1.92	1.13	0.00	0.00	0.00	0.02	0.45	0.02	资料
	余 14	18.70	4.87	9.05	21.49	0.15	0.00	0.00	0.25	0.00	0.00	0.06	1.30	23.71	18.96	0.73	0.00	0.02	1.00	0.00	实测
花庄	花 1	10.57	4.53	6.25	65.47	0.00	0.00	0.00	0.12	0.00	0.00	0.17	2.78	8.75	17.51	12.28	0.00	0.00	1.27	0.00	综合
	花 6	6.03	0.55	1.81	37.03	0.22	0.00	1.68	0.04	0.45	0.00	0.00	3.61	0.00	0.00	44.42	2.19	0.00	0.00	0.00	实测
	花 3A	11.92	1.97	4.78	70.63	0.00	0.00	0.00	0.00	0.00	0.00	0.00	8.21	2.17	0.00	0.00	0.00	0.30	0.00	0.00	综合
	花 x13	15.39	1.29	11.25	69.41	0.00	0.00	0.00	0.00	0.00	0.00	0.00	0.08	0.00	0.00	0.00	0.00	0.49	0.00	0.00	资料

续表

	井名	主要稳定重矿物													主要不稳定重矿物						数据来源
		锆石	金红石	电气石	石榴子石	锐钛矿	榍石	白钛石	独居石	钛铁矿	尖晶石	板钛矿	褐铁矿	磁铁矿	重晶石	黄铁矿	磷灰石	绿帘石	绿泥石	硬石膏	
联盟庄	联 7	17.98	11.09	3.72	32.06	0.18	0.00	0.00	0.16	0.00	0.00	0.11	1.09	1.22	9.55	22.15	0.00	0.00	0.68	0.00	综合
	联 24	5.25	6.21	1.07	58.36	0.00	0.00	0.00	0.00	0.00	0.00	0.00	0.00	0.11	24.50	4.43	0.00	0.00	0.43	0.00	综合
	联 15	9.22	5.91	0.52	63.57	0.09	0.00	0.00	0.00	0.00	0.00	0.00	3.83	3.74	0.00	8.78	0.26	0.00	0.00	0.00	实测
	联 19	14.33	5.33	1.33	6.67	1.33	0.00	1.33	0.00	0.67	0.00	0.00	46.00	0.00	0.33	4.33	3.67	0.00	0.00	0.00	实测
	联 28	12.45	2.65	4.57	59.23	0.00	0.00	0.00	0.06	0.00	0.00	0.00	4.37	4.81	2.24	8.97	0.00	0.00	0.09	0.00	资料
	联 9	4.75	7.88	33.10	5.18	0.00	0.00	0.00	0.00	0.77	0.00	0.31	0.95	7.24	37.52	0.61	0.00	0.00	1.41	0.00	资料
马家嘴	马 10	5.03	6.71	0.64	9.99	0.84	0.00	0.84	0.00	0.10	0.06	0.00	4.19	0.00	0.84	59.56	5.87	0.00	0.00	0.00	综合
	马 21-1	6.31	6.00	2.10	77.18	0.00	0.00	0.00	0.00	0.00	0.00	0.00	2.19	5.54	0.00	0.00	0.00	0.11	0.37	0.00	综合
	马 14	10.17	11.35	3.06	59.13	0.66	0.00	0.00	0.14	0.00	0.00	0.05	4.94	4.10	4.33	0.85	0.00	0.05	0.89	0.00	综合
	马 19	9.51	9.51	2.25	46.43	0.29	0.00	0.00	0.15	0.00	0.00	0.15	3.06	2.25	16.40	9.51	0.00	0.00	0.26	0.00	实测
	马 34	30.50	0.00	15.60	28.90	0.00	0.00	8.60	0.00	0.00	0.00	1.60	0.00	0.00	5.50	5.50	0.00	0.00	3.90	0.00	资料
	马 25	14.91	11.30	3.42	52.46	0.00	0.00	0.00	0.09	0.00	0.00	0.00	0.26	17.39	0.00	0.00	0.00	0.00	0.07	0.00	资料
	马 32	35.86	4.71	9.14	35.03	0.00	0.00	0.00	0.00	0.00	0.00	0.00	0.00	2.18	0.00	0.00	0.00	0.00	1.58	0.00	资料
邵伯	邵 6	11.00	8.00	6.00	27.50	8.00	0.00	7.50	0.00	1.50	0.00	0.00	14.50	0.00	0.00	12.00	3.50	0.00	0.00	0.00	综合
	邵 8	1.75	0.88	0.38	1.63	0.44	0.00	0.50	0.00	0.00	0.00	0.00	0.00	0.00	0.00	79.19	0.44	0.00	0.00	0.00	实测
	邵 x14	0.10	0.20	0.00	0.00	0.20	0.00	0.40	0.00	0.00	0.00	0.00	0.00	0.00	0.00	42.00	0.10	0.00	0.00	0.00	实测
	邵深 1	7.78	12.00	1.57	2.57	12.00	0.00	4.57	0.00	0.00	0.00	0.00	0.86	0.00	30.64	11.72	13.15	0.00	0.00	0.00	综合
永安	永 14-1	10.30	0.87	1.40	3.50	0.00	0.00	4.53	0.00	0.00	0.00	0.00	0.07	0.27	0.70	78.20	0.00	0.00	0.07	0.00	资料
	永 22	15.00	7.86	9.43	14.00	11.43	0.00	8.72	0.00	0.00	0.29	0.00	0.86	0.00	7.14	8.57	12.86	0.00	0.00	0.00	综合
	永 2-2	11.18	3.82	2.82	62.12	1.76	0.00	10.00	0.00	0.00	0.00	0.00	0.00	0.00	0.00	0.00	5.88	0.00	0.00	0.00	实测
	永 x27	24.40	0.92	4.30	50.78	0.00	0.06	0.00	0.00	0.00	0.00	0.05	0.00	13.65	0.34	5.39	0.00	0.00	0.18	0.00	实测
	永 x29	39.81	4.04	7.85	39.98	0.00	0.64	0.00	0.00	0.00	0.00	0.34	2.92	2.92	1.46	1.10	0.00	0.42	1.11	0.00	综合
	永 x33	15.36	2.16	13.08	51.34	0.00	0.00	7.66	0.00	0.00	0.00	0.00	0.00	1.74	0.00	8.18	0.00	0.00	0.50	0.00	综合
	甲 1	14.91	1.94	4.06	56.10	1.30	0.00	2.16	0.07	0.00	0.07	0.00	2.03	0.00	1.94	5.83	3.24	0.00	0.00	0.00	实测

续表

	井名	主要稳定重矿物													主要不稳定重矿物						数据来源
		锆石	金红石	电气石	石榴子石	锐钛矿	榍石	白钛石	独居石	钛铁矿	尖晶石	板钛矿	褐铁矿	磁铁矿	重晶石	黄铁矿	磷灰石	绿帘石	绿泥石	硬石膏	
周庄	周 22	37.74	7.29	6.34	40.09	0.13	0.09	0.00	0.00	0.09	0.00	0.00	0.00	3.46	3.13	0.57	0.00	0.00	0.00	0.00	综合
	周 19-1	23.55	3.62	1.98	35.26	0.60	0.00	0.60	0.04	0.36	0.00	0.00	0.00	0.00	4.23	20.93	2.42	0.00	0.00	0.00	实测
	周 26	13.33	2.29	5.92	48.76	0.14	0.00	0.00	0.25	0.00	0.00	0.00	0.78	20.02	2.22	6.03	0.00	0.00	0.16	0.00	综合
	周 27	3.57	2.14	0.86	26.95	0.71	0.00	1.54	0.06	0.00	0.06	0.00	0.06	0.00	0.00	58.06	1.43	0.00	0.00	0.00	实测
	周 36	7.40	1.04	2.28	45.23	0.00	0.00	0.00	0.09	0.55	0.00	0.00	0.84	0.00	2.04	40.88	0.00	0.04	0.08	0.00	实测
	周 38	7.32	1.20	1.16	44.89	0.04	0.00	0.00	0.00	0.00	0.00	0.00	19.12	10.69	0.56	13.33	0.00	0.00	0.04	0.00	实测
	周 51	6.18	0.95	2.68	37.70	0.00	0.00	9.88	0.00	0.00	0.00	0.00	0.25	18.98	0.00	23.33	0.00	0.00	0.00	0.00	综合
	周参 1	7.72	2.30	2.25	41.34	0.14	0.00	0.00	0.00	0.00	0.00	0.00	6.47	0.00	12.30	14.84	0.00	0.00	0.00	0.00	实测
	苏 2	2.37	0.72	4.82	27.12	0.29	0.14	4.89	0.00	2.16	0.00	0.00	11.15	0.96	0.00	37.41	0.43	0.00	0.07	0.00	实测
	周 x52	29.10	2.59	7.29	28.22	0.00	0.00	15.72	0.00	0.00	0.00	0.00	0.00	0.00	0.31	15.94	0.00	0.55	0.41	0.00	资料
	周 54	0.97	0.49	2.63	50.59	0.21	0.00	0.21	0.00	0.00	0.00	0.00	0.00	8.09	1.39	43.04	0.49	0.00	0.00	0.00	实测
沙埝	沙 5	5.90	2.90	1.00	69.60	0.00	0.00	0.00	0.00	0.00	0.00	0.00	0.00	12.70	0.00	0.00	0.00	0.00	0.08	0.00	资料
	沙 10	14.62	3.96	6.41	67.99	0.00	0.00	0.00	0.06	0.37	0.00	0.00	0.00	0.00	0.00	0.00	0.06	0.06	0.00	0.00	资料
黄珏	黄 112	20.32	3.27	1.43	44.12	0.00	0.00	14.02	0.00	0.00	0.00	0.00	0.73	13.25	0.00	2.78	0.00	0.00	0.13	0.00	资料
	黄 15	17.07	20.37	5.90	44.57	0.77	0.00	0.00	0.37	0.00	0.00	0.07	3.63	5.07	22.43	2.37	0.00	0.00	2.77	0.00	实测
	黄 32	6.53	6.21	1.81	38.07	0.54	0.00	1.32	0.00	0.00	0.00	0.00	3.17	0.30	34.80	0.54	2.72	0.00	0.00	0.00	实测
	黄 x88	10.57	2.63	1.09	51.43	0.00	0.00	5.31	0.00	0.00	0.00	0.00	0.04	1.31	7.41	20.11	0.00	0.00	0.19	0.00	综合
真武	真 84	9.72	1.39	0.69	9.03	0.56	0.00	0.00	0.00	6.25	0.00	0.00	52.08	2.64	0.00	1.11	2.50	0.00	0.00	0.00	实测
	真 86	13.46	4.60	2.83	14.90	0.00	0.00	0.03	0.00	0.16	0.00	0.08	4.50	34.47	10.47	6.76	0.00	0.00	1.32	0.00	综合
	真 93	5.06	3.01	6.55	20.47	0.16	0.00	0.00	0.06	0.00	0.00	0.19	12.82	14.59	0.22	9.27	0.00	0.06	0.41	27.34	资料

表 3-6 苏北盆地高邮凹陷戴一段二亚段重矿物组合、重矿物稳定系数及 ZTR 指数表

地区	井号	重矿物组合	重矿物稳定系数	ZTR 指数
曹庄	曹 11	石榴子石+重晶石+磁铁矿+褐铁矿+锆石	1.82	0.16
	曹 21	黄铁矿+锆石+电气石+石榴子石+金红石	0.10	0.77
	曹 34	石榴子石+磁铁矿+锆石+电气石+重晶石	15.55	0.22
	曹 5	石榴子石+黄铁矿+锆石+金红石+电气石	4.19	0.15
	曹 9	石榴子石+重晶石+黄铁矿+褐铁矿+锆石	4.06	0.12
	许浅 1-1	石榴子石+黄铁矿+白钛石+磷灰石	2.74	0.28
富民	富 103	石榴子石+锆石+重晶石+黄铁矿+磁铁矿	2.11	0.32
	富 11	磁铁矿+石榴子石+黄铁矿+锆石+金红石	6.83	0.16
	富 14	重晶石+黄铁矿+锆石+石榴子石+电气石	3.17	0.20
	富 25	石榴子石+磁铁矿+锆石+重晶石+黄铁矿	6.40	0.19
	富 28	褐铁矿+锆石+石榴子石+白钛石+重晶石	5.44	0.37
	富 52	石榴子石+锆石+重晶石+金红石+电气石	5.93	0.49
	富 54	石榴子石+锆石+金红石+电气石	362.45	0.41
	富 55	磁铁矿+石榴子石+绿帘石+锆石+金红石	3.41	0.16
	富 56	磁铁矿+石榴子石+锆石+电气石+金红石	404.03	0.26
	富 82	石榴子石+锆石+黄铁矿+金红石	10.3	0.29
	富 83	黄铁矿+锆石+白钛石+电气石+金红石	0.07	0.45
	富 13	石榴子石+锆石+电气石+金红石+钛磁铁矿	299.70	0.34
	富 46	石榴子石+锆石+电气石+钛磁铁矿	332.33	0.45
	富 71	石榴子石+锆石+电气石+金红石+赤褐铁矿	184.71	0.53
	徐 14	磁铁矿+石榴子石+锆石+重晶石+电气石	3.81	0.41
花庄	花 1	石榴子石+锆石+磁铁矿+电气石+金红石	88.33	0.22
	花 6	黄铁矿+石榴子石+锆石+白钛石	1.10	0.16
	花 3A	石榴子石+锆石+电气石+磁铁矿+金红石	329.81	0.21
	花 x13	石榴子石+榍石+锆石+十字石+电气石	199.07	0.10
黄珏	黄 112	石榴子石+锆石+白钛石+磁铁矿+金红石	33.30	0.26
	黄 15	石榴子石+重晶石+金红石+锆石+电气石	3.53	0.44
	黄 32	石榴子石+重晶石+锆石+金红石+电气石	1.52	0.25
	黄 x88	石榴子石+黄铁矿+锆石+重晶石+金红石	2.61	0.20
联盟庄	联 7	石榴子石+黄铁矿+锆石+金红石+重晶石	2.09	0.48
	联 24	石榴子石+重晶石+黄铁矿+金红石+锆石	4.04	0.14
	联 15	石榴子石+锆石+重晶石+金红石+褐铁矿	9.61	0.18
	联 28	石榴子石+锆石+黄铁矿+电气石+褐铁矿	7.55	0.22
	联 9	重晶石+电气石+磁铁矿+石榴子石+锆石	1.51	0.76
	联 19	褐铁矿+锆石+石榴子石+金红石+黄铁矿	9.24	0.27
沙埝	沙 10	石榴子石+钛磁铁矿+锆石+金红石+电气石	11.60	0.12
	沙 5	石榴子石+锆石+电气石+金红石	14.15	0.27
马家嘴	马 10	黄铁矿+石榴子石+金红石+磷灰石+锆石	0.43	0.44
	马 21-1	石榴子石+锆石+金红石	13.91	0.16
	马 14	石榴子石+金红石+锆石+褐铁矿+磁铁矿	14.95	0.26

续表

地区	井号	重矿物组合	重矿物稳定系数	ZTR 指数
马家嘴	马 19	石榴子石+重晶石+金红石+锆石+黄铁矿	10.4	0.21
	马 25	石榴子石+磁铁矿+锆石+金红石	7.89	0.36
	马 32	锆石+石榴子石+白钛石	6.51	0.51
	马 34	锆石+石榴子石+电气石+白钛石+重晶石	5.72	0.54
邵伯	邵 6	石榴子石+褐铁矿+黄铁矿+锆石+金红石	5.25	0.25
	邵 8	黄铁矿+锆石+石榴子石+金红石	0.07	0.03
	邵 x14	天青石+黄铁矿+白钛石+锐钛矿+金红石	0.01	0.33
	邵深 1	重晶石+黄铁矿+磷灰石+锐钛矿+金红石	0.74	0.52
永安	永 14	黄铁矿+锆石+石榴子石+金红石	0.27	0.60
	永 22	锆石+石榴子石+锐钛矿+白钛石+金红石	2.37	0.48
	永 2-2	石榴子石+白钛石+锆石+磷灰石	15.60	0.19
	永 x27	石榴子石+锆石+磁铁矿+黄铁矿	15.32	0.31
	永 x29	石榴子石+锆石+电气石+金红石	22.27	0.52
	永 x33	石榴子石+锆石+电气石+黄铁矿+白钛石	10.52	0.34
	甲 1	石榴子石+锆石+黄铁矿+电气石+磷灰石	7.51	0.25
真武	真 84	褐铁矿+锆石+石榴子石+钛铁矿+磷灰石	22.81	0.14
	真 86	磁铁矿+石榴子石+锆石+重晶石+黄铁矿	3.20	0.28
	真 93	硬石膏+石榴子石+磁铁矿+褐铁矿+黄铁矿	1.68	0.23
周庄	周 22	石榴子石+锆石+金红石+电气石+磁铁矿	25.78	0.54
	周 19-1	石榴子石+锆石+黄铁矿+重晶石+金红石	2.39	0.44
	周 26	石榴子石+磁铁矿+锆石+黄铁矿+电气石	10.75	0.24
	周 27	黄铁矿+石榴子石+锆石	0.63	0.18
	周 36	石榴子石+黄铁矿+锆石+电气石+重晶石	1.33	0.19
	周 38	石榴子石+赤褐铁矿+黄铁矿+磁铁矿+锆石	5.88	0.11
	周 51	石榴子石+黄铁矿+磁铁矿+白钛石+锆石	3.28	0.13
	周参 1	石榴子石+黄铁矿+重晶石+磁铁矿+锆石	2.22	0.20
	陈 2	黄铁矿+ 石榴子石+褐铁矿+电气石+白钛石	1.20	0.16
	周 x52	锆石+石榴子石+黄铁矿+白钛石+电气石	4.82	0.47
	周 54	石榴子石+黄铁矿+磁铁矿	1.41	0.07

沙埝地区沙 10 井石榴子石含量为 70%，钛磁铁矿含量为 13%，锆石含量较低，ZTR 指数为 0.12，值较低；沙 5 井的重矿物组合为石榴子石+锆石+电气石+金红石组合，含量分别为 69.6%、5.9%、1.0%和 2.9%，ZTR 指数为 0.27，ZTR 指数由沙 10 到沙 5 井方向呈递增趋势，这说明沙埝地区的物源来自柘垛低凸起方向。富民北部的花 6 井，与沙 5、沙 10 井重矿物组合相似，指示它们的沉积物来自相同的源区，其重矿物稳定系数为 1.10，值较低，说明该井区可能为主要物源通道，至富 14 和富 71 井处，石榴子石、锆石、电气石的相对含量增加，ZTR 指数呈递增趋势，说明富民北部与沙埝地区沉积物具有相同的物源体系。富民南部由凹陷边缘至凹陷中心，ZTR 指数呈递增趋势，说明沉积

物来自邻近的通扬隆起，重矿物稳定系数在该区较混乱，富 56、54、44 井出现异常高值，这可能是因为其母岩是再旋回沉积物且成熟度较高。富 11 井重矿物组合为磁铁矿+石榴子石+黄铁矿+锆石+金红石，其 ZTR 指数和重矿物稳定系数分别为 0.16 和 6.83，值均较低，与附近的富 44、55 井相比具有相同的重矿物组合，物源入湖位置接近富 11 井处。

永安地区永 x27 井的重矿物组合为石榴子石+锆石+磁铁矿组合，与富民北部和沙埝地区相似，且重矿物单矿物的物理特性相近，说明永 x27 井区存在一个物源，沉积物也来自柘垛低凸起方向；甲 1、永 2-2、永 22、永 x33 井具有相同的重矿物组合，为石榴子石+锆石+电气石+磷灰石组合，ZTR 指数沿甲 1、永 2-2 至永 22、永 x33 井方向呈递增趋势，结合 $E_2d_1^2$ 时期永安地区的沉积相、砂岩厚度和百分比图可知，甲 1 井处存在一个物源，永安地区的物源来自柘垛低凸起方向母岩区。

曹庄地区的重矿物组合有两种，曹 11 和曹 34 井为石榴子石+重晶石+磁铁矿+褐铁矿+锆石组合，曹 5 和曹 9 井的重矿物组合为石榴子石+锆石+黄铁矿+金红石组合，这两种组合具有较高的相似性，推测其来自相同的物源区。由重矿物组合的差异推测存在两条不同的河流。由凹陷边缘至中心 ZTR 指数呈递增趋势，且 ZTR 指数的值较低，仅凹陷中心的曹 21 井为 0.77，其他井均低于 0.22，这说明沉积物离母岩区较近，推测其沉积物来自邻近的通扬隆起。

真武-曹庄地区的重矿物组合为石榴子石+锆石+磁铁矿+褐铁矿+黄铁矿组合，沿真 93、许浅 1-1 井至真 84、真 86 井方向，ZTR 指数和重矿物稳定系数整体呈递增趋势，结合 $E_2d_1^2$ 时期真武地区的沉积相、砂岩厚度和百分比图可知，真武地区的沉积物主要来自通扬隆起。又由于真 93、许浅 1-1 井重矿物组合存在差异，两井的重矿物稳定系数和 ZTR 指数值较低，分别为 1.68 和 2.74，0.23 和 0.28，真 93 井磁铁矿和褐铁矿的含量较高，许浅 1-1 井白钛石含量较高，说明真武-曹庄地区至少存在两个物源。

邵伯地区的重矿物组合较混乱，重矿物稳定系数的值较低，说明该区的沉积物为近物源、多物源堆积的产物，由凹陷边缘至凹陷中心，ZTR 指数和重矿物稳定系数整体呈递增趋势，说明沉积物来自邻近的通扬隆起。

黄珏地区的重矿物组合为石榴子石+锆石+金红石+电气石组合，由黄 x88 至黄 32、黄 112、黄 15 井方向，ZTR 指数由 0.20 分别增至 0.25、0.26、0.44，说明黄珏地区的沉积物来自通扬隆起，由黄 x88 井处入湖。黄 x88、黄 32、黄 15 井均含有较高的重晶石，至黄 112 井处随着搬运距离的增加重晶石骤减，这指示黄珏地区仅存在一个物源。

联盟庄地区，联 15、联 24、联 7、联 9 具有相似的重矿物组合，为石榴子石+锆石+金红石组合，说明沉积物来自相同的源区；由联 15 至联 9 井，联 24 至联 7 井方向，ZTR 指数和重矿物稳定系数呈递增趋势，指示联盟庄西南地区存在一个来自西北方向的物源，即菱塘桥低凸起方向物源区。联盟庄东北部的联 19 井，其重矿物组合为褐铁矿+锆石+石榴子石+金红石+黄铁矿组合，与永安地区的重矿物相近，由此推测联盟庄北部地区受来自柘垛低凸起方向物源的影响。

马家嘴地区马 21-1 井的重矿物以石榴子石+锆石+金红石为主，不稳定重矿物较少，

ZTR 指数值较低，为 0.16，由此推测马 8 块存在一个独立的物源；马 14、19 、32 井重矿物仍以石榴子石和锆石为主，但不稳定重矿物的含量和种类差异较大，这可能与搬运过程中风化作用强度有关，ZTR 指数分别为 0.26、0.21 和 0.51，由西南至东北方向呈递增趋势，这说明沉积物沿此方向沉积，推测沉积物来自菱塘桥低凸起方向，马 34 井重矿物中电气石和白钛石含量较其他井要高，与联盟庄南部的重矿物组合相近，指示源区中酸性火成岩的风化程度较强，推测该区存在一个独立物源并受联盟庄南部物源的影响。

综上所述，高邮凹陷在 $E_2d_1^2$ 物源复杂，花庄和永安地区的沉积物来自柘垛低凸起方向母岩区，其中花庄地区有一个物源，永安地区存在两个物源；周庄地区的沉积物来自东部母岩区，有两个物源；富民地区的沉积物来自两个方向，南部来自通扬隆起，北部来自柘垛低凸起方向母源区；真武、邵伯和黄珏地区的沉积物来自通扬隆起，其中真武地区至少存在两个物源，邵伯地区为多物源沉积，黄珏地区为单一物源。联盟庄地区的沉积物主要来自柘垛低凸起方向，但受到来自菱塘桥低凸起方向沉积物的影响。马家嘴地区的不同区块的沉积物来源不同，马 8 块物源主要来自菱塘桥低凸起方向，马 31 块物源主要来自菱塘桥低凸起方向，受联盟庄南部物源的影响，马 33 块物源主要来自通扬隆起。

3.4.3 戴南组一段一亚段

高邮凹陷戴南组一段一亚段（$E_2d_1^1$）的 23 口井的陆源碎屑重矿物相对含量数据表明（表 3-7），该层段重矿物类型主要为石榴子石、锆石、金红石和电气石，其次为重晶石、黄铁矿，见白钛石、独居石、锐钛矿、板钛矿、绿泥石等。其中石榴子石含量为 16.3%～80.76%，锆石为 2.25%～41.32%，金红石为 1.12%～8.81%，电气石为 0.86%～10.59%，重晶石和黄铁矿的含量分别在 0.1%～23.29%和 0.1%～35.72%之间变化。

稳定重矿物主要有石榴子石、锆石、电气石、金红石、锐钛矿、褐铁矿、磁铁矿、钛铁矿、独居石等，总含量占重矿物总量的 26.72%～99.55%，平均含量为 81.17%；不稳定重矿物主要有重晶石、黄铁矿、磷灰石、绿泥石、角闪石，偶见硬石膏、海绿石、辉石、角闪石，不稳定重矿物含量占重矿物总量的 0.45%～73.28%，平均为 18.83%。

从主要陆源重矿物组合、重矿物稳定系数及 ZTR 指数的分布可以看出（表 3-8），花庄地区花 1 井的重矿物以石榴子石为主，含量为 60.4%，ZTR 指数为 0.18，重矿物组合为石榴子石+磁铁矿+电气石+锆石+褐铁矿组合，花 2 井的重矿物组合为锆石+石榴子石+黄铁矿+金红石+锐钛矿组合，两者的重矿物组合存在相似性也存在差异，结合该区沉积相、砂岩厚度和砂岩百分比图并综合 $E_2d_1^1$ 之前的物源方向，根据沉积的继承性原理，推测它们的沉积物来自柘垛低凸起方向。

周庄地区周 22 井的重矿物以石榴子石为主，含量为 63.77%，周 26 井的石榴子石含量为 41.44%，ZTR 指数分别为 0.21 和 0.19，沿周 26 井至周 22 井方向，ZTR 指数和重矿物稳定系数呈递增趋势，推测其沉积物来自东部物源区。

表 3-7　苏北盆地高邮凹陷戴南组一段一亚段重矿物相对含量表　（单位：%）

	井名	主要稳定重矿物													主要不稳定重矿物						数据来源
		锆石	金红石	电气石	石榴子石	锐钛矿	榍石	白钛石	独居石	钛铁矿	尖晶石	板钛矿	褐铁矿	磁铁矿	重晶石	黄铁矿	磷灰石	绿帘石	绿泥石	硬石膏	
曹庄	曹 18	27.78	7.25	0.00	16.30	5.43	0.00	10.27	0.91	1.81	0.00	0.00	19.32	0.06	0.00	3.62	3.02	3.62	0.60	0.00	实测
	曹 21	10.90	4.10	5.47	43.52	0.29	0.00	0.00	0.03	0.00	0.00	0.05	1.38	1.24	0.00	23.29	9.52	0.00	0.00	0.00	资料
	曹 30	12.93	2.95	3.60	69.95	0.12	0.00	0.06	0.12	0.00	0.00	0.06	2.36	0.65	0.00	5.18	1.71	0.00	0.00	0.00	资料
	曹 31	7.43	2.60	5.64	55.34	0.11	0.08	0.00	0.11	0.00	0.00	0.06	8.04	3.88	0.00	6.70	9.64	0.00	0.00	0.14	资料
	曹 35	9.42	3.05	4.45	48.73	0.10	0.00	0.00	0.00	0.00	0.00	0.00	4.35	2.44	0.00	18.01	9.29	0.00	0.00	0.00	资料
	曹 37	35.90	4.64	10.59	30.76	0.24	0.00	0.00	0.37	0.00	0.00	0.00	0.94	2.68	0.00	4.94	8.64	0.00	0.00	0.00	资料
	许浅 1-1	41.32	2.48	8.26	45.45	0.00	0.00	0.00	0.00	0.00	0.00	0.00	0.00	2.48	0.00	0.00	0.00	0.00	0.00	0.00	资料
富民	富 11	5.30	1.77	2.88	80.76	0.00	0.00	0.00	0.14	0.00	0.00	0.00	0.28	1.72	0.00	6.69	0.33	0.00	0.00	0.00	资料
	富 25	4.16	2.60	5.96	33.46	0.12	0.00	0.00	0.06	0.00	0.00	0.13	4.57	15.95	0.00	10.86	16.02	0.00	0.00	0.03	资料
	富 28	14.87	2.40	8.86	43.39	1.43	0.00	5.00	0.06	0.00	0.00	0.00	0.00	0.00	0.00	0.00	19.67	4.31	0.00	0.00	资料
	富 43	9.98	3.02	2.47	67.96	0.18	0.00	0.00	0.00	0.00	0.00	0.00	3.82	0.73	0.00	7.92	3.82	0.00	0.00	0.00	资料
	富 48	20.94	7.77	6.19	60.77	0.69	0.00	0.00	0.10	0.00	0.00	0.10	0.39	1.97	0.00	0.88	0.10	0.00	0.00	0.00	资料
	富 53	12.11	4.14	5.49	42.75	0.31	0.00	0.00	0.16	0.00	0.00	0.06	7.63	9.69	0.00	0.00	10.44	0.00	0.00	0.03	资料
	富 54	22.69	8.10	9.66	48.25	0.00	0.00	2.58	0.39	0.00	0.00	0.07	4.01	3.79	0.00	0.00	0.00	0.00	0.00	0.00	资料
	富 58	24.90	6.03	8.70	37.70	0.50	0.00	0.00	0.17	0.00	0.00	0.46	3.47	2.09	0.00	9.21	6.61	0.00	0.00	0.00	资料
花庄	花 1	6.70	1.55	9.55	60.40	0.00	0.10	0.00	0.10	0.00	0.00	0.10	4.35	15.50	0.00	0.00	0.00	0.00	0.00	0.10	资料
	花 2	24.17	6.66	0.51	23.99	5.84	0.00	1.67	0.00	9.00	0.00	0.00	5.51	0.00	0.00	0.00	20.99	1.67	0.00	0.00	实测
黄珏	黄 18	15.52	8.81	1.40	39.85	3.78	0.00	3.50	0.00	9.79	0.00	0.00	16.08	0.00	0.00	0.00	0.43	0.84	0.00	0.00	实测
	黄 31	2.25	4.09	5.10	31.81	0.19	0.00	0.00	0.00	0.00	0.00	0.09	6.79	4.33	0.00	11.40	32.11	0.00	0.00	0.00	资料
	黄 x88	9.26	2.48	1.19	49.68	0.00	0.00	5.61	0.00	0.00	0.00	0.00	2.38	17.42	0.00	3.48	8.50	0.00	0.00	0.00	资料

续表

	井名	主要稳定重矿物													主要不稳定重矿物						数据来源
		锆石	金红石	电气石	石榴子石	锐钛矿	榍石	白钛石	独居石	钛铁矿	尖晶石	板钛矿	褐铁矿	磁铁矿	重晶石	黄铁矿	磷灰石	绿帘石	绿泥石	硬石膏	
联盟庄	联 15	3.97	7.05	1.03	56.10	0.19	0.00	0.00	0.00	0.00	0.00	0.00	9.39	15.04	0.00	6.31	0.05	0.00	0.09	0.00	资料
	联 24	5.79	4.66	0.86	59.77	0.04	0.00	0.00	0.00	0.00	0.00	0.00	1.43	0.83	0.00	22.08	3.59	0.00	0.00	0.00	资料
	联 x30	35.75	6.27	7.74	40.87	0.36	0.38	0.00	0.00	0.00	0.00	0.39	1.66	1.31	0.00	3.42	0.91	0.00	0.00	0.00	资料
马家嘴	马 14	9.02	2.39	5.29	49.61	0.30	0.00	0.00	0.17	0.00	0.00	0.13	8.89	10.71	0.00	6.11	7.03	0.00	0.00	0.00	资料
	马 19	9.73	6.05	4.50	39.50	0.14	0.00	0.00	0.14	0.00	0.00	0.02	6.03	3.94	0.00	2.93	26.65	0.00	0.00	0.00	资料
	马 4	3.92	3.59	3.76	44.50	0.35	0.00	0.00	0.00	0.00	0.00	0.12	0.39	33.11	0.00	7.65	2.58	0.00	0.00	0.00	资料
邵伯	邵 8	5.84	1.47	4.47	5.99	0.23	0.00	1.82	0.00	0.00	0.00	0.66	5.89	0.35	0.00	0.56	72.44	0.23	0.00	0.00	综合
永安	永 x30	13.78	2.12	7.07	48.76	4.24	0.00	11.66	0.00	0.71	0.00	0.00	0.00	0.00	0.00	0.00	0.00	11.66	0.00	0.00	实测
	甲 1	15.94	2.07	4.34	59.99	1.39	0.00	2.31	0.00	0.00	0.00	0.00	2.17	0.00	0.00	2.07	6.23	3.46	0.00	0.00	实测
真武	真 86	11.24	1.12	7.49	19.51	0.06	0.00	0.00	0.00	0.00	0.00	0.39	13.14	2.24	0.00	8.38	35.72	0.00	0.00	0.00	资料
	真 93	5.05	3.00	6.53	20.42	0.16	0.00	0.00	0.06	0.00	0.00	0.19	12.78	14.55	0.00	0.22	9.25	0.00	0.00	0.00	资料
	真 97	7.01	3.34	5.80	27.97	0.00	0.00	0.00	0.00	0.00	0.00	0.33	6.68	3.34	0.00	14.29	30.93	0.00	0.00	0.00	资料
	真 98	7.62	7.91	1.68	61.33	0.24	0.00	0.00	0.10	0.00	0.00	0.00	7.38	8.24	0.00	3.55	0.14	0.00	0.00	0.00	资料
周庄	周 22	11.16	2.50	6.91	63.77	0.00	0.15	0.00	0.17	0.00	0.00	0.00	8.99	3.95	0.00	0.00	0.00	0.00	0.00	0.10	资料
	周 26	6.99	3.28	8.60	41.44	0.21	0.00	0.00	0.00	0.00	0.00	0.00	0.49	8.39	0.00	1.33	29.14	0.00	0.00	0.00	资料

表 3-8　苏北盆地高邮凹陷戴一段一亚段重矿物组合、重矿物稳定系数及 ZTR 指数表

地区	井号	重矿物组合	重矿物稳定系数	ZTR 指数
曹庄	曹 18	锆石+褐铁矿+石榴子石+白钛石+金红石	8.20	0.39
	曹 21	石榴子石+重晶石+锆石+黄铁矿	2.03	0.31
	曹 30	石榴子石+重晶石+锆石+电气石+金红石	12.90	0.21
	曹 31	石榴子石+黄铁矿+褐铁矿+锆石+重晶石	4.99	0.19
	曹 35	石榴子石+重晶石+锆石+黄铁矿	2.64	0.23
	曹 37	锆石+石榴子石+电气石+黄铁矿	6.21	0.59
	许浅 1-1	石榴子石+锆石+电气石+金红石+磁铁矿		0.52
富民	富 11	石榴子石+重晶石+锆石	12.97	0.11
	富 25	石榴子石+黄铁矿+磁铁矿+重晶石	2.03	0.19
	富 28	石榴子石+黄铁矿+锆石+电气石	3.17	0.34
	富 43	石榴子石+锆石+重晶石	7.44	0.18
	富 48	石榴子石+锆石+金红石+电气石	91.45	0.35
	富 53	石榴子石+锆石+黄铁矿+磁铁矿+褐铁矿	4.66	0.26
	富 54	石榴子石+锆石+电气石+金红石	219.71	0.41
	富 58	石榴子石+锆石+重晶石+电气石	5.26	0.47
花庄	花 1	石榴子石+磁铁矿+电气石+锆石+褐铁矿	59.61	0.18
	花 2	锆石+石榴子石+黄铁矿+金红石+锐钛矿	3.41	0.41
黄珏	黄 18	石榴子石+褐铁矿+锆石+钛铁矿+金红石	78.12	0.26
	黄 31	石榴子石+黄铁矿+重晶石+褐铁矿	1.21	0.21
	黄 x88	石榴子石+磁铁矿+锆石+黄铁矿+白钛石	7.35	0.15
联盟庄	联 15	石榴子石+磁铁矿+褐铁矿+金红石+重晶石	12.81	0.13
	联 24	石榴子石+重晶石+锆石+金红石+黄铁矿	2.76	0.15
	联 x30	石榴子石+锆石+电气石+金红石	17.97	0.53
马家嘴	马 14	石榴子石+磁铁矿+锆石+黄铁矿+重晶石	6.41	0.19
	马 19	石榴子石+黄铁矿+锆石+金红石+褐铁矿	2.34	0.29
	马 4	石榴子石+磁铁矿+重晶石	8.73	0.13
邵伯	邵 8	黄铁矿+石榴子石+褐铁矿+锆石+电气石	0.36	0.44
永安	永 x30	石榴子石+锆石+白钛石+磷灰石+电气石	7.58	0.26
	甲 1	石榴子石+锆石+磷灰石+电气石	7.49	0.25
真武	真 86	黄铁矿+石榴子石+褐铁矿+锆石	1.23	0.36
	真 93	石榴子石+磁铁矿+褐铁矿+黄铁矿	1.68	0.23
	真 97	黄铁矿+石榴子石+重晶石	1.20	0.30
	真 98	石榴子石+磁铁矿+金红石+锆石+褐铁矿	17.15	0.18
周庄	周 22	石榴子石+锆石+褐铁矿+电气石	40.63	0.21
	周 26	石榴子石+黄铁矿+电气石+磁铁矿+锆石	2.27	0.19

富民地区的富 43、48、53、54、58 井均为石榴子石+锆石组合，表明它们来自相同的物源区。富 11 井的 ZTR 指数为 0.11，说明沉积物搬运距离很短，结合 ZTR 指数变化趋势可以推测富 11、43、48、53、54、58 井的沉积物来自南部的通扬隆起方向。富 25、28 井的重矿物组合为石榴子石+黄铁矿组合，与富 11、43、48、53、54、58 井重矿物组合存在较大差异，富 25 井的 ZTR 指数较小为 0.19，且富 25 井靠近柘垛低凸起方向，由

此推测富 25、28 井沉积物来自柘垛低凸起方向。

永安地区的甲 1 井和富 28 井的重矿物组合相似，均为石榴子石+锆石+黄铁矿组合，说明甲 1 井和富 28 井具有相同的物源区。永 x30 井与甲 1 井的重矿物组合存在相似性也存在一些差异，根据沉积的继承性原理，推测其沉积物也来自柘垛低凸起方向。

曹庄地区的曹 21、35 井具有相同的重矿物组合，均为石榴子石+重晶石+锆石+黄铁矿组合，说明曹 21、35 井具有相同的物源且由同一条河流带入。曹 35 井的 ZTR 指数为 0.23，小于曹 21 井的 0.31，说明曹 35 井离物源较近。曹 18 井的重矿物组合与曹 21、35 井既有相似性又存在差异性，说明曹 18 井与曹 21、35 井具有相同的物源区，但由不同的河流入湖。曹 18 井的 ZTR 指数为 0.39，与曹 21 井相差不大，结合曹 21、35 井的特征可以推测出曹庄地区在 $E_2d_1^1$ 沉积物来自通扬隆起方向，可能沿曹 35 井向曹 21 井方向推进。

真武地区真 86 与真 97 井重矿物组合为石榴子石+褐铁矿+锆石组合，说明沉积物来自相同的物源区。真 86 井和真 97 井的 ZTR 指数分别为 0.36 和 0.30，大于真 98 井的 0.18，说明真 86、97 井离物源较远，真 98 井离物源近，由此推测真武地区的沉积物来自通扬隆起方向。

联盟庄地区的联 15 和联 24 井的重矿物主要是石榴子石，分别占重矿物总量的 56.10%和 59.77%，重矿物组合也十分相似，ZTR 指数分别为 0.13 和 0.15，均较小，说明联 15 和联 24 井沉积物来自相同的物源区且离物源较近，推测它们的沉积物来自菱塘桥低凸起方向。联 x30 与联 15、24 井重矿物组合相似，但锆石含量较大，与联 15、24 井存在较大差异，其 ZTR 指数为 0.53，说明联 x30 可能受到来自永安地区物源的影响。

邵伯地区只有邵 8 井的数据，重矿物组合为黄铁矿+石榴子石+褐铁矿+锆石+电气石组合，ZTR 指数为 0.44，值较高，但其重矿物稳定系数较低，说明该区沉积物部分来自邻近高地的沉积岩地层，部分为远源搬运的沉积物，结合该区沉积相和砂岩百分比图并综合 $E_2d_1^1$ 之前的物源方向，根据沉积继承性原理，推测其沉积物来自南部的通扬隆起。

黄珏地区的黄 18、x88 井的重矿物组合相似，石榴子石含量均较高，说明它们的沉积物来自相同的物源区，两井的 ZTR 指数分别为 0.26 和 0.15，均较小，说明沉积物搬运距离很短，因此可以推测黄珏地区的沉积物来自南部邻近的通扬隆起方向。

马家嘴地区的马 4 井的重矿物组合为石榴子石+磁铁矿+重晶石组合，马 14 井为石榴子石+磁铁矿+锆石+黄铁矿+重晶石组合，马 19 井为石榴子石+黄铁矿+锆石+金红石+褐铁矿组合，可以看出，它们的重矿物组合比较类似，均以石榴子石为主，但也存在差异，其 ZTR 指数均较小，分别为 0.13、0.19 和 0.29，说明离物源较近，由此推测它们的沉积物来自菱塘桥低凸起方向。

综上所述，高邮凹陷在 $E_2d_1^1$ 物源复杂，花庄和永安地区的沉积物来自柘垛低凸起方向母岩区，周庄地区的沉积物来自东部母岩区，有两个物源；富民地区的沉积物来自两个方向，南部来自通扬隆起，北部来自柘垛低凸起方向母源区；真武、邵伯和黄珏地区的沉积物来自通扬隆起。联盟庄地区的沉积物主要来自菱塘桥低凸起方向，但受来自柘垛低凸起方向沉积物的影响。马家嘴地区的沉积物主要来自菱塘桥低凸起方向，南部受通扬隆起物源的影响（图 3-19，图 3-20，图 3-21）。

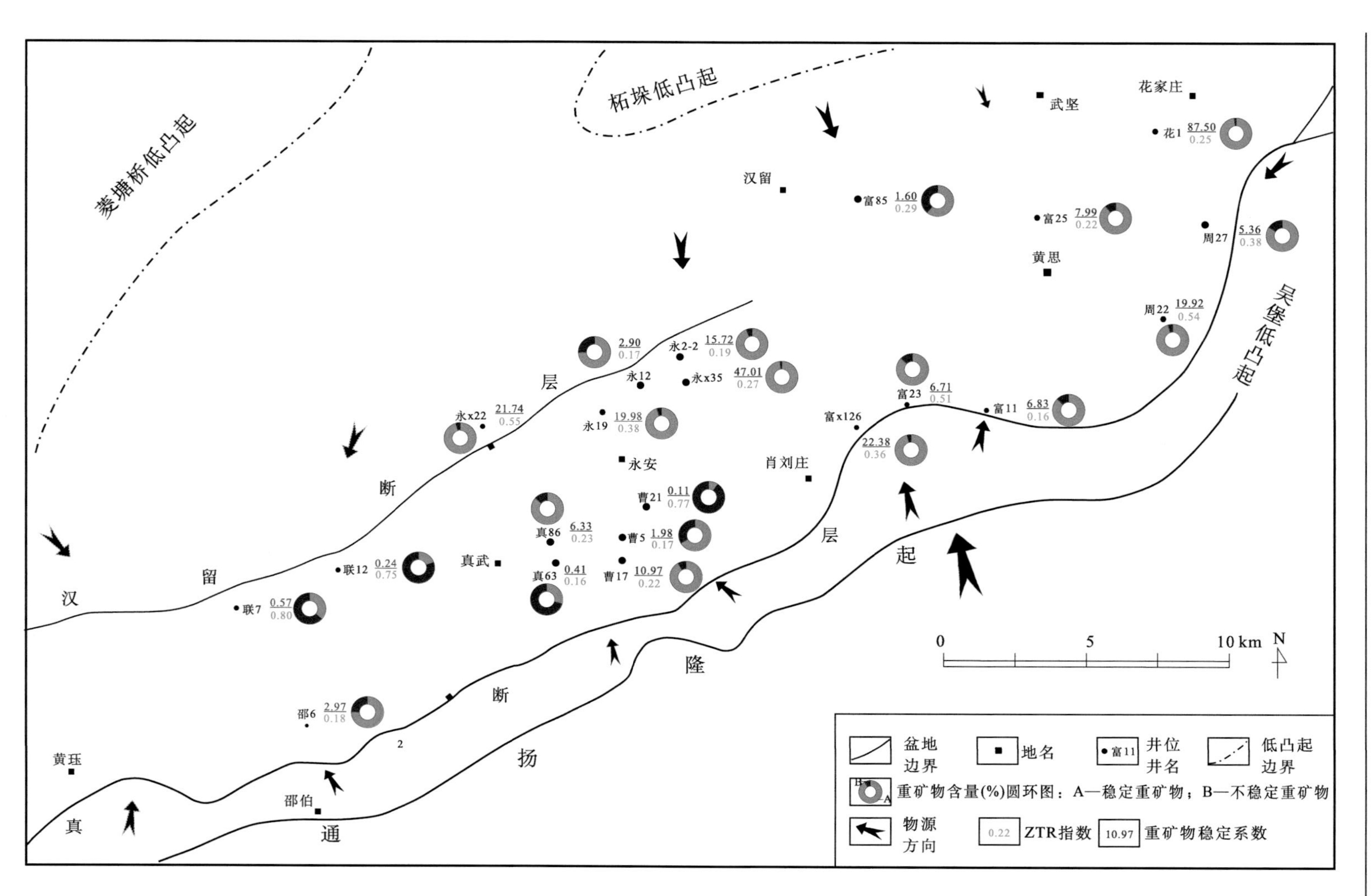

图 3-19　苏北盆地高邮凹陷戴南组一段三亚段重矿物分析图

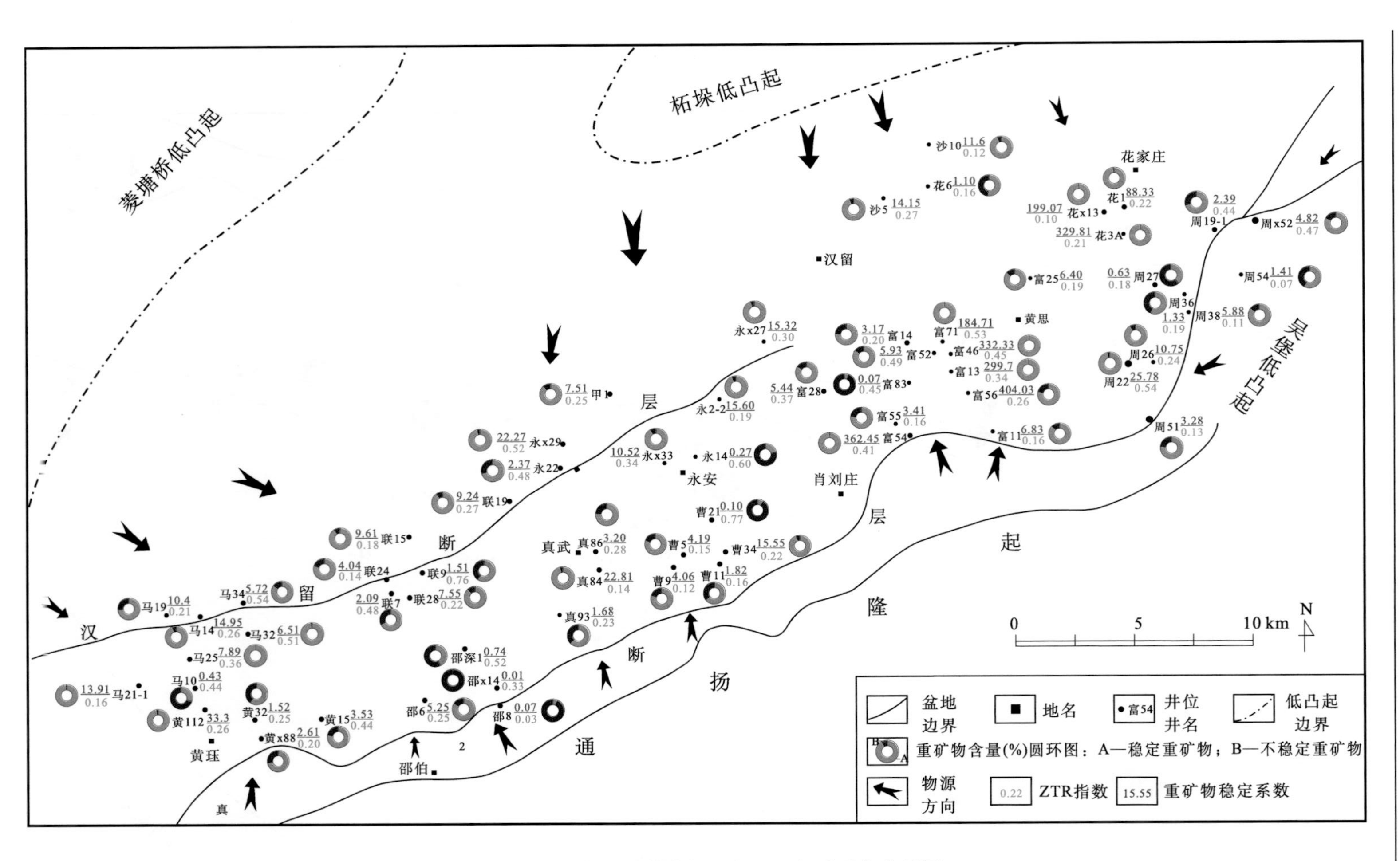

图 3-20　苏北盆地高邮凹陷戴南组一段二亚段重矿物分析图

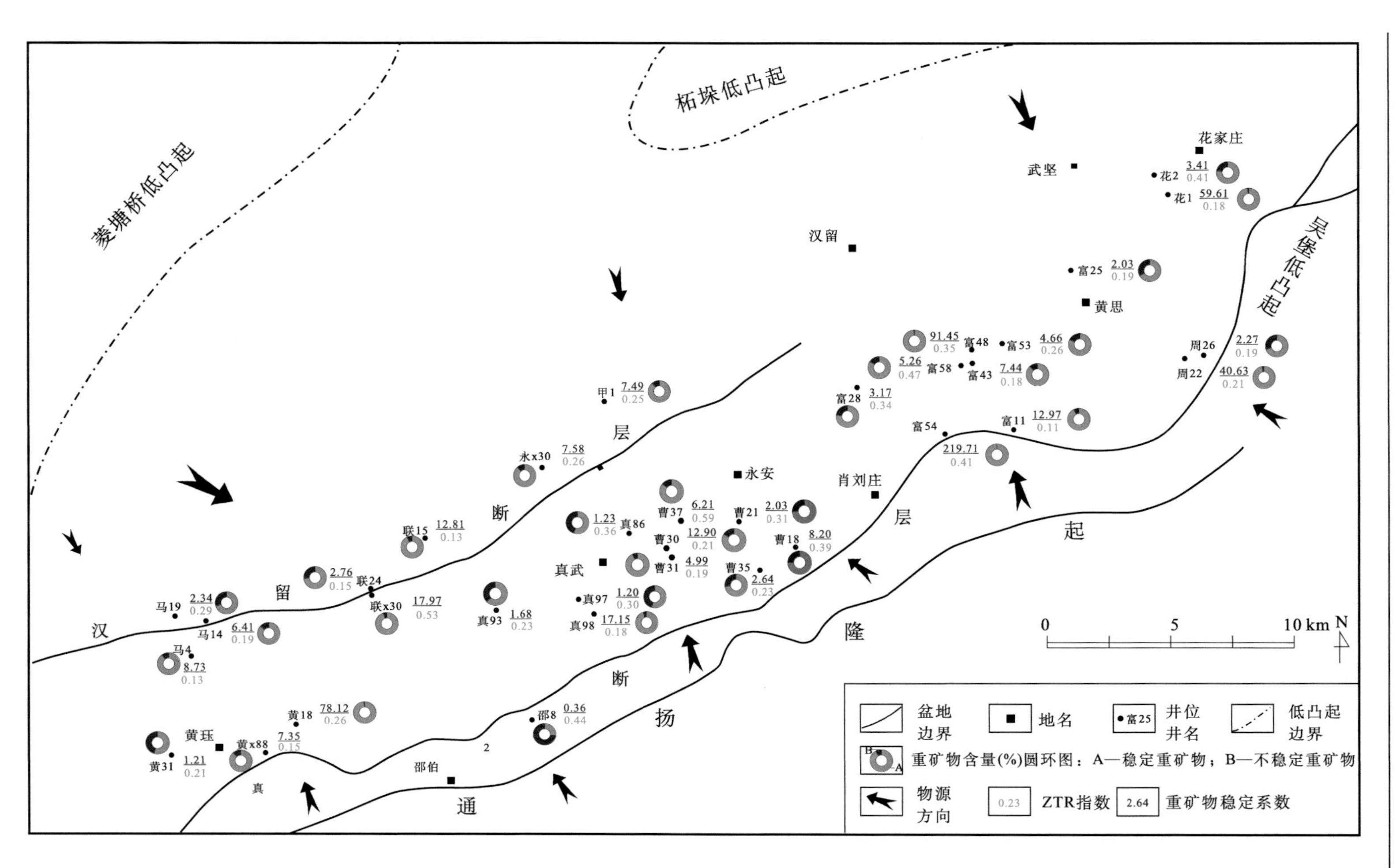

图 3-21　苏北盆地高邮凹陷戴南组一段一亚段重矿物分析图

通过重矿物的物源方向分析，我们可得出以下结论：在 E_2d_1 沉积时期，高邮凹陷的物源较为稳定，主要来自凹陷西北部的柘垛低凸起方向、东部的吴堡低凸起方向、南部的通扬隆起方向和西南部的菱塘桥低凸起方向这 4 个方向。高邮凹陷东部的周庄地区主要受到来自吴堡低凸起方向的物源影响；凹陷西部的沙埝、永安和富民北部地区的沉积物主要来自柘垛低凸起方向；凹陷南部的富民南部、曹庄、真武、邵伯、黄珏以及马家嘴南部地区的沉积物主要来自通扬隆起方向，而马家嘴北部地区的沉积物主要来自菱塘桥低凸起方向。以上地区物源方向较为稳定。而花庄和联盟庄的物源方向相对复杂，不仅同时受到来自两种方向的物源影响，且在不同亚段沉积时期，物源方向也略有差异。主要表现在，在 $E_2d_1^3$ 沉积时期，花庄地区东部沉积物主要来自吴堡低凸起方向，西部沉积物主要来自柘垛低凸起方向；联盟庄地区主要受到来自柘垛低凸起方向的物源影响。至 $E_2d_1^2$ 沉积时期，物源方向开始发生变化，来自柘垛低凸起方向的物源对花庄地区的影响开始占主导地位，而联盟庄南部地区沉积物开始接受来自菱塘桥低凸起方向的物源，北部地区则仍然接受来自柘垛低凸起方向的物源。这种变化一直持续至 $E_2d_1^1$ 沉积时期（表 3-9）。

表 3-9　苏北盆地高邮凹陷 E_2d_1 时期不同地区的物源方向

地区		物源方向		
		$E_2d_1^1$	$E_2d_1^2$	$E_2d_1^3$
周庄		吴堡低凸起	吴堡低凸起	吴堡低凸起
花庄	东部	柘垛低凸起	柘垛低凸起	吴堡低凸起
	西部			柘垛低凸起
沙埝		—	柘垛低凸起	—
永安		柘垛低凸起	柘垛低凸起	柘垛低凸起
联盟庄	北部	柘垛低凸起	柘垛低凸起	柘垛低凸起
	南部	菱塘桥低凸起	菱塘桥低凸起	柘垛低凸起
马家嘴	北部	菱塘桥低凸起	菱塘桥低凸起	—
	南部	通扬隆起	通扬隆起	—
富民	北部	柘垛低凸起	柘垛低凸起	柘垛低凸起
	南部	通扬隆起	通扬隆起	通扬隆起
曹庄		—	通扬隆起	通扬隆起
真武		通扬隆起	通扬隆起	通扬隆起
邵伯		通扬隆起	通扬隆起	通扬隆起
黄珏		通扬隆起	通扬隆起	—

第 4 章　元素地球化学特征及物源分析

4.1　样品来源及分析方法

为避免风化过程中可能出现由于微量元素损失而造成含量过低的情况，用于测试微量元素的样品主要采自目的层未遭受明显变质作用影响的泥岩段或泥砂岩段，并遵循分散采样的原则：平面上，分散于各地区的不同井位；纵向上，分散于 E_2d_1 中的三个亚段。在 E_2d_1 中未遭受明显变质作用的泥岩岩心段取样 60 个用于微量元素和 REE 分析（$E_2d_1^3$ 取样 10 件，$E_2d_1^2$ 取样 23 件，$E_2d_1^1$ 取样 22 件，无法确认亚段的样品 5 件）。在砂岩岩心段取样 60 个用于主量元素分析（$E_2d_1^3$ 取样 8 件，$E_2d_1^2$ 取样 22 件，$E_2d_1^1$ 取样 24 件，无法确认亚段的样品 6 件；图 4-1）。

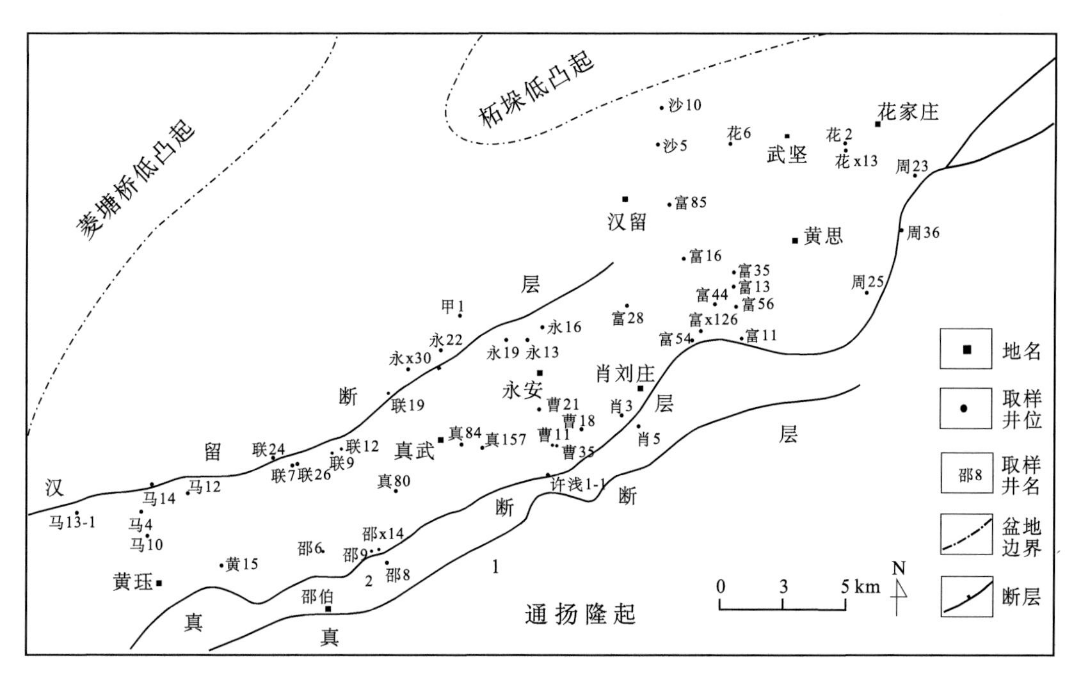

图 4-1　苏北盆地高邮凹陷 E_2d 元素地球化学分析样品位置图

元素地球化学分析在南京大学内生金属矿床成矿机制研究国家重点实验室的高分辨率电感耦合等离子体质谱仪（ICP-MS）上完成，仪器型号为 Finnigan Mat Element 2。ICP-MS 可以同时进行多元素的快速定量测定。分析流程为：①将采集岩石样品敲碎后，放入金属钵中进行粗磨；②将沉积物干样在玛瑙钵中研磨至 200 目以下；③取 0.125 g 粉末样品放入四氟坩埚，加 5 mL 浓盐酸，在电热板上加热半小时；④在四氟坩埚中加入

5 mL 浓硝酸，加热半小时；⑤依次在四氟坩埚中加入 20 mL 浓氢氟酸和 1 mL 高氯酸，将样品蒸干至白烟冒尽；⑥在四氟坩埚中加入 1∶1 的硝酸 5 mL，定容到 25 mL；⑦取上述溶液 2 mL 定容到 10 mL，然后上机测试。重复样与标样分析结果表明元素地球化学分析的相对误差小于 5%，分析结果可靠。具体分析流程见高剑锋等（2003）。

4.2　主量元素特征及物源分析

4.2.1　主量元素特征

高邮凹陷 E_2d_1 砂岩的 SiO_2 含量普遍较高，介于 62.91%～86.61%之间，平均 77.00%，说明砂岩中石英或富含 SiO_2 的矿物（如长石）含量较高，矿物成分成熟度较高。各地区 SiO_2 的平均含量差异较大，南部陡坡带的邵伯、黄珏地区 SiO_2 平均含量普遍偏低，其中邵伯地区 SiO_2 平均含量仅为 68.70%，而北部缓坡带的富民、周庄、联盟庄等地区的 SiO_2 平均含量相对较高，其中富民地区的 SiO_2 平均含量可达到 80.19%（表 4-1）。

表 4-1　苏北盆地高邮凹陷戴一段不同地区碎屑岩中 SiO_2 含量统计　（单位：%）

地区	$E_2d_1^3$		$E_2d_1^2$		$E_2d_1^1$		平均值
富民	富 85	80.71	富 11	77.72	富 11	82.44	80.19
	富 x126	86.61	富 16	80.00	富 28	74.41	
	富 16	83.07	富 28	81.72	富 53	84.32	
			富 55	75.94	富 55	82.69	
					富 85	67.37	
周庄	周 27	78.64	周 27	78.82	周 23	73.55	78.42
			周 38	77.39	周 36	84.20	
			周 51	76.98			
花庄			花 1	78.48	花 2	74.98	79.02
					花 4	84.11	
黄珏			黄 21	74.43	黄 21	67.04	70.74
邵伯	邵深 1	62.13	邵 6	62.91	邵 8	70.67	72.00
			邵 8	83.68			
真武			真 93	75.46	真 80	76.40	75.91
					真 86	76.30	
曹庄	曹 21	72.76	曹 11	80.98	曹 18	82.79	76.61
			曹 21	80.89	曹 21	83.50	
					曹 35	62.05	
马家嘴			马 10	74.93	马 3	73.56	72.77
			马 19	73.48	马 19	71.93	
			马 12	68.17	马 19	74.53	

续表

地区	$E_2d_1^3$		$E_2d_1^2$		$E_2d_1^1$		平均值
联盟庄	联 7	74.59	联 19	77.85	联 24	69.79	75.06
	联 12	70.46	联 24	79.12	联 28	78.51	
永安	永 13	79.14	永 19	73.23	永 x30	77.26	77.90
			永 22	78.40	永 16	75.87	
			永 x27	82.29			

K_2O/Na_2O-TiO_2 图和（Fe_2O_3+MgO）-TiO_2 图显示高邮凹陷南部陡坡带的邵伯、曹庄、肖刘庄地区以及北部缓坡带的永安和富民北部地区的 K_2O/Na_2O 值和 Fe_2O_3+MgO 含量普遍偏高，其中邵伯、曹庄地区部分样品的 K_2O/Na_2O 值和 Fe_2O_3+MgO 含量最高可分别达到2.2%和10%，而靠近永安的富 85 井的 K_2O/Na_2O 值和 Fe_2O_3+MgO 含量可分别达到1.4%和 8%，说明高邮凹陷南部陡坡带以及北部缓坡带的永安附近地区相对其他地区更富集含钾矿物而亏损斜长石，且受到基性岩的影响相对较强（图 4-2）。成岩及其后生作用常造成主量元素出现异常，如热液作用造成 SiO_2 含量的突然升高，或在地表风化过程中，Na 相对于 K 优先被淋滤带出风化壳，导致 Na 的显著亏损和高的 K_2O/Na_2O 值的异常等。高邮凹陷 E_2d_1 样品中 K_2O/Na_2O 值分布较集中，主要介于 0.1～1.5 之间，平均值仅为 0.68，低于后太古宙澳大利亚平均页岩（3.08）的平均值，并未出现 K_2O/Na_2O 值异常高现象，表明成岩及其后生作用并没有显著影响样品成分（表 4-2）。

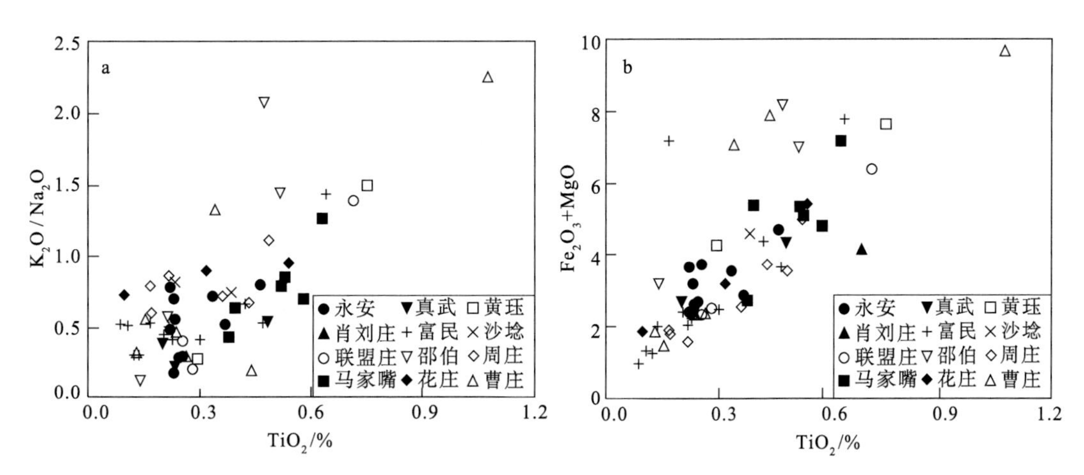

图 4-2　苏北盆地高邮凹陷戴一段碎屑岩的主量元素相关性图解

表 4-2　苏北盆地高邮凹陷戴一段碎屑岩中主量元素含量　（单位：%）

层位	井名	SiO_2	TiO_2	Al_2O_3	Fe_2O_3	MnO	MgO	CaO	Na_2O	K_2O	P_2O_5	CIA
$E_2d_1^1$	马 3	73.57	0.53	11.97	3.50	0.05	1.60	3.71	2.66	2.25	0.15	58.13
	马 19	71.94	0.52	10.73	3.30	0.09	2.04	7.41	2.16	1.69	0.11	48.77
	马 19	74.53	0.40	8.02	2.90	0.10	2.49	7.78	2.25	1.42	0.11	41.20

续表

层位	井名	SiO_2	TiO_2	Al_2O_3	Fe_2O_3	MnO	MgO	CaO	Na_2O	K_2O	P_2O_5	CIA
$E_2d_1^1$	联 24	69.79	0.37	6.51	2.10	0.33	0.76	16.61	2.27	1.16	0.10	24.53
	联 28	78.52	0.23	7.95	1.68	0.08	1.51	5.65	3.68	0.62	0.08	44.40
	永 x30	77.26	0.22	6.81	2.35	0.13	1.30	8.52	2.27	1.08	0.06	36.46
	永 16	75.88	0.34	8.19	2.45	0.08	1.11	8.14	2.19	1.55	0.09	40.83
	甲 1	80.89	0.23	7.51	1.82	0.04	0.60	4.94	2.32	1.61	0.04	45.82
	花 21	67.04	0.75	14.43	4.89	0.06	2.74	5.15	1.92	2.85	0.17	59.27
	曹 35	62.05	1.07	19.60	5.89	0.04	3.77	1.84	1.72	3.88	0.14	72.49
	邵 8	70.67	0.52	11.06	3.98	0.04	3.02	6.55	1.67	2.39	0.11	51.04
	真 80	76.41	0.20	7.75	1.67	0.13	1.02	8.93	2.76	1.06	0.08	37.82
	真 86	76.30	0.23	9.84	1.40	0.08	0.99	5.99	4.19	0.90	0.07	47.04
	曹 18	82.79	0.24	7.29	1.42	0.05	0.90	3.69	2.46	1.12	0.04	50.05
	曹 21	83.50	0.13	6.72	1.11	0.05	0.77	3.92	2.86	0.90	0.03	46.64
	富 11	82.44	0.20	7.19	1.53	0.07	0.89	3.93	2.58	1.13	0.03	48.49
	富 28	74.42	0.17	5.38	3.01	0.18	4.18	9.86	1.81	0.95	0.05	29.88
	富 53	84.32	0.11	6.01	0.75	0.03	0.60	4.78	2.26	1.13	0.02	42.41
	富 55	82.69	0.30	6.74	1.63	0.05	0.83	4.06	2.60	1.05	0.05	46.63
	富 85	67.37	0.64	12.61	5.06	0.08	2.71	7.39	1.64	2.35	0.15	52.57
	周 23	73.55	0.53	11.34	3.23	0.04	1.75	5.01	2.45	2.01	0.10	54.51
	周 36	84.21	0.22	8.44	1.26	0.03	0.33	1.13	2.36	2.00	0.03	60.60
	花 2	74.99	0.54	12.07	4.18	0.07	1.25	2.40	2.28	2.15	0.09	63.88
	花 4	84.11	0.10	6.88	1.15	0.05	0.72	3.37	2.09	1.50	0.03	49.73
$E_2d_1^2$	马 10	74.94	0.38	8.08	2.08	0.09	0.66	9.16	3.17	1.34	0.10	37.18
	马 19	73.49	0.58	10.67	3.17	0.05	1.62	5.73	2.68	1.86	0.14	50.95
	马 12	68.17	0.63	11.77	4.85	0.08	2.31	7.86	1.87	2.34	0.11	49.37
	联 19	77.86	0.25	7.72	2.64	0.08	1.07	6.86	2.68	0.78	0.05	42.79
	联 24	79.12	0.25	8.68	1.58	0.04	0.77	5.22	3.07	1.22	0.05	47.72
	永 19	73.24	0.46	13.12	3.17	0.04	1.54	2.69	3.17	2.50	0.08	61.09
	永 22	78.40	0.25	7.74	1.42	0.09	1.25	6.79	3.12	0.88	0.05	41.75
	永 x27	82.30	0.22	7.34	1.57	0.04	0.84	3.75	2.20	1.70	0.04	48.94
	花 21	74.43	0.29	9.35	2.43	0.09	1.84	6.58	3.87	1.04	0.08	44.86
	邵 6	62.91	0.21	4.47	4.31	0.33	7.98	17.75	1.25	0.71	0.08	18.50
	邵 8	83.68	0.14	5.13	0.55	0.02	2.66	4.99	2.50	0.29	0.04	39.73
	周 W93	75.46	0.48	8.95	2.71	0.07	1.65	6.94	2.37	1.25	0.11	45.87
	曹 11	80.99	0.15	6.96	0.93	0.08	0.56	7.08	2.08	1.13	0.04	40.35
	曹 21	80.90	0.27	9.44	1.71	0.02	0.66	2.17	3.72	1.06	0.06	57.58
	富 11	77.72	0.47	8.82	2.20	0.06	1.37	5.29	2.33	1.33	0.11	49.02
	富 16	80.00	0.12	7.12	0.74	0.08	0.51	7.52	2.98	0.90	0.03	38.44

续表

层位	井名	SiO_2	TiO_2	Al_2O_3	Fe_2O_3	MnO	MgO	CaO	Na_2O	K_2O	P_2O_5	CIA
$E_2d_1^2$	富 28	81.73	0.22	7.23	1.28	0.06	0.76	4.92	2.52	1.25	0.04	45.41
	富 55	75.94	0.42	10.46	2.91	0.04	1.46	3.81	2.95	1.92	0.09	54.66
	周 27	78.82	0.17	7.32	1.17	0.07	0.73	7.81	2.17	1.69	0.05	38.55
	周 38	77.40	0.17	10.30	1.27	0.04	0.51	4.88	3.38	2.01	0.04	50.07
	周 51	76.98	0.43	9.25	2.31	0.05	1.40	5.58	2.35	1.56	0.09	49.37
	花 1	78.49	0.32	8.92	2.01	0.04	1.19	4.85	2.19	1.93	0.05	49.86
$E_2d_1^3$	联 7	74.60	0.28	6.43	1.32	0.09	1.21	12.67	2.75	0.56	0.08	28.69
	联 12	70.47	0.72	13.16	3.75	0.04	2.62	4.49	1.92	2.65	0.18	59.20
	永 13	79.14	0.23	7.44	1.77	0.05	0.86	6.67	2.43	1.34	0.05	41.62
	邵 1	62.14	0.47	11.62	4.31	0.08	3.88	13.39	1.28	2.66	0.17	40.13
	曹 21	72.77	0.44	9.65	5.74	0.06	2.15	5.73	2.81	0.53	0.12	51.52
	富 85	80.71	0.23	8.23	1.12	0.03	1.11	4.57	2.81	1.13	0.07	49.16
	富 x126	86.61	0.09	6.71	0.65	0.01	0.31	1.79	2.52	1.29	0.02	54.55
	富 16	83.08	0.14	7.08	1.22	0.03	0.78	3.88	2.90	0.86	0.04	48.09

4.2.2 物源区的风化特征

陆源的风化程度主要受气候和构造隆升速率的影响，在化学风化过程中，稳定的阳离子被保存在风化产物中（如 Al^{3+}、Ti^{4+}、Zr^{4+}等），而不稳定的阳离子往往流失（如 Na^{+}、Ca^{2+}、K^{+}等），元素的丢失程度取决于化学风化强度。由于 Sr 通常富集于斜长石中，斜长石的风化分解导致母岩中 Sr 的淋失以及 K 因离子交换作用而进入黏土矿物，高邮凹陷 E_2d_1 沉积岩中 Sr 强烈亏损，但 K_2O/Na_2O 平均值仅为 0.68，低于上地壳的平均值 0.9，说明源区斜长石的风化分解低于钾长石。砂岩中 Al_2O_3 含量变化较大，在 4.47%～14.43%之间变化，平均 8.90%，Al_2O_3 含量与砂岩中长石、云母和黏土矿物等富铝矿物有关，可通过 SiO_2-Al_2O_3 判别图了解高邮凹陷矿物成分的差异（Cullers, 2000）。高邮凹陷砂岩的 SiO_2 和 Al_2O_3 含量呈明显的负相关关系，砂岩中硅铝矿物成分主要在石英、钾长石、斜长石、伊利石、绿泥石等矿物之间进行变化（图 4-3），反映源区经历的化学风化作用较弱。其中邵伯、黄珏地区的投点最为分散，其次是联盟庄、永安、富民地区，说明这些地区的矿物含量差异较大，可能是离物源很近或受到了不同物源的影响。曹庄地区出现伊利石富集现象，由于伊利石多为白云母或钾长石风化蚀变形成，说明该地区相对其他地区所经历的化学风化作用较强。

化学蚀变指数（CIA）可定量评价化学风化强度，CIA=100×[Al_2O_3/（Al_2O_3+CaO*+Na_2O +K_2O）]，值越大风化作用越强。式中各元素采用摩尔分数，CaO*仅代表样品硅酸盐中的 CaO（Nesbitt and Young, 1982）。A-CN-K 图可判别风化作用的趋势、源岩成分及钾交代作用的特征，图 4-4 中的 A-CN 边为风化作用的起始阶段，随着化学风化作用的进行，K_2O 显著丢失，成分点移向 Al_2O_3 端点。沉积物的预测风化趋势线（图中虚线 *a*）与斜长石-钾长石（Pl-Ksp）连线的交点可推断化学风化作用发生以前的 Pl/Ksp 值。高岭石的伊利石化以及斜长石的钾交代作用可造成预测风化趋势线发生右倾，但仍可通过与 Pl-Ksp 线的交点估计化学风化作用发生之前的 Pl/Ksp 值（Fedo et al., 1995）。镜下观察高邮凹陷 E_2d_1 沉积岩中碳酸盐含量较高，且主要以方解石胶结物形式存在，因此在 CIA 值计算之前去除了碳酸盐中的 CaO 含量，且高邮凹陷碎屑岩中矿物长石含量较高，仅次于石英，因此 CIA 值可通过样品距离 CN-K 边界的高度来确定（Taylor and McLennan, 1985）。

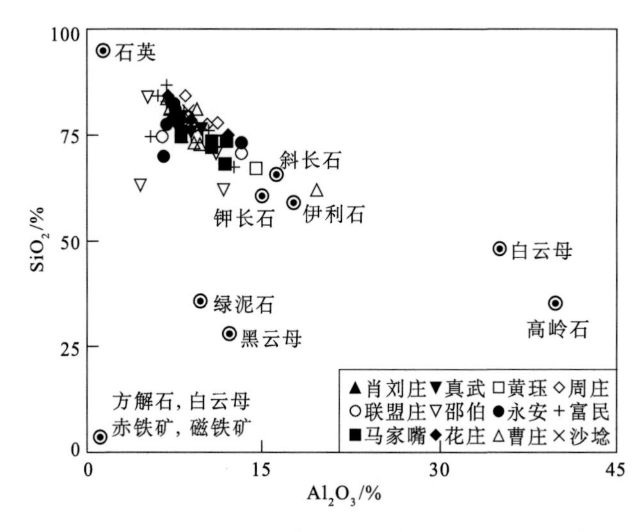

图 4-3　苏北盆地高邮凹陷戴一段碎屑岩的 SiO_2- Al_2O_3 判别图

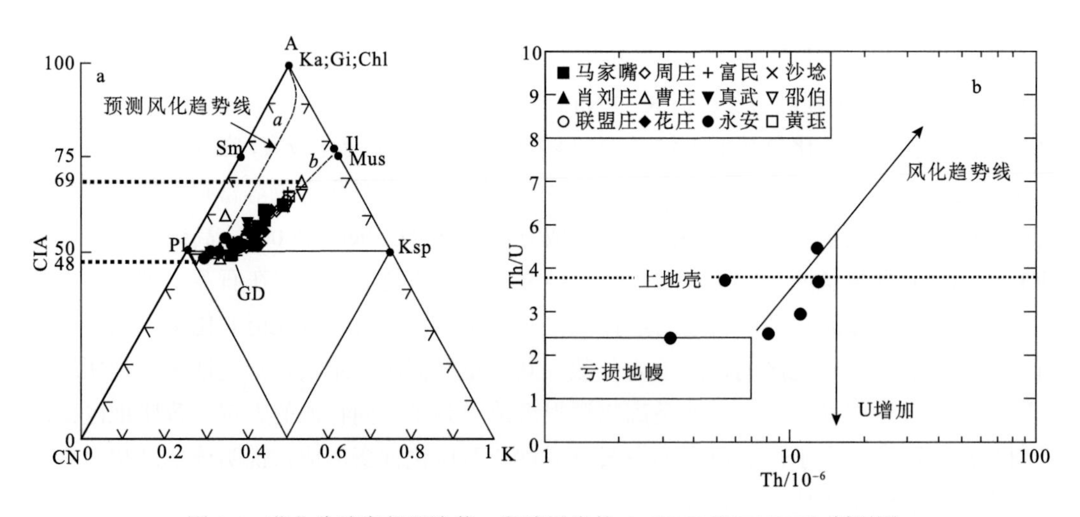

图 4-4　苏北盆地高邮凹陷戴一段碎屑岩的 A-CN-K 和 Th/U-Th 判别图

A. Al_2O_3；CN. $n(CaO^*)+n(Na_2O)$；K. $n(K_2O)$；Ka. 高岭石；Gi. 水铝矿；Chl. 绿泥石；Sm. 蒙脱石；Il. 伊利石；Mus. 白云母；Pl. 斜长石；Ksp. 钾长石；GD. 花岗闪长岩

表 4-3 苏北盆地高邮凹陷戴一段碎屑岩中微量元素含量 （单位：μg/g）

层位	地区	井名	Li	Be	Sc	V	Cr	Mn	Co	Ni	Cu	Zn	Ga	Rb	Sr	Y	Zr	Nb	Mo	Cd	Sn	Cs	Ba	Hf	Pb	Bi	Th	U
$E_2d_1^1$	周庄	周 23	76.1	7.7	6.0	68.8	78.4	789.6	83.7	75.6	81.1	75.7	32.0	166.2	80.4	–2.8	106.1	14.4	51.1	0.4	15.3	–4.7	111.1	3.2	32.0	0.3	10.2	5.3
		周 36	75.4	7.7	6.0	62.0	64.0	876.9	83.6	75.6	80.5	75.4	31.2	161.1	152.4	–2.9	167.6	17.6	147.1	0.2	15.3	–2.3	84.7	4.8	32.9	0.3	11.1	3.1
	花庄	花 2	76.3	7.7	6.0	67.4	78.5	755.2	83.8	75.6	81.1	74.3	32.5	161.5	–320.2	–2.2	76.6	11.2	117.8	0.2	15.3	0.0	–95.1	2.8	26.8	0.3	10.1	5.3
	富民	富 11	76.2	7.7	6.0	60.6	68.9	866.8	83.3	75.6	80.3	75.2	31.0	150.2	160.8	–7.0	116.8	15.2	137.2	0.3	15.3	1.2	125.1	3.6	35.2	0.4	11.0	3.2
		富 28	76.3	7.7	6.0	67.9	76.3	891.3	83.7	75.6	80.7	75.2	31.4	161.5	142.0	–5.7	119.2	16.1	152.4	0.2	15.3	–3.8	103.0	3.8	34.2	0.4	12.1	2.8
		富 85	76.3	7.7	6.0	66.8	78.1	796.7	83.2	75.6	81.8	73.6	32.0	170.7	–10.8	–0.2	111.9	15.0	135.2	0.3	15.3	–6.3	–153.1	3.5	42.0	0.4	10.4	6.0
	永安	永 16	75.5	7.7	6.0	64.1	72.8	902.5	83.0	75.6	80.7	75.2	31.3	157.4	113.6	–3.9	120.3	17.2	150.1	0.1	15.3	–2.3	125.9	3.7	33.2	0.4	13.0	3.2
		永 x30	76.3	7.7	6.0	72.7	81.4	799.1	84.2	75.6	81.8	75.4	32.6	162.2	98.9	4.2	78.2	12.1	153.1	0.2	15.3	–2.3	108.6	2.7	24.2	0.3	11.0	3.4
	曹庄	曹 18	75.7	7.7	6.0	63.7	73.2	839.8	83.6	75.6	81.2	75.5	31.4	157.6	122.5	1.4	111.1	14.2	148.1	0.3	15.3	–1.8	121.9	3.5	34.8	0.4	13.5	3.4
		曹 21	75.6	7.7	6.0	58.0	66.6	690.6	83.1	75.6	80.0	73.0	30.5	144.5	27.5	12.4	60.0	14.4	146.3	0.3	15.3	3.4	82.3	2.6	31.4	0.5	14.5	2.5
		曹 35	75.4	7.7	6.0	60.0	68.5	889.0	83.7	75.6	80.6	75.0	30.6	151.5	127.3	4.3	148.1	17.9	153.6	0.2	15.3	0.7	113.7	4.4	36.5	0.4	14.2	4.4
	真武	真 80	76.4	7.7	6.0	73.9	83.8	771.1	84.5	75.6	79.8	73.9	32.9	169.4	67.1	4.3	95.8	13.9	148.8	0.3	15.3	–4.8	24.5	3.3	30.7	0.2	11.7	2.6
		真 157	75.7	7.7	6.0	66.8	77.6	872.1	83.7	75.6	78.8	75.1	31.8	161.3	103.7	–0.6	89.5	14.3	152.8	0.2	15.3	–2.1	81.9	3.3	40.2	0.4	11.5	2.6
	邵伯	邵 8	75.3	7.7	6.0	70.2	77.5	881.7	83.9	75.6	81.3	75.5	32.3	167.8	41.5	–1.6	111.7	13.9	142.1	0.3	15.3	–4.3	92.7	3.1	31.0	0.3	9.8	2.9
		邵 x14	75.3	7.7	6.0	61.7	73.4	896.1	82.3	75.6	80.7	75.6	30.3	161.7	142.6	–9.2	143.7	17.2	149.7	0.3	15.3	–2.4	114.8	4.1	66.9	0.3	9.4	6.8
	联盟庄	联 12	76.1	7.7	6.0	67.9	78.4	718.1	83.3	75.6	81.3	74.5	32.5	160.0	–179.1	5.3	74.8	11.2	142.3	0.3	15.3	0.4	83.3	2.7	31.3	0.3	11.5	5.3
		联 24	76.2	7.7	6.0	71.1	78.9	815.6	83.9	75.6	81.0	74.9	32.2	160.8	61.8	2.5	67.7	13.3	146.7	0.3	15.3	–1.4	83.1	2.3	38.4	0.6	11.7	2.1
		联 26	74.8	7.7	6.0	59.2	67.8	801.7	83.0	75.6	78.9	73.8	30.4	147.8	69.2	7.6	105.2	16.0	148.3	0.4	15.3	1.7	84.3	3.2	40.4	0.6	15.5	3.5
	马家嘴	马 4	75.4	7.7	6.0	61.0	68.7	742.4	83.4	75.6	79.6	72.3	31.0	151.4	38.0	13.8	80.7	13.4	146.8	0.6	15.3	6.4	–52.0	2.6	35.7	0.5	15.9	3.8
		马 13-1	75.7	7.7	6.0	65.5	74.1	815.7	83.8	75.6	79.9	73.3	31.8	159.1	98.6	2.9	84.1	13.5	136.5	0.5	15.3	–0.6	79.7	2.7	32.1	0.5	13.4	3.1
$E_2d_1^2$	周庄	周 25	76.4	7.7	6.0	72.3	78.6	827.1	84.0	75.6	81.9	75.7	32.5	160.3	8.1	–2.3	91.6	12.3	144.2	0.1	15.3	–1.5	48.5	3.0	27.6	0.2	11.5	1.9
		周 36	75.4	7.7	6.0	56.3	70.0	890.6	82.8	75.6	80.3	75.1	30.8	156.0	165.3	–1.4	129.7	16.0	14.9	0.2	15.3	–1.0	125.0	3.9	45.9	0.5	12.3	3.8
	黄玨	黄 6	76.0	7.7	6.0	64.1	73.9	879.6	83.7	75.6	81.8	75.5	31.3	154.6	111.7	3.9	109.1	13.0	150.1	0.1	15.3	0.8	123.3	3.6	22.2	0.4	13.4	2.9
		黄 x13	76.4	7.7	6.0	70.6	79.7	792.7	84.0	75.6	81.9	75.8	32.4	159.7	102.8	3.2	96.3	12.3	150.1	0.2	15.3	–0.8	120.9	3.2	24.3	0.3	12.3	2.5

续表

层位	地区	井名	Li	Be	Sc	V	Cr	Mn	Co	Ni	Cu	Zn	Ga	Rb	Sr	Y	Zr	Nb	Mo	Cd	Sn	Cs	Ba	Hf	Pb	Bi	Th	U
$E_2d_1^2$	富民	富 16	75.7	7.7	6.0	56.6	69.2	698.8	82.7	75.6	80.9	73.3	30.6	148.8	47.3	9.6	94.0	14.1	127.4	0.3	15.3	4.3	74.6	3.3	39.9	0.5	16.3	3.3
		富 28	75.1	7.7	6.0	60.5	73.3	852.5	84.1	75.6	81.9	76.0	31.2	168.1	154.8	−12.3	117.2	15.0	142.2	0.3	15.3	−3.6	105.7	6.6	46.9	0.6	13.2	4.1
		富 35	76.5	7.7	6.0	67.0	75.1	792.1	83.7	75.6	81.9	75.5	31.7	151.9	111.5	4.3	85.7	12.5	153.3	0.2	15.3	0.3	128.3	3.1	20.1	0.4	12.9	2.6
		富 56	76.1	7.7	6.0	60.3	70.3	847.7	83.0	75.6	80.8	74.5	31.0	150.5	134.7	4.1	95.3	13.2	150.5	0.2	15.3	3.4	118.1	3.5	34.4	0.5	14.5	3.0
	真武	真 84	76.3	7.8	6.0	75.4	82.0	805.2	84.4	75.6	82.0	76.2	33.3	165.8	−107.4	−2.7	58.2	8.3	138.4	0.1	15.3	−2.3	63.6	2.4	21.4	0.2	9.5	2.6
		真 157	76.0	7.7	6.0	63.6	75.3	567.9	83.8	75.6	79.4	74.4	31.9	158.9	2.8	11.9	77.5	15.5	134.9	0.2	15.3	0.5	92.9	2.9	28.9	0.3	14.6	3.1
	邵伯	邵 6	76.2	7.7	6.0	67.0	73.5	853.2	83.9	75.6	81.4	75.8	31.9	154.9	86.4	1.8	87.4	13.9	144.7	0.1	15.3	2.1	112.0	3.0	30.8	0.3	12.5	2.7
		邵 9	76.1	7.7	6.0	71.4	75.4	807.6	84.1	75.6	81.3	75.5	32.2	159.1	1.7	−0.5	65.0	12.0	151.5	0.2	15.3	0.8	69.9	2.5	26.6	0.3	11.5	2.2
	联盟庄	联 19	76.3	7.7	6.1	73.4	85.2	931.8	84.4	75.6	81.7	76.9	33.1	167.9	183.1	−12.3	77.5	14.1	153.3	0.1	15.3	−5.5	135.6	2.5	22.2	0.3	7.9	2.1
		联 24	75.9	7.7	6.0	64.3	72.1	829.1	83.7	75.6	80.8	74.8	31.8	154.1	44.5	9.3	82.2	16.2	151.3	0.2	15.3	4.6	79.2	2.7	29.4	0.4	13.5	2.9
		联 26	75.5	7.7	6.0	62.6	70.9	881.1	83.5	75.6	80.8	75.0	31.4	155.3	127.3	0.4	104.0	15.0	149.5	0.1	15.3	0.2	125.2	3.2	33.3	0.3	13.4	4.1
	黄珏	黄 15	75.8	7.7	6.0	68.9	75.1	872.6	83.9	75.6	82.0	75.6	32.0	157.6	85.1	0.3	96.4	14.1	146.2	0.2	15.3	−2.0	115.4	3.3	29.5	0.3	12.0	2.0
	马家嘴	马 4	76.0	7.7	6.0	65.6	73.0	764.5	84.2	75.6	76.0	74.4	33.1	162.1	−123.8	−3.6	64.4	9.5	151.8	0.2	15.3	0.1	43.6	3.0	70.5	0.5	11.9	3.2
		马 10	75.9	7.7	6.0	65.7	73.5	864.7	83.6	75.6	79.6	74.5	31.8	164.1	105.0	−6.0	74.9	14.3	147.5	0.3	15.3	−4.6	86.2	3.1	33.1	0.4	9.4	2.9
		马 12	76.3	7.7	6.0	71.0	80.2	813.7	83.9	75.6	82.0	75.3	32.3	165.7	90.9	−2.3	69.5	14.4	143.3	0.3	15.3	−3.7	26.4	2.5	30.3	0.3	10.3	2.4
		马 14	76.3	7.7	6.0	67.7	71.0	839.1	84.0	75.6	79.4	75.1	31.5	161.6	16.5	−3.4	96.8	15.8	150.3	0.3	15.3	−0.9	80.0	3.5	114.1	0.6	11.0	2.3
$E_2d_1^3$	周庄	周 25	76.2	7.7	6.0	70.5	80.0	722.0	83.8	75.6	81.5	76.0	32.6	165.2	−109.3	−5.3	81.9	11.4	126.3	0.1	15.3	−1.4	89.6	3.0	31.0	0.3	10.3	2.5
	富民	富 13	76.1	7.7	6.0	58.9	70.1	852.4	83.0	75.6	80.8	74.8	30.8	157.3	146.2	−4.7	114.5	13.9	136.0	0.2	15.3	−0.1	128.9	3.8	41.8	0.5	10.9	4.6
		富 16	76.5	7.7	6.0	64.6	69.9	888.0	83.7	75.6	81.3	75.5	31.5	148.3	116.4	−2.9	107.4	13.5	150.0	0.1	15.3	3.3	102.2	3.6	31.9	0.3	11.4	2.3
		富 44	76.1	7.7	6.0	64.2	73.0	803.3	83.4	75.6	81.5	74.5	31.6	159.1	86.8	−0.3	104.6	14.9	139.8	0.3	15.3	−1.0	89.6	3.4	37.1	0.3	12.7	3.1
	永安	永 13	76.4	7.8	6.1	80.6	92.7	929.6	84.9	75.6	81.4	72.6	33.3	172.5	153.6	−15.5	100.5	6.8	153.5	0.4	15.3	−8.2	75.9	2.8	32.2	0.2	5.4	1.3
	联盟庄	联 7	75.7	7.7	6.0	63.6	75.1	787.5	83.6	75.6	81.1	75.6	31.3	153.3	101.9	6.2	98.7	13.4	152.5	0.1	15.3	1.2	125.1	3.5	29.3	0.4	14.4	3.0
		联 9	75.3	7.7	6.0	71.6	82.1	850.3	83.9	75.6	81.1	72.1	32.2	164.7	109.6	2.4	108.3	11.8	154.1	0.4	15.3	0.5	94.8	3.5	28.3	0.3	11.0	3.1
		联 12	76.4	7.7	6.1	64.0	74.5	875.3	83.6	75.6	81.1	73.9	31.6	166.1	150.0	−7.9	79.6	15.5	147.7	0.4	15.3	−4.5	111.2	2.8	24.0	0.4	8.8	5.0

CIA 值计算与 A-CN-K 判别图得到的高邮凹陷 E_2d_1 砂岩的结果基本一致，CIA 值总体介于 48～69 之间，平均为 55，反映源区所经历化学风化较弱，也可能经历了较强烈的构造运动。图中样品的化学成分趋势线（图 4-4a 中虚线 *b*）与 Pl-Ksp 线的交点反映高邮凹陷的源岩成分与花岗闪长岩相近，且趋势线较好地指向黏土矿物，说明源区的化学风化主要是花岗闪长岩源岩中的斜长石向黏土矿物转化，钾交代作用较强烈。其中高邮凹陷中部深凹带南部陡坡带如邵伯、黄珏和曹庄等地区的 CIA 平均值相对较高，介于 56～58 之间，化学风化作用相对较强；北部缓坡带的联盟庄、永安和富民等地区的 CIA 平均值相对较低，介于 52～54 之间，化学风化作用相对较弱。说明相对高邮凹陷北部缓坡带而言，南部陡坡带所经历的化学风化程度较强，古气候条件更为温暖和潮湿（表 4-2，图 4-4a）。

源区的风化作用和沉积物的再旋回过程均可导致难溶的 U^{4+}在风化作用过程中氧化为易溶的 U^{6+}，导致 U 元素流失，因此沉积岩的 Th/U 与风化作用强度呈正相关。具火山物质背景的沉积岩 Th/U 值＜3.0；当 Th/U 值＞4.0 时，沉积岩的形成与母岩的风化作用有关，而当 Th/U 值＞5.0 时，表明母岩经历了明显的风化作用过程（McLennan et al., 1993）。 高邮凹陷 E_2d_1 砂岩的 Th/U 值差异较大，说明所经历风化作用差异较大，Th/U 值集中在 2.5～6.0。Th-Th/U 图解显示，高邮凹陷南部陡坡带的马家嘴、真武、曹庄、肖刘庄地区的 Th/U 值较为稳定，大部分接近上地壳平均值 3.8，反映这些地区源岩的风化程度一般且较为稳定。高邮凹陷北部缓坡带的富民、沙埝、永安、联盟庄、周庄、花庄地区以及南部的邵伯和黄珏地区 Th/U 值差异较大，源岩所受风化作用差异较大。其中部分样品 Th/U 值＞4.0 甚至大于 6.0，说明源岩受到较强的风化作用；部分样品 Th/U 值＜3.0，甚至接近亏损地幔，受风化作用影响非常小，说明源岩经历了强烈的构造运动后抬升地面并接受了快速剥蚀和沉积或是气候条件向着更适合物理风化的方向演化（图 4-4b，表 4-3）。

综上所述，高邮凹陷 E_2d_1 砂岩所经历的风化作用以物理风化为主，化学风化作用较弱，其中南部陡坡带的大部分地区（黄珏、邵伯除外）所经历风化作用一般，且风化作用较为稳定，虽然这些地区均位于高邮凹陷真 2 断层附近，但其沉积物主要由较远处源岩的风化搬运而来，受构造运动的影响较小。高邮凹陷北部缓坡带以及黄珏、邵伯地区所经历的风化作用差异较大，说明这些地区沉积物存在两种沉积方式，一种是来自远处的源岩在经历了较强的风化作用或较远距离的搬运后沉积，另一种是来自近处的源岩由于强烈的构造运动抬升剥蚀后的迅速再沉积。

4.3　微量元素特征及物源分析

4.3.1　微量元素特征

微量元素由于地球化学习性上的差异，其在地质演化过程中表现出不同的性质，在基性、超基性岩中铁镁矿物大量富集，使得相容元素（如亲铁性元素 Co、Ni、Cr 等）

有较高的含量，优先进入结晶矿物相或残留相，即岩石发生部分熔融时，趋向保留于源岩中。高场强元素（Nb、Ta、Hf 等）和大离子亲石元素（Sr、Rb、Ba 等）则属不相容元素，在岩浆分异结晶过程中均优先进入熔体相。其中高场强元素在表生作用中化学性质稳定，可追踪沉积物源区的物质组成。大离子亲石元素化学性质相对活泼，易受风化作用影响，常通过选择性离子交换作用和黏土矿物的吸附作用固定于风化剖面中（Nesbitt and Young, 1982; Zhang et al., 2014; 张妮等, 2020）。

高邮凹陷 E_2d_1 沉积岩的微量元素整体上表现为 Co、Ni 和 Cr 等亲铁性元素相对大陆上地壳较为富集且分馏明显，说明高邮凹陷物源可能受到岩浆-变质地体的影响，Nb、Zr、Hf 等高场强元素的含量与大陆上地壳较为相近，说明高邮凹陷的源岩为古老大陆上地壳。大离子亲石元素中除了 Rb 与大陆上地壳较为相近外，Sr、Ba 均表现为明显亏损，显示高邮凹陷的风化作用较为强烈。镜下观察，高邮凹陷碎屑岩中长石以酸性斜长石和钾长石为主而缺乏中基性斜长石，因此源区的风化作用可能以中基性斜长石的分解为优势。由于 Sr 含量及 Sr/Ba 值可指示风化程度及古湖泊环境，Sr、Ba 含量尤其是 Sr 含量在各地区差异显著，说明高邮凹陷的风化程度或古湖泊水体存在地区间的差异。永安地区的 Nb、Ta、Zr 等高场强元素相对大陆上地壳出现明显异常，由于 Nb、Ta、Zr 主要富集于副矿物中，在大洋板块发生俯冲消减至一定深度时，随同板块一同俯冲的沉积物和板块表层蚀变的玄武岩中的流体发生脱水作用，伴随强活动性元素一同流出，而存在于副矿物中的高场强元素不随流体发生迁移，释放出的流体向上运移至上伏的地幔楔，发生交代作用，导致部分熔融作用形成的熔体中 Nb、Ta、Zr 相对亏损，因此永安地区的微量元素异常说明该地区受到来自幔源的大陆岛弧火山岩的影响（图 4-5）。

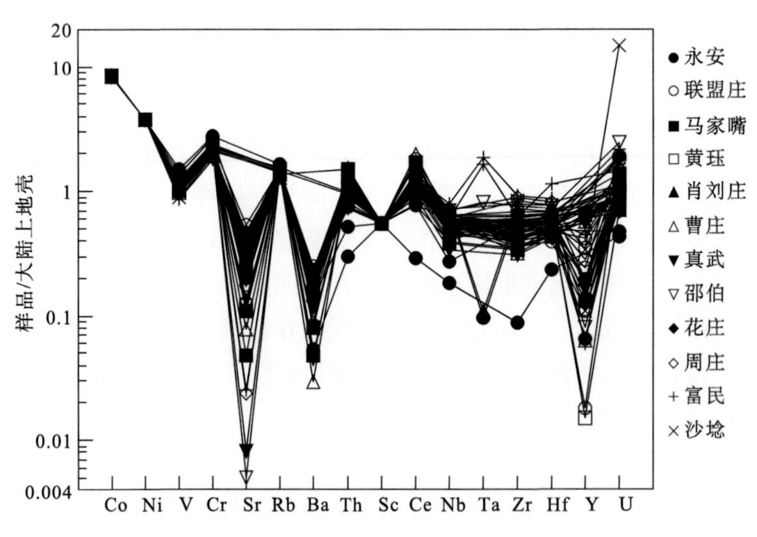

图 4-5 苏北盆地高邮凹陷戴一段碎屑岩的微量元素大陆上地壳标准化图

大陆上地壳标准化数据引自 Taylor and McLennan, 1985

4.3.2 母岩类型分析

在 Co/Th-La/Sc 图解中，高邮凹陷 E_2d_1 沉积岩具有较高且较为稳定的 Co/Th 值，平均为 6.5，La/Sc 值较高，主要介于 4～9 之间，样品主要分布在玄武质、安山质岩石和花岗岩之间，说明高邮凹陷源岩主要为花岗岩和中基性火成岩，其中永安地区受玄武质火成岩的影响较大（图 4-6a）。La/Th-Hf 判别图可进一步揭示源岩的属性，高邮凹陷大部分样品主要落在长英质/基性岩混合物源区以及长英质物源区，说明高邮凹陷物源主要来自火山弧物质和大陆上地壳的长英质物质。高邮凹陷的老沉积物组分含量很低，反映了活动边缘物源的特征。其中高邮凹陷北部斜坡带的周庄、沙埝、富民地区样品完全落入长英质源区范围内，老沉积物组分相对较高，说明这些地区源岩主要受大陆上地壳的长英质物质控制（图 4-6b）。

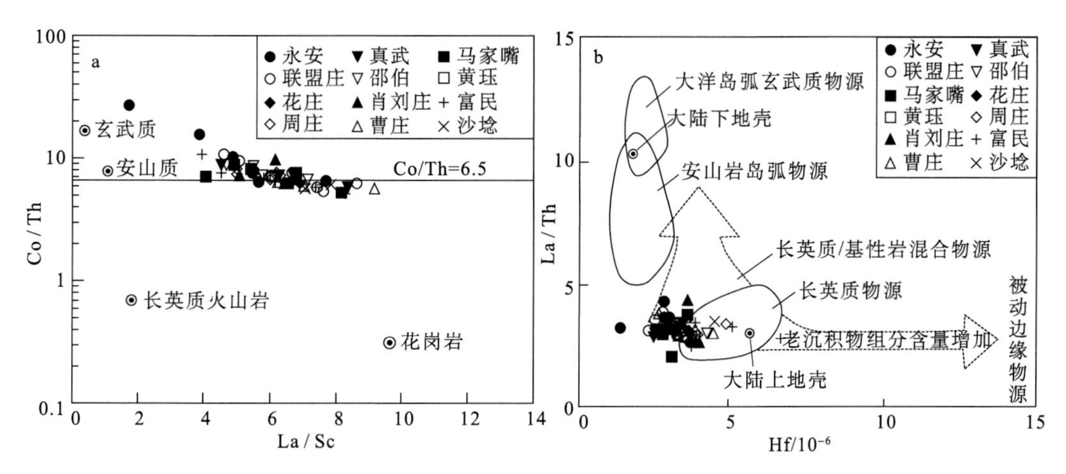

图 4-6　苏北盆地高邮凹陷戴一段碎屑岩的微量元素判别图

a. Co/Th-La/Sc 图解（Gu et al., 2002）；b. Hf-La/Th 图解（Gu, 1994）

砂岩根据物源分为 4 种不同的组合：基性物质、中性物质、长英质物质和再旋回沉积物质。相对大陆上地壳而言，基性物源具有 Sc、V、Cr 的明显富集和 Nb、Rb、Th、Zr、Ce 的明显亏损；中性物源的元素富集与亏损情况与基性物源较为相似，但富集和亏损程度均低于基性物源；长英质物质具有中等程度的 Nb 亏损；再旋回沉积物质中则除了具有与长英质物质程度相似的 Nb 亏损外，还具有中等程度的 Cr 富集和明显的 Sr 亏损。

利用多元素进行物源判别，结果显示，高邮凹陷 E_2d_1 各亚段均具有中到低的 Nb、Rb 和 Th 含量，各亚段均具有再旋回沉积所特有的明显的 Sr 谷，尤其是 $E_2d_1^2$，Sr 谷极为明显，部分样品的 Sr 标准化值<0.01，其次为 $E_2d_1^1$，Sr 亏损处于 0.1～0.8 之间，$E_2d_1^3$ 亚段 Sr 谷没有其他亚段明显，说明再旋回沉积物质含量不高，可能多为长英质物质。表明 E_2d_1 沉积时期物源主要受到再旋回沉积物质和长英质物质的共同影响，但以再旋回沉积物质为主。且各亚段中均具有 Cr 峰和 Nb 谷，缺少 Sc 峰，且均出现 Sc 的小规模亏损，说明 E_2d_1 的中基性物源较少，只有永安地区在 $E_2d_1^3$ 和 $E_2d_1^2$ 时期出现基性物质的特征“V

峰”和“Th 谷”，说明该地区在 E_2d_1 沉积前期，受到了中基性物源的影响。由此判断 E_2d_1 沉积时期，物源主要受到大陆上地壳的长英质物质和再旋回沉积物质的共同影响，以再旋回沉积物源的影响为主，但 $E_2d_1^3$ 亚段的物源受长英质物质影响相对其他亚段要大，在 $E_2d_1^3$ 和 $E_2d_1^2$ 时期，永安地区同时也受到了中基性物质的影响，但影响相对较小（图 4-7）。

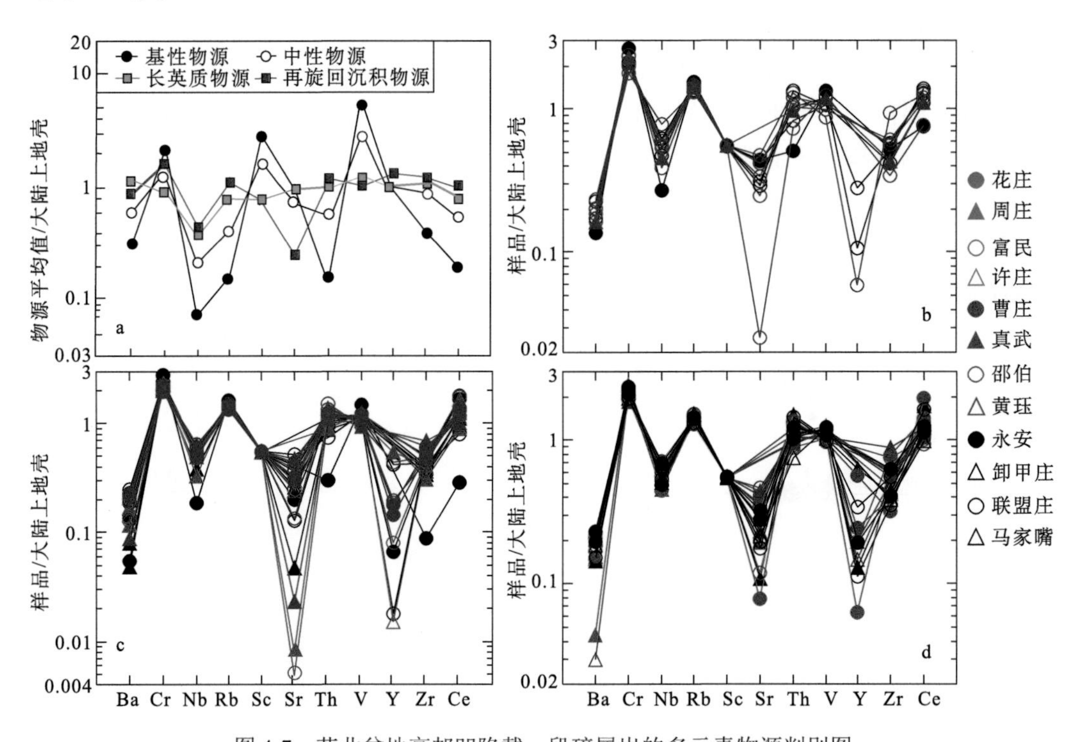

图 4-7　苏北盆地高邮凹陷戴一段碎屑岩的多元素物源判别图

a 为不同物源的大陆上地壳（UCC）标准化图，据 Lacassie et al., 2004；b、c 和 d 图为高邮凹陷 E_2d_1 各亚段多元素的 UCC 标准化图，其中 b 为 $E_2d_1^3$，c 为 $E_2d_1^2$，d 为 $E_2d_1^1$；UCC 数据引自 Taylor and McLennan, 1985

综上所述，在 E_2d_1 沉积时期，高邮凹陷沉积物主要受再旋回沉积物源的影响，其次受长英质物源影响，永安地区还受到基性物源的影响，该结论与碎屑组分分析结果较为吻合。随着 E_2d_1 的沉积演化，再旋回沉积物源对高邮凹陷的影响一直持续，但长英质物源和基性物源对高邮凹陷的影响逐渐减弱（张妮等, 2012b）。

4.4　稀土元素特征及物源分析

4.4.1　稀土元素特征

高邮凹陷 E_2d_1 沉积岩中 REE 的球粒陨石标准化均表现为轻稀土元素（LREE）明显富集，重稀土元素（HREE）强烈亏损，Eu 异常值（δEu）呈明显的负异常，LREE 分馏程度较高，HREE 分馏程度相对较低。REE 总量（∑REE）波动较大，在 50.01～250.70 μg/g 之间变化，平均 174.32 μg/g，高于北美页岩的∑REE（163.94 μg/g），低于后太古宙澳大利亚平均页岩的∑REE（184.77 μg/g）（表 4-4）。在 E_2d_1 沉积时期，∑REE 由 $E_2d_1^3$（165.11 μg/g）、$E_2d_1^2$（177.42 μg/g）至 $E_2d_1^1$（180.44 μg/g）时期逐渐升高，这与高邮凹陷 E_2d_1 沉积时期存在湖盆扩张有关。在高邮凹陷以箕状断陷湖盆存在初期，E_2d_1 沉积早期地层逐层超覆，断陷湖盆由小变大，戴南事件后断陷湖盆进入后期，并达到最大湖侵（邱旭明等, 2006），因此随水域扩大，细粒沉积物厚度增加，从而导致∑REE 相应增大。除了汉留断层附近的永安和联盟庄地区的 REE 参数出现异常外，其他地区的 δEu 值、轻重稀土元素分馏值（$(La/Yb)_N$、LREE/ HREE）、轻稀土元素分馏值（$(La/Eu)_N$）以及重稀土元素分馏值（$(Gd/Yb)_N$）变化较小，说明高邮凹陷在 E_2d_1 沉积时期物源较为稳定，且高邮凹陷南部陡坡带如周庄、曹庄、真武、邵伯等地的∑REE 相较北部缓坡带的花庄、永安、联盟庄地区普遍偏高（表 4-4）。

表 4-4　苏北盆地高邮凹陷 E_2d_1 的 REE 特征　（单位：μg/g）

层位	La	Ce	∑REE	$(La/Yb)_N$	LREE/HREE	$(Gd/Yb)_N$	δEu
$E_2d_1^1$	37.11	80.55	180.44	11.36	11.20	1.43	0.42
$E_2d_1^2$	37.53	78.44	177.42	11.26	10.98	1.42	0.39
$E_2d_1^3$	35.46	72.60	165.11	12.02	11.68	1.46	0.41
E_2d_1 平均值	36.70	77.20	174.32	11.55	11.29	1.45	0.41

注：下标 N 代表元素相对球粒陨石（IDMS）标准化，IDMS 数据引自 Taylor and McLennan, 1985。

将高邮凹陷 REE 参数与不同构造背景沉积盆地硬砂岩的 REE 参数进行对比，高邮凹陷的 REE 参数与活动大陆边缘较为相似，说明高邮凹陷 E_2d_1 沉积岩的母岩区构造背景属活动大陆边缘（安第斯型活动大陆边缘），母岩来自抬升基底（Bhatia, 1985）。但两者数据略有差异，主要表现在高邮凹陷中$(La/Yb)_N$值和 LREE/HREE 值普遍偏高，分别为 11.55 和 11.29，而 Bhatia（1985）对活动大陆边缘沉积岩统计的$(La/Yb)_N$和 LREE/HREE 的平均值分别只有 9.1 和 8.5，说明高邮凹陷 REE 分异程度较高，具近源特征，原始母岩与平均大陆上地壳的长英质物质相当。

4.4.2　物源区分析

舒良树等认为苏北盆地周缘程度不等地出露早中生代、古生代乃至新元古代的各类岩层（舒良树等, 2005）。在高邮凹陷的北东侧，为连云港元古宙中-深变质岩区；北西侧为苏鲁元古宙变质岩和火山岩分布区；南西侧为张八岭变质岩区；西侧为大别山造山带；南侧为江都和宁镇古生代—早中生代沉积岩分布区。显然，晚中生代—新生代的苏北地区有着丰富物源区条件。苏北盆地白垩纪以来的物源区有 5 个：①西侧大别山造山带和郯庐断裂以东的嘉山、滁县、肥东、巢县等地；②北东侧滨海隆起区，以连云港地区元古宙变质岩和古生代沉积岩为主要供给区；③北西侧苏鲁变质岩、火成岩区和华北克拉通南缘晚古生代—早中生代沉积岩分布区；④南西侧张八岭地区新元古代的变质岩和中生代火山岩；⑤南侧宁镇山脉的震旦系碳酸盐岩、古生代大面积分布的碳酸盐岩、碎屑岩等。本书将高邮凹陷与这些周边物源区进行 REE 特征对比，探讨各物源区的基底母岩或侵入岩对高邮凹陷物源的影响，图 4-8 中阴影部分为高邮凹陷的 REE 配分曲线范围。

根据前人研究，苏鲁造山带胶东区段新元古代的高钾 I 型花岗片麻岩中的轻重稀土元素分馏程度较强，$(La/Yb)_N$ 范围为 7.39～13.87，负 Eu 异常较强，δEu 范围为 0.47～0.61，源岩表现为类似活动大陆边缘的花岗岩类（薛怀民等, 2006; 图 4-8a），该 REE 配分特征及母岩类型均与高邮凹陷 E_2d_1 沉积岩较为一致。李双应等（2005）认为，大别山东南麓中-新生代砂岩与大别山南缘宿松群的蓝片岩带以及大别群具有亲缘关系，说明宿松群的蓝片岩带和大别群的部分地质体在中-晚三叠世已经剥露并作为物源。REE 参数对比显示高邮凹陷的 REE 配分模式与大别山东部的元古宙大别群花岗片麻岩很相似，其中大别群 ΣREE 为 126～311.2 μg/g，LREE /HREE 值为 10.5，Eu 明显亏损，与高邮凹陷较为相似（吴维平等, 1998; 图 4-8b）。而大别山南部广泛分布的榴辉岩相变质带的 REE 特征与高邮凹陷存在较大明显差异（张建珍等, 1998; 图 4-8c），因此高邮凹陷物源与大别-苏鲁造山带新元古代基底的浅变质酸性火成岩有亲缘关系，具体母岩可能为高钾 I 型花岗片麻岩。但大别山南部大面积的榴辉岩相变质带对高邮凹陷的物源影响很小。

张八岭隆起区是大别与苏鲁造山带之间在郯庐断裂带上呈 NNE 向展布的低级变质岩出露区。该隆起区北段出露新元古代张八岭群，是一套以绿片岩相为主的浅变质基底，岩性上与大别-苏鲁造山带南侧的红安群上部、云台组对比，张八岭隆起区南段主要出露太古宙—古元古代的肥东群和新元古代张八岭群，其中肥东群变质杂岩应属于大别-胶南造山带中的变质杂岩，主要为高钾钙碱性花岗岩类。张八岭群上部为细碧-石英角斑岩系，也称蓝片岩（石永红等, 2007），资料显示该岩区的 ΣREE 变化于 32.7～161.48 μg/g 之间，δEu 在 0.62～0.97 之间，LREE/ HREE 值介于 3.87～7.94，$(La/Yb)_N$ 值也仅为 2.45～6.38（郭坤一和汪迎平, 1995），均明显小于高邮凹陷，因此两者的 REE 参数特征差异较大，说明张八岭地区新元古代的细碧-石英角斑岩对高邮凹陷的物源影响较小（图 4-8d）。张八岭群下部是张八岭隆起区大面积出露的绿片岩系，并有少量蓝片岩分布。由于该区绿片岩系的 REE 数据极少，无法进行物源对比，但大部分在低温高压和高氧逸度环境下形成的蓝片岩在构造变动中被卷入高温高压且氧逸度相对较低的环境，遭受韧性变形和绿片岩相变质的改造会形成绿片岩，因此推断位处高压变质带的张八岭地区广泛分布的绿片岩与高邮凹陷之间存在物源关联的可能性较小。虽然中生代火成岩在张八岭地区也有少量出露，但据前人资料，其北段早白垩世侵入岩的 ΣREE 变化于 112～126 μg/g 之间，LREE/HREE 值介于 14.1～17.9 之间，δEu 值表现为正异常。由图 4-8e 可见，张八岭隆起区南段早白垩世火山岩的 REE 配分模式与高邮凹陷一样均表现为轻重稀土强烈分馏，HREE 较为亏损的右倾配分模式，具有弱的 Eu 负异常，但 ΣREE（215.41～322.53 μg/g）、LREE/ HREE（19.05～21.96）和 δEu（0.53～0.74）的数值均相对高邮凹陷要高（曹洋等, 2010; 牛漫兰, 2006; 图 4-8e），因此，张八岭隆起区南段的中生代侵入岩对高邮凹陷物源的影响有待进一步确证。

宁镇山脉广泛分布着燕山期中酸性侵入岩，侵位于古生代及中生代地层中，呈岩株状产出。宁镇中段岩体大部分为中酸性的 I 型花岗岩。宁镇中段的 REE 配分模式均表现为 LREE 富集，HREE 亏损，但不存在 Eu 负异常，部分岩体甚至有明显的 Eu 正异常和微弱的 Ce 负异常（张术根和阳杰华, 2008；图 4-8f）。说明宁镇山脉广泛分布的燕山期侵入岩对高邮凹陷的物源影响较小。

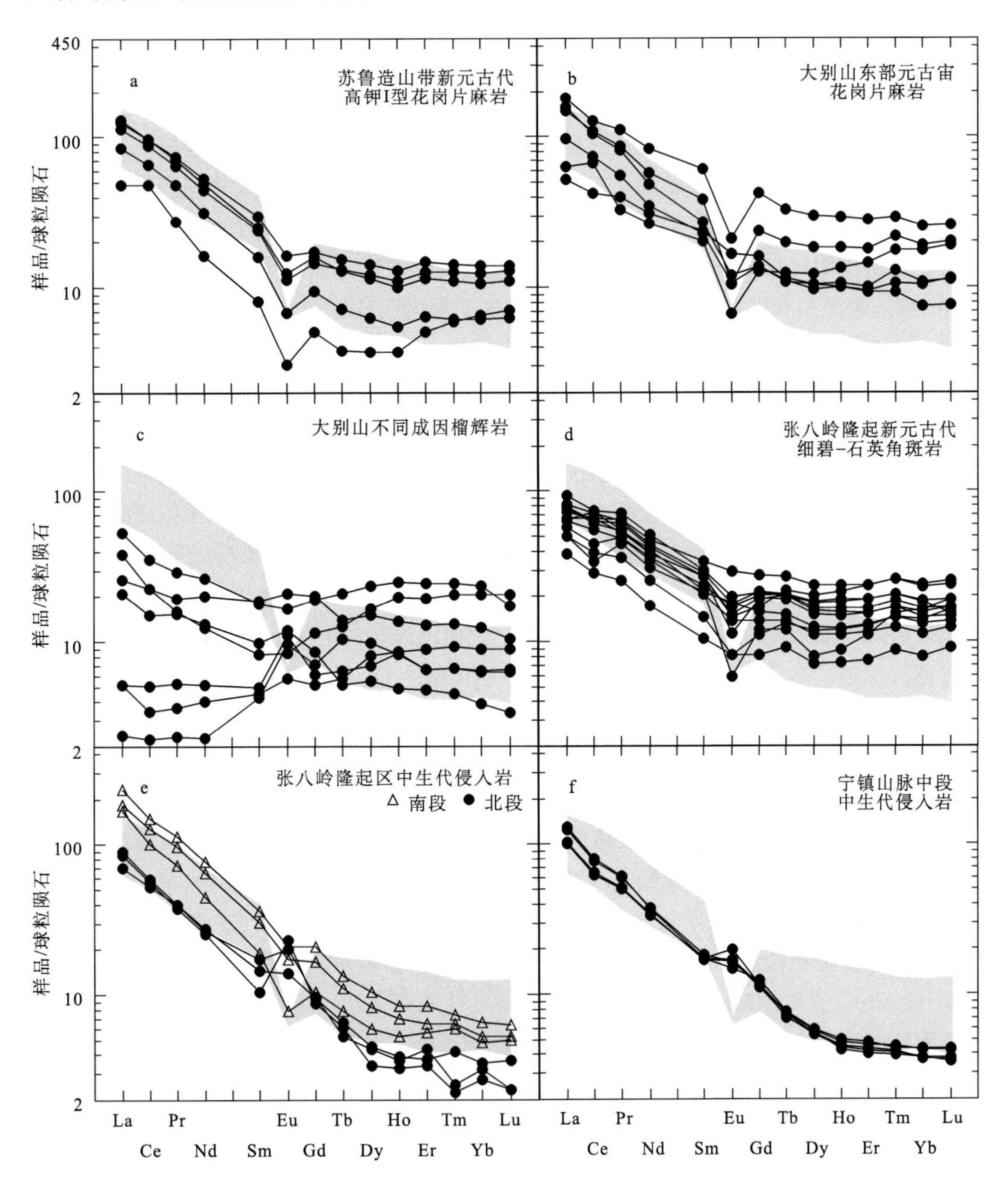

图 4-8　苏北盆地周边不同物源区的 REE 球粒陨石标准化配分图解（张妮等, 2012a）

阴影区代表高邮凹陷 E_2d 中碎屑岩的 REE 配分曲线范围；图 a 数据引自薛怀民等，2006；图 b 数据引自吴维平等，1998；图 c 数据引自张建珍等，1998；图 d 数据引自郭坤一和汪迎平，1995；图 e 张八岭隆起区南段数据引自牛漫兰，2006，北段数据引自曹洋等，2010；图 f 数据引自张术根和阳杰华，2008

综上所述，高邮凹陷的物源主要受大别和苏鲁造山带的浅变质岩基底的影响，推断高邮凹陷的母岩类型为高钾I型花岗片麻岩。张八岭隆起的新元古代细碧-石英角斑岩和绿片岩、张八岭隆起北段的中生代火成岩、大别山南部大范围的榴辉岩以及宁镇山脉大范围分布的中生代中酸性侵入岩对高邮凹陷的物源影响很小（张妮等, 2012a）。而张八岭隆起区南段的中生代侵入岩对高邮凹陷物源的影响则有待进一步确证。

4.4.3 物源方向分析

高邮凹陷戴南组的沉积相研究开展较早，已形成较为完善的沉积相划分体系。高邮凹陷的边界大断裂在吴堡、真武、三垛运动时期强烈活动，上升盘大规模隆起，并受剥蚀，给戴南组的充填沉积提供了丰富的物源（邱旭明等, 2006）。受地形高差的影响，物源主要以河流搬运方式从周边邻近的构造凸起进入湖盆，并在湖边形成规模不等的三角洲相、扇三角洲相和近岸水下扇相，因此高邮凹陷戴南组的物源与沉积相的关系密切（周健等, 2011）。沉积岩中的REE特征可在一定程度上指示物源方向，因此REE也会对沉积相具有一定的响应。由于高邮凹陷 E_2d_1 沉积岩的REE含量与大陆上地壳（UCC）和后太古宙澳大利亚平均页岩（PAAS）平均含量最为接近，为使高邮凹陷沉积岩中的REE相对后太古宙沉积岩发生的分异程度更直观，本书以下部分REE数据均选取PAAS标准化。

砂岩是陆源碎屑岩的主要岩石类型，其碎屑物质主要来源于母岩机械破碎的产物，是反映沉积物来源的重要标志。砂岩中的主要碎屑成分石英（Q）、长石（F）和岩屑（R）在恢复物源区的研究中具有极为重要的意义，矿物成熟度指数（MMI=Q/(F+R)）可用来定量反映矿物成熟度，碎屑岩的MMI越高，说明距离物源区越远（张妮, 2012）。本书通过薄片鉴定，对高邮凹陷 E_2d_1 90口井的砂岩样品的Q、F和R的含量及MMI进行统计，对 E_2d_1 不同沉积时期的MMI增高的井位组合进行统计。

碎屑岩中REE的化学活动性取决于母岩的搬运程度及风化产物对REE的接受能力。在风化作用过程中，HREE较LREE活泼，易于以溶液形式迁移，后者则趋向于在风化残余物中富集。本书认为反映轻重稀土分馏程度的 $(La/Yb)_N$ 值可反映母岩在搬运过程中的风化程度，当 $(La/Yb)_N$ 值较低时，则反映当前沉积物中的HREE相对富集，说明母岩中携带的HREE以及被溶解出的以溶液形式迁移的HREE经历了较长距离的迁移后，共同沉淀于当前沉积物中，即 $(La/Yb)_N$ 值越低，母岩的搬运距离越远。若这种观点成立，那么 $(La/Yb)_N$ 值与MMI值均与沉积物离物源的距离有关，只是不同的是，MMI值与沉积物离物源的距离呈正相关性，而 $(La/Yb)_N$ 值与该距离呈负相关性。假设在某个由A井和B井位构成的井位组合上（该井位组合至少要两口井），已知由A井至B井，MMI值是逐渐升高的，那么物源离A井近，离B井远，说明这个井位组合可能指示其沉积物来自MMI值低的A井方向。若在此时，由A井至B井的 $(La/Yb)_N$ 值是逐渐降低的，就说明由A井和B井构成的 $(La/Yb)_N$ 值降低的A-B井位组合与MMI值升高的A-B井位组合是吻合的，从而可以帮助我们得到这样一个新观点，即 $(La/Yb)_N$ 值与MMI值一样也可对沉积盆地的物源方向起到指示作用。

为了验证这样的观点，对高邮凹陷E_2d_1中56个REE数据分析，对每个地区的$(La/Yb)_N$值增高的井位组合进行了统计。在前人对高邮凹陷沉积相的研究基础上，结合对物源有指示意义的REE指数（∑REE，δEu），将MMI与$(La/Yb)_N$值统计数据进行对比，结果表明，$(La/Yb)_N$值与MMI存在很好的吻合（表4-5），通过$(La/Yb)_N$值与MMI值的综合分析，可得出高邮凹陷E_2d_1时期沉积物主要来自四个方向：吴堡低凸起方向、通扬隆起方向、柘垛低凸起方向和菱塘桥低凸起方向。这与前面通过重矿物所得的高邮凹陷内物源方向结论较为一致。但是在高邮凹陷物源方向的指示过程中，由于井位数量的限制，或是两井之间距离过大、距离过小等原因，部分样品的REE参数与MMI的吻合度较差或不能指示有效的物源方向，但是结合样品所在位置的沉积相分布类型，也可对其中部分数据进行较为合理的解释（张妮, 2012）。

表4-5　苏北盆地高邮凹陷E_2d_1物源方向分析

层位	地区	矿物成熟度指数（MMI）增高的井位组合	$(La/Yb)_N$值降低的井位组合	方向	物源方向
$E_2d_1^1$	周庄	周15-周22-周19-1-周23井	周36-周23井	S→N	吴堡低凸起
	花庄	花2-花4井	花2-富85井	E→W	柘垛低凸起
	永安	—	永16-永x30井	NE→SW	
			甲1-永x30井	NE→SW	
	联盟庄	联15-联24井	联12-联26-联24井	NE→SW	
	富民北部	富16 -富43-富28井	富28-永16井	NE→SW	
	富民南部	富11-富55井	—	E→W	通扬隆起
	曹庄	曹18-曹13-曹21井	曹35-曹18井	S→N	
	真武	真81-真97-真82井	—	SE→NW	
	邵伯	邵8-邵x14井	邵8-邵x14井	SE→NW	
	马家嘴	马31-3-马4-马13-1井	马4-马13-1井	E→W	菱塘桥低凸起
$E_2d_1^2$	周庄	周27-周22-周51井	—	N→S	吴堡低凸起
		周19-1-周36-周38井	周36-周25井		
	花庄	花x13-花1井	—	SW→NE	柘垛低凸起
		花x13-花3A井	花6-花x13井	W→E	
	永安	永22-永19井	永22-永19井	SW→NE	
	富民北部	—	富16-富28井	NE→SW	
	富民南部	富56-富82-富46-富35-富38井	富56-富35井	S→N	通扬隆起
		富55-富44-富5井	—	SW→NE	
	曹庄和真武	曹10-曹9-曹5井	真157-曹11井	W→E	
		真81-真157	—	S→N	
	邵伯	邵8-邵x14井		SE→NW	
	黄珏	黄75-黄15-黄18井		SE→NW	

续表

层位	地区	矿物成熟度指数（MMI）增高的井位组合	$(La/Yb)_N$值降低的井位组合	方向	物源方向
$E_2d_1^2$	联盟庄北部	联 21-联 11-联 15-联 32 井	联 19-联 24 井	NE→SW	柘垛低凸起
	联盟庄南部	联 7-联 8 井	联 24-联 26 井	W→E	菱塘桥低凸起
	马家嘴西北部	马 19-马 5-7-马 25 井	—	NW→SE	
	马家嘴东北部	马 x34-马 x32-马 2 井	马 14-马 12 井	N→S	柘垛低凸起
	马家嘴南部	—	马 10-马 4 井	S→N	通扬隆起
$E_2d_1^3$	周庄	周 28-周 27 井	—	S→N	吴堡低凸起
	曹庄	曹 5 井-曹 21 井		SW→NE	通扬隆起
	富民南部	富 23-富 44-富 13 井	富 x126-富 44 井	SW→NE	
	富民北部	富 85-富 16-1 井	富 85-富 16 井	N→S	柘垛低凸起
	永安	永 12-永 13 井	—	NW→SE	
	联盟庄北部	—	联 12-联 9 井	NE→SW	
	联盟庄南部	联 7-联 9 井	联 7-联 9 井	SW→NE	菱塘桥低凸起

注：下标 N 代表元素相对后太古宙澳大利亚平均页岩（PAAS）标准化，PAAS 数据引自 McLennan（1989）。

本书选取几个具有代表性或特殊性的 REE 样品数据作为例子，结合高邮凹陷的沉积相展布方式，进行 REE 参数的物源方向解释。

在 $E_2d_1^3$ 时期，永安地区永 13 井以及富民北部地区富 85 井的∑REE 和 δEu 在所有样品中均表现为最明显的异常，其中∑REE 值分别只有 111.99 μg/g 和 111.16 μg/g，远低于 $E_2d_1^3$ 平均值（165.11 μg/g），δEu 值则分别高达 0.95 和 0.85，说明富民北部和永安地区的物源方向相似，且均受到幔源物质的影响，导致 δEu 值异常偏高，但在沉积相上分属高邮凹陷北部缓坡带的两个三角洲（图 4-9a）。

在 $E_2d_1^2$ 时期，联盟庄地区联 24 井和联 26 井距离较近，$(La/Yb)_N$ 值接近，但∑REE 差异较大，分别为 250.7 μg/g 和 192.33 μg/g，均高于 $E_2d_1^2$ 的平均值（177.42 μg/g）。由于碎屑岩中砂岩的粒度与∑REE 呈负相关，联 24 井位于浅湖亚相，联 26 井位于三角洲前缘亚相，联 26 井粒度较联 24 井粗，因此所吸附 REE 含量较少。永安地区永 19 井的∑REE 值仅为 50.01 μg/g，δEu 值高达 1.3，延续了 $E_2d_1^3$ 时期永安地区的低∑REE 高 δEu 的异常特征（图 4-9b）。

在 $E_2d_1^1$ 时期，富民地区的富 11、富 28 和富 85 井位于富民地区的三个端点，沉积环境差异较大，其 REE 参数不适用于富民地区的物源方向判别，但富民北部的富 85 井的∑REE 和 δEu 分别为 169.85 μg/g 和 0.55，与永安以及花庄地区的∑REE 和 δEu 值相近，说明物源方向一致。永安地区甲 1 井的∑REE 值为 139.79 μg/g，低于邻近地区，δEu 值高达 0.70，同样是低∑REE 高 δEu 特征。以上结果表明，在 $E_2d_1^1$ 沉积时期，永安和富民北部地区物源方向相同，均来自柘垛低凸起方向，且在不同亚段沉积时期均受到过幔源物质的影响（图 4-9c）。

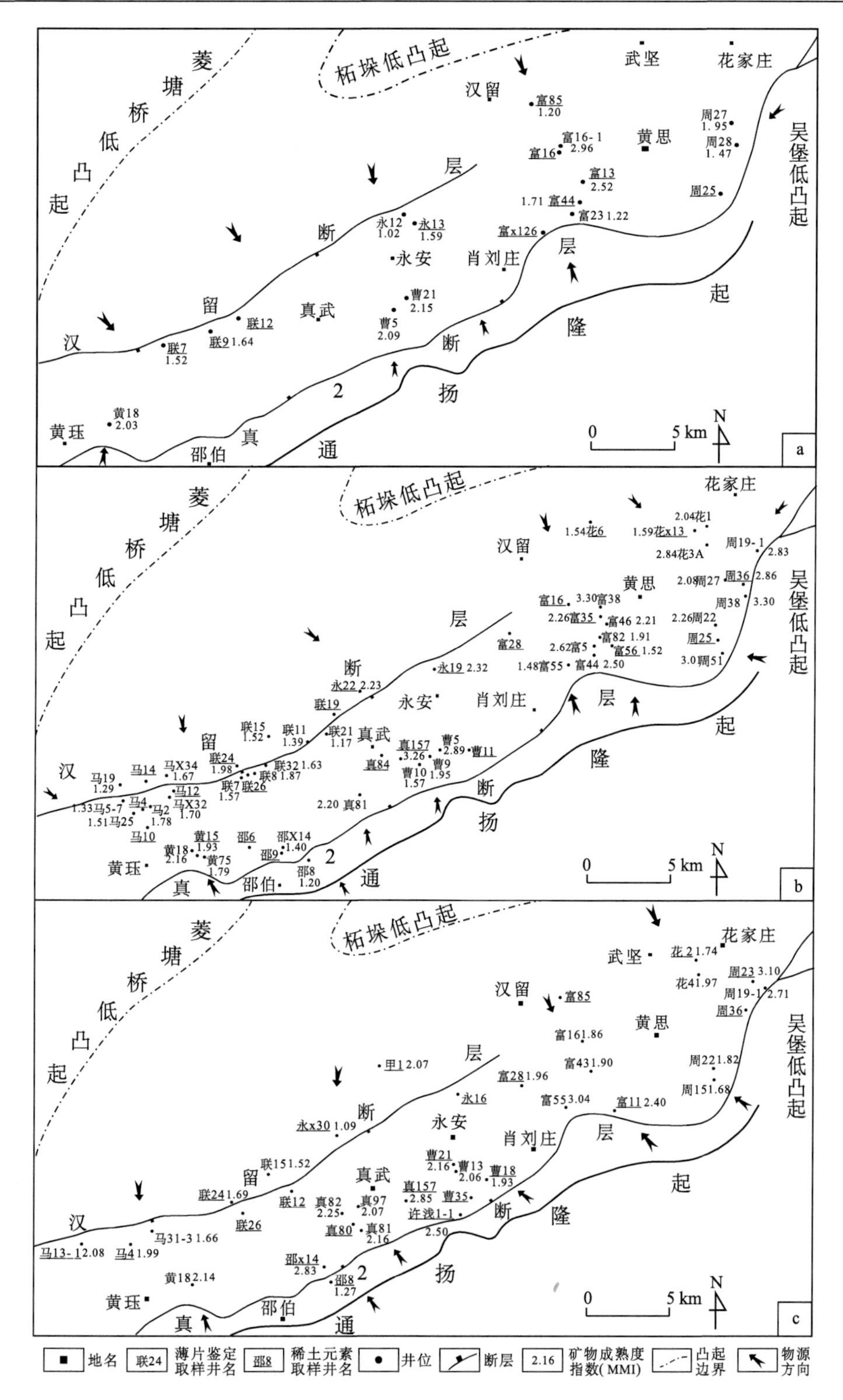

图 4-9　苏北盆地高邮凹陷构造位置及分析成果图（a. $E_2d_1^3$ 地层; b. $E_2d_1^2$ 地层; c. $E_2d_1^1$ 地层）

综上所述，高邮凹陷东北部的周庄地区沉积物主要来自东部邻近的吴堡低凸起方向，凹陷南部陡坡带的富民南部、曹庄、真武、邵伯以及黄珏地区的沉积物则主要来自其东部邻近的通扬隆起方向，物源较为稳定，其中邵伯地区离物源最近。凹陷北部缓坡带的花庄、永安和富民北部地区的物源主要来自北部的柘垛低凸起方向，联盟庄和马家嘴地区物源主要受北部柘垛低凸起方向和西部菱塘桥低凸起方向的共同影响，且在 E_2d_1 沉积时期物源有所变化。具体表现在，联盟庄地区在 $E_2d_1^3$ 和 $E_2d_1^2$ 沉积时期，联盟庄南部沉积物来自菱塘桥低凸起方向，北部沉积物主要来自柘垛低凸起方向，马家嘴地区的物源较为复杂，其中马家嘴东北部物源来自柘垛低凸起方向，西北部物源来自菱塘桥低凸起方向，南部物源来自通扬隆起方向。至 $E_2d_1^1$ 时期，联盟庄地区沉积物均来自柘垛低凸起方向，马家嘴地区沉积物均来自菱塘桥低凸起方向（表 4-5）。

由此可见，因受井位数量的限制以及薄片鉴定过程中可能出现的人为误差，MMI 在物源指示方面不够完善，此时较为客观和灵敏的REE参数，如∑REE、δEu 以及 $(La/Yb)_N$ 值可对传统的物源指示方法进行完善与补充。在 55 个可明确处于 E_2d_1 亚段的 REE 分析样品中，45 个样品组成的 23 个 $(La/Yb)_N$ 值降低组合与 MMI 升高组合相吻合，吻合率达 82%，还有 5 个样品由于分散距离过大或过小，无法形成有效的 $(La/Yb)_N$ 值降低组合，但结合∑REE、δEu 和沉积相分析，对 MMI 的物源分析方法进行补充和校正，利用率可达 91%。因此，REE 参数中的 $(La/Yb)_N$ 值可在物源研究，尤其是在物源方向的指示中发挥重要作用。

此外，将高邮凹陷 E_2d_1 各亚段的 REE 分析样品对应至相应的沉积相划分图中，统计每个样品所属的沉积亚相（沉积亚相的划分见第 7 章）。统计结果表明，深湖亚相的 REE 数据较为异常，不利于相关性分析，因此将其排除在外后，主要对包括滨浅湖、近岸水下扇外扇、近岸水下扇中扇、前扇三角洲、扇三角洲前缘、前三角洲和三角洲前缘共 7 个亚相进行统计（表 4-6；高丽坤等, 2010; Gao and Lin, 2012），由于高邮凹陷内的物源方向、沉积亚相类型和 REE 特征均密切相关，因此本书在 REE 各参数中，选取∑REE、$(La/Yb)_N$、$(La/Eu)_N$、$(Gd/Yb)_N$ 和 δEu 共 5 个对物源方向可起到指示意义的 REE 参数与沉积亚相类型进行 R 型聚类分析（表 4-7）。

聚类分析结果显示，在高邮凹陷 E_2d_1 沉积岩的 REE 参数中，∑REE 与 LREE 的分馏值（$(La/Eu)_N$）呈强相关，正相关系数达到 0.98，∑REE 与 δEu 间也呈强相关，其负相关系数达到–0.815。沉积亚相类型与各 REE 参数的相关性均属于弱相关，其中沉积亚相类型与 HREE 分馏值（$(Gd/Yb)_N$）的相关性相对最高，相关系数为 0.207，其次是与 $(La/Yb)_N$ 值的相关性，相关系数为 0.148，而与 LREE 的分馏值（$(La/Eu)_N$）之间的相关性最低，仅为–0.044。高邮凹陷的母岩属中-酸性的侵入岩系和火成岩系，形成于石榴子石为稳定相的压力条件，该环境中稳定的石榴子石可富集大量的 HREE，而富集 LREE 和 Eu^{2+}的含钙斜长石很不稳定，钙长石的结晶导致母岩中的 Eu 亏损，且 LREE 的分馏较 HREE 明显，$(La/Yb)_N$ 值较高。HREE 含量相对稳定，因此∑REE 与 LREE 的含量或分馏程度密切相关，∑REE 和 $(La/Eu)_N$ 呈强正相关，和 δEu 呈强负相关。母岩在剥蚀搬

表 4-6　苏北盆地高邮凹陷 E_2d_1 碎屑岩的 REE 含量与沉积亚相　（单位：μg/g）

层位	地区	样品编号	井名	沉积亚相	La	Ce	Pr	Nd	Sm	Eu	Gd	Tb	Dy	Ho	Er	Tm	Yb	Lu	∑REE	$(La/Yb)_N$	$(La/Eu)_N$	$(Gd/Yb)_N$	δEu
$E_2d_1^1$	周庄	W19	周 23	Ⅰ	30.25	66.05	7.58	27.78	5.71	0.58	3.40	0.59	3.79	0.78	2.21	0.34	2.14	0.31	151.50	1.04	1.48	0.96	0.62
		W20	周 36	Ⅰ	37.65	78.09	8.61	32.35	6.22	0.57	3.80	0.57	3.78	0.79	2.27	0.31	2.14	0.31	177.47	1.30	1.86	1.07	0.55
	花庄	W21	花 2	Ⅰ	32.88	67.84	7.71	26.81	7.33	0.58	3.60	0.50	3.22	0.68	2.05	0.27	2.14	0.28	155.87	1.13	1.60	1.02	0.53
	富民	W16	富 11	Ⅴ	27.35	59.64	6.41	24.93	5.47	0.59	3.27	0.52	3.27	0.70	1.88	0.27	1.98	0.26	136.53	1.02	1.31	1.00	0.66
		W17	富 28	Ⅰ	35.19	75.72	8.64	31.60	6.35	0.58	3.13	0.55	3.43	0.71	2.07	0.27	2.00	0.27	170.52	1.30	1.72	0.95	0.61
		W18	富 85	Ⅵ	32.92	74.00	8.40	32.65	5.70	0.56	4.11	0.69	4.46	0.94	2.53	0.33	2.23	0.33	169.86	1.09	1.66	1.12	0.55
	永安	W8	永 16	Ⅶ	34.17	79.20	8.83	33.10	6.37	0.58	3.88	0.61	3.68	0.78	2.24	0.31	2.09	0.30	176.14	1.21	1.67	1.13	0.55
		W7	永 x30	Ⅰ	33.10	72.78	9.05	31.67	6.10	0.57	4.06	0.66	4.08	0.84	2.56	0.31	2.18	0.31	168.28	1.12	1.65	1.13	0.54
		W9	甲 1	Ⅶ	29.49	63.30	7.16	24.10	5.63	0.60	2.86	0.40	2.46	0.54	1.54	0.20	1.32	0.19	139.79	1.65	1.40	1.31	0.70
	曹庄	W14	曹 18	Ⅰ	38.90	84.79	9.13	34.50	5.81	0.57	3.92	0.68	4.07	0.94	2.42	0.34	2.15	0.34	188.55	1.33	1.93	1.10	0.56
		W15	曹 21	Ⅳ	55.56	124.90	13.87	49.71	9.28	0.55	5.99	1.01	6.50	1.29	3.53	0.44	2.99	0.44	276.06	1.37	2.85	1.21	0.35
		W36	曹 35	Ⅴ	42.49	89.66	10.04	38.89	5.13	0.56	3.99	0.67	4.67	1.00	2.63	0.39	2.34	0.38	202.84	1.34	2.14	1.03	0.59
	许庄	W22	许浅 1-1	Ⅰ	37.68	84.41	8.57	32.01	6.18	0.58	3.18	0.63	4.09	0.85	2.44	0.32	2.24	0.33	183.51	1.24	1.85	0.86	0.61
	真武	W12	真 80	Ⅴ	40.58	85.42	8.89	29.52	6.21	0.57	3.91	0.59	3.88	0.90	2.43	0.38	2.16	0.38	185.82	1.38	2.01	1.09	0.55
		W13	真 157	Ⅴ	38.08	86.06	9.64	33.64	5.42	0.57	3.83	0.67	4.06	0.93	2.46	0.34	2.03	0.34	188.07	1.38	1.90	1.14	0.58
	邵伯	W10	邵 8	Ⅲ	33.37	66.26	7.34	26.20	6.20	0.59	3.35	0.51	3.55	0.82	2.18	0.32	2.15	0.32	153.13	1.15	1.61	0.94	0.61
		W11	邵 x14	Ⅳ	28.31	64.25	6.25	22.84	5.12	0.60	3.23	0.46	2.95	0.66	1.83	0.31	2.15	0.31	139.25	0.97	1.34	0.91	0.69
	联盟庄	W4	联 12	Ⅰ	36.58	75.24	8.20	30.80	5.88	0.57	3.89	0.72	4.41	0.92	2.47	0.36	2.04	0.35	172.44	1.32	1.82	1.15	0.56
		W5	联 24	Ⅵ	36.68	78.13	8.72	31.54	6.10	0.57	4.17	0.64	4.04	0.91	2.34	0.32	2.12	0.32	176.60	1.28	1.82	1.19	0.53
		W6	联 26	Ⅴ	46.01	104.94	11.82	41.42	7.42	0.55	4.52	0.84	5.37	1.14	3.09	0.45	2.61	0.46	230.64	1.30	2.35	1.05	0.45
	马家嘴	W1	马 4	Ⅶ	49.46	109.04	11.58	41.14	7.48	0.56	3.73	0.68	5.32	1.12	3.26	0.41	2.80	0.43	236.99	1.30	2.51	0.81	0.50
		W2	马 13-1	Ⅵ	39.74	82.43	9.18	30.77	6.52	0.58	5.83	1.03	5.99	1.18	2.99	0.43	2.74	0.39	189.81	1.07	1.95	1.29	0.44

续表

层位	地区	样品编号	井名	沉积亚相	La	Ce	Pr	Nd	Sm	Eu	Gd	Tb	Dy	Ho	Er	Tm	Yb	Lu	∑REE	$(La/Yb)_N$	$(La/Eu)_N$	$(Gd/Yb)_N$	δEu
$E_2d_1^2$	周庄	W43	周 25	Ⅱ	38.41	79.04	8.80	31.65	6.27	0.57	4.29	0.60	3.82	0.76	2.00	0.31	2.42	0.31	179.24	1.17	1.89	1.07	0.52
		W44	周 36	Ⅴ	36.33	63.76	7.71	30.40	5.88	0.58	3.61	0.58	3.81	0.84	2.40	0.30	2.23	0.30	158.75	1.20	1.77	0.98	0.59
	花庄	W45	花 6	Ⅶ	41.88	85.29	9.96	35.11	5.71	0.57	4.69	0.66	4.51	0.97	2.67	0.35	2.14	0.35	194.85	1.44	2.08	1.33	0.52
		W46	花 x13	Ⅶ	40.83	82.90	9.51	32.86	6.06	0.57	4.09	0.57	4.12	0.94	2.44	0.34	2.80	0.33	188.36	1.08	2.01	0.88	0.54
	富民	W37	富 16	Ⅶ	50.18	111.72	11.29	41.59	5.30	0.57	5.33	0.82	5.03	1.10	3.00	0.45	3.11	0.45	239.93	1.19	2.51	1.04	0.50
		W40	富 28	Ⅰ	37.28	74.84	7.66	28.40	4.95	0.58	4.80	0.79	4.54	1.01	2.67	0.39	2.77	0.48	171.15	0.99	1.82	1.05	0.56
		W41	富 35	Ⅴ	41.75	82.69	10.26	36.05	5.49	0.57	4.67	0.70	4.56	0.95	2.63	0.36	2.65	0.36	193.71	1.16	2.08	1.07	0.53
		W42	富 56	Ⅰ	44.72	88.65	10.65	38.61	5.01	0.56	4.12	0.75	4.81	1.04	2.81	0.40	2.82	0.40	205.36	1.17	2.25	0.88	0.58
$E_2d_1^2$	永安	W30	永 19	Ⅶ	10.40	18.45	2.31	9.92	2.56	0.61	1.93	0.24	1.48	0.27	0.84	0.11	0.79	0.11	50.01	0.98	0.48	1.49	1.30
		W31	永 22	Ⅶ	46.49	105.56	11.44	40.10	5.00	0.56	4.05	0.69	4.39	0.93	2.50	0.36	2.18	0.37	224.63	1.57	2.33	1.12	0.59
	曹庄	W39	曹 11	Ⅴ	33.93	72.03	7.88	29.13	4.66	0.58	3.36	0.55	3.62	0.78	2.02	0.30	2.07	0.30	161.22	1.21	1.66	0.98	0.69
	真武	W35	真 84	Ⅴ	27.40	56.52	6.50	24.63	5.03	0.59	2.99	0.49	3.25	0.70	2.14	0.29	2.18	0.29	132.99	0.93	1.32	0.83	0.71
		W38	真 157	Ⅴ	50.64	106.14	11.93	41.03	4.52	0.55	4.36	0.79	5.20	1.12	3.29	0.43	2.21	0.43	232.64	1.69	2.60	1.19	0.58
	邵伯	W33	邵 6	Ⅱ	43.15	85.39	9.66	35.77	6.01	0.56	4.01	0.68	4.11	0.87	2.30	0.32	2.30	0.31	195.44	1.39	2.17	1.06	0.54
		W34	邵 9	Ⅲ	34.91	72.48	7.96	29.51	5.91	0.58	3.68	0.58	3.38	0.75	2.20	0.29	2.32	0.28	164.82	1.11	1.71	0.96	0.58
	联盟庄	W26	联 19	Ⅶ	27.79	50.51	6.23	20.29	4.27	0.59	2.38	0.36	2.47	0.48	1.24	0.19	1.14	0.19	118.14	1.80	1.32	1.26	0.88
		W28	联 24	Ⅶ	52.20	113.05	12.69	44.92	8.36	0.55	5.14	0.88	5.31	1.08	2.92	0.38	2.84	0.38	250.70	1.36	2.69	1.09	0.39
		W29	联 26	Ⅶ	39.15	85.50	9.75	36.54	5.85	0.57	3.91	0.67	4.22	0.88	2.52	0.32	2.16	0.31	192.33	1.34	1.95	1.09	0.56
	黄珏	W32	黄 15	Ⅴ	37.30	74.95	8.86	31.15	5.98	0.57	3.90	0.65	4.14	0.81	2.46	0.35	2.37	0.34	173.83	1.16	1.84	1.00	0.56
	马家嘴	W3	马 4	Ⅶ	24.57	61.97	6.27	23.51	7.01	0.59	4.45	0.86	5.16	0.81	2.23	0.30	2.10	0.29	140.12	0.86	1.19	1.28	0.49
		W23	马 10	Ⅶ	29.79	70.59	7.53	28.67	6.46	0.58	3.13	0.53	3.59	0.77	2.12	0.29	2.30	0.29	156.62	0.96	1.44	0.82	0.61
		W24	马 12	Ⅶ	32.95	75.00	7.71	29.17	6.66	0.58	3.24	0.57	3.68	0.83	2.33	0.32	2.03	0.32	165.39	1.20	1.62	0.97	0.58
		W25	马 14	Ⅶ	41.15	87.17	8.62	31.85	6.18	0.57	3.63	0.60	4.42	0.89	2.39	0.37	2.30	0.38	190.52	1.32	2.03	0.96	0.57

续表

层位	地区	样品编号	井名	沉积亚相	La	Ce	Pr	Nd	Sm	Eu	Gd	Tb	Dy	Ho	Er	Tm	Yb	Lu	∑REE	$(La/Yb)_N$	$(La/Eu)_N$	$(Gd/Yb)_N$	δEu
$E_2d_1^3$	周庄	W55	周 25	Ⅰ	33.45	69.93	7.05	26.74	5.82	0.59	3.42	0.53	3.03	0.73	1.92	0.28	1.95	0.28	155.71	1.27	1.61	1.06	0.62
	富民	W51	富 13	Ⅳ	37.48	76.96	8.70	31.12	6.18	0.58	3.58	0.60	3.83	0.81	2.28	0.33	2.02	0.32	174.79	1.37	1.84	1.08	0.58
		W52	富 16	Ⅶ	33.28	72.76	8.96	30.90	6.29	0.58	4.07	0.58	3.56	0.78	2.12	0.32	2.46	0.32	166.99	1.00	1.63	1.00	0.54
		W53	富 85	—	23.77	49.42	4.90	19.81	4.33	0.60	2.49	0.40	2.56	0.57	1.46	0.19	1.30	0.19	111.99	1.35	1.12	1.16	0.86
		W54	富 x126	Ⅰ	45.84	81.20	9.61	34.28	5.95	0.58	3.83	0.61	4.09	0.84	2.45	0.35	1.93	0.34	191.90	1.76	2.25	1.20	0.57
		W27	富 44	Ⅰ	41.44	85.75	9.86	34.22	5.92	0.57	3.86	0.62	4.09	0.90	2.45	0.31	2.29	0.31	192.60	1.33	2.05	1.02	0.56
	永安	W50	永 13	Ⅶ	23.33	48.56	5.59	21.55	4.17	0.60	2.32	0.32	1.87	0.41	1.05	0.15	1.09	0.15	111.16	1.58	1.10	1.28	0.90
	联盟庄	W47	联 7	Ⅰ	44.79	88.22	10.31	36.16	5.43	0.56	4.92	0.75	4.65	1.02	2.69	0.37	2.78	0.37	203.04	1.19	2.24	1.07	0.51
		W48	联 9	Ⅰ	40.42	83.12	9.88	36.37	6.65	0.57	4.32	0.65	4.37	0.90	2.53	0.41	2.87	0.40	193.46	1.04	1.99	0.91	0.50
		W49	联 12	Ⅶ	30.80	70.13	6.63	24.37	5.21	0.59	3.35	0.52	3.03	0.69	1.87	0.26	1.82	0.25	149.50	1.25	1.48	1.12	0.66

注：表中沉积亚相代号：Ⅰ. 滨浅湖；Ⅱ. 近岸水下扇外扇；Ⅲ. 近岸水下扇中扇；Ⅳ. 前扇三角洲；Ⅴ. 扇三角洲前缘；Ⅵ. 前三角洲；Ⅶ. 三角洲前缘；—表示陆相。
下标 N 代表元素相对 PAAS，PAAS 数据引自 McLennan，1989。

表 4-7 苏北盆地高邮凹陷戴南 E_2d_1 的 REE 参数与沉积亚相类型的 R 型聚类分析

	沉积亚相类型	∑REE	$(La/Yb)_N$	$(La/Eu)_N$	$(Gd/Yb)_N$	δEu
沉积亚相类型	1					
∑REE	–0.048	1				
$(La/Yb)_N$	0.148	0.249	1			
$(La/Eu)_N$	–0.044	0.981	0.339	1		
$(Gd/Yb)_N$	0.207	–0.222	0.398	–0.194	1	
δEu	0.096	–0.815	0.055	–0.757	0.319	1

注：下标 N 代表元素相对 PAAS 标准化，PAAS 数据引自 McLennan et al., 1993。

运过程中进入沉积盆地后，随着矿物成熟度和结构成熟度增高，石英和稳定重矿物的含量增加，碎屑的粒度变细，由于石英可稀释碎屑岩中的 REE，使∑REE 随石英含量的增加而减少（Bhatia, 1985），粒度在一定程度上也能控制∑REE，即粒度越小吸附的 REE 越多，但由于高邮凹陷的物源方向复杂，这种石英的稀释效应和碎屑粒度对∑REE 的控制并不明显。但随着稳定重矿物，尤其是石榴子石含量的增高，矿物成熟度与结构成熟度对 HREE 分馏的控制作用相对显著（表 4-6, 表 4-7）。

高邮凹陷 E_2d_1 沉积物中不同沉积亚相的 $(Gd/Yb)_N$ 平均值显示，近岸水下扇中扇（0.95）、近岸水下扇外扇（1.05）、扇三角洲前缘（1.06）、前扇三角洲（1.07）、三角洲前缘（1.11）和前三角洲亚相（1.20）的 $(Gd/Yb)_N$ 平均值呈有规律的递增趋势。就整体而言，近岸水下扇相、扇三角洲相和三角洲相的沉积物堆积速度是降低的，其平均矿物成熟度和平均结构成熟度呈升高趋势，说明 $(Gd/Yb)_N$ 值与沉积岩的成熟度呈正相关关系。这一规律同样见于相同沉积相中的不同沉积亚相之间，在平均成熟度方面，前三角洲亚相好于三角洲前缘亚相，前扇三角洲亚相好于扇三角洲前缘亚相，近岸水下扇外扇亚相好于近岸水下扇中扇亚相，因此它们的 $(Gd/Yb)_N$ 平均值也随之发生有规律的变化，即沉积亚相的平均成熟度越高，其 $(Gd/Yb)_N$ 平均值也越高，说明 $(Gd/Yb)_N$ 平均值可较好地反映沉积相特征。

综上所述，REE 分析表明高邮凹陷 E_2d_1 沉积时期的物源主要受其南西侧张八岭隆起、北西侧苏鲁造山带和西侧大别造山带的古元古代花岗片麻岩基底的影响，母岩类型主要为高钾 I 型花岗片麻岩。张八岭隆起的新元古代细碧-石英角斑岩和绿片岩、大别山南部大范围的榴辉岩以及宁镇山脉大范围分布的中生代中酸性侵入岩对高邮凹陷的物源影响很小。而张八岭隆起区南段的中生代侵入岩对高邮凹陷物源的影响则有待进一步确证。在高邮凹陷内部的物源方向分析中，轻重稀土元素分馏值 $(La/Yb)_N$ 与矿物成熟度指数（MMI 值）可形成很好的吻合。结合∑REE、δEu 和沉积相分析，REE 参数中的 $(La/Yb)_N$ 值可在物源研究，尤其是在物源方向的指示中发挥重要作用。在 E_2d_1 沉积时期，高邮凹陷的物源主要来自 4 个方向：西北部的柘垛低凸起方向、东部的吴堡低凸起方向、南部的通扬隆起方向和西南部的菱塘桥低凸起方向。南部陡坡带的物源相对较为稳定，北部缓坡带同时受到柘垛低凸起和菱塘桥低凸起方向物源的影响，且在不同时期所受影响不同。$(Gd/Yb)_N$ 平均值可较好地反映沉积相特征，即近岸水下扇、扇三角洲和三角洲相随其碎屑岩的平均成熟度逐渐升高，$(Gd/Yb)_N$ 平均值呈逐渐增高的趋势，这一趋势同样表现在各沉积相中的沉积亚相之间。

第5章　碎屑锆石 U-Pb 测年分析

5.1　样品来源及分析方法

5.1.1　样品来源

在周庄、富民、邵伯、黄珏、沙埝和联盟庄地区岩性稳定的砂岩中共选取 12 个碎屑岩样品作锆石 U-Pb 测年分析，其中以上 6 个地区的 E_2d 钻井岩心中各采样 1 块（共 6 块），它们分别是沙 10、联 7、黄 32、邵 x14、富 83 和周 27 井，在沙埝、周庄、联盟庄、黄珏和富民地区的 E_1f 和 K_2t 的钻井岩心中共采样 6 块，它们分别是沙 2、周 41、联 5、黄 19 和富 12 井。锆石样品主要在岩性稳定的砂岩中取样，分别于周庄地区周 27 井的 2727.26 m 处（E_2d）、周 41 井的 1695.63 m（K_2t）处，富民南部富 83 井 3165.0 m（E_2d）处、富 12 井的 2409.1 m（K_2t）和 2074.38 m（E_1f）处，邵伯地区邵 x14 井 3215.5 m（E_2d）处，黄珏地区黄 32 井的 2339.19 m（E_2d）处、黄 19 井的 2248 m（E_1f）处，联盟庄联 7 井 2985.59 m（E_2d）井段、联 5 井 2488.51 m（E_1f）处，沙埝地区沙 10 井 2339.19 m（E_2d）处、沙 2 井的 2057.47 m（E_1f）处，共选取了 12 件样品（图 5-1）。

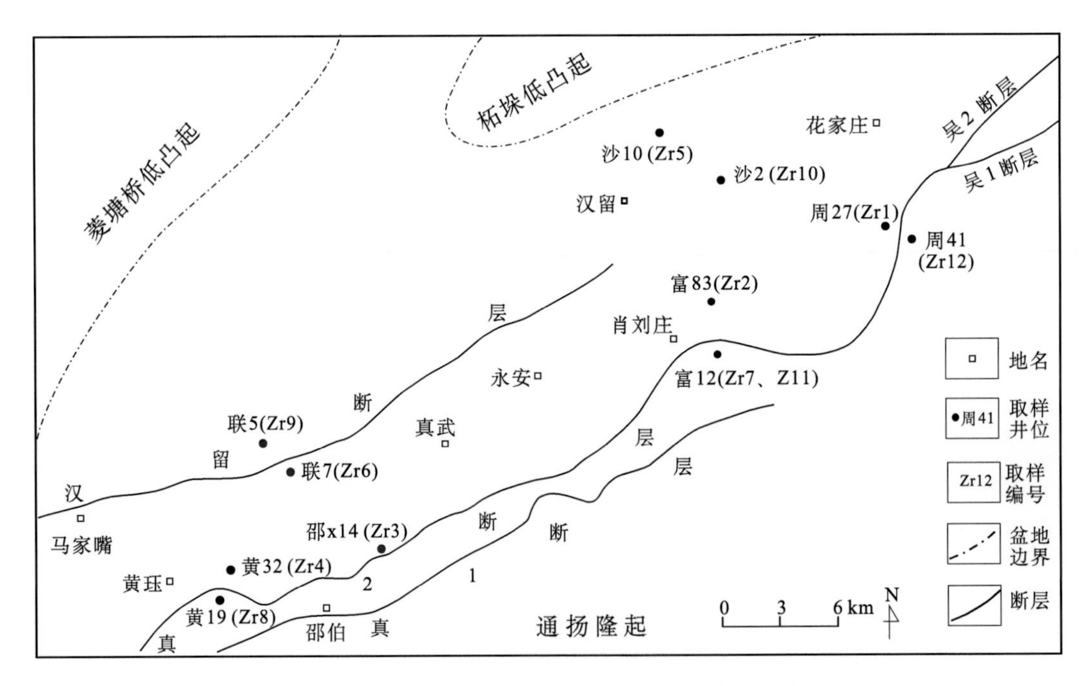

图 5-1　苏北盆地高邮凹陷锆石 U-Pb 测年样品位置图

5.1.2　分析方法

1. 测年锆石样品的制备

在高邮凹陷 E_2d_1 岩性稳定的岩石中选取锆石样品，所有样品经过显微镜下矿物组成与结构观察后，挑选出未蚀变、未风化的样品作进一步分析。取约 2 kg 砂级沉积物用于碎屑锆石的分离，样品先由手工粗碎至 1～2 cm 粒径的颗粒，选出大约 500 g 用无污染刚玉碎样机粉碎至 60 目，第一步进行重力分选，用水进行淘洗，由于锆石比重较大，通过重力即可与轻矿物分离（图 5-2）。然后清洗、筛选和烘干，并通过磁选和重液分离出不同粒级的锆石晶体。第二步进行磁选，由于锆石是非磁性矿物，先利用磁铁除去强磁性矿物，再利用矿物介电分选仪除去黑云母、榍石等电磁性矿物。第三步对非磁性矿物进行重液分选，用三溴甲烷（$CHBr_3$）、二碘甲烷（CH_2I_2）作为重液进行分选，最终锆石及少量其他重矿物得以分离。第四步在双目镜下对锆石进行进一步提纯，分离出含包裹体少、无明显裂隙的锆石。重液分选和磁选可能需要重复多次才能达到分选的目的（李卫等, 1998; 修群业等, 2001），分选过程中要特别注意避免交叉混染。最后，在双目显微镜下对锆石形态、颜色、粒级进行系统观察，每个样品随机挑选出大约 400 个颗粒，将锆石颗粒粘在双面胶上，灌上环氧树脂固定，制作成锆石靶（图 5-3）。流程如下：①在双目镜下将锆石整齐地粘在双面胶上；②灌入按比例配制的环氧树脂和凝固剂；③在 60 ℃ 烘箱中保温过夜；④将靶胶磨去一半使锆石露出；⑤抛光和照相。详细的制靶流程参见宋彪等（2002）。

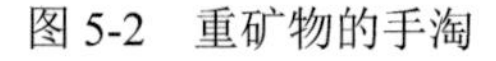

图 5-2　重矿物的手淘

图 5-3　锆石靶样

2. 测年前期准备工作

为保证实验结果符合统计规律并确保实验数据的精确合理，制靶完毕后在偏光显微镜上对锆石进行透射光和反射光照相，以了解锆石颗粒的形态特征。由于测试时也通常使用反射光照射在屏幕上显示锆石，通常需要将一排锆石反射光照片按顺序排列的图像打印出来，在测试时对比屏幕显示，以确定具体的测试锆石颗粒。之后对锆石进行阴极发光（CL）扫描，以便了解锆石的内部结构、内部形态特征，如环带的发育特征、裂隙、包裹体或继承核的发育情况，在对锆石打点前，仔细对照 CL 照片，测试过程中尽量避免裂隙和包裹体发育的部位，并选择锆石质地均一的部位，根据研究目的确定选择锆石核部或是边部的位置，通常都能提供构造岩浆事件的信息。CL 图像拍摄工作在西北大学大陆动力学国家重点实验室用安装有 Mono CL3+（Gatan，美国）的扫描电镜（Quanta 400 FEG）完成。

3. 测试过程

锆石 U-Pb 年龄测定和地球化学分析均在南京大学内生金属矿床成矿机制研究国家重点实验室完成。锆石 U-Pb 测年所用仪器为 Agilent 7500 a 型 ICP-MS，剥蚀系统为美国 New Wave Research 公司生产的 New Wave UP213 系统，波长 213 nm。样品测试过程中采用激光束斑直径为 21～32 μm，频率 5 Hz，能量密度 31 J/cm^2。U-Pb 分馏根据澳大利亚锆石标样 GEMOC GJ-1（^{207}Pb / ^{206}Pb 年龄 608.5±1.5 Ma）来校正，采用锆石标样 Mud Tank（732±5 Ma）作为内标以控制分析精度，详细分析方法和流程类似于前人描述（Jackson et al., 2004）。另外，利用碎屑锆石 U-Pb 年代学的方法进行物源示踪的一个关键问题是统计颗粒数目的选择。从国内外众多研究实例来看，碎屑锆石 U-Pb 测年进行物源示踪的统计数目不少于 60 粒即可满足数理统计的需要（Vermeesch, 2004; Weislogel et al., 2006）。本项研究样品分析数目在 90～110 之间，符合数理统计的要求。地球化学所用仪器为高分辨率电感耦合等离子体质谱仪（ICP-MS），仪器型号为 Finnigan Mat Element 2。ICP-MS 具有高分辨率、高灵敏度、高精密度、高稳定性和宽线性范围等特点，可以同时进行多元素的快速定量测定。

4. 锆石年龄选择

通过锆石 U-Pb 定年获得的 3 组年龄：^{207}Pb/^{206}Pb、^{207}Pb/^{235}U 和 ^{206}Pb/^{238}U，在 U-Pb 同位素体系封闭情况下应是一致的，这种情况下认为锆石年龄是谐和的。一般同位素体系都会受到或多或少的扰动，当 ^{207}Pb/^{206}Pb > ^{207}Pb/^{235}U > ^{206}Pb/^{238}U 时，认为是有放射性 Pb 丢失或 U 获得；而当 ^{207}Pb/^{206}Pb < ^{207}Pb/^{235}U < ^{206}Pb/^{238}U 时，反映 U 丢失或放射性 Pb 获得。这就涉及锆石 U-Pb 年龄选择的问题。

通常在年龄选取时对于大于 1000 Ma 的锆石选取 ^{207}Pb/^{206}Pb 年龄，年龄小于 1000 Ma 的锆石选取 ^{206}Pb/^{238}U 年龄，这样可以减小误差（Compston et al., 1992）。此外，还需要计算谐和度对锆石年龄进行取舍，即大于 1000 Ma 年龄谐和度为 100×（^{207}Pb/^{206}Pb）/（^{206}Pb/^{238}U），小于 1000 Ma 的年龄谐和度为 100×（^{207}Pb/^{235}U）/（^{206}Pb/^{238}U），或者计算不谐和度，为谐和度与 100 的差值，一般来讲大于 1000 Ma 锆石的不谐和度大于 10，小于 1000 Ma 锆石的不谐和度大于 20（Weislogel et al., 2006），这些年龄信息就是不可靠的，需要舍弃。

5. 碎屑锆石统计数目要求

利用碎屑锆石 U-Pb 测年进行物源示踪的一个关键问题是统计颗粒的数目。当前对获得具有数理统计意义的碎屑锆石 U-Pb 年龄所需的锆石数目还存在争论，Dodson 等（1988）认为随机分析 60 粒锆石即可满足数理统计的需要，Vermeesch（2004）认为至少需要 117 粒，从国内外众多研究实例来看，碎屑锆石 U-Pb 测年进行物源示踪的锆石数目不少于 80 粒即可满足数理统计的需要（Dodson et al., 1988; Vermeesch, 2004; Weislogel et al., 2006）。本项研究样品分析数目在 90～110 之间，符合数理统计的要求。

5.2　锆石形态特征

通过镜下观察，高邮凹陷样品中锆石颗粒的色调、形态、粒径等略有差异。大部分样品中所见锆石以浅玫瑰色、深玫瑰色为主，个别颗粒呈无色，圆度以次滚圆粒状为主，少数为次棱角状，个别呈自形柱状，偶见长柱状和棱角状，粒径主要为 0.03～0.15 mm。除黄珏地区的 Zr4 样品中所见锆石大部分晶面粗糙，且内含暗色包晶外，其余样品中锆石均表面光亮。附表 1～附表 12 列出了高邮凹陷锆石的 U-Pb 同位素定年结果，代表性被测锆石颗粒的阴极发光（CL）图像及测定点位和相应的 ^{206}Pb / ^{238}U 视年龄示于图 5-4。

测试结果表明，被测锆石点的 Th/U 值变化较大，主要变化于 0.11～3.56 之间（附表 1～附表 12），与典型岩浆锆石具有高 Th/U 值的特征一致。大部分锆石颗粒 CL 图像均显示比较清晰的韵律震荡环带结构，说明高邮凹陷大部分被测锆石为典型的岩浆结晶锆石，且没有发生显著的 Pb 丢失，因此所获得的年龄能够代表岩体的结晶年龄。小部分被测锆石常由暗色核部和亮色宽边两部分组成，是在一个原有的岩浆结晶锆石基础上增生或重结晶，构成一个晶核或晶体内部以岩浆成因为主、晶体边部以变质成因为主的复合成因锆石，属于增生-混合型锆石，指示后期构造-岩浆作用对早先形成锆石的改造，反映戴南组沉积物经历了多期构造-热事件。为避免该情况引起的误差，在锆石测点时尽量选择锆石颗粒的靠中心部位。4 件样品的锆石 CL 图像显示，测年值>2500 Ma 的数据多来自锆石的核部，且颗粒的磨圆度较高（图 5-4），说明经历了长距离或多次搬运，是苏北盆地岩石中记录到的源自新太古代剥蚀区遗留下的物质信息（Lin et al., 2014; Zhang et al., 2016）。

5.3　碎屑锆石 U-Pb 年代学

由于 ^{235}U 和 ^{238}U 的半衰期及其丰度存在差异，导致在放射性成因组分积累较少的年轻锆石（<1000 Ma）中，放射性成因 ^{207}Pb 的丰度比放射性成因 ^{206}Pb 的丰度约低一个数量级，因而对年轻锆石来说，一般选择精度更高的 ^{206}Pb/^{238}U 年龄作为岩石的结晶年龄；而年老锆石（>1000 Ma）选取 ^{207}Pb/^{206}Pb 年龄（Compston et al., 1992）。此外，还需要计算谐和度对锆石年龄进行取舍，年轻锆石的不谐和度>20%，或者年老锆石的不谐和

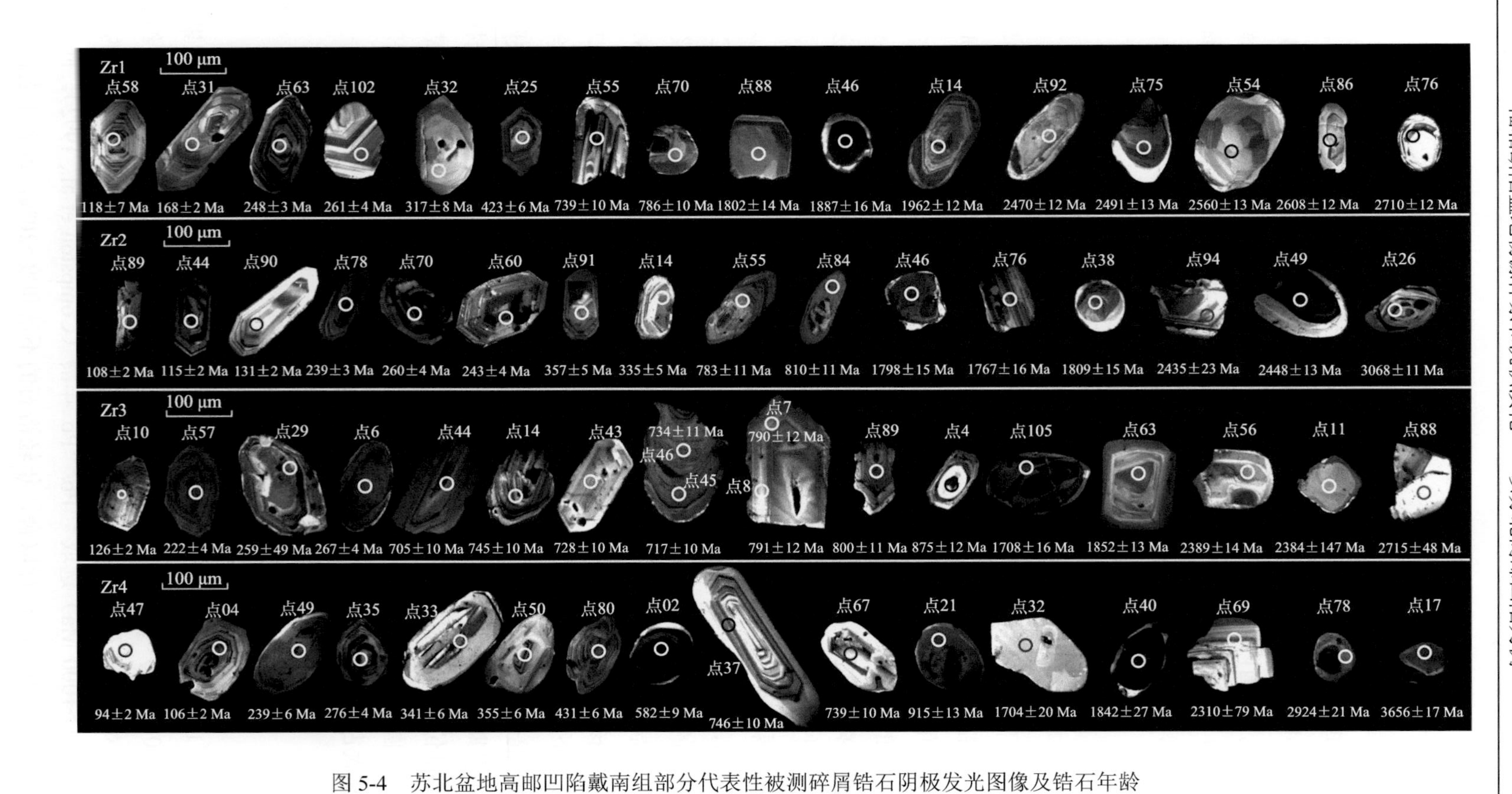

图 5-4　苏北盆地高邮凹陷戴南组部分代表性被测碎屑锆石阴极发光图像及锆石年龄

图中圆圈代表测年位置，附近的数据为对应年龄值度>15%的年龄信息是不可靠的。在对不可靠的数据进行剔除后，试验样品所获得的有效数据如下：Zr1（97 个）、Zr2（94 个）、Zr3（100 个）、Zr4（85 个）、Zr5（98 个）、Zr6（97 个）、Zr7（97 个）、Zr8（92 个）、Zr9（83 个）、Zr10（87 个）、Zr11（85 个）、Zr12（102 个）。在 $^{206}Pb/^{238}U$-$^{207}Pb/^{235}U$ 谐和图上，所有测点均投影在谐和线上或谐和线附近（图 5-5，图 5-6，图 5-7），说明锆石 U-Pb 测年数据可靠，可用于高邮凹陷的锆石 U-Pb 年代学分析，详细数据见附表 1～附表 12。

5.3.1　泰州组（K_2t）

Zr11 样品（富民-富 12 井）：年龄组成在 131±3～2910 ± 28 Ma 之间，缺少>3000 Ma 的年龄。锆石年龄分布于古元古代的数据点有 40 个，占统计数目的 40.8%，年龄分布于新太古代的数据点有 10 个，占统计数据的 10.2%，年龄分布于三叠纪和长城纪的数据点均为 8 个，占统计数目的 8.2%，此外，白垩纪、二叠纪、侏罗纪和石炭纪的锆石含量分别占统计数目的 7.1%、6.1%、5.1%、5.1%，奥陶纪、泥盆纪和蓟县纪的锆石占统计数目不足 3%（表 5-1）。年龄组成在 119±2～3075±29 Ma 之间，缺少大于 3200 Ma 的年龄。

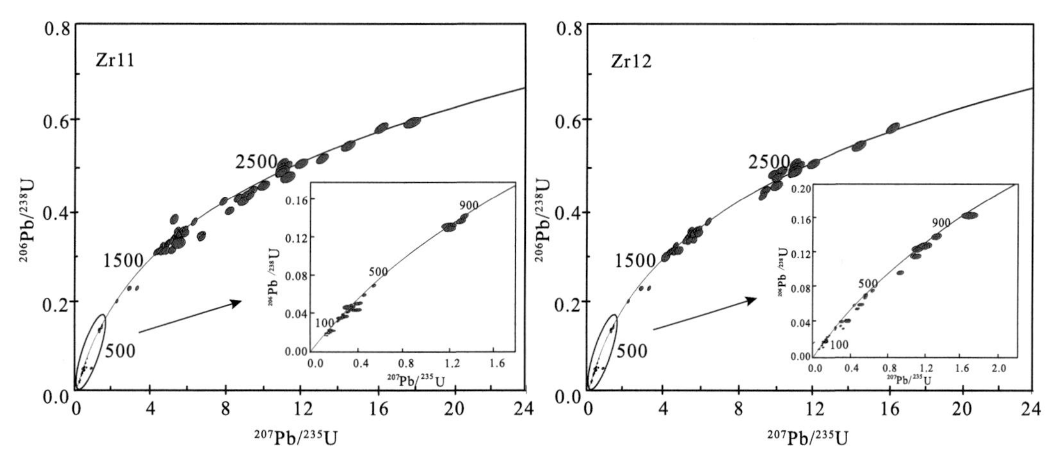

图 5-5　苏北盆地高邮凹陷 K_2t 的碎屑锆石 U-Pb 年龄谐和图

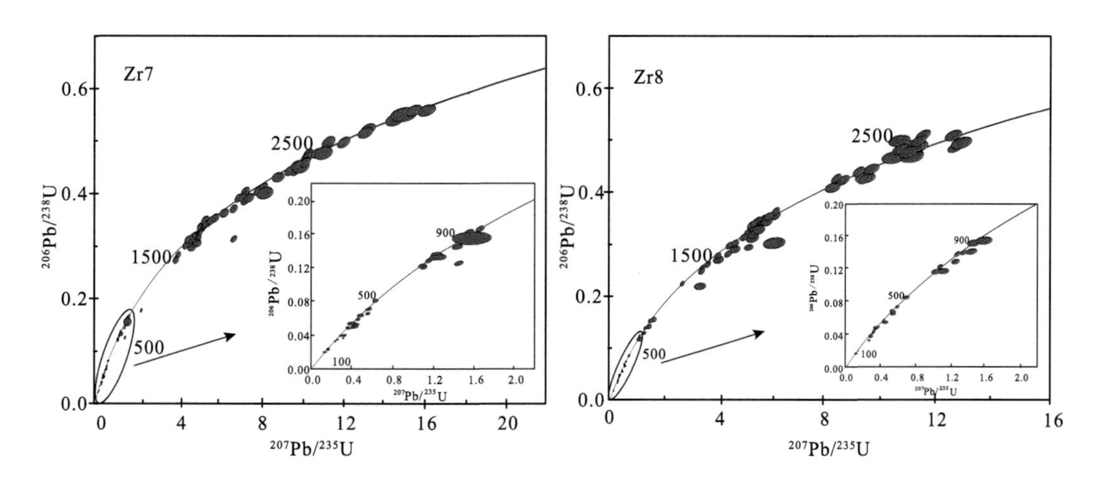

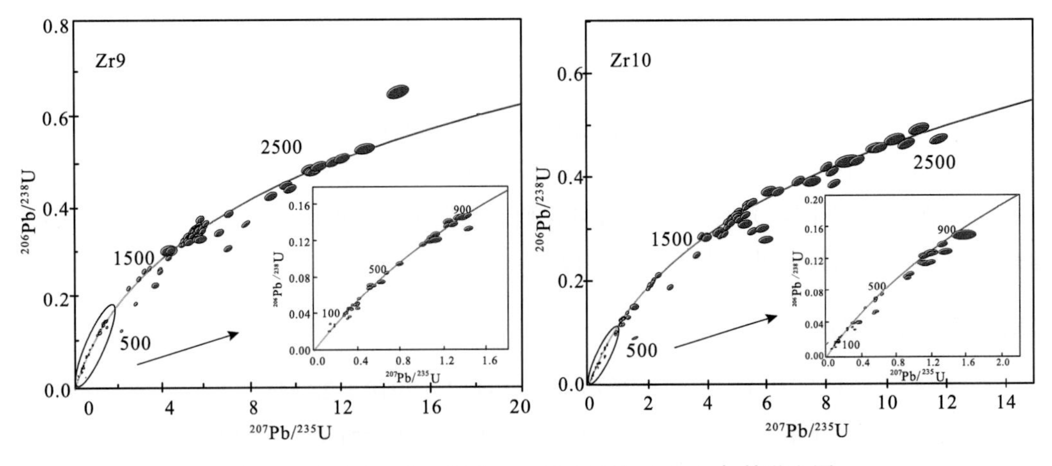

图 5-6　苏北盆地高邮凹陷 E_1f 的碎屑锆石 U-Pb 年龄谐和图

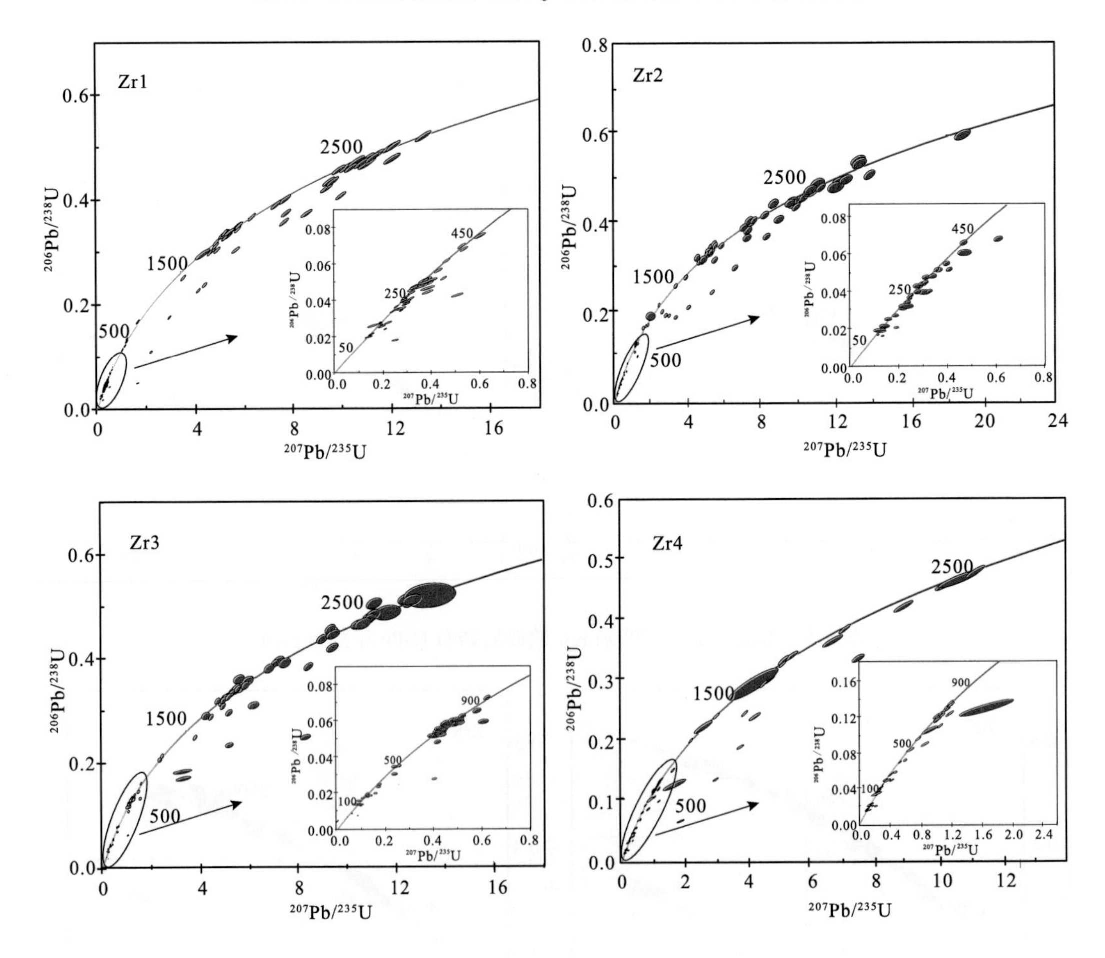

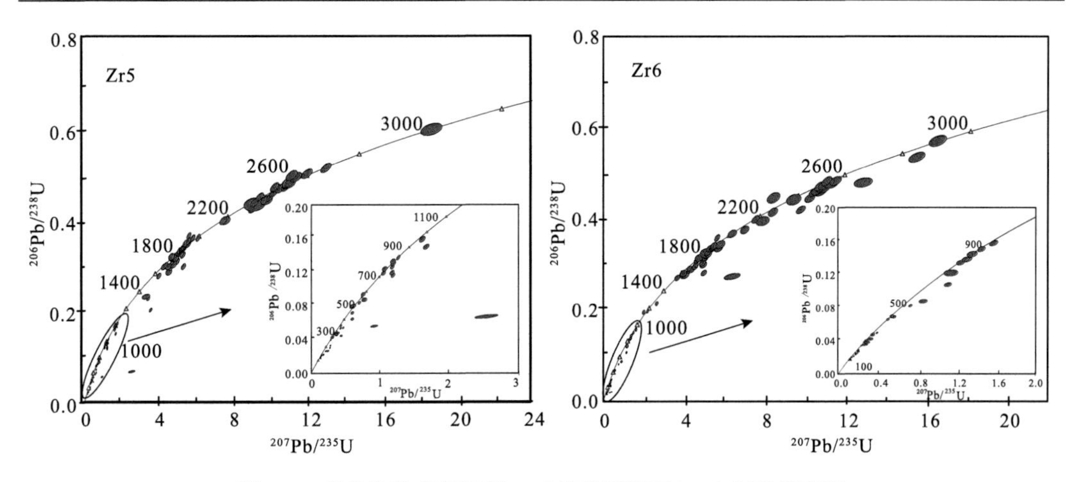

图 5-7　苏北盆地高邮凹陷 E_2d 的碎屑锆石 U-Pb 年龄谐和图

锆石年龄分布于古元古代的数据点有 29 个，占统计数目的 26.8%；年龄分布于新太古代的数据点有 13 个，占统计数目的 12.0%，年龄分布于奥陶纪和侏罗纪的数据点均为 9 个，占统计数目的 7.4%。此外，三叠纪、白垩纪和青白口纪的锆石含量分别占统计数目的 6.5%、5.6% 和 5.6%，其他时期的锆石占统计数目均不足 5%（表 5-1）。

表 5-1　苏北盆地高邮凹陷的锆石 U-Pb 各年龄段所占比例

层位	样品编号	Mz			Pz						Pt_3			Pt_2		Pt_1	Ar
		K	J	T	P	C	D	S	O	Є	Z	Nh	Qb	Jx	Ch		
E_2d	Zr1	5.2	6.2	11.3	10.3	12.4	1.0	2.1	1.0	0.0	0.0	5.2	1.0	0.0	1.0	30.9	12.4
	Zr2	5.2	4.1	9.4	11.5	5.2	2.1	1.0	1.0	0.0	2.1	4.2	3.1	4.2	4.2	22.9	19.8
	Zr3	1.0	3.0	3.0	6.0	2.0	0.0	1.0	2.0	0.0	1.0	19.0	6.0	2.0	3.0	39.0	12.0
	Zr4	25.9	3.5	7.1	3.5	7.1	0.0	2.4	0.0	1.2	4.7	16.5	3.5	2.4	2.4	15.3	4.7
	Zr5	9.6	5.3	5.3	4.3	2.1	1.1	3.2	0.0	2.1	1.1	1.1	7.4	2.1	12.8	29.8	12.8
	Zr6	4.1	3.1	1.0	5.1	4.1	2.0	0.0	1.0	4.1	2.4	6.1	6.1	1.1	1.1	49.0	10.2
E_1f	Zr7	1.0	2.0	3.0	4.0	8.9	2.0	1.0	2.0	1.0	0.0	5.0	7.9	0.0	5.9	46.5	19.8
	Zr8	1.7	0.0	1.7	3.3	6.7	0.0	5.0	1.7	0.0	0.0	5.0	6.7	1.7	11.7	43.3	11.7
	Zr9	1.0	3.1	3.1	11.3	4.1	1.0	1.0	3.1	0.0	1.0	5.2	7.2	3.1	7.2	40.0	7.2
	Zr10	14.3	6.1	5.1	3.1	2.0	1.0	1.0	3.1	0.0	3.1	11.2	2.0	7.1	7.1	30.6	3.1
K_2t	Zr11	7.1	5.1	8.2	6.1	5.1	1.0	0.0	1.0	0.0	0.0	1.0	4.1	2.0	8.2	40.8	10.2
	Zr12	5.6	7.4	6.5	4.6	1.8	3.7	3.7	7.4	0.0	0.9	1.8	5.6	4.6	6.5	26.8	12.0

注：表内数值为锆石 U-Pb 测点所占百分比（%）。

K_2t 沉积时期的锆石 U-Pb 年龄谐和图显示，高邮凹陷 K_2t 样品的锆石年龄变化区间较大，体现了沉积岩的多物源特征，年龄的谐和性较好（图 5-5）。

5.3.2　阜宁组（E_1f）

Zr7 样品（富民-富 12 井）：年龄组成在 131±3～2910 ± 28 Ma 之间，缺少大于 3000 Ma 的年龄。锆石年龄分布于古元古代的数据点有 47 个，占统计数目的 46.5%，年龄分布于新元古代的数据点为 13 个，占统计数目的 12.87%；年龄分布于新太古代的数据点有 10 个，占统计数据的 9.9%；此外，石炭纪、长城纪的锆石含量分别占统计数目的 8.9%、5.9%，其他时期的锆石占统计数目均不足 3%（表 5-1）。

Zr8 样品（黄珏-黄 19 井）：年龄组成在 114±3～2712±23 Ma 之间，缺少大于 2800 Ma 的年龄。锆石年龄分布于古元古代的数据点有 47 个，占统计数目的 48.9%，年龄分布于长城纪的数据点为 11 个，占统计数目的 11.5%，分布于新太古代的数据点为 7 个，占统计数目的 7.29%，年龄分布于石炭纪和青白口纪的数据均为 5 个，占统计数目的 5.2%，其他时期锆石所占统计数目均不足 5%（表 5-1）。

Zr9 样品（联盟庄-联 5 井）：年龄组成在 135±3～2675±39 Ma 之间。锆石年龄分布于古元古代的数据点有 39 个，占统计数目的 40.2%；年龄分布于二叠纪的数据点有 11 个，占统计数目的 11.3%；年龄分布于青白口纪、长城纪和新太古代的数据点均为 7 个，占统计数目的 7.2%；此外，南华纪、石炭纪、奥陶纪的锆石含量分别占统计数目的 5.2%、4.1%和 3.1%，其他时期锆石所占统计数目均不足 2%（表 5-1）。

Zr10 样品（沙埝-沙 2 井）：年龄组成在 66±2～2671±25 Ma 之间。锆石年龄分布于古元古代的数据点有 30 个，占统计数目的 30.61%；年龄分布于新元古代的数据点为 16 个，占统计数目的 16.32%；分布于中元古代和白垩纪的数据点均为 14 个，占统计数目的 14.28%；分布于侏罗纪的数据点为 6 个，占统计数目的 6.12%；分布于三叠纪的数据点为 5 个，占统计数目的 5.1%，其他时期锆石所占统计数目均不足 5%（表 5-1）。

锆石 U-Pb 年龄谐和图显示，高邮凹陷 E_1f 样品的锆石年龄变化区间相比 K_2t 而言较小，除了 Zr7 样品外，均缺少年龄大于 2800 Ma 的锆石，年龄的谐和性也较好。年龄大于 1000 Ma 的锆石相对 K_2t 较为分散，说明 E_1f 时期新物源的比重开始增高（图 5-6）。

5.3.3 戴南组（E_2d）

Zr1 样品（周庄-周 27 井）：年龄组成在 118±7～2710±12 Ma 之间，缺少大于 2800 Ma 的年龄。锆石年龄主要分布于古元古代（Pt_1），其范围内的数据点共 30 个，占统计数目的 30.9%；其次是太古宙（AR）和石炭纪（C），其范围内的数据点均为 12 个，分别占统计数目的 12.4%；年龄分布于三叠纪（T）和二叠纪（P）的数据点分别为 11 和 10 个，各占统计数目的 11.3% 和 10.3%；此外，新元古代（Pt_3）、侏罗纪（J）和白垩纪（K）的锆石数量分别占统计数目的 6.2%、6.2%和 5.2%；其他时代所占锆石含量均不足 5.0%（表 5-1）。

Zr2 样品（富民-富 83 井）：年龄组成在 108±2～3068±11 Ma 之间，主要分布于古元古代和太古宙，分别占统计数目的 22.9% 和 19.8%，其次为二叠纪、三叠纪和新元古代，分别占统计数目的 11.5%、9.4%和 9.4%，中元古代（Pt_2）锆石颗粒占统计数目的 8.4%，白垩纪和石炭纪的锆石颗粒均占统计数目的 5.21%，泥盆纪（D）、志留纪（S）和奥陶纪（O）的锆石均不足统计数目的 5.0 %（表 5-1）。

Zr3 样品（邵伯-邵 x14 井）：年龄组成在 126±7～2715±48 Ma 之间，缺少大于 2800 Ma 的年龄。锆石年龄主要分布于古元古代，其次是新元古代（Pt_3），其中年龄分布于古元古代的数据点有 39 个，占统计数目的 39.0%；年龄分布于新元古代的数据点有 26 个，占统计数目的 26.0%；年龄分布于新太古代（Ar_3）的数据点为 12 个，占统计数目的 12.0%；二叠纪的数据约占 6.0%，其他时代的锆石均不足统计数目的 5.0%（表 5-1）。

Zr4 样品（黄珏-黄 32 井）：年龄组成在 94±2～3656±17 Ma 之间。锆石年龄分布于白垩纪的数据点有 22 个，占统计数目的 25.9%；年龄分布于新元古代的数据点有 21 个，占统计数目的 24.7 %；年龄分布于古元古代的数据点为 12 个，占统计数目的 15.3%。年龄分布于石炭纪和三叠纪的锆石均为 6 颗，占统计数目的 7.1%。其他时代的锆石均不足统计数目的 5.0%，且未见到泥盆纪、奥陶纪锆石（表 5-1）。

Zr5 样品（沙埝-沙 10 井）：年龄组成在 115±2～3023±15 Ma 之间。锆石年龄分布于古元古代的数据点有 48 个，占统计数目的 48.9 %；年龄分布于新元古代的数据点为 14 个，占统计数目的 14.28%；分布于新太古代的数据点为 10 个，占统计数目的 10.2%；分布于二叠纪的数据点为 5 个；占统计数目的 5.1 %，其他时期的锆石占统计数目均不足 5%（表 5-1）。

Zr6 样品（联盟庄-联 7 井）：年龄组成在 102 ±2～2902 ± 27 Ma 之间。锆石年龄分布于古元古代的数据点有 28 个，占统计数目的 29.8%；年龄分布于中元古代的数据点为 14 个，占统计数目的 14.9%；分布于新太古代的数据点均为 12 个，占统计数目的 12.8%；分布于新元古代和白垩纪的数据点均为 9 个，占统计数目的 9.6%，分布于侏罗纪和三叠纪的数据点均为 5 个，占统计数目的 5.3%，其他时期的锆石占统计数目均不足 5%（表 5-1）。

锆石 U-Pb 年龄谐和图显示，高邮凹陷戴南组样品的锆石年龄变化区间普遍较大，指示沉积岩中锆石的多来源特征。锆石年龄多具有较好的谐和性，CL 图像显示，测年值>2500 Ma 且不谐和性<10%的数据多来自变质锆石的核部，颗粒的磨圆度较高，说明经历了长距离或多次搬运，是苏北盆地岩石中记录到的源自新太古代剥蚀区遗留下的物质信息（图 5-7）。

5.4　物 源 分 析

在高邮凹陷采集的 12 个锆石样品分别来自周庄、富民、邵伯、黄珏、沙埝和联盟庄地区的 E_2d、E_1f 和 K_2t。通过锆石 U-Pb 年龄，我们可以追踪高邮凹陷的原始母岩类型，并与周边可提供物源的造山带进行横向的物源对比分析。为了解 E_2d 物源与下伏地层的关系，我们对 E_2d 与下伏地层（E_1f 和 K_2t）进行了纵向的物源对比分析。

5.4.1　横向物源对比

由于沉积岩的复杂性，得到的碎屑锆石 U-Pb 测年数据峰值较多，体现出沉积岩多物源的特征。值得注意的是，在黄珏地区同时捕获到测试中年龄最新和最老的锆石颗粒。其中年龄最新的锆石颗粒为半自形到均一结构，具清晰的韵律环带，多为岩浆锆石，年龄为 94±2 Ma，属晚白垩世，指示高邮凹陷存在晚白垩世火成岩物源，同时反映苏北盆地晚白垩世之后的构造运动未在锆石上留下痕迹，而仅是盆内的填平补齐和对盆内晚白垩世之前沉积物的再分配。年龄最老的锆石是具核幔结构的变质锆石，核部年龄为3656±17 Ma，该年龄与扬子克拉通沉积岩中所发现的古老碎屑锆石（>3500 Ma，最高达3800 Ma）相对应，同时证实扬子克拉通确实存在非常古老的古太古代地壳物质（焦文放等, 2009）。同时，在富民地区发现1颗年龄为546±8 Ma的锆石，是全球泛非造山事件的特征年龄信息。泛非造山事件是指在莫桑比克洋闭合时，东、西冈瓦纳逐步聚合，并最终形成冈瓦纳大陆的过程，主要发生于550～600 Ma（陆松年等, 2004）。就整体而言，高邮凹陷晚白垩世—古近纪时期的锆石年龄可被识别出明显的4期，表明沉积物物源主要形成于4个时期，与高邮凹陷周边的大别-苏鲁造山带、张八岭隆起和高邮凹陷所处的扬子地块具有较好的亲缘关系（图5-8，表5-1）。

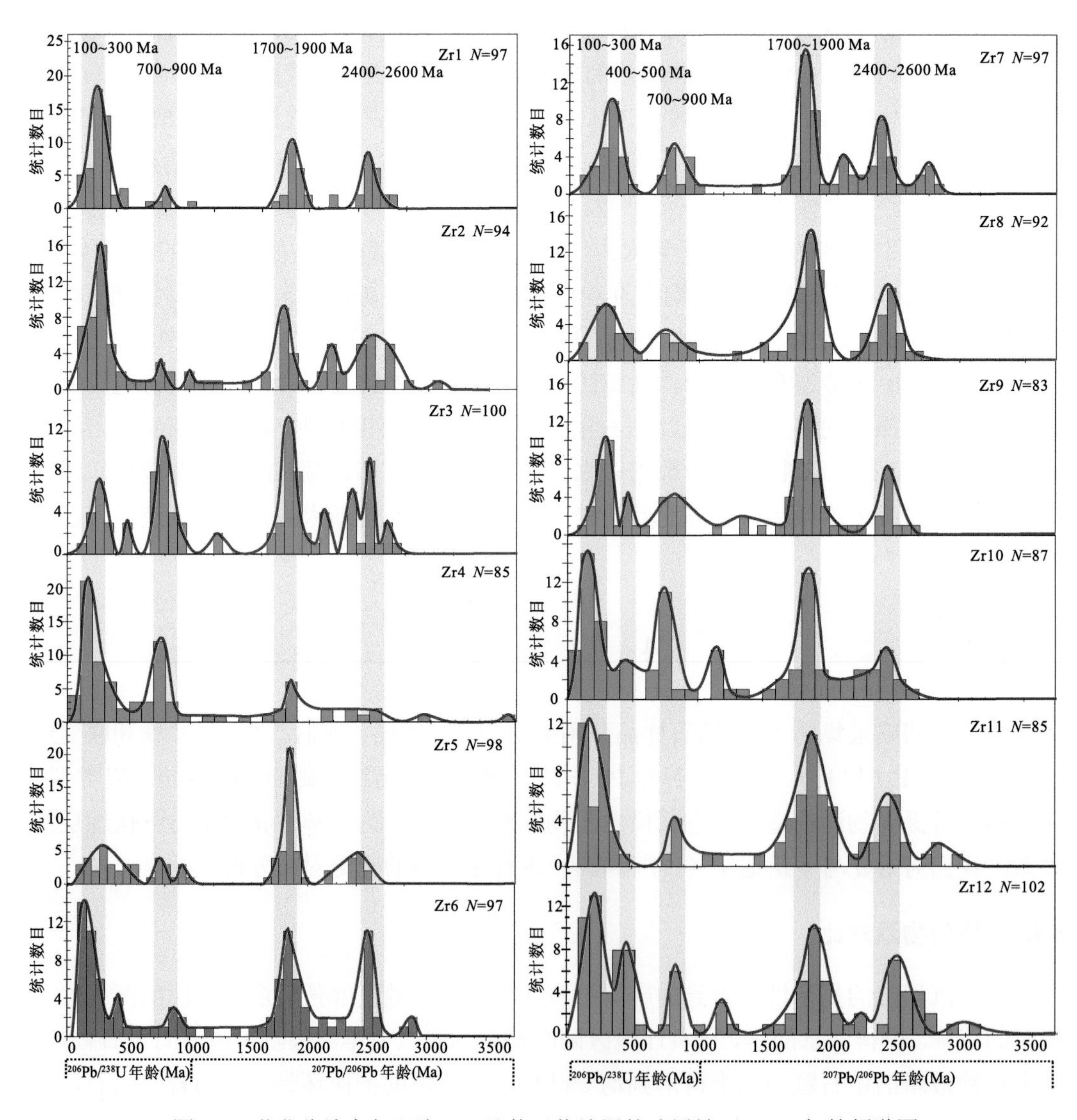

图5-8 苏北盆地高邮凹陷 E_2d 及其下伏地层的碎屑锆石U-Pb年龄频谱图

Zr1～Zr6来自地层 E_2d, Zr7～Zr10来自地层 E_1f，Zr11～Zr12来自地层 K_2t

（1）100～300 Ma（中生代—晚古生代）：这组锆石年龄最为集中，在整个高邮凹陷的锆石年龄中所占比重也最大，可进一步细分为 3 个年龄亚段。100～200 Ma 对应于侏罗—白垩纪（燕山期），加权平均年龄为 108.3 Ma（*N*=21，MSWD=3.0），与张八岭隆起南段多期岩浆活动形成的岩体年龄（103～127 Ma）较为吻合（牛漫兰等, 2008）；200～250 Ma 对应晚二叠世—三叠纪（印支期），加权平均年龄为 228 Ma（*N*=28，MSWD=3.4），与大别-苏鲁造山带的超高压变质岩的年龄（225～240 Ma）相吻合（赵子福和郑永飞, 2008），是三叠纪华南陆块俯冲进入华北陆块之下形成大陆碰撞型造山带的构造事件在高邮凹陷的记录（Liu et al., 2012）；250～300 Ma 对应二叠纪（海西晚期），加权平均年龄为 267 Ma（*N*=37，MSWD=1.6），此期年龄较为特殊，目前还未找到较为可靠的对应母岩或构造-热事件。

（2）700～850 Ma（新元古代）：加权平均值年龄为 789 Ma（*N*=33，MSWD=4.9）。由于大别-苏鲁造山带内 80%以上为遭受强烈角闪岩相退变质作用改造的花岗质片麻岩，且这些岩石原岩的年龄主要集中在 700～800 Ma，峰期年龄为 750 Ma（Zheng et al., 2006; 胡建等, 2010; Liu et al., 2012）。因此，高邮凹陷该年龄段可与大别-苏鲁造山带的新元古代花岗片麻岩的测年结果相对应。已有研究表明，在整个南苏鲁超高压变质带中，新元古代花岗质岩浆事件以及伴生的基性岩浆事件从 780 Ma 持续到 680 Ma，较好地响应了 Rodinia（罗迪尼亚）超大陆裂解事件在全球范围内的发生（刘福来等, 2003; 胡建等, 2007）。因此高邮凹陷 700～850 Ma 的锆石年龄段也可与 Rodinia 超大陆的裂解事件相对应。

（3）1700～1900 Ma（古元古代）：加权平均值年龄为 1855 Ma（*N*=74，MSWD=5.6）。由于扬子地块主体的形成时代为 2500 Ma、2000 Ma 和 800 Ma，而缺少 1800～1900 Ma 的年龄，因此该年龄段的锆石不可能来自扬子地块结晶基底（佘振兵, 2007）。虽然扬子地块太古宙基底出露有限（如崆岭杂岩），但近年来的研究发现，扬子地块也存在 1800～2100 Ma 构造-热事件的年代学记录。由于扬子板块与 Columbia（哥伦比亚）超大陆的聚合作用导致的造山事件发生在 1900～2000 Ma（彭敏等, 2009），测试的古元古代锆石年龄（1700～1900 Ma）在聚合作用（1900～2000 Ma）之后，与崆岭杂岩中发现的具有区域伸展作用标志的基性岩脉形成时代（1850 Ma）较为接近，指示了在 1850 Ma 左右，扬子地块与 Columbia 超大陆的碰撞挤压已在向伸展作用转换（张丽娟等, 2011），是高邮凹陷对 Columbia 超大陆裂解作用的响应。

（4）2450～2600 Ma（古元古代—新太古代）：加权平均值年龄为 2516 Ma（*N*=49，MSWD=0.34），与扬子地块基底主体形成时代（2500 Ma ）较为吻合（佘振兵, 2007），揭示高邮凹陷物源存在曾经出露于地表的来自新太古代扬子地块的结晶基底物质。

值得注意的是，在 E_1f（样品 Zr9、Zr10）和 K_2t（样品 Zr12）中均出现一处 400～500 Ma 的年龄峰，尤其是在 K_2t，该年龄峰较为明显。王德滋和沈渭洲（2003）认为华夏地块与扬子地块之间至少经历了 3 次大的碰撞拼贴（晋宁期、加里东期和海西—印支期），从而相应形成了 3 期碰撞型花岗岩。近年来，大量的测年数据表明，加里东期花岗岩形成时代介于 400～500 Ma 之间，对应中奥陶世—志留纪这一时间段，表明华南加里东期存在一次强烈的构造-岩浆事件（楼法生等, 2005）。因此，高邮凹陷锆石 U-Pb 测年中发现的 400～500 Ma 锆石年龄段是对加里东运动时期华夏地块与扬子地块碰撞所发生构造-岩浆事件的响应，且高邮凹陷对该构造-岩浆事件的响应最晚发生在白垩纪晚期，至 E_2d 沉积时期，这种响应程度逐渐消失。

综上所述，锆石 U-Pb 测年证实扬子克拉通确实存在非常古老的冥古宙地壳物质，研究结果表明，高邮凹陷晚白垩世—古近纪时期的源岩对三叠纪华南陆块俯冲进入华北陆块之下形成大陆碰撞型造山带，以及新元古代时期的泛非造山事件、Rodinia 超大陆裂解事件和古元古代时期扬子地块与 Columbia 超大陆的裂解作用等一系列全球构造事件有所响应。综合稀土元素的物源对比分析和锆石 U-Pb 测年数据，结合区域构造发育及沉积演化史认为，高邮凹陷内晚白垩世—古近纪时期的碎屑物源主要来自沉积盆地内部（结晶基底）及盆地周边再旋回造山带，沉积物来自扬子地块的新太古代—古元古代结晶基底和大别-苏鲁造山带广泛分布的新元古代的浅变质岩基底，具体母岩可能为高钾 I 型花岗片麻岩，同时还受到张八岭隆起区南段的中生代侵入岩的影响。

5.4.2 纵向物源对比

通过对高邮凹陷周庄、富民、黄珏、沙埝和联盟庄地区不同地层的锆石 U-Pb 年龄进行纵向物源对比（图 5-9）。

周庄地区：样品 Zr1（E_2d）、Zr12（K_2t）的 U-Pb 年龄在 100～300 Ma、700～850 Ma、1700～1900 Ma、2450～2600 Ma 这 4 期中均有很好的对应，且各期所占比重均较为相似，说明周庄地区物源较为稳定，E_2d 物源可能来自 K_2t，或它们的物源相似。但 K_2t 时期比 E_2d 多一个明显的 300～500 Ma 年龄峰，说明周庄地区对加里东运动时期所发生构造-热事件的响应主要发生在 K_2t 沉积时期，该响应至 E_2d 时期已逐渐消失。

富民地区：样品 Zr2（E_2d）、Zr7（E_1f）和 Zr11（K_2t）的锆石 U-Pb 年龄在 E_2d 和 K_2t 时期相似性较高，而与 E_1f 差异较大。说明 E_1f 时期该地区的物源发生了变化，该变化可能与高邮凹陷在 K_2t 晚期和 E_1f 时期发生的 3 次大规模湖侵及伴生的海侵有关（邱旭明等, 2006）。这种变化主要表现在，K_2t 时期的 100～200 Ma 年龄段相对较为明显，即张八岭隆起区南段多期岩浆活动对富民地区物源的影响相对较大，而至 E_2d 时期，该影响明显减小。

沙埝地区：样品 Zr5（E_2d）和 Zr10（E_1f）在 4 期锆石 U-Pb 年龄中也存在较好的对应，但相对 E_1f 而言，100～300 Ma 和 700～850 Ma 年龄段的年轻锆石在 E_2d 的比重突然减小。说明在 E_2d 时期，沙埝地区受到来自张八岭隆起区中生代火成岩和大别-苏鲁造山带的新元古代花岗片麻岩的物源影响减小。

黄珏地区：样品 Zr4（E_2d）和 Zr8（E_1f）的锆石 U-Pb 年龄在 4 期中均很好地对应，但各期所占比重存在较大差异，表现为 E_1f 的老锆石（1700～1900 Ma 和 2400～2600 Ma）所占比重较大，而 E_2d 的年轻锆石（100～300 Ma 和 700～850 Ma）较占优势。说明至 E_2d 沉积时期，黄珏地区的物源受到张八岭隆起区和大别-苏鲁造山带的影响相对较大。

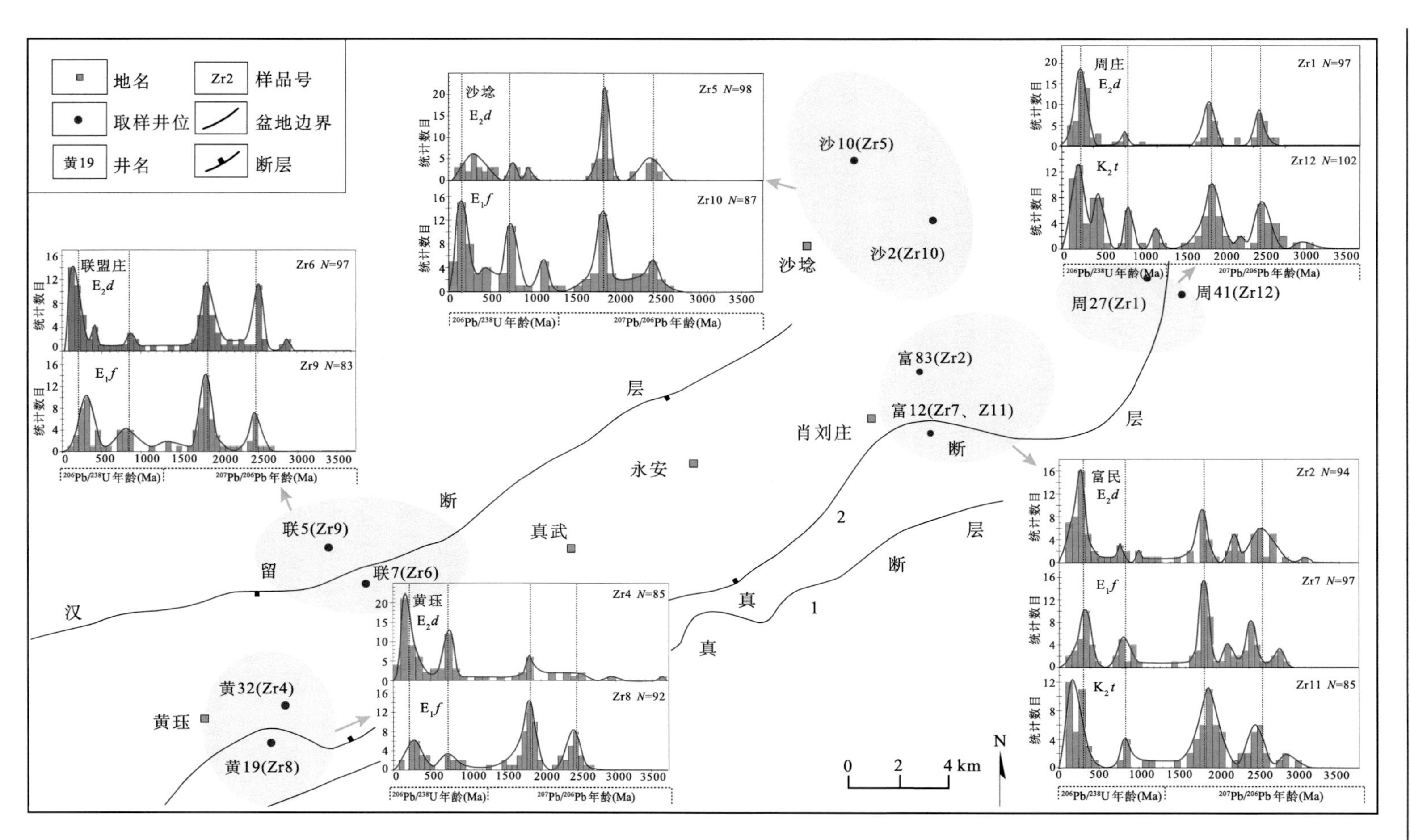

图 5-9　苏北盆地高邮凹陷不同地区戴南组及其下伏地层碎屑锆石 U-Pb 年龄频谱图

联盟庄地区：样品 Zr5（E_2d）和 Zr9（E_1f）在不同沉积时期的锆石 U-Pb 年龄差异情况和黄珏地区较为相似，即 E_2d 沉积时期的年轻锆石，尤其是 100～300 Ma 年龄段锆石较占优势，说明该地区物源在 E_2d 沉积时期主要受到来自张八岭隆起区和大别-苏鲁造山带的物源影响。

前述可知，高邮凹陷各地区锆石 U-Pb 年龄在 K_2t、E_1f 和 E_2d 中具有较好的继承性，即 E_2d 时期锆石 U-Pb 年龄的主要期次与下伏地层较为相似，说明 E_2d 物源可能部分来自下伏的老地层，体现了再旋回沉积特征。高邮凹陷周边的大别-苏鲁造山带和张八岭隆起区对高邮凹陷的物源有重要影响，并稳定地持续至最晚白垩世晚期（K_2t），直至 E_2d 时期甚至之后。但由于高邮凹陷在 E_1f 沉积时期发生的大规模湖盆扩张，物源发生变化，导致高邮凹陷内不同地区所受到的物源影响存在差异，主要表现在：凹陷东北部周庄地区的物源在不同时期的继承性相对较好，物源相对稳定；凹陷北部的沙埝和富民地区的物源在 E_2d 时期受到来自下伏老结晶基底的物源影响相对较大；凹陷南部的黄珏和联盟庄地区在 E_2d 时期则主要受到来自张八岭隆起和大别-苏鲁造山带的物源影响。

综上所述，高邮凹陷 K_2t、E_1f 和 E_2d 中的大部分锆石测点为岩浆结晶锆石，所获得的年龄能够代表岩体的结晶年龄，小部分的锆石颗粒为增生-混合型锆石，指示源区曾经历过多期构造-热事件。锆石 U-Pb 测年结果证实扬子克拉通确实存在非常古老的古太古宙地壳物质。高邮凹陷晚白垩世—古近纪时期的沉积物物源主要形成于 4 个时期：①晚古生代—中生代（100～300 Ma），指示物源为张八岭隆起区南段的多期岩浆活动形成的火成岩（100～200 Ma）、大别-苏鲁造山带的超高压变质岩（200～250 Ma）；②新元古代（700～850 Ma），大别-苏鲁造山带的新元古代片麻状变质花岗岩和对 Rodinia 超大陆裂解事件的响应；③古元古代（1700～1900 Ma），高邮凹陷对 Columbia 超大陆裂解作用的响应，指示扬子地块在约 1850 Ma 发生了与 Columbia 超大陆由碰撞挤压向伸展作用的构造转换作用；④新太古代—古元古代（2450～2600 Ma），指示扬子地块结晶基底。另外，高邮凹陷在 E_1f 和 K_2t 时期发现的 400～500 Ma 的锆石 U-Pb 年龄峰是对加里东运动时期华夏地块与扬子地块碰撞所发生构造-热事件的响应，说明高邮凹陷对该构造-热事件的响应最晚发生在白垩纪晚期（K_2t），至 E_2d 时期，该响应逐渐消失。结合 REE 分析结果、区域构造发育及沉积演化史认为，高邮凹陷内晚白垩世—古近纪时期的碎屑物源主要来自沉积盆地内部（结晶基底）及盆地周边再旋回造山带，沉积物来自扬子地块的新太古代—古元古代结晶基底和大别-苏鲁造山带广泛分布的新元古代的浅变质岩基底，具体母岩可能为高钾 I 型花岗片麻岩，同时还受到张八岭隆起区南段的中生代侵入岩的影响，源岩曾经历多期全球性构造-热事件。高邮凹陷的锆石 U-Pb 年龄在 K_2t、E_1f 和 E_2d 中具有较好的继承性，说明 E_2d 物源可能部分来自下伏的老地层，体现了该区的再旋回沉积特征。高邮凹陷周边的大别-苏鲁造山带和张八岭隆起区对高邮凹陷的物源影响最晚至白垩纪晚期（K_2t）便已在稳定并持续地进行，直至 E_2d 时期甚至之后。E_1f 沉积时期，高邮凹陷发生大规模湖盆扩张，导致高邮凹陷内物源对不同地区的影响存在差异。

第 6 章　沉积环境恢复及构造背景讨论

6.1　古湖泊的环境恢复

6.1.1　古地理特征

微量元素尤其是 B、Sr、Ga 等是指示湖水变化的最为灵敏的元素，与古湖泊水体及盐度的变化具有内在的联系。Sr 元素活动性强，易溶解流失，Ba 的地球化学性质稳定，离子半径较大，易被黏土矿物、胶体和有机质吸附，且具有较小的溶度积，易与海水中的 SO_4^{2-}结合，生成 $BaSO_4$ 沉淀（张天福等, 2016）。因此沉积作用中，从介质中迁入沉积物中的游离态 Sr/Ba 值是判断海陆沉积相的有效指标。在高邮凹陷 E_2d_1 沉积岩中，从 $E_2d_1^3$ 至 $E_2d_1^1$ 亚段的不同沉积时期，Sr 的平均含量分别为 77.85、78.23 和 103.76，呈有规律的递增趋势，这与高邮凹陷 E_2d_1 时期存在湖盆扩张有关。在高邮凹陷以箕状断陷湖盆存在初期，E_2d_1 沉积早期地层逐层超覆，断陷湖盆由小变大，戴南事件后断陷湖盆进入后期，并达到最大湖侵（李明龙等, 2019），且高邮凹陷滨浅湖中的生物扰动组合也反映了 E_2d_1 时期的湖平面整体稳定条件下的小幅度快速上升后稳定的水体变化（张喜林等, 2006），由此可见，随着水域扩大，Sr 含量较好地指示了古湖泊的水体深浅变化。

高邮凹陷 E_2d_1 沉积岩中 Sr/Ba 值变化显示，高邮凹陷北部缓坡带的沙埝、花庄、周庄、富民北部、永安、联盟庄地区的 Sr/Ba 值较低，介于 0.8～0.9 之间，指示沉积受海相因素影响较大；南部陡坡带的马家嘴、富民南部、肖刘庄地区的 Sr/Ba 值较高，介于 1.15～1.35 之间，指示陆相因素在沉积中占据主导位置；南部陡坡带最南端的曹庄、邵伯、真武和黄珏地区的 Sr/Ba 值最低，介于 0.6～1.0 之间，除了真武地区，其他地区的 Sr/Ba 值均低于 0.8，说明这些地区的沉积作用受海相因素影响最大（图 6-1）。在 E_2d_1 不同亚段的沉积时期，Sr/Ba 平均值存在差异，由 $E_2d_1^3$ 至 $E_2d_1^1$ 沉积时期，Sr/Ba 值分别为 2.62、0.81 和 1.01，说明在 $E_2d_1^3$ 时期后，古湖泊的盐度突然减少。苏北盆地 E_2t 和 E_1f 均含有指示海相或与海有关的多门类生物化石，古生物、岩矿等资料表明苏北盆地在晚白垩世（K_2t）和古新世（E_1f_2、E_1f_4）曾与海相通，并遭受海侵影响，其中在 E_1f_4 沉积时，地壳比较平稳，海水有更加明显的侵入（邱旭明等, 2006）。海侵的原因可能是晚白垩世晚期起，中国东部的地应力条件以张力占优势，并在华北-渤海湾、苏北-南黄海和东海陆架区，发育了一系列在变质岩基底上被古近纪沉积物所充填的半地堑箕状盆地，这一区域的拉张状态直至渐新世因受太平洋板块俯冲的影响而被阻止（朱夏和徐旺, 1990）。海水由东海向黄海海侵，造成陆架上箕状盆地在短时期内与海水相通（傅强等, 2007）。通过 Sr/Ba 值，我们可以确定的是，在海侵的发生过程中，南黄海入侵苏北盆地的海侵范围已越过苏北盆地东部的盐城凹陷和海安凹陷，以指状海湾入侵甚至泛滥至高邮凹陷，导致在该地区出现明显的指示海侵的地球化学特征。

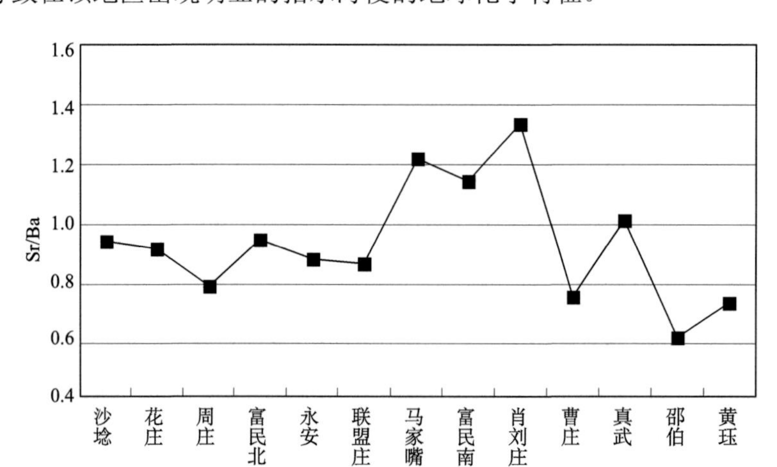

图 6-1　苏北盆地高邮凹陷戴一段碎屑岩中的 Sr/Ba 值分布曲线

6.1.2　古气候特征

前人资料表明，E_2d 孢粉组合代表的植物群以针叶植物为主，混杂了大量落叶阔叶植物的混交林，代表温热而温润的亚热带型气候。E_2d 孢粉组合与 E_1f 有明显不同，主要成分有很大变化，为杉粉-松粉-山核桃粉组合带。E_2d 上、下段孢粉组合差别不大，但 E_2d 尚存的一些 E_1f 孑遗分子，在 E_2d_2 时减少到完全消失。E_2d 产有丰富的实体化石如介形类、腹足类和轮藻，E_2d_1 生物以浅水类型为主（张喜林等, 2006），E_2d 底部粉砂岩或灰质粉砂岩中不断发现阜四段的海相化石遗迹，如 *Neomonoceratina bullata*（膨胀新单角介），*Sinocypris funingensis*（阜宁中华金星介），*Ilyocypris hexatuberosa*（六结土星介）等，这些化石壳面往往被磨损、溶蚀或被钙质所包裹，且多沿凹陷边缘以及吴堡低凸起两侧分布，E_2d 内介形类种属和个体数自下而上减少（蔡小李, 1988）。镜下观察，在高邮凹陷的永安和马家嘴地区均发现含量相对较高的鲕粒，且这些碳酸盐鲕粒的形态、大小等均与 E_1f 较为一致，在其他地区也发现较多鲕粒碎屑（图 6-2）。通过电子探针分析，在高邮凹陷 E_2d 不同亚段地层出现的鲕粒含量均为高镁方解石（图 6-3, 表 6-1），该矿物是镁离子以置换钙离子的方式参加到方解石晶格中，常构成某些生物的骨骼，如棘皮动物、珊瑚藻等，或产于现代温暖浅海的碳酸盐沉积物中，是一种不稳定的碳酸盐矿物，因此高镁方解石在一定程度上可指示海相。由此推测，E_2d 中存在的鲕粒很可能来自其下伏的 E_1f 地层。

苏北盆地的 E_2d_1 沉积是在吴堡运动后造成基底抬升，北东向断裂进一步发育，海水退走并断绝关系，整个湖盆被分割成若干北东向箕状断陷。小断陷湖盆的沉积早期范围有限，基本上局限在金湖、高邮、溱潼和盐城几个凹陷内，以后湖区面积逐渐扩大，地层逐层超覆。到后期，正如前面所描述的，地壳又趋稳定，地表径流发育，达到最大湖侵。因此总体而言，E_2d_1 时期的苏北盆地为陆相淡水环境，前人根据古生物和地球化学资料也证实这一结论，并认为高邮凹陷的真武-曹庄地区和马家嘴地区均位于海陆交界线上（邱旭明等, 2006; 王爱华等, 2020）。

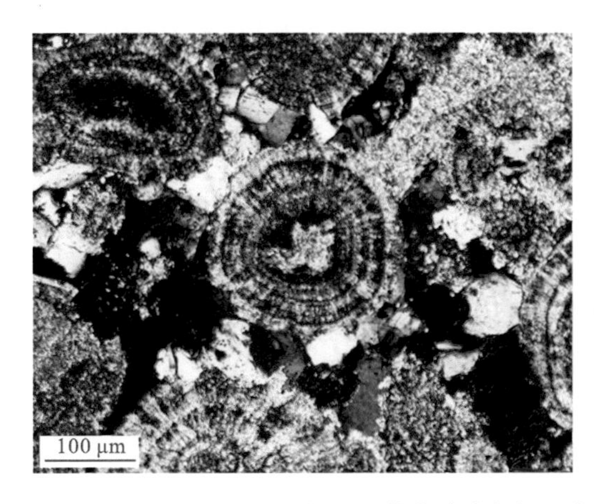

图 6-2　苏北盆地高邮凹陷戴南组和阜宁组中所见鲕粒

左图来自许 27 井, 2271.64 m, E_2f_1; 右图来自富 16 井, 3281.3 m, $E_2d_1^3$

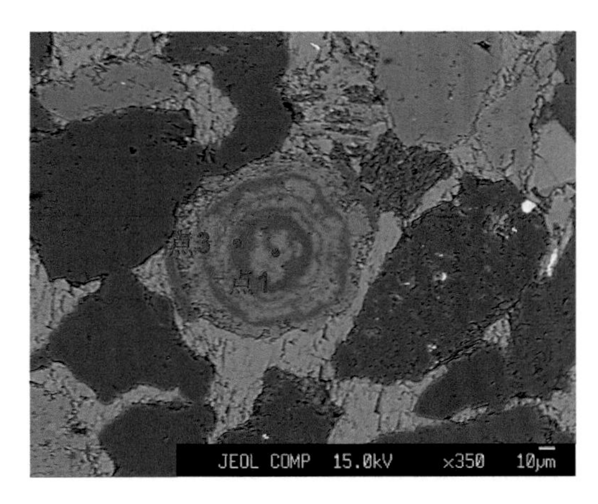

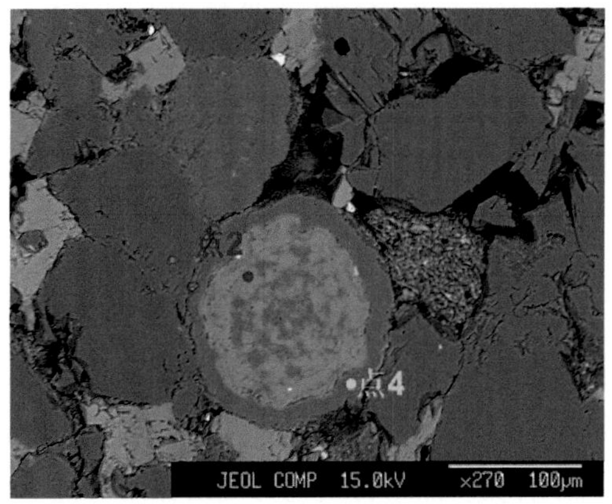

图 6-3　苏北盆地高邮凹陷戴南组中的鲕粒及电子探针打点位置

左图来自联 24 井, 2588.9 m, $E_2d_1^3$; 右图来自真 86 井, 3142.58 m, $E_2d_1^1$

表 6-1　苏北盆地高邮凹陷戴南组中鲕粒的电子探针测试数据

点标	K_2O/%	Na_2O/%	MnO/%	CaO/%	SiO_2/%	TiO_2/%	Al_2O_3/%	FeO/%	MgO/%	总计/%	分析结果
1	0.04	0.104	—	40.58	0.503	0.004	0.183	4.076	15.136	60.634	高镁方解石
2	0.083	0.198	—	42.07	0.787	0.01	0.37	1.90	15.532	60.957	高镁方解石
3	0.049	0.089	—	37.90	0.502	0.007	0.139	1.029	22.197	61.92	高镁方解石
4	0.023	0.064	0.015	41.61	0.015	—	0.084	0.476	20.896	63.178	高镁方解石

E_2d_1 沉积岩中的 Sr/Ba 值所反映出的海相特征主要是受下伏 E_1f_4 地层的影响，E_2d_1 的海相化石为 E_1f_4 地层被剥蚀后再沉积而成，且 $E_2d_1^3$ 至 $E_2d_1^1$ 时期，Sr/Ba 值大幅降低，

海相化石遗迹逐渐减少，说明对 E_1f_4 的剥蚀主要发生在 $E_2d_1^1$ 时期。同时 Sr/Ba 值显示海相环境特征明显的富民南部、肖刘庄、真武以及马家嘴地区与指示海相环境的介形虫发育位置一致，均位于吴堡低凸起附近及高邮凹陷南缘。说明在苏北盆地发育的断陷阶段，在整个苏北盆地以张剪性断裂活动为主的地质背景下，高邮凹陷在 E_2d_1 沉积初期，受到吴堡运动的影响，该运动以 E_2d 低角度不整合覆盖于 E_1f 之上为标志，且以差异升降运动为主，表现为 E_2d 的局部缺失和 E_1f 的局部剥蚀。下伏不整合 E_1f_4 地层在吴堡断裂带附近以及凹陷边缘受挤压抬升后被剥蚀，并与 E_2d_1 初期地层发生了同沉积，马家嘴地区对 E_1f 的剥蚀则主要由于汉留断层的发育。因此至始新世 E_2d 沉积时期，虽然苏北盆地已演变为内陆湖泊环境，但 E_1f_4 海侵之后的海相特征仍残留在不整合于其上的 E_2d_1 的沉积岩中，且该海相特征主要残留在高邮凹陷南部陡坡带富民南部-肖刘庄-真武-马家嘴一线的海陆交界线上，这与前人的研究结果是吻合的。

6.2　构造背景研究

6.2.1　构造背景判别

活动大陆边缘与汇聚板块边界有关，是大洋板块向毗邻大陆俯冲消减的地带，代表威尔逊旋回的后期历史。以火山弧（岛弧）、海沟和贝尼奥夫带（B 式俯冲带）三者共生为特征。常将活动大陆边缘分为岛弧型（或称沟-弧-盆体系型或西太平洋型）大陆边缘和陆源弧（或称沟-弧体系型或安第斯型、东太平洋型）大陆边缘（Bhatia, 1985）。

Th-Sc-Zr/10 判别图（图 6-4a）内可区分出大洋岛弧、大陆岛弧、活动大陆边缘（安第斯型大陆边缘）和被动大陆边缘这四种构造环境（Bhatia and Crook, 1986）。显然，高邮凹陷 E_2d_1 的大部分碎屑岩样品均集中于活动大陆边缘构造背景中，仅汉留断层附近的永安地区投点分散，其中一个样品落在大陆岛弧构造背景中。因此高邮凹陷 E_2d_1 原始母岩的构造背景以活动大陆边缘为主，且在汉留断层附近有大陆岛弧物质掺入，可能受局部后期构造-热事件及动力变质作用等热事件的影响；lg(K_2O/Na_2O)-SiO_2 判别图，是按照 Roser 和 Korsch（1986）对于砂岩-泥岩套构造环境的判别的原则操作，可区分出被动大陆边缘、活动大陆边缘和岛弧这三类构造环境。从图中看出，高邮凹陷 E_2d_1 砂岩样品基本集中于活动大陆边缘构造背景范围内，仅有邵伯一个点落入岛弧区内。两种方法所得结果的一致性，说明高邮凹陷 E_2d 构造环境主要为安第斯型活动大陆边缘，与微量元素的分析结果基本一致（图 6-4b）。

6.2.2　构造背景讨论

以上地球化学分析较为客观地反映了 E_2d_1 沉积时期苏北盆地高邮凹陷的安第斯型活动大陆边缘构造背景。但是应当进一步关注的是，高邮凹陷在古近系 E_2d 时期位于西太平洋的沟-弧-盆体系展布地带，但其沉积物中几乎未见岛弧组分，且被纳入到东太平洋典型的安第斯型活动大陆边缘，这种差异可反映高邮凹陷地体群漂移拼贴的特殊构造环境。

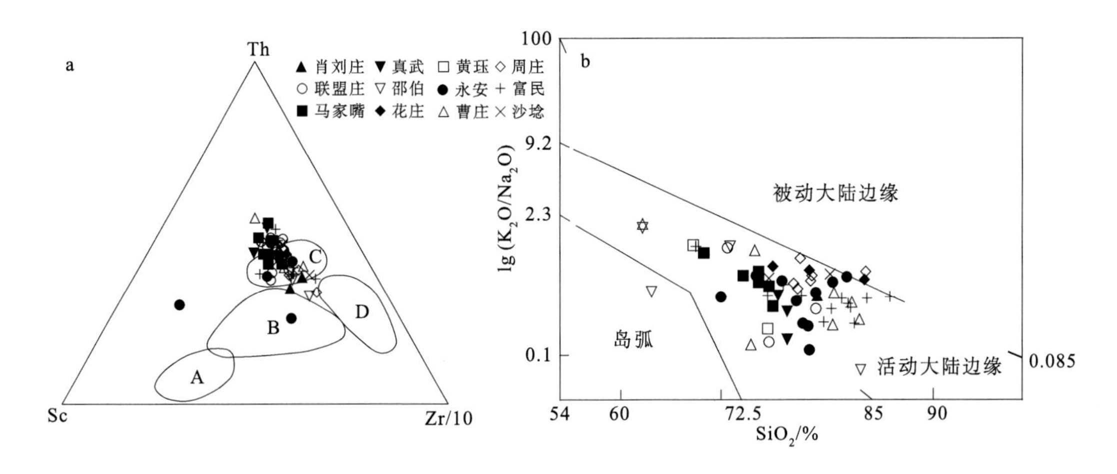

图 6-4　苏北盆地高邮凹陷戴一段碎屑岩的构造背景判别图

a. Th-Sc-Zr/10 图解（底图据 Bhatia and Crook, 1986），A. 大洋岛弧；B. 大陆岛弧；C. 活动大陆边缘；D. 被动大陆边缘。
b. lg（K_2O/Na_2O）-SiO_2 图解（底图据 Gu, 1994）

地体概念最早被应用于北美西部科迪勒拉山系，是指拼贴于大陆边缘在构造运动中其位置有过几百千米到几千千米移动的岛弧、海山、洋底高原和大陆裂解碎块（Howell et al., 1984）。郭令智等（2000）最先将地体理论引入中国并认为中国地体都分布在古克拉通板块的边缘，可分为华北、西北、西南和中央等四个地体带，一系列地体群和数十个地体。中国东部正是由地史上散布增生于大陆板块边缘的一系列移置地体拼接而成，以下论述中所提到的“地块”就是一些已与其他地体拼接的大型地体。

高邮凹陷所处的下扬子地块在古纬度、火山岩和花岗岩时空发育、区域成矿专属性、沉积建造和构造变形等方面具独特性，是一个不同于扬子地块的晚古生代—早中生代的独立地块。受燕山期苏鲁板间造山作用的影响，下扬子地块直至燕山中期才“楔入”在印支期已拼合的扬子地块与华北地块。在白垩纪时期，相继发生了下扬子地块中的燕山碰撞造山事件和燕山造山带的坍塌以及岩石圈的拆沉，因此在晚白垩世末，燕山期高原不复存在，东亚地区大陆边缘由新特提斯构造域转换为太平洋构造域，随着西太平洋部分弧后盆地形成，导致大陆地壳处于张弛拉张应力环境（张永鸿, 1991），高邮凹陷所在的苏北盆地正是叠加在燕山造山带坍塌裂谷之上的一系列沉积范围广、水体连通的大型板内陆相盆地之一。

下扬子地块其实就是一个与其北邻和南邻的华北、华夏两个地块一起，先后从冈瓦纳古陆离裂出来，漂浮于古特提斯洋中缓慢北移的较大陆块。在古特提斯洋内一起北移的，还有印度地块等更大更多的陆块。由于相邻地体漂移速度的差异，两者在同趋势北移中发生相互碰撞、拼贴、错位，而两者间也可拉开距离，加大其间的洋域。两地块之间距离的时宽时窄会在地块的地史记录中表现为多旋回的构造运动。具体到下扬子地区，板块之上各时代的沉积盆地，也随着这一多旋回演化趋势而不断改变其自身的沉积建造和构造格局。陈沪生等（1999）以华北地块（参照点为石家庄）同下扬子地块（参照点为南京）在各地质年代时的古纬度值的差额为两者距离的标志，分析两个相邻时代之间的纬度差值伸长或缩短的变化，并将这种变化同苏北盆地所经历的地壳运动、岩浆活动以及主要地质事件相互对照，认为（表 6-2）：地史过程中海相盆地的发育期与两地块拉开时期（古纬度差值变大）相对应，此时发生盆地拉伸张裂运动，如晚白垩世时导致北东向的压性结构面转变为张性结构面的“黄桥转换事件”，岩浆活动的类型也随着纬距差的变化而改变；当两地块相对移近时（古纬度差值变小），地块内部对应于地壳褶皱运动，如晋宁运动、加里东运动、印支和燕山运动均与地块移近期对应，因此中新生代时期的苏北盆地演化可划分为 3 个阶段：早期收缩阶段（235～150 Ma）、中期变革阶段（150～90 Ma）和晚期伸展阶段（90～0 Ma）。

表 6-2　下扬子区板块漂移聚散过程与苏北盆地演化序列对照表（陈沪生等，1999，已修改）

示意标尺 100Ma	6	5.5	5　4.5		4	3.5　3		2.5	2　1.5	1	0.5	
时代	Z2	€	O	S	D	C	P	T	J	K	E	
华北古纬度	0左右	1.8°N	6.7°N				14.5°N	24.6°N		43.1°N	43°N	
下扬子古纬度			29.4°S				1.5°S	4.6°N		38.7°N	34.7°S	
两地纬差	35°左右	24.3°左右	36.1°				16°	20°		4.4°	8.3°	

<table>
<tr><td>两地相对位移</td><td colspan="2">移 近</td><td>移 开</td><td colspan="2">移 近</td><td colspan="3">移 开</td><td colspan="3">移 近</td><td colspan="3">移 开</td></tr>
<tr><td>地壳运动</td><td colspan="2">晋宁运动</td><td></td><td colspan="2">加里东运动</td><td colspan="3"></td><td colspan="3">印支燕山运动</td><td colspan="3"></td></tr>
<tr><td>主要地质事件</td><td>陆核增生</td><td colspan="2">统一下扬子板块形成</td><td>下扬子与华夏板块碰撞</td><td colspan="4">下扬子-华夏联合板块形成</td><td>联合板块与华北板块碰撞</td><td>板块再破碎</td><td colspan="3">黄桥转换事件,全区张裂</td><td>开始分裂新的板块</td></tr>
<tr><td>岩浆作用</td><td colspan="3">情 况 不 明</td><td colspan="3">深部花岗岩化作用</td><td>基性岩</td><td colspan="5">花岗岩与中-酸性喷发岩</td><td colspan="2">基 性 岩</td></tr>
</table>

高邮凹陷在 E_2d 沉积时期正处于苏北盆地晚期伸展的演化阶段，太平洋板块的俯冲带和岩浆活动区之间的苏北-南黄海地区处在软流圈浮力相对增大的状态，拉伸断陷形成并伴随不同期的幔源玄武岩溢流，并由于地壳的弹塑力和应力积累的周期，使苏北盆地在演化过程中出现断陷与拗陷交替发育的特征。因此，苏北盆地在 E_2d 沉积之前岩浆活动频繁，火成岩基底类型较为丰富，以晚古生代的深部花岗岩化作用以及中生代的花岗岩与中酸性喷发岩为主，基性岩喷发为辅且主要发生在二叠纪（P）和古近纪（E）（表 6-2），这与微量元素分析得出高邮凹陷源区岩石主要为长英质物质和再旋回沉积物质，受中基性物质的影响但影响程度较小的结论是吻合的，说明高邮凹陷 E_2d_1 物源中可能有较多部分是来自基底母岩被剥蚀和再旋回沉积的产物。地球化学结果所显示的高邮凹陷中吴堡低凸起附近以及凹陷南缘马家嘴地区出现 E_2d_1 对下伏 E_1f 较强烈的剥蚀，以及在北部斜坡带永安地区附近显示受中基性幔源物质的影响较大，较好地反映了高邮凹陷在沉积旋回上断陷充填、火山喷发和拗陷超覆反复交替的沉积特征，而这也是整个苏北盆地在中、新生代时期的沉积特征。

高邮凹陷所处的下扬子地块在地史过程中与相邻地块经历多次直接或间接的碰撞拼贴、相对错移，使地块边缘发生多次混合岩化、花岗岩化或中酸性浅层火山活动。而多次的地壳减薄拉张或伸展运动，则诱发地幔上隆，进而导致被动裂谷的诞生，使盆地从裂陷向拗陷逐步演化。由于中国东部大陆边缘地体众多且地体面积甚小，每个地体或地块就如同一个小板块，即使是中心部位仍离边界很近，因而具有板块边缘的构造背景和沉积建造特征。虽然苏北盆地的构造背景与太平洋板块构造运动关系密切，但在白垩纪时期，下扬子地块已与华北、扬子地块拼贴，其间还曾经历应力拉张状态，无论下扬子地块与相邻地块呈拉张还是挤压状态，只要未发生强烈的板块俯冲，均会具有类似于安第斯型活动大陆边缘的构造背景。因此由于地史及动力学机制的差异，位于下扬子地块西南缘的苏北盆地在 E_2d_1 时期所具有的安第斯型活动大陆边缘构造背景可反映中国东部地区由较多地体拼贴的特殊构造特征，有别于东太平洋典型的安第斯型活动大陆边缘。

综上所述，高邮凹陷 E_2d_1 砂岩中 SiO_2 含量普遍较高，说明石英或富含 SiO_2 的矿物（如长石）含量较高，矿物成分成熟度较高。K_2O/Na_2O 值和 $MgO+Fe_2O_3$ 值显示，高邮凹陷南部陡坡带以及北部缓坡带的永安附近地区相对其他地区更富集含钾矿物而亏损斜长石，且受到基性岩影响相对较强，因此源区岩石主要为长英质物质和再旋回沉积物质，受中基性物质的影响，但影响较小。多元素物源判别图显示，在 E_2d_1 时期，高邮凹陷主要受到再旋回物质的影响，其次为长英质物源的影响，在永安地区还受到基性物源的影响。随着戴南组的沉积演化，再旋回沉积物源对高邮凹陷的影响一直持续，但长英质物源和基性物源的影响逐渐减弱。SiO_2-Al_2O_3 判别图显示，高邮凹陷砂岩的 SiO_2 和 Al_2O_3 含量呈明显的负相关关系，砂岩中硅铝矿物成分主要在石英、钾长石、斜长石、伊利石、绿泥石等矿物之间进行变化，反映源区所经历的风化作用以物理风化为主，化学风化作用较弱。A-CN-K 和 Th/U-Th 判别图进一步显示，高邮凹陷南部陡坡带的大部分地区（黄珏、邵伯除外）所经历风化作用一般，且风化作用较为稳定，其沉积物主要由较远处源岩的风化搬运而来，受构造运动的影响较小。高邮凹陷不同地区所经历的风化作用差异较大，可能与沉积物不同的沉积方式有关，一部分源岩来自远处并经历了较强的风化作用，或是经过了较远距离的搬运后才沉积，还有一部分源岩是来自近处的源岩，它们在经历了强烈的构造运动抬升剥蚀后又迅速再沉积。Sr/Ba 值显示，至始新世 E_2d 沉积时期，虽然苏北盆地已演变为内陆湖泊环境，但在 E_1f_4 沉积时期发生海侵形成的海相特征仍残留在不整合于其上的 E_2d_1 地层中，且该海相特征主要残留在高邮凹陷南部陡坡带富民南部—肖刘庄—真武—马家嘴一线的海陆交界线上。地史及动力学机制的差异导致苏北盆地在 E_2d_1 时期所具有的安第斯型活动大陆边缘构造背景有别于东太平洋典型的安第斯型活动大陆边缘，具体表现在前者具有由较多地体拼贴的特殊构造特征。

第 7 章　高邮凹陷戴南组沉积相

7.1　沉积相类型及其特征

通过对高邮凹陷 236 口井的录井、测井资料、粒度分析，结合 56 口取心井的岩心观察和描述，对高邮凹陷东部戴南组沉积相、亚相、微相类型及其特征进行了详细划分，认为高邮凹陷戴南组的沉积相包括扇三角洲、三角洲、近岸水下扇和湖泊等四种类型（表 7-1）。岩相和沉积相解释见表 7-2 和表 7-3，岩相代码和解释参考 Miall（1977, 1978）的方案（高丽坤等, 2010）。

表 7-1　高邮凹陷戴南组沉积相类型

相	亚 相	微相或岩石类型	分布范围	分布层位
扇三角洲	扇三角洲平原	分流河道、漫滩	南坡真武、曹庄、富民、周庄一带	戴一段 戴二段
	扇三角洲前缘	水下分流河道及其间、前缘席状砂		
	前扇三角洲	泥岩为主，夹薄层砂岩		
三角洲	三角洲平原	分支河道、决口扇、漫滩	北坡沙埝、永安和花庄一带	戴南组
	三角洲前缘	水下分支河道及其间、分支河口砂坝、远砂坝、席状砂		
	前三角洲	泥岩为主，夹薄层砂岩		
近岸水下扇	内扇	水道充填、漫流	南坡邵伯	戴一段
	中扇	辫状水道及其间		
	外扇	泥岩、薄层砂岩		
湖泊	滨浅湖 半深湖	滨浅湖砂、滨浅湖泥、 半深湖泥	近岸水下扇、扇三角洲、三角洲的侧翼和远端	戴南组

表 7-2　高邮凹陷戴南组岩相、岩相代码和沉积构造（据 Miall, 1978, 有修改）

岩相代码	岩相	沉积构造
Gm	杂基支撑砾岩，砂砾岩	块状构造
S-Gm	颗粒支撑砾岩，砂砾岩	块状构造
Sm	砾状砂岩，砂岩，粉砂岩	块状层理
Sg	砂岩	递变层理
Sp	细砂岩，粉-细砂岩，粉砂岩	板状交错层理
St	中-细砂岩，细砂岩，粉砂岩	槽状交错层理
Sw	细砂岩，粉砂岩	楔状交错层理
Sh	中-细砂岩，细砂岩，粉砂岩	平行层理

续表

岩相代码	岩相	沉积构造
Slu	细砂岩，粉砂岩	包卷层理
Sdi	细砂岩，粉砂岩	泄水构造
Se	具泥砾的细砂岩，粉砂岩	泥砾
Sde	砂岩	变形构造
Sl	细砂岩，粉砂岩	透镜状层理
Sr	细砂岩，粉-细砂岩，粉砂岩	波状层理
Sc	细砂岩，粉-细砂岩，粉砂岩	爬升层理
Sbi	粉砂岩，泥岩	生物扰动构造
Fsc	粉砂岩，泥岩	水平-块状层理
F1	粉砂岩，泥岩	水平层理
Fr	含植物炭屑粉砂岩，泥岩	植物炭屑

表 7-3　高邮凹陷戴南组沉积相类型（岩相解释见表 7-2）

沉积相	亚相	微相或岩性	岩相组合
扇三角洲	扇三角洲平原	分流河道（DC）	S-Gm, Sm
		漫滩沼泽（BS）	Fsc
	扇三角洲前缘	水下分流河道（SDC）	Sm, Sp, St, Sh,Slu, Sdi, Se, Sr
		水下分流河道间（SIDC）	Sbi, F1, Fr
		河口坝（MB）	Sp, St, Sh, Sr
		席状砂（SS）	Fsc
	前扇三角洲	前扇三角洲泥（Pre-fan delta）	Sl, Sr, F1, Fr
三角洲	三角洲平原	分支河道（BC）	Sm, Sp, St, Sh, Se, Sr, Sc
		分支河道间（BIC）	Sbi, F1, Fr
	三角洲前缘	水下分支河道（SBC）	Sm, Sp, St, Sh, Se, Sc, F1
		水下分支河道间（SIBC）	Sr, Sbi, F1, Fr,
		分支河口坝（BMB）	Sp, St, Sw, Sh
		前缘席状砂（FSS）	Sp, Sr, F1
	前三角洲	前三角洲泥（Pre-delta）	Fsc, F1
近岸水下扇	内扇	主水道（MC）	Gm, Se, Sde
		主水堤（MD）	Fsc
	中扇	辫状水道（BC）	S-Gm, Sm, Sg, Sp, St, Sh
		水道间（IC）	Fsc
	外扇	外扇泥质物（Outer fan）	Sr, F1
湖泊	滨浅湖	滨浅湖泥（SLM）	F1
		滨浅湖砂（SLS）	Sr, Sbi, Fr
	半深湖	半深湖泥（Semi-deep）	Sl, F1

7.1.1　扇三角洲相和三角洲相

20 世纪 20 年代以来，随着石油地质勘探工作的开展，发现三角洲沉积地层中储集了约占全球 30%的油、气、煤等燃料资源，其中往往是大型或特大型油气田，如世界第二特大油田科威特布尔干油田（可采储量为 9.4×10^9 t），世界第三特大油田委内瑞拉马拉开波盆地玻利瓦尔沿岸油田，美国墨西哥湾盆地白垩系、始新统、渐新统和中新统砂岩中的大部分油气藏，以及中国的黄骅坳陷、济阳坳陷和松辽盆地均发现了三角洲相的大型油田（林春明, 2019）。现代大河流如黄河、长江、密西西比河、恒河、尼罗河、尼日尔河的入海口处都发育有大型的三角洲沉积体，从对现代三角洲的研究揭示古代三角洲沉积相发育特点，可为寻找有巨大经济价值的矿产提供重要资料，如 20 世纪 50 年代以密西西比河三角洲为代表的现代三角洲沉积的深入研究，为 60～70 年代在古三角洲沉积中发现大油气田奠定了基础（Broussard, 1975）。同时，沉积矿产勘探的需求又促进了现代三角洲沉积研究的热潮，为现代三角洲沉积研究指出了目标和方向。因此，目前世界各国都很重视现代和古代三角洲沉积的研究，并发表了大量有关三角洲沉积的论文和专著。

三角洲的概念最早可追溯到公元前 5 世纪，古希腊历史学家希罗多德（Herototus）在描述尼罗河口地区冲积平原时，发现其形态同希腊字母 Δ 的形状相似，后人用英语“delta”一词表示，在中国则将其译为“三角洲”。三角洲的现代定义是在 20 世纪初由巴瑞尔提出的，他认为“三角洲是河流在一个稳定的水体中或紧靠水体处形成的、部分露出水面的一种沉积体”。目前多数人认为三角洲是河流注入海洋或湖泊时，由于水流分散，流速顿减，河流所携带的泥砂沉积物在河口沉积下来形成的，近于顶尖向陆的三角洲大沉积体（林春明, 2019）。总的来说，三角洲的定义有四方面含义：①三角洲沉积物来源于一个或几个可确定的点物源；②三角洲以进积结构为特征；③尽管三角洲能最终充填盆地，但它们都发育于盆地周缘；④因河流提供了进入盆地的物源，所以三角洲最大沉积位置受到限制。

三角洲是河流和海洋或湖泊相互作用的结果，根据相关地质营力河流、波浪、潮汐作用的大小，分为河控三角洲、浪控三角洲、潮控三角洲（Galloway, 1976）。在三角洲三分的基础上，根据三角洲沉积物的粒度大小，可分为粗粒三角洲和细粒三角洲（表 7-4）。

表 7-4　三角洲分类

总类	大类	小类	主要岩性
三角洲	粗粒三角洲	辫状河三角洲	砂砾岩、砾状砂岩、粉砂岩
		扇三角洲	砂砾岩、砾状砂岩、粉砂岩
	细粒三角洲	河控三角洲	粉砂岩、细砂岩
		浪控三角洲	粉砂岩、细砂岩
		潮控三角洲	粉砂岩、细砂岩

高邮凹陷三角洲沉积物有砂砾岩、砾状砂岩、不等粒砂岩、粉砂岩，其中北坡以粉砂岩为主，南坡以砾状砂岩、不等粒砂岩为主，分别属于三角洲和扇三角洲。扇三角洲主要发育在南坡戴南组，而三角洲在整个北坡戴南组都有发育。

高邮凹陷东部三角洲沉积结果与其构造格局有关，高邮凹陷东部属于单断断箕式凹陷，南坡陡、距离物源近，北坡相对缓、距离物源远，因此南部发育扇三角洲，北部发育三角洲。虽然它们均具有三角洲平原、三角洲前缘、前三角洲三层结构，但是它们在沉积相带宽度、沉积相类型、沉积物粒度、沉积物分选性等沉积特征方面差异较大（林春明等, 2007b, 2009b）。

1. 扇三角洲

扇三角洲是一个成因类型名词，不是指形状似扇形的扇状三角洲，而是三角洲的一种特殊类型。Holmes（1965）最早明确地提出了扇三角洲这一名词，将其定义为从邻近高地直接推进到稳定水体（海或湖）中的冲积扇。1885 年美国学者 G. K. Gillbert 根据湖滨的地貌特征指出了有名的吉尔伯特三角洲的沉积模式，被认为是第一个关于扇三角洲的描述。因此，扇三角洲是以冲积扇为供源，以底负载方式搬运所形成的近源砾石质三角洲（林春明, 2019）。

高邮凹陷南坡物源距离湖盆较近，冲积扇的粗粒沉积物，如砂砾岩、含砾砂岩等，未经较好地分选就沿陡坡进入滨浅湖中形成扇三角洲沉积（林春明等, 2003）。扇三角洲分流河道发育，河口坝不发育，相带具扇三角洲平原、扇三角洲前缘和前扇三角洲三层结构，由水上部分和水下部分组成，与近岸水下扇完全沉积于水下，有着较大的差别。

1）扇三角洲平原

系冲积扇的水上部分，受沉积场所的限制，扇三角洲平原亚相展布较窄，扇三角洲平原亚相主要发育分流河道和漫滩沉积。分流河道由 S-Gm 和 Sm 组成，岩性主要为灰色、杂色厚层块状砾岩，灰色砾状砂岩、粗砂岩，成熟度低，分选差，混杂块状构造，局部见平行层理。砾石成分复杂，有石英、长石、燧石、灰岩、泥岩以及火成岩，砾径一般在 1～5 cm，最大可达 8 cm，次棱角至次圆状，颗粒支撑，泥质胶结。自然电位曲线低-中幅、齿化。漫滩沼泽位于分流河道间或单个扇体之间的低洼地区，沉积物粒度较细，为棕色、紫红色泥岩，夹灰色、棕色粉砂岩及细砂岩薄层。

扇三角洲平原在黄珏、许庄地区整个戴南组和邵伯地区戴二段都有分布，主要分布在黄珏、许庄外侧，靠近真 2 断层。

2）扇三角洲前缘

即冲积扇入湖之后的水下部分，靠近扇三角洲平原部分有时可能露出水面，为扇三角洲的主体，平面展布面积大，纵向厚度大，岩性组合较为多样，有含砾中粗砂岩、粉细砂岩、不等粒砂岩、粉砂岩、砂质泥岩，局部有砾状砂岩、砂砾岩，其中所含砾石多为次圆状，见平行交错层理、块状层理，颜色为砂岩的灰色与泥岩的棕色、紫色交互。

扇三角洲前缘在南部陡坡带分布广泛，相带展布宽，真武-曹庄地区向北可达真 2-曹

21 井，富民可达富 58 井以北，周庄地区可延伸到周 25-周 27 井以外。

本带主要发育水下分流河道、水下分流河道间，偶尔发育河口坝、席状砂微相（图 7-1）。

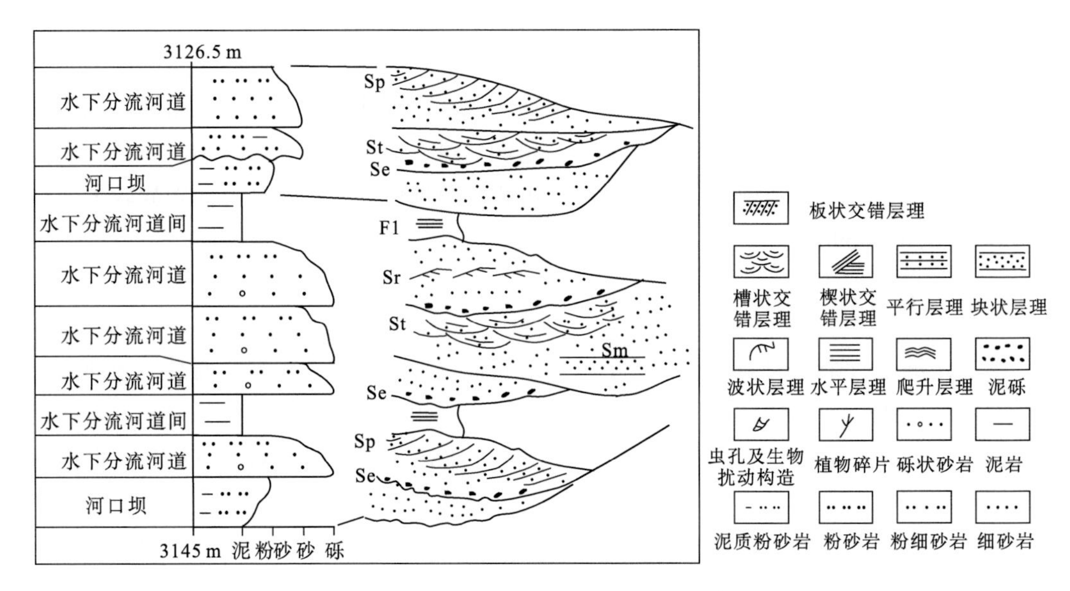

图 7-1 高邮凹陷富 35 井戴南组扇三角洲前缘沉积

（1）水下分流河道。为扇三角洲平原亚相分流河道向水下的延伸，受河流和湖泊相互作用，分流河道流速减缓，下切作用减弱，侧向侵蚀作用增强，使得扇三角洲前缘水下分流河道变浅、加宽、分汊增多，沉积物堆积速度加快，沉积物颗粒相对变细、分选变好，如扇三角洲平原亚相的砂砾岩、砾状砂岩逐渐变为中粗砂岩、细砂岩。沉积构造多为块状层理、交错层理，也可见冲刷面构造。高邮凹陷扇三角洲前缘水下分流河道主要由 Sm、Sp、St、Sh、Slu、Sdi 和 Se 组成，岩性以浅灰色砾状砂岩，灰色、棕色、褐色细砂岩、粉砂岩为主。砾石砾径 0.5～2.5 cm，分选及磨圆较好，沉积构造发育，主要有块状层理、交错层理（图 7-2a）、平行层理、波状层理、包卷层理（图 7-2b）、泄水构造（图 7-2c）、冲刷面（图 7-2d）等。底部具有泥砾层（图 7-2e），充填序列具有向上变细的结构，显示河道充填特征。在自然电位曲线上反映明显，多为底部突变的钟形或多次叠加的箱状曲线，根据自然电位曲线的形态、光滑程度，可推断其沉积部位和主河道方向（于建国等, 2002）。由于湖水面的波动，可导致水下分流河道砂体平面上向湖或向岸推移、垂向上多次叠加，砂体厚度较大。水下分流河道砂体发育。

（2）水下分流河道间。水下分流河道间为水下分流河道之间相对低洼的地区，与湖相通。主要由 Sbi、F1 和 Fr 组成，岩性为灰色粉砂质泥岩，紫红色、棕色、深灰色泥岩，偶夹薄层泥质粉砂岩，水平层理、波状层理、透镜状层理发育，层理面上含较多云母，可见植物炭屑和生物扰动构造。由于水下分流河道冲刷力强，水下分流河道间泥岩往往被冲刷减薄，以至完全被冲刷掉，因此，水下分流河道间泥岩一般较薄，多以夹层形式出现。其自然电位曲线接近泥岩基线，电阻率曲线为低值齿状。

（3）河口坝。包括 Sp、St、Sh 和 Sr，主要由灰色、棕色粉砂岩、细砂岩组成反韵律结构（图 7-1），发育交错层理、平行层理、波状层理，自然电位曲线呈漏斗状。河口坝保存下来的规模较小，可能与水下分流河道能量较大和经常改道有关。

（4）前缘席状砂。在扇三角洲前缘靠近湖泊的远端，水下分流河道砂体容易受到波浪的改造，在水下分流河道间以及水下分流河道前端形成单层厚度薄、分布面积大的席状砂，岩性以粉砂岩、泥质粉砂岩为主。受湖进、湖退影响，前缘席状砂与滨浅湖泥岩交互沉积。前缘席状砂自然电位曲线多为指状。主要分布在水下分流河道间靠近前扇三角洲的部位。

3）前扇三角洲

前扇三角洲位于扇三角洲前缘向湖方向一侧，在扇三角洲远端与滨浅湖亚相相接。主要由棕色、灰色泥岩组成，夹少量粉砂岩条带或砂质团块，包括 Sl、Sr、Fl 和 Fr，以水平层理为主，偶有波状层理、透镜状层理。前扇三角洲自然电位曲线平直，电阻率曲线呈低值的小齿状。

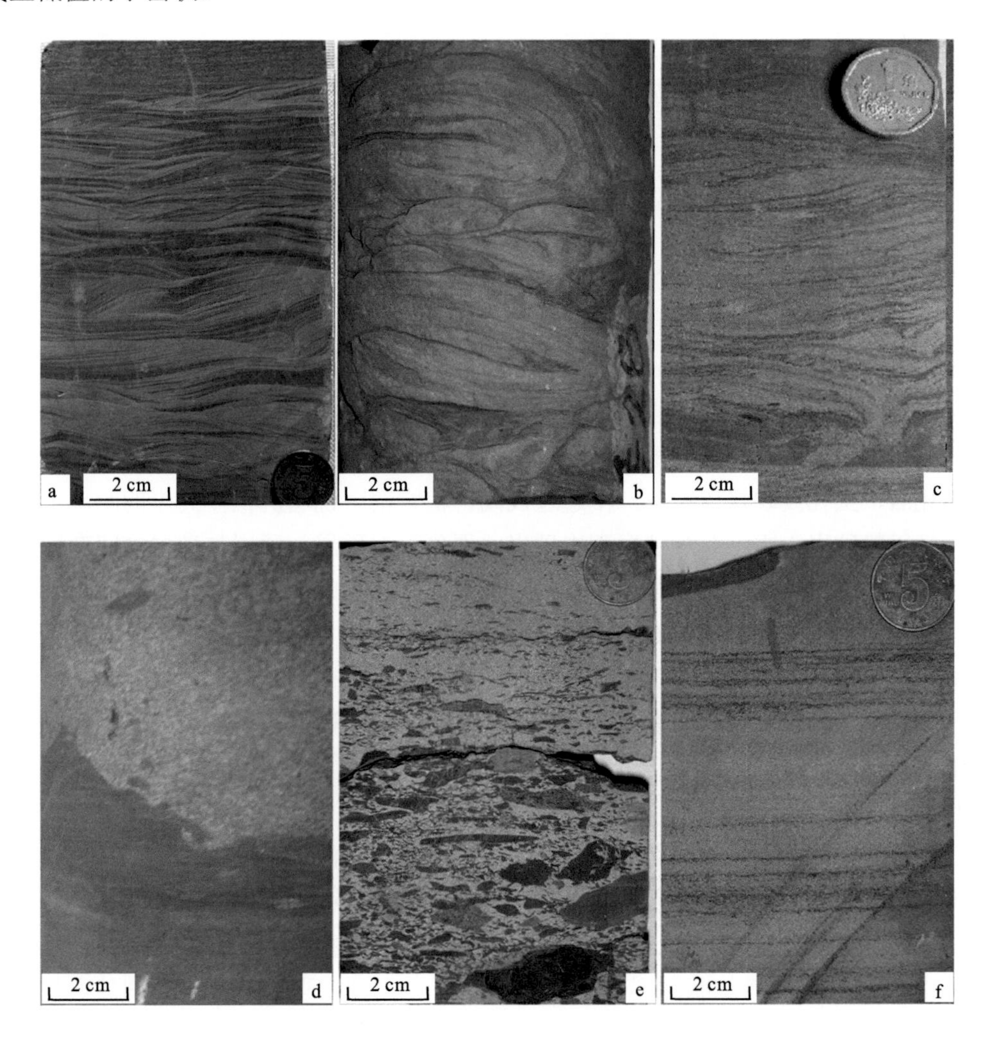

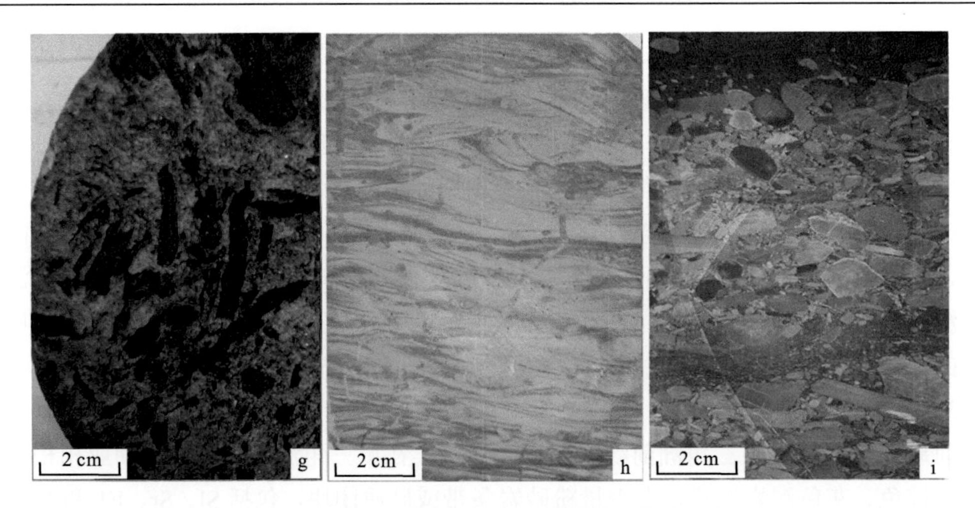

图 7-2　高邮凹陷戴南组岩心沉积结构构造照片

a. 扇三角洲前缘浅灰色泥质粉砂岩，底部具中型交错层理，中部小型交错层理，上部平行层理，富 16 井，戴一段，3242.5 m；b. 扇三角洲前缘浅灰色粉砂岩，发育包卷层理，曹 20 井，戴一段，3250.66 m；c. 扇三角洲前缘灰色细砂岩中的泄水构造，富 44 井，戴一段，3021.34 m；d. 扇三角洲前缘的冲刷面，曹 20 井，戴二段，3242.28 m；e. 扇三角洲前缘浅灰色泥砾岩，向上渐变为浅褐灰色细砂岩，富 35 井，戴一段，3127 m；f. 三角洲前缘浅灰色粉砂岩，发育平行层理，永 x27 井，戴一段，2631.98 m；g. 三角洲前缘浅灰色粉砂岩含植物炭屑，永 16 井，戴一段，2607 m；h. 三角洲前缘褐灰色泥质粉砂岩，发育虫孔及生物扰动构造，马 19 井，戴一段，2029.93 m；i. 近岸水下扇内扇杂色混杂砾岩，邵 9 井，戴一段，2984.54 m

2. 三角洲

高邮凹陷北斜坡的沙埝、花庄、永安和韦庄地区发育三角洲，其沉积物来自高邮凹陷西北部的柘垛低凸起方向，通过河流搬运沉积物进入湖盆，其沉积物经历搬运距离较南坡长，沉积物较南坡细。

从高邮凹陷北斜坡戴南组岩心观察看，发育冲刷面、交错层理、斜层理、平行层理，局部可见滑塌构造，也见植物根茎、螺化石、虫孔、有一定定向性的泥质团块或泥砾，其中螺化石、虫孔反映水体不深，不超过浅湖，植物根茎说明沉积体离岸的距离不是很远，岩性以粉砂岩为主，有细砂岩和中砂岩，偶尔有泥砾层，砂层与砂层之间有棕色、暗棕色泥岩，总体岩性较扇三角洲细（表 7-5），因此，高邮凹陷北坡，其沉积物主要是在较为规律的水流中沉积的，如水下分支河道，沉积体的大小受外部物源的控制。

高邮凹陷北坡三角洲具有三角洲的三层结构，三角洲前缘是主体，以水下分支河道和水下分支河道间沉积微相为主，也可见到一些分支河口砂坝、远砂坝、席状砂，是戴南组的主要储集体之一。

1）三角洲平原

三角洲平原是三角洲的陆上沉积部分，平面上它从河流大量分汊处到湖岸线。三角洲平原可分为分支河道和分支河道间微相。其中以分支河道沉积最为典型，由 Sm、Sp、St、Sh、Se 和 Sr 组成，具向上变细的沉积序列，底部发育冲刷面，含零星分布的泥砾，向上为中-细砂岩，发育块状层理、槽状交错层理、平行层理，顶部为粉-细砂岩与泥岩互层，具波状层理、爬升层理。高邮凹陷北部缓坡带戴南组钻遇三角洲平原的井较少，因此不作详细阐述。据录井资料，三角洲平原以分支河道为主，其间有决口扇、漫滩沉积，未见有泥炭和褐煤沉积。

表 7-5　高邮凹陷戴南组扇三角洲、三角洲、近岸水下扇的主要区别

	扇三角洲	三角洲	近岸水下扇
发育部位	凹陷南部多断阶陡坡带	凹陷北部缓坡带	凹陷南部单断阶陡坡带
沉积特征	具有牵引流沉积特征，发育颗粒支撑砾岩，粒度概率曲线呈两段式，沉积物的粒度相对较粗，分选较好	具有牵引流沉积特征，粒度概率曲线呈两段式，沉积物的粒度相对细小，分选好	具有重力流沉积特征，砾岩一般为杂基支撑，粒度概率曲线特征与浊流相近，颗粒混杂，分选差
微相类型	微相类型单一，扇三角洲平原亚相发育不好，前缘亚相以水下分流河道、水下分流河道间和微相为主	不仅平原亚相特别发育，而且前缘亚相发育类型丰富的各种微相，包括水下分支河道、水下分支河道间、分支河口坝和前缘席状砂微相	内扇发育一条或几条主水道，中扇以辫状水道和水道间微相为主
分布特征	规模较小，平面上呈朵状	规模较大，平面上呈朵叶状	规模较小，平面上呈朵状
地震相特征	呈楔形前积地震反射，厚度大	呈平行、亚平行席状地震反射	呈楔形和丘形地震反射

三角洲平原发育在沙埝地区北部，受湖侵的影响，垂向上，分布面积由大变小再变大。

2）三角洲前缘

三角洲前缘位于三角洲平原外侧向湖方向，主要分布在滨湖-浅湖区域，沉积作用活跃，平面展布面积较大，垂向砂体发育，多与滨湖交互沉积。其岩性以粉砂岩为主，其次还有不等粒砂岩、中细砂岩、泥质砂岩、砂质泥岩及泥岩，砂岩颜色以灰色为主，泥岩有深灰色、棕色、暗棕色，以棕色为主。砂岩沉积构造以交错层理、平行层理为主，可见冲刷面，偶尔含有泥砾，泥砾有定向排列，也见云母、炭屑、植物根茎等。根据砂岩含量、与泥岩接触关系、测井曲线形态，三角洲前缘可进一步划分为水下分支河道、水下分支河道间、分支河口坝、远砂坝、席状砂等沉积微相（图 7-3）。

三角洲前缘是三角洲沉积的主体，分布面积较大，沙埝地区的前缘砂体分布范围较大，可以影响到联盟庄的联 5-联 2 井、永安地区的永 23-永 6-永 28 井、花庄南部地区的花 3A-花 x10-花 1 井，码头庄和韦庄地区的前缘砂体可到达马家嘴地区的马 5-马 19 井。

（1）水下分支河道。是三角洲平原亚相分支河道向湖盆水体延伸的部分，由于河流与湖泊相互作用，三角洲平原分支河道进入滨湖水体中，迅速分汊、展开，且沉积物流速减缓、沉降速度加快。高邮凹陷北坡三角洲前缘水下分支河道厚度多为 3～5 m。前缘水下分支河道沉积物较平原分支河道沉积物颗粒变细、分选性变好，由 Sm、Sp、St、Sh、Se 和 Sc 组成，沉积物主要为灰色、褐色细砂岩、粉砂岩，夹有灰色、深灰色、棕色泥岩，砂岩底部具冲刷面，其上含有磨圆度较好的泥砾。底部砂岩一般不显层理，为

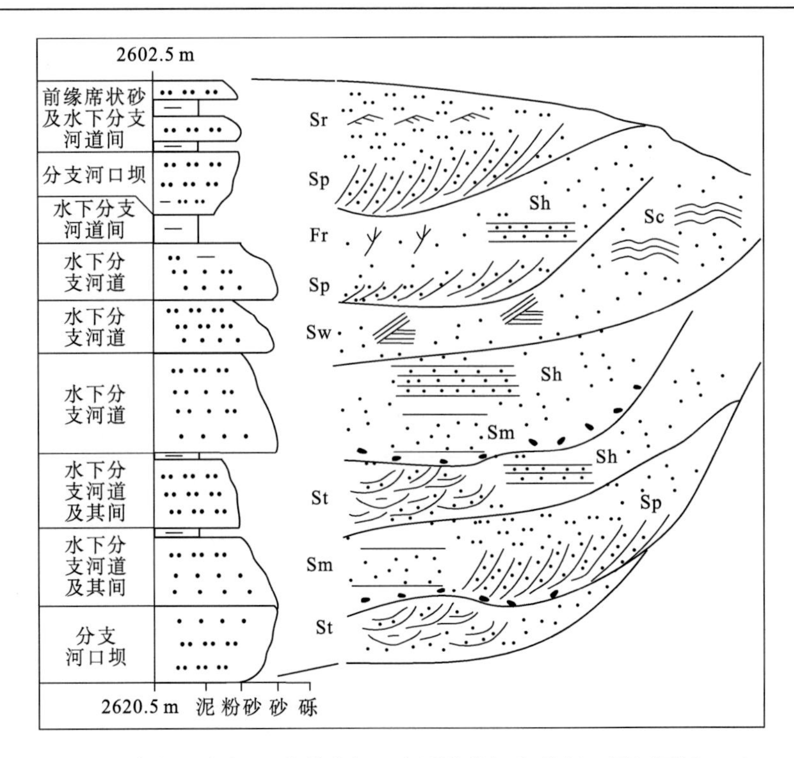

图 7-3 高邮凹陷永 16 井戴南组三角洲前缘沉积特征（图例同图 7-1）

块状，向上出现平行层理（图 7-2f）、交错层理、爬升层理和水平层理。总的看来，水下分支河道呈向上变细的特征。受湖平面升降的控制，水下分支河道向湖延伸或向岸退缩（于建国等, 2002），垂向叠加。受波浪、潮汐、沿岸流等作用，水下分支河道侧向迁移，展布面积加大。自然电位曲线多为钟形、微齿的箱形或者箱-钟形，其幅度向上减小，往上细齿增多，齿中线内收敛，底部有突变和渐变两种。水下分支河道砂体发育良好。

（2）水下分流河道间。位于三角洲前缘水下分支河道砂体之间，以细粒沉积为主。由 Sr、Sbi、Fl 和 Fr 组成，岩性为棕色、灰色泥岩和泥质粉砂岩，具水平层理及波状层理，植物炭屑（图 7-2g）、虫孔及生物扰动构造较发育（图 7-2h）。自然电位曲线平直或微齿状，电阻率曲线微齿状、数值低。

（3）分支河口砂坝、远砂坝、席状砂。分支河口砂坝位于三角洲前缘水下分支河道末梢，是水流能量突然减弱而形成的，远砂坝位于分支河口坝外侧，岩性更细，分支河口坝和远砂坝一起组成一个反韵律旋回。其自然电位曲线多为漏斗状，曲线下部呈齿化状。当发生水退、湖平面下降或物源供应大量增加而导致水体相对变浅，波浪作用相对增强，三角洲前缘水下分支河道砂体、分支河口砂坝、远砂坝容易受到波浪改造，发生侧向迁移，使之呈席状或带状广泛分布于三角洲前缘前端，形成席状砂。

3）前三角洲

位于三角洲前缘末端前方，处于正常浪基面以下，岩性主要为灰色、棕色泥岩或页岩夹灰色粉砂岩薄层，自然电位曲线低幅，变化近于平直，间或出现细砂岩的小齿峰。

7.1.2 近岸水下扇

水下扇的研究始于 20 世纪 50 年代末 60 年代初（Sullwold, 1960）。Walker（1978）将水下扇的特征归结为“水道联系在一起的深水粗碎屑岩相”。最初的水下扇概念主要指海相环境的水下扇，随着研究的深入，在湖泊环境中也发现了大量水下扇沉积，如黄骅拗陷、泌阳拗陷、乌尔逊凹陷、马尼特凹陷、济阳拗陷（张萌和田景春, 1999）和伊通盆地莫里青断陷（刘招君, 2003）。

其中近岸水下扇是指完全没于湖盆陡坡水下、快速堆积的扇形沉积体（Colella and Prior, 1993; 张萌和田景春, 1999），它与湖盆陡坡断层密切相关，主要是沉积物密度流（或浊流）的产物，其岩性以粗碎屑沉积为主，与扇三角洲部分沉积物位于水上有很大区别（图 7-4）。近岸水下扇在断陷湖盆中具有特征性，在陡岸靠近断层的较深水区和盆地深陷扩张期较为发育（姜在兴, 2010）。

在高邮凹陷，近岸水下扇的发育与时空有密切的联系：一是出现在戴南组高邮凹陷断陷扩张期，即戴一段，湖盆水体相对较深；二是通扬大断层活动剧烈，在邵伯、黄珏造成较陡的大断层，而这两个区域又靠近通扬隆起，在通扬隆起快速隆升过程中，沉积物通过断层进入湖盆，快速地、完全地沉积在较深湖水中。

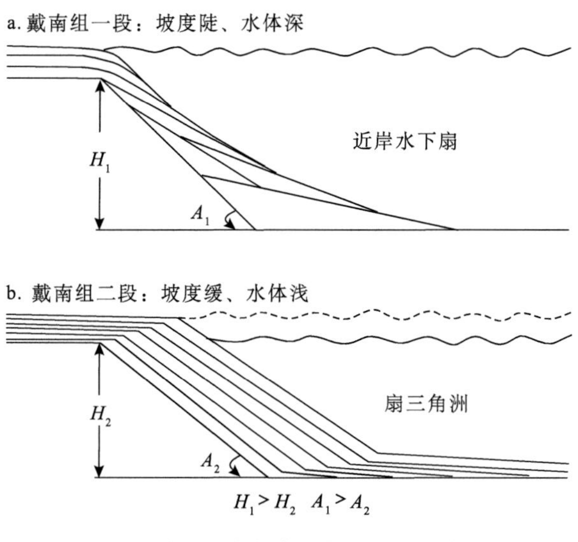

图 7-4　近岸水下扇与扇三角洲沉积环境的区别

H_1、H_2 为沉积物与水体的深度；A_1、A_2 为坡度角

高邮凹陷近岸水下扇沉积物有两个特点：一是沉积物总体上粒度较粗、颜色较深，砂体以杂色细砾岩、灰色灰质粉砂岩为主；二是砂层与砂层之间夹有灰色、深灰色泥岩以及棕色泥岩，深灰色泥岩厚度大于棕色泥岩厚度。近岸水下扇以重力流为主，与扇三角洲的牵引流不同（表 7-5）。粒度概率累积曲线能够较好地反映沉积物的水动力特征，扇三角洲、三角洲与近岸水下扇粒度概率累积曲线均为两段型（图 7-5），以跳跃搬运为

主，悬浮搬运为次，缺乏滚动组分，其中，扇三角洲悬浮组分占总组分的25%之多，沉积物粒度相对较粗，跳跃组分粒度在–1.0～3.5 *Φ* 之间，三角洲悬浮组分占总组分的10%以上，沉积物粒度相对较细，跳跃组分粒度在 1.0～4.0 *Φ* 之间（图 7-5a），而近岸水下扇基质（>4.5 *Φ* 的颗粒）含量高，一般大于 30%，反映杂砂岩的特点，悬浮总体较扇三角洲和三角洲含量高，跳跃组分粒度在–1.0～3.0 *Φ* 之间（图 7-5b）。三角洲粒度概率累积曲线跳跃段较扇三角洲跳跃段陡，前者斜率接近 70°，后者斜率为 57°左右，反映出三角洲分选性较扇三角洲好，而近岸水下扇各组分斜率都很低，跳跃组分斜率为 52°左右，分选最差。此外，三者跳跃次总体与悬浮次总体的截点 *Φ* 值不同，扇三角洲的截点 *Φ* 值在 3.0～3.5 *Φ* 之间，三角洲的截点 *Φ* 值在 3.5～4.0 *Φ* 之间，近岸水下扇的截点 *Φ* 值在 2.5～3.0 *Φ* 之间（图 7-5），跳跃次总体与悬浮次总体的交截点 *Φ* 值可反映搬运介质的扰动强度，交截点 *Φ* 值越小，扰动强度越高，可见近岸水下扇水动力条件最强、扇三角洲次之，而三角洲的水动力条件最弱。

近岸水下扇在平面上呈扇形，在纵剖面上呈楔状，根据岩心观察和录、测井资料，自断层向湖，参考 Walker（1978）的模式依次可识别出内扇、中扇、外扇三个亚相。

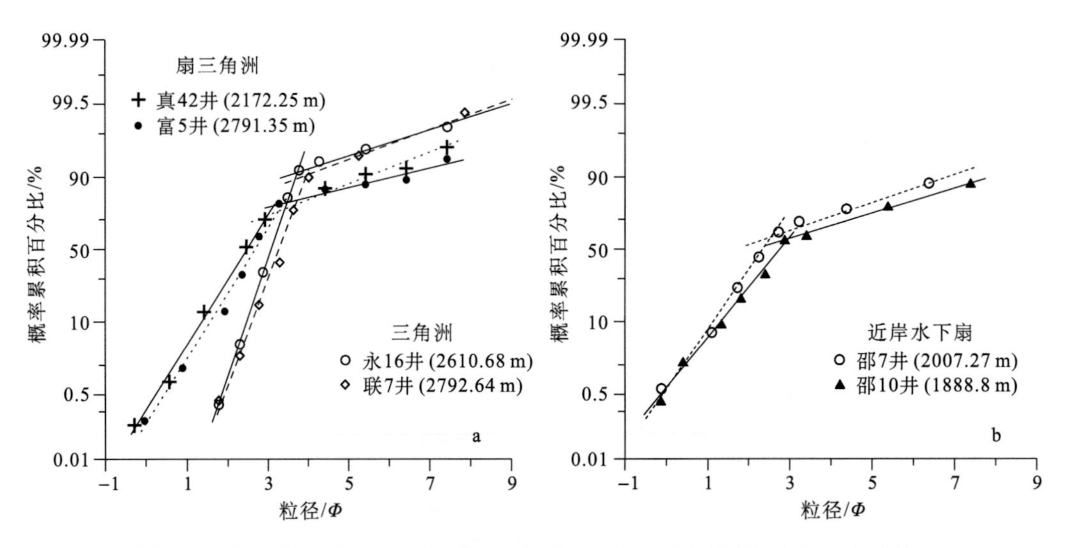

图 7-5　高邮凹陷戴南组扇三角洲、三角洲、近岸水下扇粒度概率累积曲线特征

1. 内扇

位于扇体顶端，正对山体沟口，向下呈喇叭状展布，是水道发育区，水道间有漫流沉积，也可含有由洪水突发事件所引发的高密度流而形成的泥石流成因类型。发育一条或几条主水道，主水道实际上是欠补偿的下切谷（刘招君, 2003），包括 Gm、Se 和 Sde（图 7-6）。它们的沉积物粒度较粗，岩性主要由砾岩、砂砾岩、含砾砂岩及砾、砂、泥混杂的含砾泥岩组成。砾岩有杂基支撑和碎屑支撑两种，砾石有定向排列，说明为水流作用沉积而成，偶尔可见漂砾结构。砾石成分较复杂，以泥岩、粉砂质泥岩、粉砂岩和

灰岩等不稳定岩石为主。主要发育冲刷充填构造、混杂块状构造（图7-2i）。

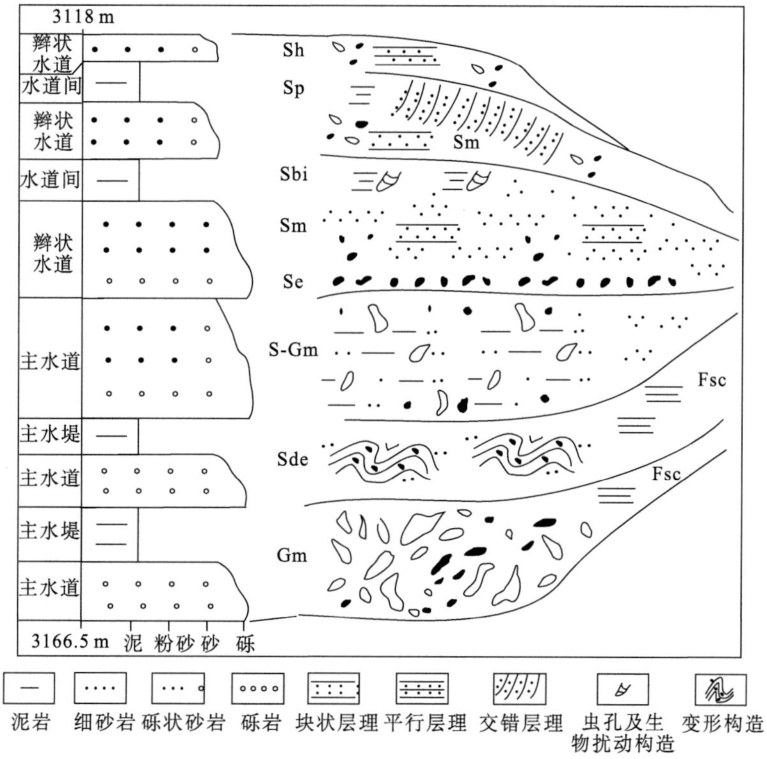

图7-6　高邮凹陷邵6井戴南组近岸水下扇沉积特征

内扇垂向层序，底为冲刷面或岩性突变面，向上为巨厚的砾岩和砂砾岩层，显正韵律或厚层块状。自然电位曲线为幅度不明显式中低幅齿状，电阻率较高。

内扇在邵伯地区局部发育，戴一段二亚段主要分布在邵8井-邵9井-邵4井的三角区域，向上戴一段一亚段分布区域向邵8井缩小。

2. 中扇

位于内扇前方，呈半圆形，面积占整个扇体60%以上，也是厚度最大的部位。扇中部分是砂质辫状水道最发育的地带，其流体以牵引流为主，有时可见重力流。

其沉积由一系列辫状水道组成为主，并间有泥石流和水下滑塌沉积。辫状水道接内扇主水道，由S-Gm、Sm、Sg、Sp、St、Sh组成（图7-6），岩性为灰色、灰白色砂砾岩、砂岩，成分成熟度和结构成熟度中等或较低，其底部常见冲刷面和底面印模（如槽模），内部常发育块状层理，有时见递变层理、平行层理或交错层理。自然电位曲线为微齿化箱状或漏斗-箱状组合。

中扇在邵伯较为发育，戴一段二亚段分布在邵9-邵4-邵6井区，到戴一段一亚段受湖侵影响，中扇退积到邵8-邵9井区，面积较大，沿着物源方向，可追溯1～2 km。

3. 外扇

位于中扇前方，进入浅湖。岩性以泥岩为主，有粉砂岩、泥质粉砂岩、灰质粉砂岩，见水平、水平波状层理、波状层理和沙波纹层理。泥岩颜色以灰、深灰、褐灰色为主。自然电位曲线呈指状或齿状，偶见小段反韵律曲线。

垂向剖面上，由下往上依次出现内扇－中扇－外扇，呈向上变细的正韵律层序特征。但由于扇体随着湖水进退波动，可见多层近岸水下扇体的叠加，有时受洪水密度流作用和滑塌重力流作用，剖面层序出现多样化。

外扇在戴一段二亚段主要分布在邵 6 井的外围，在戴一段一亚段分布在邵 4 井的外围，与浅湖亚相相接，分布宽度大概为 200～400 m。

7.1.3　湖泊相

湖泊相在整个戴南组都有发育，尤其在戴一段三亚段、戴二段四亚段、戴二段三亚段为甚，湖泊沉积范围最大。根据湖平面的位置，湖泊可以划分为滨湖、浅湖、半深湖、深湖等相带，其沉积特征各有差别（吴崇筠和薛叔浩, 1993）。由湖岸向湖心方向沉积物由粗变细。但在高邮凹陷，根据岩心观察和录井资料，发育滨浅湖亚相，半深湖亚相仅在东部戴一段有小范围发育。

1. 滨浅湖亚相

滨浅湖亚相分布于湖泊的边缘，位于洪水期湖平面线和波基面之间，受湖水进退的影响较大，时而被湖水淹没时而暴露，因此，该相带呈现较强的氧化特征。在开阔湖岸湖区，若物源碎屑物供应充分，可形成砾质、砂质湖滩沉积（林春明等, 2003）。若湖泊地形平缓，滨湖相带更宽一些，其水动力较弱，波浪作用不能波及岸边，物质供应以泥质为主，可形成泥滩沉积。

高邮凹陷滨湖亚相由 Sbi、Fl 和 Fr 组成，岩性为灰棕、暗棕色粉砂质泥岩、泥质粉砂岩及浅棕色粉砂岩互层，灰质含量较高。并因常间歇性出露水面，多具暴露标志，接受雨水淋滤而形成钙质结核。具水平层理、波状层理、楔状或低角度的交错层理，揉皱变形等构造。含有螺化石和植物根茎等。自然电位曲线，除在薄砂层处有微弱负异常外，总体呈微锯齿状。

2. 半深湖亚相

位于正常浪基面以下到湖盆中水体最深的部位，处于缺氧的弱还原-还原环境。由 Sl 和 Fsc 组成，该相带岩性特征表现为粒度细、颜色深、有机质含量高，岩石类型以暗色泥岩沉积为主，常夹粉砂岩、细砂岩薄层或透镜体，砂岩含量小于 10%。

7.2 单 井 相

高邮凹陷在戴南组沉积时期为断陷盆地，黄珏、邵伯、真武、曹庄、富民和周庄代表断陷型盆地的陡坡带，马家嘴、联盟庄、沙埝、永安、花庄代表断陷盆地的缓坡带，它们具有不同的沉积特征，选择其中有代表性的取心井，通过岩心观察，结合测井曲线特征，对其沉积相进行剖析。

7.2.1 曹 23 井

曹 23 井位于高邮凹陷深凹带的南部陡坡带，邻井有曹 21、曹 6 等井，戴南组井段为 2677～3458 m，取心井段为 3173.88～3221.12 m，属戴二段五亚段地层（图 7-7）。

曹 23 井取心井段颜色以棕色、灰色为主，次为暗棕色、深灰色等，岩性主要为泥岩、泥质粉砂岩、粉砂岩、细砂岩。根据岩性组合特征可将取心井段分为三段。3214.5～3221.12 m 井段岩性较粗，主要为细砂岩、粉砂岩，砂质泥岩，且该段主要为红层，属浅水环境，推断其为扇三角洲前缘水下分流河道和水下分流河道间沉积。

3214.5～3192.4 m 岩性较下部细，主要为砂质泥岩、泥岩、粉砂岩，颜色以棕色、灰色为主；结合曹 23 井的构造位置，认为其为滨浅湖的砂和泥沉积。

3173.88～3192.4 m 总体岩性较粗，泥岩相对较薄，颜色以棕色和暗紫色为主，反映了水体浅、氧化的环境；岩心观察发现，交错层理、波状层理、变形构造、虫孔、生物扰动等构造现象较多，有的粉砂岩含丰富的炭屑，有的泥岩具有滑塌现象。根据以上特征，推断其为扇三角洲前缘水下分流河道和水下分流河道间沉积。

7.2.2 富 56 井

富 56 井位于富民区块的南部，邻井有富 19 井、富 20 井、富 5 井等，戴南组的井段为 2300～3181 m，其中取心井段为 2788～2840 m，为戴一段二亚段地层（图 7-8）。

富 56 井取心井段颜色以灰色、暗棕色为主，其次为深灰色，岩性主要为中粗砂岩、粉细砂岩、砂质泥岩、泥岩，局部含砾，从下往上，岩心和测井曲线表现为多个从粗到细的正韵律的叠加。旋回底部一般含砾，为河道滞留沉积，上部砾石次棱角状，砾径一般为 3 mm×5 mm，下部砾石含量增多，分选变差，次棱角-次圆状，最大为 40 mm×20 mm，说明距离物源稍近。自然电位曲线负异常明显。

根据岩心观察，取心井段下部发育交错层理、平行层理，见虫孔，结合此时期的沉积背景和富 56 井所处的位置，推断其为扇三角洲前缘水下分流河道与水下分流河道间沉积。

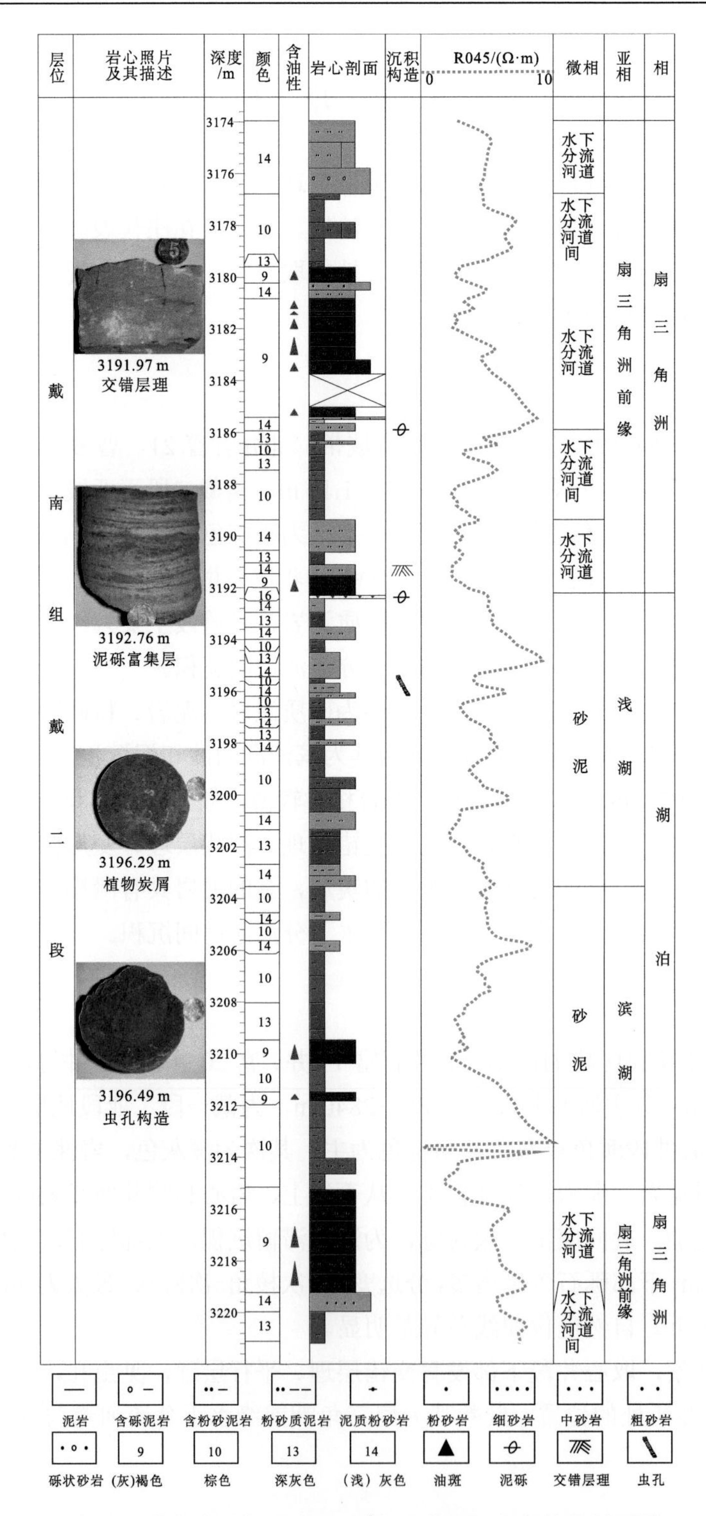

图 7-7 曹庄地区曹 23 井 $E_2d_2^5$ 取心井段沉积相柱状剖面图

R045 代表 0.45 m 电极距底部梯度电阻率

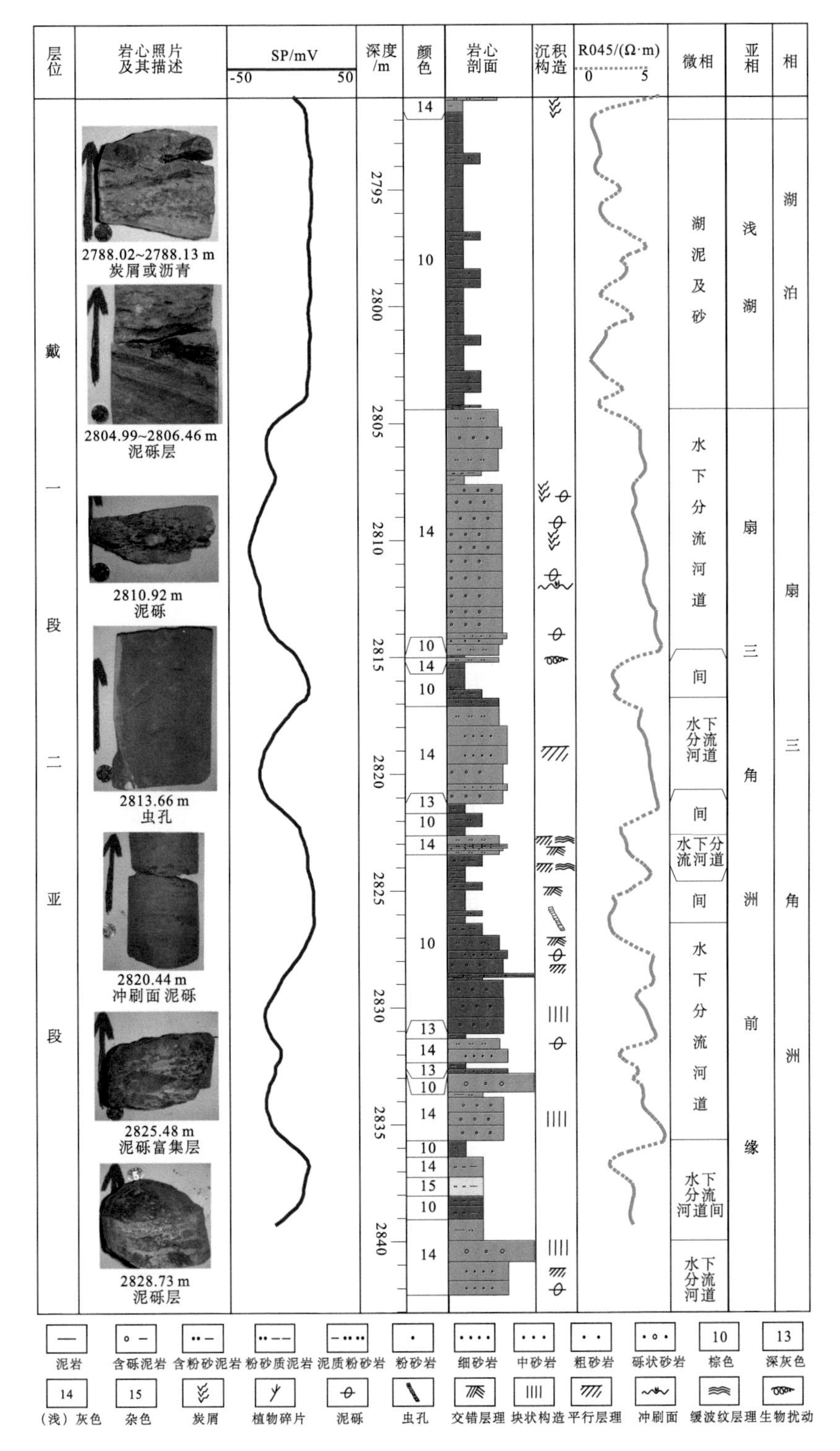

图 7-8　富民地区富 56 井 $E_2d_1^2$ 取心井段沉积相柱状剖面图

SP 代表自然电位

7.2.3　沙 5 井

沙 5 井位于北部缓坡带，邻井有沙 9 井、苏 48 井、沙 16 井、苏 171 井等，戴南组井段为 2186～2441.5 m，取心井段为 2300～2355 m，为戴一段二亚段地层（图 7-9）。

沙 5 井取心井段颜色主要为棕色与灰色，次为绿灰色、深灰色，岩性主要为泥岩、粉细砂岩、细砂岩、中砂岩，次为粉砂质泥岩、粉砂岩。根据岩性特征，取心井段可分为两段：2311～2355 m，2300～2311 m。

2311～2355 m，根据砂岩、泥岩组合特征，其呈现多个正韵律的叠加，旋回底部主要为粉细砂岩、细砂岩、中砂岩，见泥砾层，发育交错层理；泥岩主要为棕色，少部分为灰色、绿灰色，结合沙 5 井所处的位置及此时期水体较深的沉积背景，推断其为三角洲前缘的水下分支河道及水下分支河道间沉积。

2305～2311 m 井段主要为棕色泥岩、灰色泥岩与棕色粉砂岩薄互层，总体岩性较细，以灰色为主，说明其为浅湖环境。

7.2.4　马 6 井

马 6 井位于马家嘴地区中部，汉留断层下降盘，邻井有马 1 井、马 3 井、马 7 井等，戴二段的井段为 1284～1602 m，其中取心井段为 1558～1588 m，为戴二段五亚段地层（图 7-10）。

马 6 井取心井段颜色以浅灰色、棕色为主，偶见灰绿色，岩性主要为含砾中粗砂岩、粉细砂岩、粉砂质泥岩、泥岩，自下而上，岩心观察和测井曲线表现为多个从粗到细的正旋回，旋回底部一般含砾，为河道滞留沉积。

1585.6～1588.8 m 段底部细砂岩见斜层理，局部含砾，多在 2 mm×4 mm，代表较强的水动力，结合其沉积背景，推断其为三角洲前缘的水下分支河道沉积。

1573.8～1588.8 m 与 1558～1563.3 m 段主要为泥岩沉积，自然电位曲线平直，为滨浅湖沉积。

1563.3～1573.8 m 段为一个正旋回，自下而上粒度逐渐变细，底部含砾，自然电位曲线呈箱形、钟形，为三角洲前缘的水下分支河道及其间沉积。

7.2.5　永 2-2 井

永 2-2 井位于高邮凹陷深凹带的北部缓坡带，邻井有永 2-2、永 24、永 18 等井，戴二段井段为 2170～2480 m，取心井段为 2170～2214 m、2223～2230 m、2237～2243 m，属戴二段二亚段地层（图 7-11）。

永 2-2 井取心井段颜色以棕色、灰色为主，次为灰绿色、灰褐色，岩性主要为泥岩、泥质粉砂岩、粉砂岩、细砂岩和中粗砂岩。岩性组合纵向上表现为多个正韵律的叠加，韵律底部多见泥砾及冲刷面，反映水流冲刷作用较强。

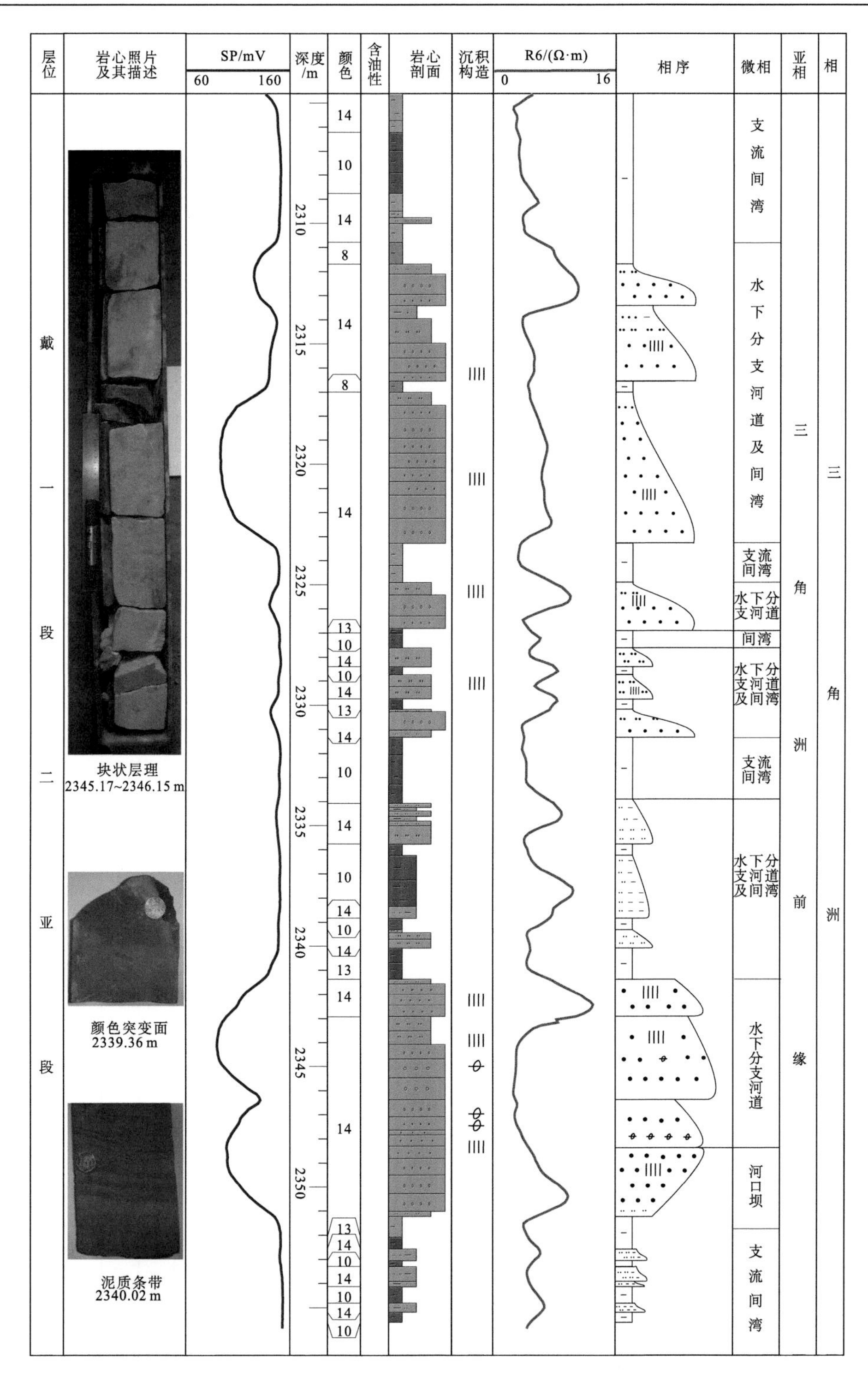

图 7-9　沙埝地区沙 5 井 $E_2d_1^2$ 取心井段沉积相柱状剖面图（图例同图 7-7、图 7-8）

R6 代表 6 m 电极距底部梯度电阻率

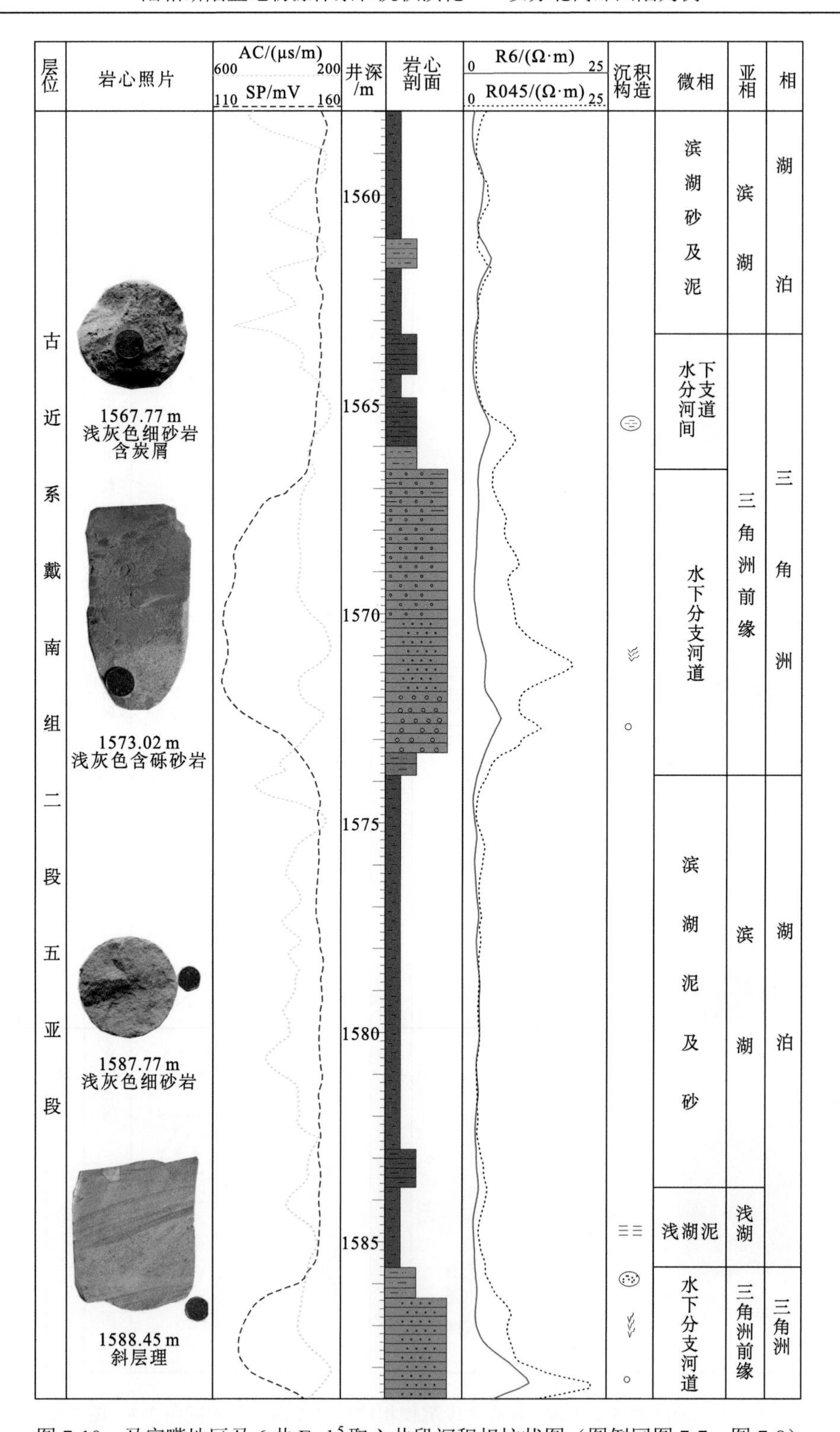

图 7-10　马家嘴地区马 6 井 $E_2d_2^5$ 取心井段沉积相柱状图（图例同图 7-7、图 7-8）

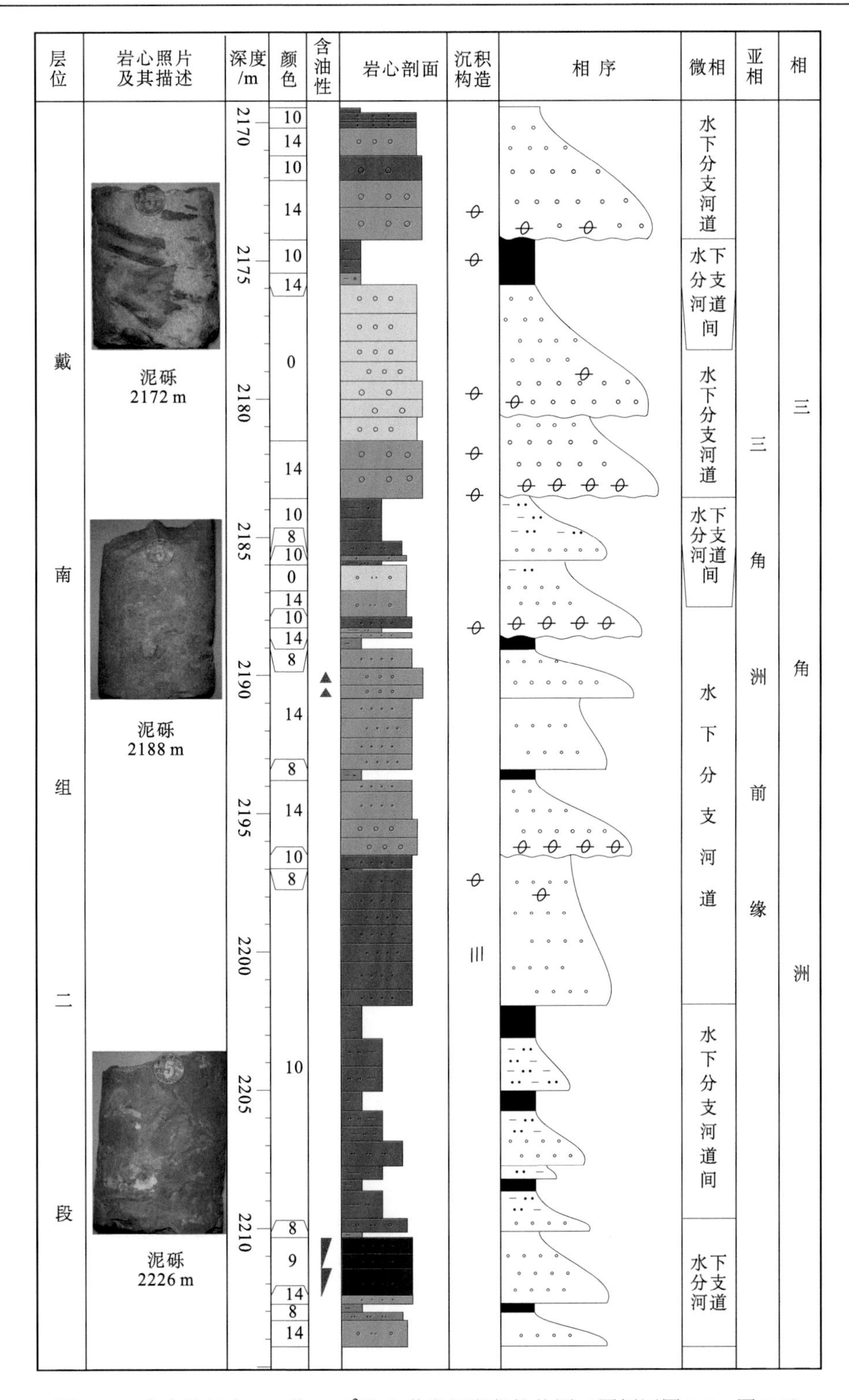

图 7-11　永安地区永 2-2 井 $E_2d_2^2$ 取心井段沉积相柱状图（图例同图 7-7、图 7-8）

2237～2243 m：岩性为灰色中细砂岩夹薄层泥岩，属三角洲前缘水下分支河道和水下分支河道间沉积。

2223～2230 m：底部为一薄层深灰色泥岩，其余为灰色粉细砂岩、细砂岩，下部砂岩含较多泥砾，且呈定向排列。结合永 2-2 井的构造位置，认为其为三角洲前缘水下分支河道及其间沉积。

2170～2214 m：下部岩性较细，且下粗上细，为泥岩、泥质粉砂岩、粉砂岩和细砂岩，颜色以灰绿色和棕色为主，反映了水体浅、氧化的环境，认为其为三角洲前缘水下分支河道及其间沉积。上部岩性较粗，以细砂岩、中砂岩和含砾粗砂岩为主，纵向上表现为多个正韵律的叠加，砂岩中多见泥砾，且大小不一，多呈定向排列；岩心中交错层理、平行层理等现象较多，有的粉砂岩含丰富的炭屑。根据以上特征，推断其为三角洲前缘水下分支河道和水下分支河道间沉积。

7.2.6 黄 10 井

黄 10 井位于黄珏区块的中部，邻井有黄 69 井、黄 22 井、黄 71 井、黄 45 井等，戴二段的井段为 1482～1943 m，其中取心井段为 1524.08～1547.12 m，为戴二段二亚段地层（图 7-12）。

黄 10 井取心井段颜色以棕色、褐灰色为主，其次为灰白色、棕红色，岩性主要为砂质泥岩、粉细砂岩、中粗砂岩、泥岩，局部含砾，从上往下，岩心观察和测井曲线表现为多个从粗到细的正韵律的叠加。旋回底部一般含砾，为河道滞留沉积，下部砾石次棱角状，砾径一般为 10 mm×20 mm，上部砾石含量增多，分选变差，次棱角-次圆，最大为 35 mm×35 mm，小的为 3 mm×4 mm，说明距离物源稍近。自然电位曲线负异常明显。取心井段中部褐灰色粉、细砂岩、中细砂岩含油。

根据岩心观察，取心井段下部发育交错层理，见泥裂、泥裂化解理，结合此时期的沉积背景和黄 10 井所处的位置靠近断层，推断其为扇三角洲前缘的分流河道与分流河道间沉积。

7.2.7 联 6 井

联 6 井位于高邮凹陷的北部缓坡带，邻井有联 16、联 29、联 3 等井，戴南组井段为 1838.5～2548 m，取心井段为 2243.05～2308.65 m，属戴二段五亚段和四亚段地层（图 7-13）。联 6 井取心井段颜色以暗棕色、暗紫色和灰色为主，次为棕色、褐灰色、紫色等，岩性主要为泥岩、泥质粉砂岩、粉砂岩、细砂岩。根据岩性组合特征可将取心井段分为三段。

2296.2～2308.5 m 为戴二段五亚段地层，岩性较细，主要为泥岩、粉砂岩夹泥质条带和泥岩夹粉砂质条带，且该段主要为红层，属浅水环境，推断其为滨湖沉积。

2287.2～2296.2 m 为戴二段五亚段地层，其岩性较下部粗，主要为油浸、油斑粉砂岩、细砂岩，颜色以灰色为主；岩心观察中，发育交错层理、缓坡状层理及冲刷面构造，反映了水下河道的沉积特征；自然电位曲线呈指状。根据以上特征分析，结合联 6 井的构造位置，认为其为三角洲前缘的水下分支河道及水下分支河道间沉积。

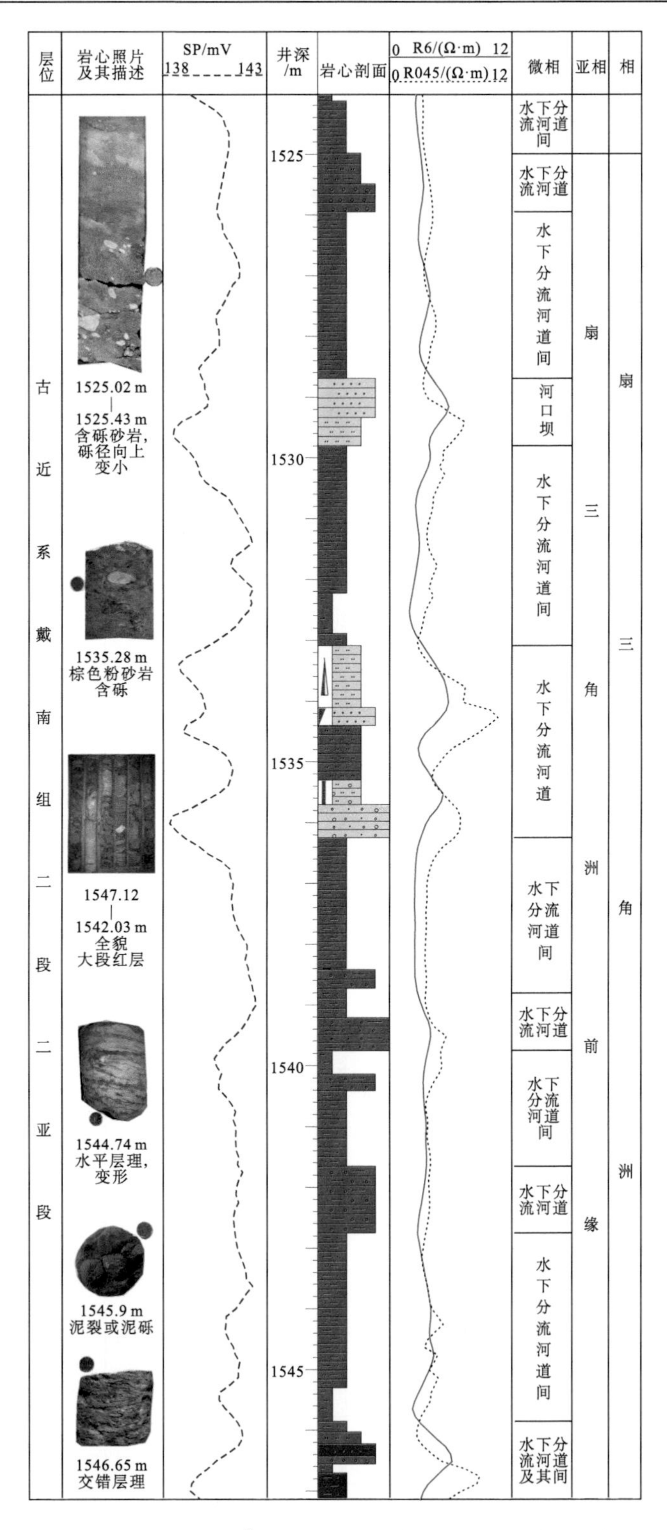

图 7-12　黄珏地区黄 10 井 $E_2d_2^2$ 取心井段沉积相柱状图（图例同图 7-7、图 7-8）

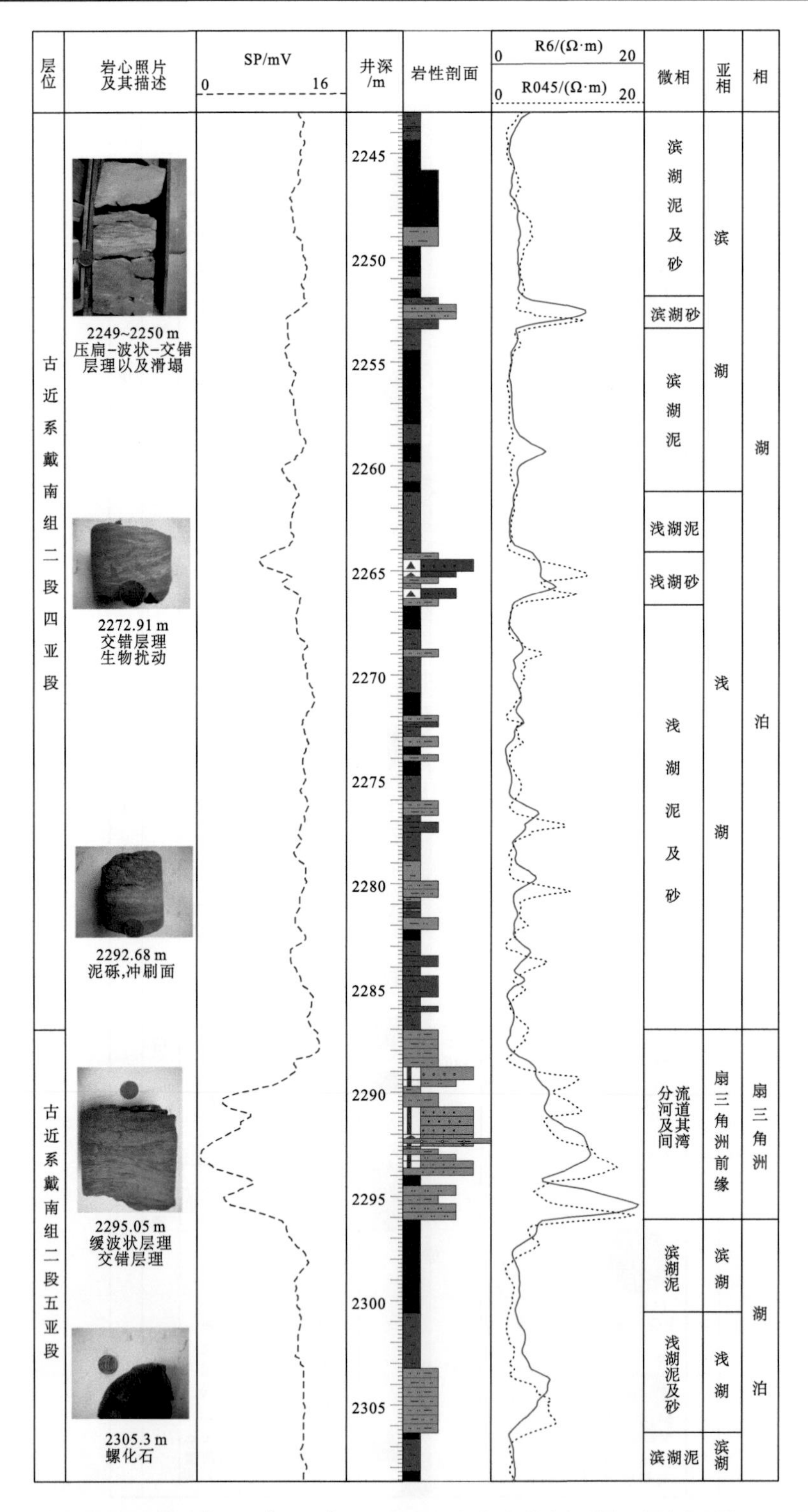

图 7-13　联盟庄地区联 6 井 $E_2d_2^5$–$E_2d_2^4$ 取心井段沉积相柱状剖面图（图例同图 7-7、图 7-8）

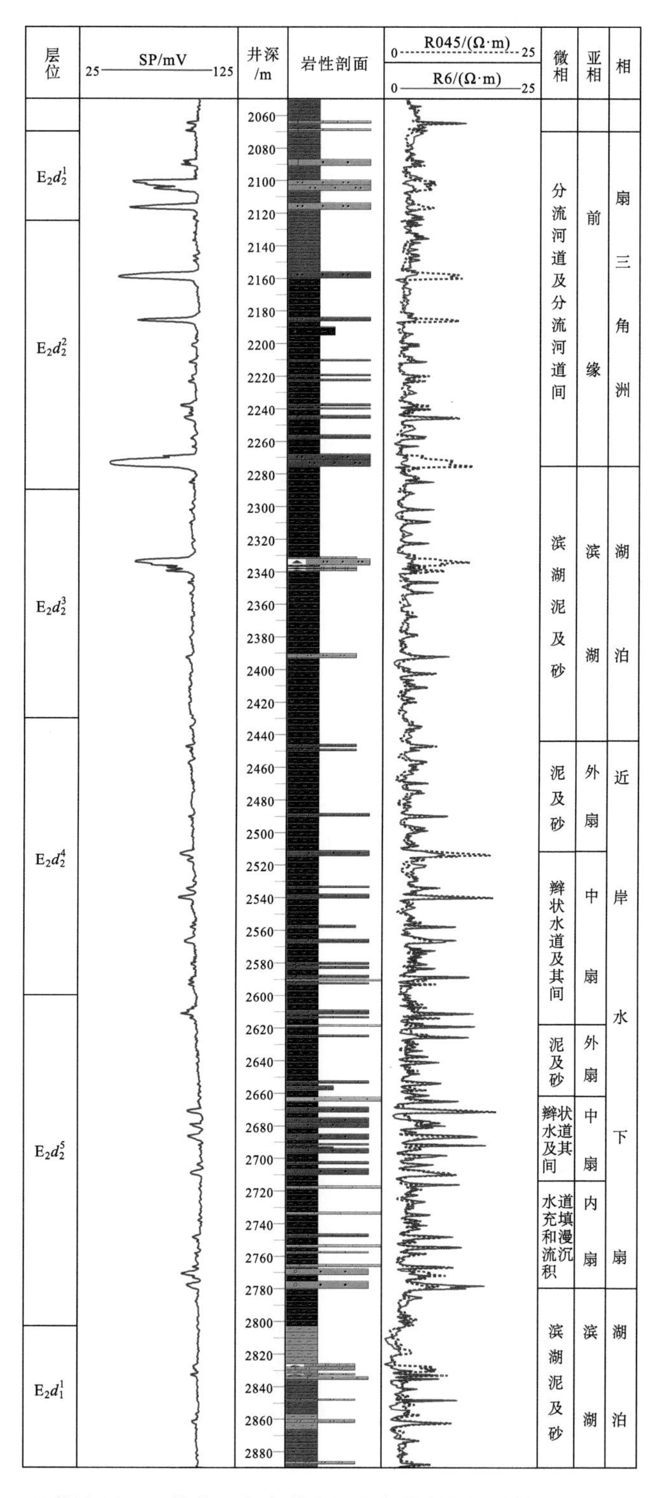

图7-14　邵伯地区邵6井戴二段全井段沉积相柱状图（图例同图7-7、图7-8）

2243.05～2287.2 m 为戴二段四亚段地层，总体岩性较细，颜色以暗棕色和暗紫色为主，反映了氧化、水体浅的环境；在含砂量较高的井段自然电位曲线有微弱的负异常；岩心观察中，交错层理、波状层理、变形构造、虫孔、生物扰动等构造现象较多，有的粉砂岩含丰富的炭屑，有的泥岩具有滑塌现象。根据以上特征，推断其为滨湖的砂和泥沉积。

7.2.8　邵 6 井

邵 6 井位于南部陡坡带和邵伯次凹边缘，戴南组顶为 2070 m，底为 3202.5 m，揭示地层厚度 1132.5 m，中间未钻遇断层（图 7-14）。依据岩性组合、测井曲线特征，可分为近岸水下扇、扇三角洲和湖泊沉积相，其中扇三角洲与湖泊在垂向上交互沉积。可将其分为 2440～2800 m、2275～2440 m、2068～2275 m 三段描述。

2440～2800 m 为戴二段五亚段地层，岩性主要为紫色泥岩与棕色砾状砂岩、不等粒砂岩、杂色砾岩频繁叠置，自下而上，具有正韵律的结构特征，自然电位曲线负异常明显。根据其所处构造位置和岩性组合特征，推断其为近岸水下扇沉积，可识别出内扇、中扇和外扇亚相。

2275～2440 m 为戴二段四、三亚段地层，岩性主要为大段紫色泥岩夹几层薄层棕色灰质粉砂岩、深灰色油斑不等粒砂岩，其中棕色灰质粉砂岩位于此段的下部，深灰色油斑不等粒砂岩位于此段上部，反映水体稍微变深，自然电位曲线在含砂量较高的地方有微弱的负异常，在深灰色油斑不等粒砂岩处负异常明显，推断其为滨湖沉积。

2068～2275 m 为戴二段二、一亚段地层，此段下部岩性特征为紫色泥岩夹棕色砾状砂岩、不等粒砂岩，上部为棕色泥岩夹深灰色不等粒砂岩；不等粒砂岩累计厚度较砾状砂岩大。自然电位曲线负差异幅度较大，为扇三角洲前缘沉积，微相主要为分流水道及分流水道间。

7.3　剖面沉积相和沉积体系

根据构造形态和井位分布特征，绘制出纵横全区的戴一段、戴二段 14 条骨架剖面，其中，高邮凹陷西部有马家嘴-联盟庄、马家嘴-黄珏-邵伯、马家嘴、黄珏-马家嘴、邵伯-联盟庄和联盟庄 7 条剖面（林春明等, 2007b）；高邮凹陷东部有真武-周庄、永安-沙埝-花庄、真武-永安剖面、曹庄-永安、肖刘庄-永安-沙埝、富民-沙埝、周庄-花庄-沙埝和周庄-花庄剖面 8 条剖面（林春明等, 2009b）。我们对整个盆地地层进行了横向划分对比，并对钻遇断层井的地层进行了适度恢复，充分展示了沉积相在剖面上的特征。根据地层对比方案和联井剖面地层展布情况，戴南组在 $E_2d_1^3$、$E_2d_2^5$-$E_2d_1^1$ 和 $E_2d_2^4$-$E_2d_2^3$ 地层之间缺失较多，$E_2d_1^3$ 缺失是因为沉积范围受到限制，其他地层缺失与钻遇正断层有关。

本书以走向近南北、纵贯曹庄地区及永安地区、向北延伸到发财庄的剖面为例（图

7-15; Zhang et al., 2016），阐述高邮凹陷戴南组剖面沉积相和沉积体系的发育特征（图 7-16）。剖面中扇三角洲和三角洲发育，曹庄和永安地区之间为湖泊沉积。

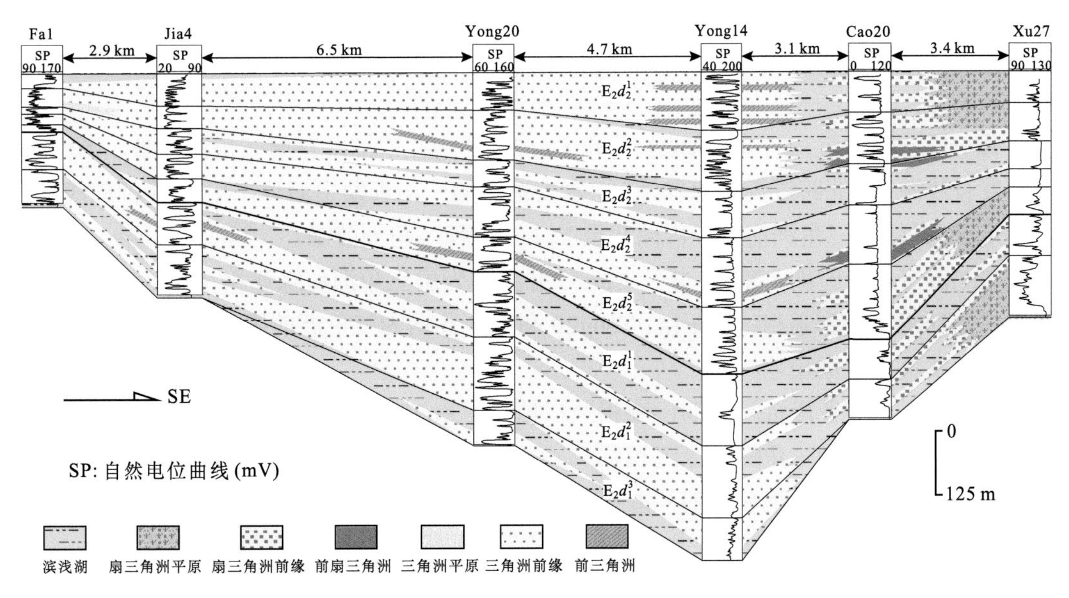

图 7-15　高邮凹陷古近系戴南组不同沉积相在垂向上的展布和演化（林春明, 2019）

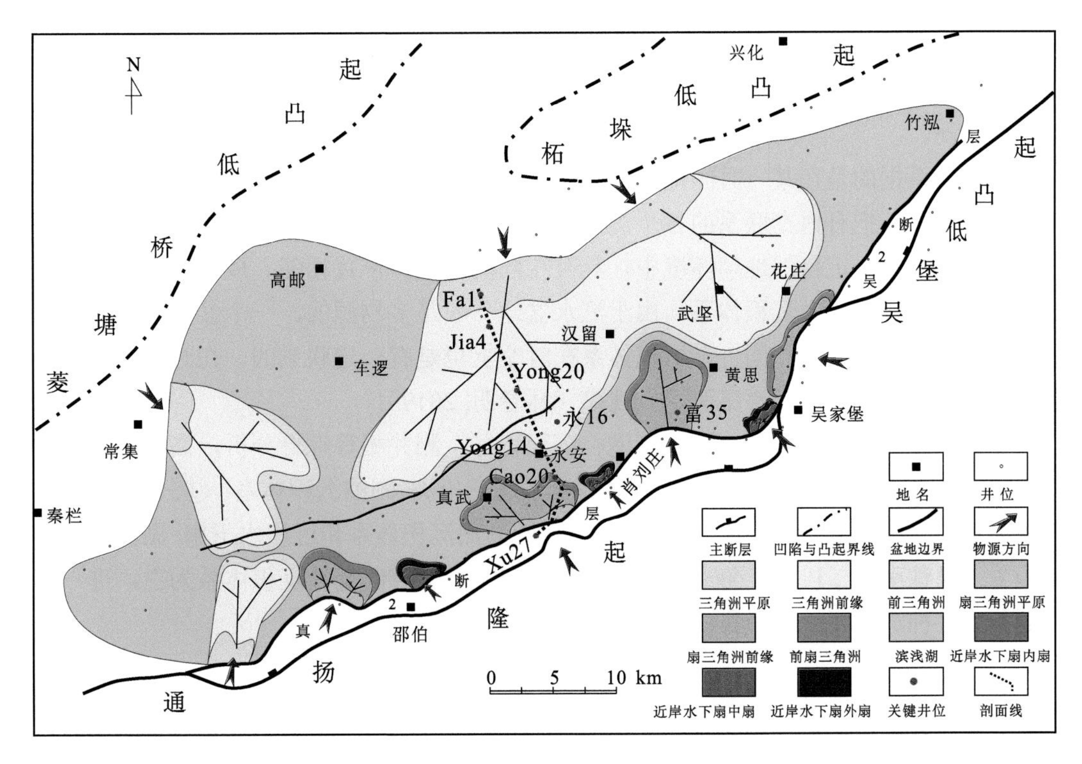

图 7-16　高邮凹陷戴南组一段沉积体系分布特征

戴一段三亚段 Xu27 井地层薄，为扇三角洲平原和浅湖亚相，Cao20 井地层发育欠佳，缺失戴一段三亚段，Yong14、Yong20 井沉积三角洲前缘，向北地层尖灭。

戴一段二亚段沉积时期 Xu27 井沉积了前扇三角洲，Cao20 井沉积了扇三角洲前缘；永安地区此时期主要为三角洲前缘沉积，并与 Fa4 井的砂体连通，曹庄、永安两地区被滨浅湖隔开。

戴一段一亚段沉积时期，Xu27 井和 Cao20 井均在中部发育扇三角洲前缘，下部和上部发育浅湖；向北跨过湖到永安地区，永安地区的三角洲发生后退，永 19 井沉积浅湖，至 Yong20 井沉积三角洲前缘，再向北至 Fa4 井沉积三角洲前缘。

戴二段五亚段时期，Xu27 井和 Cao20 井主要为扇三角洲前缘亚相（7-15），向北从前扇三角洲相过渡到湖相；Yong14、Yong20 和 Fa4 井均为三角洲前缘亚相，仅在 Yong14 井中上部发育一段湖相。

戴二段四、三亚段沉积时期，湖相沉积扩大，Xu27 井的中下部和 Cao20 井为湖相沉积；其余三井仍为三角洲前缘沉积。

戴二段二、一亚段沉积时期，湖相沉积缩小，仅在 Xu27 井中上部和曹庄与永安之间发育；Xu27 井下部和 Cao20 井沉积了扇三角洲前缘，其余井为三角洲前缘沉积。

概括地讲，戴一段沉积时期，水体由浅变深，曹庄和永安之间的湖泊亚相以滨浅湖为主，两地区分别以扇三角洲前缘和三角洲前缘为主；向上至戴二段五亚段湖水较浅，沉积扇三角洲、三角洲和滨浅湖；戴二段四、三亚段湖平面上升，南部曹庄发育滨湖亚相，永安和发财庄地区仍为三角洲沉积；戴二段二、一亚段水位下降，曹庄又大面积沉积扇三角洲。

沉积体系指的是在某一时间地层单元内，根据物源性质、搬运过程、沉积作用和发育演变几方面，把有内在联系的各个沉积相组成一个连续体系，它能与相邻的体系区分开来，因此，在一定自然地理环境中，具有相同的物源、位置相邻、成因上有一定联系的沉积体的组合，叫做沉积体系。由于汇水盆地一般是多物源的，一个盆地的沉积体可以由多个沉积体系组成。同一个沉积体系在时空上也是有一定联系的，在时间空间上是连续的，没有间断，符合“序递变”规律（林春明, 2019）。

根据高邮凹陷构造背景、沉积环境、沉积特征、测井相等综合分析，高邮凹陷沉积体系有 3 种：①近岸水下扇-湖泊沉积体系；②扇三角洲-湖泊沉积体系；③三角洲-湖泊沉积体系。其中在戴南组一段时期，以三角洲-湖泊沉积体系和近岸水下扇-湖泊沉积体系为主；在戴南组二段以三角洲-湖泊沉积体系和扇三角洲-湖泊沉积体系为主，进一步可划分出各种沉积相、亚相和微相类型（表 7-6）。

1. 近岸水下扇-湖泊沉积体系

在近岸水下扇周围一定范围内，湖泊沉积物中物质来源可能来自近岸水下扇，也可能来自湖岸，在平面和剖面上，其沉积相互交错，两者无法截然区分开来，因此将其合并为近岸水下扇-湖泊沉积体系。

表 7-6　高邮凹陷沉积体系及其亚相、微相类型

层位	沉积体系	沉积相	沉积亚相	沉积微相
戴南组	近岸水下扇-湖泊沉积体系	近岸水下扇	内扇	水道充填和漫流沉积
			中扇	辫状水道及辫状水道间
			外扇	泥及砂
		湖　泊	滨浅湖	泥及砂
	扇三角洲-湖泊沉积体系	扇三角洲	扇三角洲平原	分流河道
			扇三角洲前缘	水下分流河道及水下分流河道间
			前扇三角洲	泥及砂
		湖　泊	滨浅湖	泥及砂
	三角洲-湖泊沉积体系	三角洲	三角洲平原	分支河道
			三角洲前缘	水下分支河道、水下分支河道间、席状砂
			前三角洲	泥及砂
		湖　泊	滨浅湖	泥及砂
	湖泊沉积体系	湖　泊	滨浅湖	泥及砂
			半深湖	泥

高邮凹陷是南断北超、南深北浅的箕状凹陷，在其南北两侧地形差异较大，在凹陷南部，坡度较陡，河流携带的、来自山区的碎屑物质出山口直接入湖，沉积体系完全没于水下。由于碎屑物直接入湖，岩性较粗，由湖岸向湖心分为内扇、中扇、外扇，岩性也依次变细。在扇体远端，外扇亚相与滨浅湖亚相相接，其岩性、颜色相近；在扇体两侧，在湖浪、等深流、潮汐等作用下，沉积物经湖泊作用，发生再次搬运、改造和沉积，形成滨浅湖沉积。

近岸水下扇-湖泊沉积体系主要发育在邵伯地区戴南组一段。岩性主要为灰色、深灰色、棕色泥岩夹杂色砂砾岩、灰色砾状砂岩、不等粒砂岩、细砂岩、灰质粉砂岩等，垂向上呈现向上变细的正旋回的叠加。

近岸水下扇在平面上呈扇形，在纵剖面上呈楔状，并与滨浅湖相邻、相接。由于水流流程较短，其沉积物结构成熟度与成分成熟度较低。

2. 扇三角洲-湖泊沉积体系

在一定范围内，扇三角洲-湖泊沉积体系中湖泊的物质来源可能来自扇三角洲，也可能来自湖岸，在平面和剖面上，其沉积相互交错，两者无法严格区分，因此将其合并为扇三角洲-湖泊沉积体系。

高邮凹陷是南断北超、南深北浅的箕状凹陷，在其南北两侧地形差异较大，在凹陷南部，地形坡度较陡，碎屑物质在湖盆边缘迅速堆积，由于南部凹陷边部地形坡度较陡，携带沉积物的水流在入湖前的流程较短，甚至没有经过分选，直接入湖，快速堆积和保存，因此其扇三角洲平原亚相相对于正常三角洲较窄，其次由于坡度较陡，水流能量、惯性较大，扇三角洲前缘较宽（姜在兴, 2003）。在扇三角洲的两侧，扇三角洲前缘和前扇三角洲沉积物，经过波浪、等深流、潮汐等作用，形成滨浅湖沉积。

扇三角洲-湖泊沉积体系发育于南部陡坡带。扇三角洲平原亚相分布面积较小，主要发育分流河道和漫滩沉积。岩性为砂砾岩、砾状砂岩、含砾不等粒砂岩夹棕黄-棕灰色泥岩，缺乏沼泽、泥炭沉积。扇三角洲前缘为扇三角洲的主体，平面上分布面积较大，纵向厚度大，主要发育水下分流河道、水下分流河道间及前缘席状砂微相。岩性组合较为多样，有含砾中粗砂岩、粉细砂岩、不等粒砂岩、粉砂岩、砂质泥岩，局部有砾状砂岩、砂砾岩，其中所含砾石多为次圆状，见有平行交错层理、块状层理，灰色砂岩与棕色、紫色泥岩交互。

由于水流流程较短，扇三角洲沉积物结构成熟度与成分成熟度，比正常三角洲差。扇三角洲在平面上呈朵状，并在垂向和横向上与滨浅湖连续沉积。

3. 三角洲-湖泊沉积体系

在一定范围内，三角洲-湖泊沉积体系中湖泊的物质来源可能来自三角洲，也可能来自湖岸，在平面和剖面上，其沉积相互交错，两者无法严格区分，因此将其合并为三角洲-湖泊沉积体系。

在高邮凹陷北部，地形坡度较缓，河流携带的、来自山区的碎屑物质经由山前冲积扇进入盆地（凹陷）沉积范围，因坡度减缓，水流扩散，流速降低，逐渐沉积于此，形成宽广的三角洲平原，河道入湖后，河流与湖浪相互作用，在湖平面与浪基面之间形成三角洲前缘，呈环带状分布于三角洲平原向湖一侧边缘。三角洲的两侧，在湖浪、等深流、潮汐等作用下，三角洲前缘和前三角洲沉积物，经过湖泊作用，发生再次搬运、改造和沉积，形成滨浅湖沉积。

三角洲-湖泊沉积体系发育于整个戴南组，主要在凹陷的北部斜坡带及南部马家嘴地区。砂岩岩性以粉砂岩为主，有细砂岩和中砂岩，偶尔有泥砾层，砂层与砂层之间有棕色、暗棕色泥岩。发育大量冲刷面、交错层理、斜层理、平行层理，局部可见滑塌构造，见植物根茎、螺化石、虫孔等。

碎屑物质由于经过了长距离的搬运，结构和成分成熟度都较高。三角洲在平面上呈朵状，并在垂向和横向上与滨浅湖连续沉积。

4. 湖泊沉积体系

高邮凹陷戴南组除了近岸水下扇-湖泊沉积体系、扇三角洲-湖泊沉积体系、三角洲-湖泊沉积体系外，在远离三角洲的一定范围之外，物质来源有别于三角洲和三角洲附近的滨浅湖，其物质主要来源于湖岸，依靠波浪、潮汐等的能量，将岸边的物质搬运入湖，其后主要在湖泊的能量下，搬运、沉积形成滨浅湖的湖泊沉积体系，在浪基面以上的属于滨浅湖亚相沉积，在枯水期和洪水期湖面变化的湖泊范围为滨湖，在枯水期湖面与浪基面之间为浅湖。滨浅湖有滩砂、湖泥等沉积微相。

7.3.1　戴南组戴一段沉积体系

根据目前的钻井情况及单井相的研究，结合区域构造地质研究，在戴一段沉积时期，高邮凹陷沉积三角洲-湖泊沉积体系、扇三角洲-湖泊沉积体系、近岸水下扇-湖泊沉积体系及湖泊沉积体系（图 7-16）。在马家嘴、联盟庄、永安、沙埝、花庄地区发育三个三角洲-湖泊沉积体系，在南部陡坡黄珏、真武、曹庄、富民、周庄发育扇三角洲-湖泊沉积体系，邵伯发育一个近岸水下扇-湖泊沉积体系。

马家嘴、联盟庄、永安、沙埝、花庄均处于斜坡带，沉积了三角洲，主要表现在钻井控制的平面面积大，沉积物厚度大，沉积物粒度较细，以粉砂岩为主，在断层附近局部粒级较大，有粉细砂岩、细砂岩等。为主体三角洲前缘沉积，在三角洲的侧面及远端发育滨浅湖。从物源分析及钻井资料来看，马家嘴发育南北两个三角洲，互相独立，沙埝、永安、联盟庄和花庄发育一个三角洲。

扇三角洲-湖泊沉积体系分布在凹陷陡坡黄珏、真武、曹庄、富民、周庄地区，靠近断层，坡度较陡。根据现有的钻井资料，该区沉积范围较小，但沉积厚度较大，沉积物较粗，主要为深灰色、灰色含砾砂岩、不等粒砂岩、细砂岩等。扇三角洲前缘是主体，储层较为发育。在扇三角洲前缘可识别出水下分流河道及水下分流河道间等微相。在扇三角洲前缘的两侧及前扇三角洲的远端沉积浅湖及滨湖。

近岸水下扇-湖泊沉积体系发育于凹陷南坡的邵伯地区，靠近真 2 断层，受其影响，水体较深。根据钻井资料及岩心观察，近岸水下扇沉积范围较小，颜色以灰色为主，沉积物较粗，多为杂色砾岩、含砾砂岩等，邵 6 井砾岩层厚度较大，砾石砾径一般在 3 mm×4 mm，最大有 4 cm×5 cm，分选及磨圆度差，多为次棱角状。中扇是近岸水下扇的主体，局部发育内扇。在近岸水下扇的周围为浅湖及滨湖沉积。

在戴一段沉积时期，沉积规模、沉积体系的展布规律与来自高地的物源及凹陷周围的构造特征息息相关，通过水流输送到凹陷，沉积为三角洲、近岸水下扇，三角洲边部位及近岸水下扇周围的沉积物经过湖泊作用再沉积为滨浅湖。

7.3.2　戴南组戴二段沉积体系

戴二段是在戴一段的基础上继承沉积的，总体上沉积范围较戴一段大。根据综合测井资料及岩心观察分析，结合区域地质研究，在戴二段沉积时期，高邮凹陷深凹带沉积体系以三角洲-湖泊沉积体系和扇三角洲-湖泊沉积体系为主，在斜坡马家嘴、联盟庄、沙埝、永安、花庄地区发育 3 个三角洲-湖泊沉积体系，在南坡黄珏、邵伯、真武-曹庄、肖刘庄、富民、周庄地区发育扇三角洲-湖泊沉积体系（图 7-17）。

马家嘴在凹陷北坡和南坡各发育一个三角洲-湖泊沉积体系，联盟庄发育一个三角洲-湖泊沉积体系，沙埝、永安、花庄发育一个三角洲-湖泊沉积体系。就目前的资料及岩心观察来看，沉积物粒度较细，岩性以粉砂岩、泥质粉砂岩为主，断层附近局部有薄层细砂岩或不等粒砂岩等；三角洲在四亚段、三亚段沉积范围较小，湖泊沉积体系占优势，其他时期沉积规模较大，沉积厚度较大。在戴二段五亚段、四亚段及一亚段沉积时期，富民南北的三角洲和扇三角洲可能连为一片。三角洲前缘是沉积的主体，在远离汉留断层上升盘处沉积三角洲平原，储层较为发育。在三角洲前缘的两侧及远端发育滨浅湖。

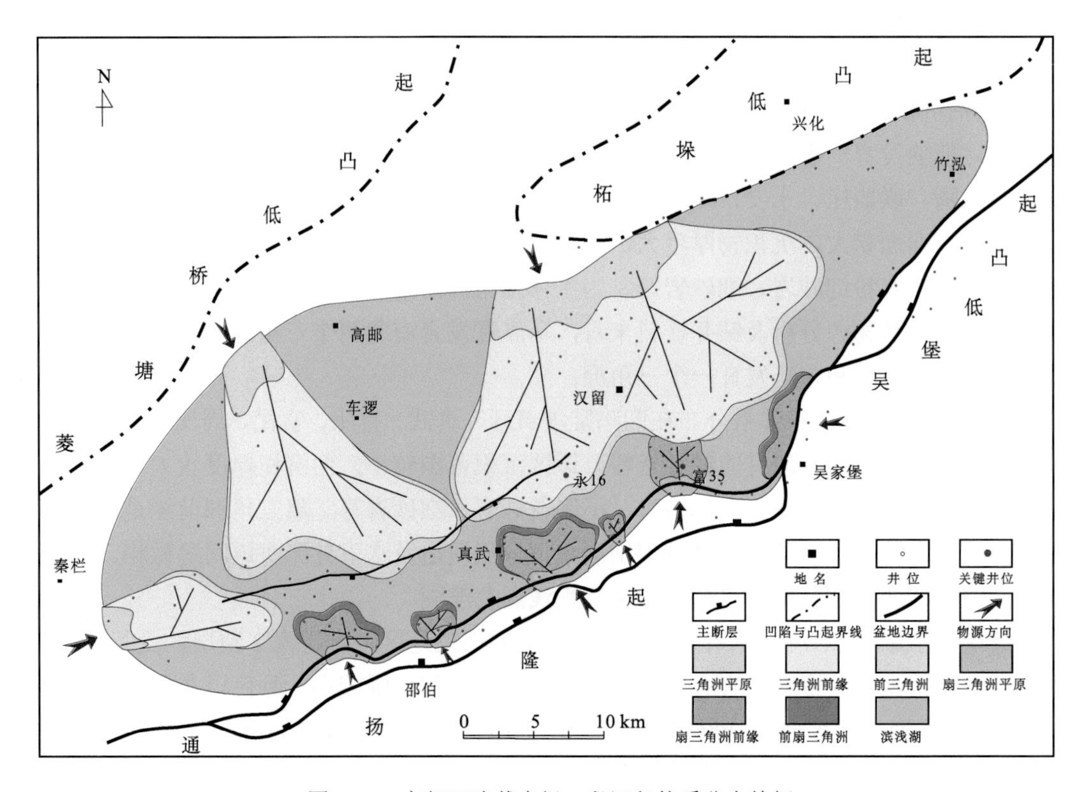

图 7-17 高邮凹陷戴南组二段沉积体系分布特征

扇三角洲-湖泊沉积体系发育于凹陷南坡靠近真 2 断层一带，坡度较大，根据现有的钻井资料和岩心观察，结合区域地质研究，扇三角洲在戴二段二、一亚段沉积规模较大，在其他时期规模较小。沉积物粒度粗，分选、磨圆差，次圆-次棱角状，邻近断层处，有砾岩沉积，砂岩中普遍含砾，离断层稍远的地区砾石直径在 10 mm 左右，黄 4 井取心井段砾石可达 35 mm×12 mm，黄 17-1 井取心井段砾石最大，达 60 mm×35 mm。扇三角洲前缘是主体，扇三角洲平原发育规模较小，在扇三角洲前缘可识别出水下分流河道、水下分流河道间等微相类型。在扇三角洲前缘的两侧沉积滨湖，前扇三角洲远端沉积浅湖。

在戴二段沉积时期，沉积规模、沉积体系的展布规律与来自高地的物源及凹陷周围的构造特征息息相关，碎屑物质通过水流输送到凹陷，沉积为三角洲、扇三角洲，三角洲、扇三角洲边部位的沉积物经过湖泊作用再沉积为滨浅湖。该时期，三角洲-湖泊沉积体系和扇三角洲-湖泊沉积体系均较发育，晚期物源供应充分，水体变浅，砂体厚度大，砂岩比例高，是油气的有利勘探地区。

第 8 章　高邮凹陷戴南组沉积演化

高邮凹陷是一个典型的中新生代箕状断陷湖盆，北部地势平缓，南部由于真武断层的发育地形较陡。高邮凹陷戴南组，沉积于吴堡运动之后，处于盆地演化的断陷阶段，形成两个大的沉积旋回，即戴一段和戴二段。水体较阜宁组时期浅，但也比较深，总体上，水体由浅变深再变浅，沉积范围逐渐扩大。真武断层在戴南期活动强烈（陈安定, 2001; 林春明等, 2003），断距大，由于物源供应充分，在凹陷的南坡黄珏、邵伯、真武、曹庄、富民、周庄一带主要沉积了近岸水下扇、扇三角洲，在北部联盟庄、马家嘴、永安、沙埝、花庄地区，地势平缓，主要沉积了三角洲，在这些沉积体的周围及凹陷中部为滨浅湖沉积。沉积体在时间及空间上，具有阶段性、继承性等特征。

吴堡运动后基底抬升，北东向断裂进一步发育，整个湖盆被分割成若干北东向箕状断陷，南陡北缓，沉积了戴一段。水体总体较阜宁组浅，但仍然较深，大致相当于浅湖的水体，早期沉积范围有限，随后湖区面积逐渐扩大，地层逐层超覆，后期达到最大湖侵。戴一段是湖泊相、近岸水下扇、扇三角洲、三角洲的时空组合，其物源来自湖盆周边的隆起和低凸带。

戴二段位于戴一段之上，沉积于真武运动之后，与戴一段假整合-整合接触。其沉积格局与戴一段相似，沉积范围基本没有变化，但经过戴一段的沉积充填，水体变浅，地势变缓，特别是南部陡坡带，南坡沉积体有露出水面的部分，但其坡度还是比北坡陡，岩性较北坡粗，因此，南坡沉积扇三角洲，北坡继续沉积三角洲。其物源方向也是来自湖盆周边高地。

总的来看，高邮凹陷戴南组沉积受古地理格局的控制，与古地势、古水深和古物源供给相关，垂向上具有继承性，平面上具有差异性，近岸水下扇、扇三角洲、三角洲位于湖盆边缘，呈镶嵌状与滨浅湖相共生。

8.1　戴南组一段

戴一段沉积于吴堡运动之后，与阜宁组之间在盆地大部分地区以不整合面和断面相接，局部可能为连续沉积。从戴一段地层等厚图上看，邵伯次凹和樊川次凹沉降厚度较大，达到了 700 m，大部分地区为 100～500 m。砂岩厚度东厚西薄，凹陷东部永安、富民地区最厚为 120 m，西部砂岩较薄，马 20 井为 87 m，联 8 井为 36 m，邵 6 井为 24 m。砂岩百分比与砂岩厚度有关，砂岩厚度大者，砂岩百分比一般也较大。其总体特征与砂岩厚度相似，即西小东大，其中东部甲 1 井最大，达 52.7%。暗色泥岩厚度较大，邵伯次凹、樊川次凹和刘五舍次凹可达 120 m 以上，其他地区为 30～90 m。

高邮凹陷北斜坡和西北斜坡分别发育三角洲相（图 7-16），其沉积物来自柘垛低凸起和菱塘桥低凸起方向。前者发育一个较大的复合体，其影响可达深凹带联盟庄北部-永安-花庄南部；后者主体在韦庄及码头庄，其影响可达马家嘴地区。凹陷南缘邻近大断层的深凹带发育扇三角洲和近岸水下扇相，其沉积物来自通扬隆起，往往沿陡岸成裙边状分布，其岩性特点是砂砾含量高，泥岩夹层在陆上往往色红，到了水下颜色变暗，砂岩等值线向内递减快。凹陷内除去上述相区之外发育浅湖-前三角洲相。其特点是岩性以泥岩为主，灰色夹棕色、紫红色，它在砂岩等厚图、暗色泥岩等厚图及砂岩百分比图上都是低值区。如表 2-2 所示，E_2d_1 细分为一亚段（$E_2d_1^1$）、二亚段（$E_2d_1^2$）和三亚段（$E_2d_1^3$），下面对这三个亚段沉积相展布和演化做详细阐述。

8.1.1　戴南组一段三亚段

$E_2d_1^3$ 沉积于吴堡运动之后，在凹陷大部分地区与阜宁组之间呈不整合接触，局部可能为连续沉积。该时期断层活动强烈，地层的发育受断裂控制，南部真 2 断层形成了凹陷的南界，北部汉留断层起着坡折带的作用，物源供给不充分，沉积范围主要局限于汉留和真 2 两大断层之间的深凹地区。地层东薄西厚，沉降中心为邵伯次凹，地层厚度接近 400 m，一般为 100～300 m（图 8-1a）。

除邵伯次凹外，高邮凹陷在 $E_2d_1^3$ 时期还有多个沉积中心，刘五舍次凹、永安、真武地区暗色泥岩厚度均在 40 m 以上，最厚可达 60 m（图 8-1b）。砂岩厚度西低东高，富民-花庄地区最厚，可达 60m 以上，真武-曹庄地区可达 40 m，永安地区可达 30 m，一般为 20～30 m（图 8-1c）。从砂岩百分比图上可以看出（图 8-1d），在凹陷的东部和中部砂体发育，而西部砂体发育规模较小。凹陷东部的花庄地区发育近南北向的扇形砂体，砂岩百分比为 20%～40%，富民和周庄地区靠近真 2 断层发育小型的砂体，砂岩百分比在 20%以下；中部的永安和真武-曹庄地区分别发育较大面积的扇形砂体，砂岩百分比为 10%～40%；在凹陷西部的黄珏、邵伯和联盟庄地区出现小型的扇形砂体，砂岩百分比均小于 10%。

凹陷南部主要形成周庄、富民、真武-曹庄、黄珏四个扇三角洲，邵伯地区断层陡，发育规模较小的近岸水下扇。在联盟庄沉积了分别以联 28-联 26-联 18 井和联 12 井为中心的三角洲，永安地区与花庄地区分别沉积两个独立的三角洲朵体。凹陷的中部主要为滨浅湖沉积。此时期，无论扇三角洲、近岸水下扇还是三角洲，沉积规模都比较小，并且相互独立分布（图 8-2）。

8.1.2　戴南组一段二亚段

$E_2d_1^2$ 沉积于 $E_2d_1^3$ 之后，呈整合接触，此时期构造活动减弱，受水进活动影响，水体加深，沉积范围增大，沉积边界向南越过真 2 断层，向北越过汉留断层。沉降中心位于邵伯、樊川次凹，最大沉积厚度近 300 m，花庄、富民、永安部分地区地层厚度为 150～250 m，沙埝等地区的地层厚度为 50～150 m，地层尖灭于沙 41-沙 X21-发 2 井一线（图 8-3a）。

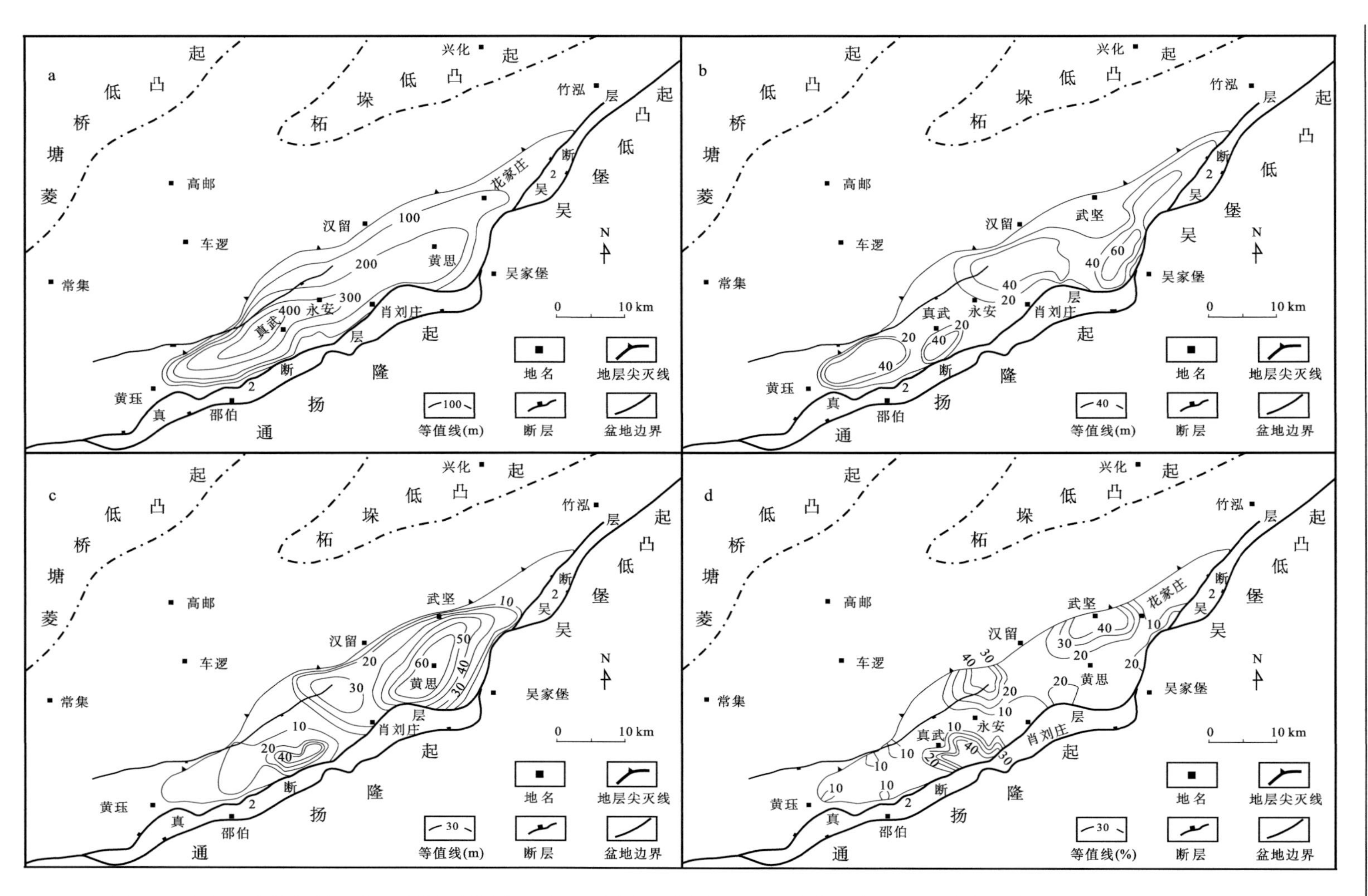

图 8-1　高邮凹陷戴南组一段三亚段地层厚度（a）、暗色泥岩厚度（b）、砂岩厚度（c）和砂岩百分比（d）等值线图

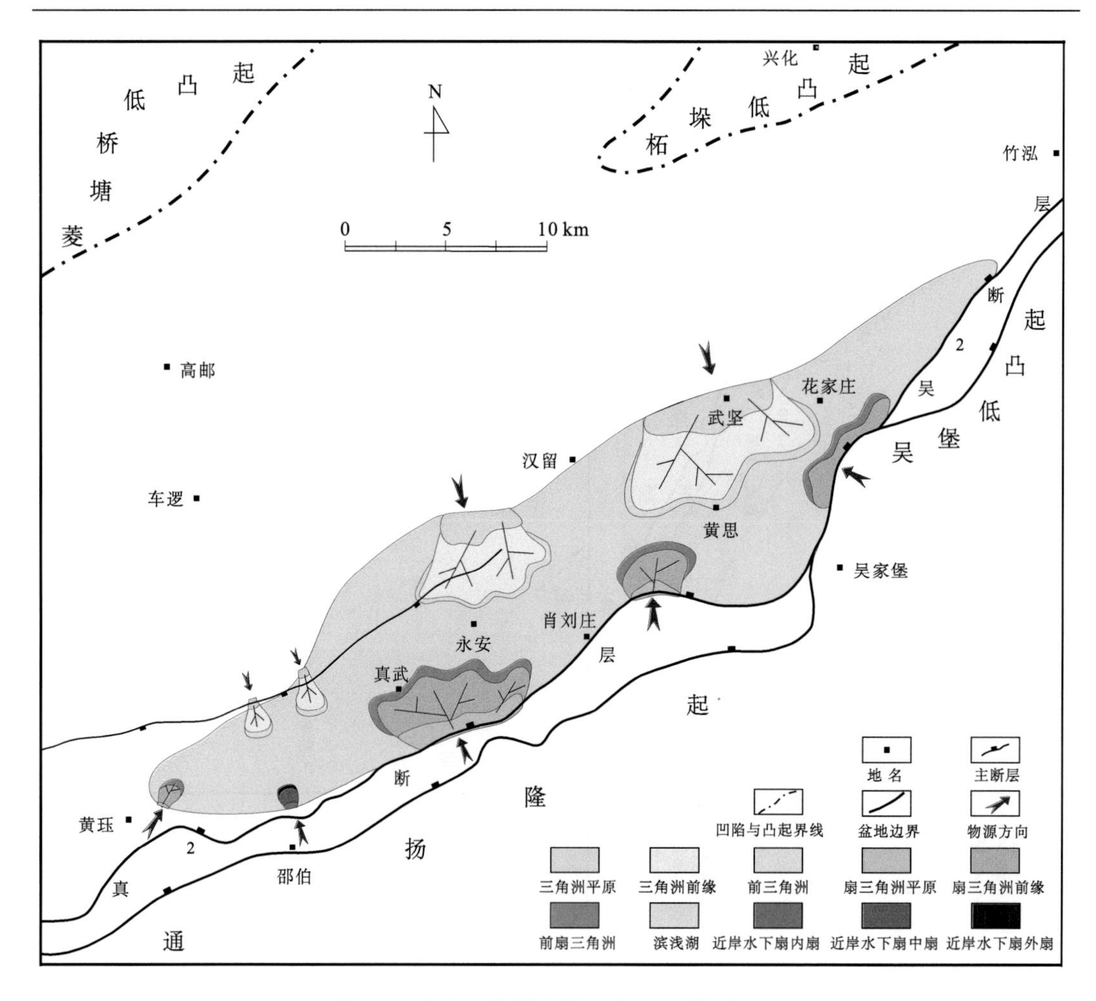

图 8-2　高邮凹陷戴南组一段三亚段沉积相

$E_2d_1^2$ 暗色泥岩较发育（图 8-3b），樊川次凹和花庄北部暗色泥岩均较厚，达到 60 m 以上，永安地区的永 6 井区较厚，接近 60 m，黄珏地区的黄 39、黄 18 井区相对黄珏的其他地区较厚，在 60 m 以上，上述特征说明，高邮凹陷 $E_2d_1^2$ 水体较深。由于物源供应充分，该时期砂岩厚度较大，整体上具有自北向南砂岩厚度由薄变厚再变薄的特征（图 8-3c），富民、永安砂岩厚度普遍为 60～80 m，向北、向西依次减薄，由永安至联盟庄方向逐渐减至 20 m 左右。曹庄、真武地区为 20～40 m，真 28 井最厚为 66.5 m；深凹带西部砂岩主要分布在马家嘴地区东部-黄珏地区，总体发育较差，砂岩厚度为 20～40 m，邵伯和马家嘴西部地区砂岩厚度普遍在 20 m 以下。

周庄地区砂体呈南东-北西向展布，砂岩百分比为 50%～30%（图 8-3d）；凹陷中部的真武-曹庄、肖刘庄、富民南部地区砂体呈南北向，砂岩百分比为 10%～30%；黄珏地区的砂体来自南部，砂岩百分比为 10%～20%；凹陷北斜坡的富民北部-永安地区，砂岩百分比达 50%以上；联盟庄地区位于富民北部-永安砂体西侧的边缘，砂岩百分比为 10%～20%，并呈由东向西逐渐降低的趋势；马家嘴地区的砂体分别来自西南和西北方

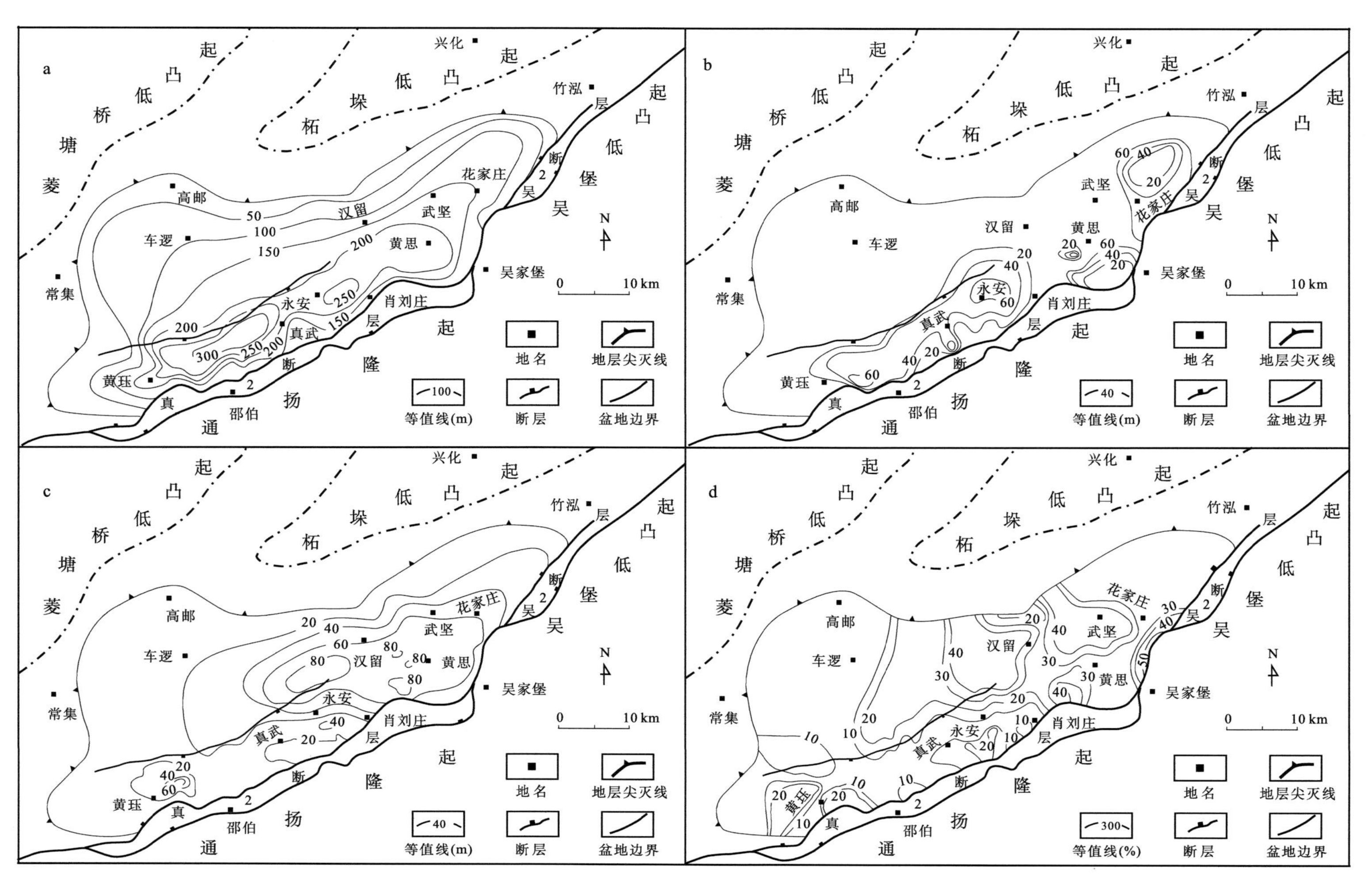

图 8-3　高邮凹陷戴南组一段二亚段地层厚度（a）、暗色泥岩厚度（b）、砂岩厚度（c）和砂岩百分比（d）等值线图

向，分属于两个不同的分支，砂岩百分比为 10%～20%；邵伯地区砂体较小，砂岩百分比在 10%以下。

高邮凹陷在 $E_2d_1^2$，南部陡坡带从东往西发育周庄、富民、真武-曹庄、黄珏扇三角洲，邵伯地区继承 $E_2d_1^3$ 沉积特征，发育近岸水下扇。$E_2d_1^2$ 由于真 2 和汉留断层活动，可容空间增大，物源供应充分，扇体规模均有所扩大。北部的花庄、富民北部、永安地区由早期孤立的小型三角洲发育成为一个统一、大型的三角洲，该时期的马家嘴地区开始接受沉积，在凹陷的北坡和南坡分别发育两个独立的三角洲，其他地区主要为滨浅湖沉积（图 8-4）。

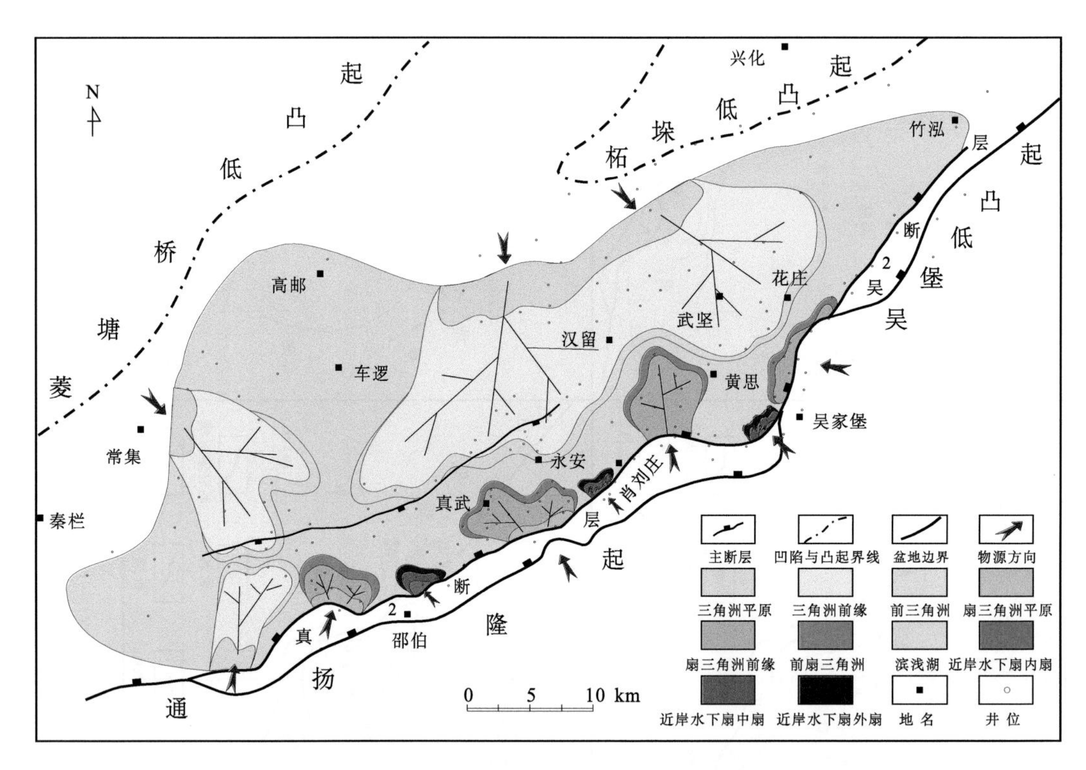

图 8-4 高邮凹陷戴南组一段二亚段沉积相

8.1.3 戴南组一段一亚段

$E_2d_1^1$ 沉积于 $E_2d_1^2$ 之后，两者呈整合接触。该时期凹陷水体深度达到最大，沉积范围继续扩大，“五高导”黑色泥岩的分布范围代表了当时湖盆的最大沉积边界，从地层等厚图上看（图 8-5a），地层厚度围绕凹陷中心附近呈椭圆状，在邵伯次凹地层最厚，达到了 200 m，向北向东地层减薄，富民南部地区 150 m，真武-曹庄地区为 100～175 m，北斜坡为 50～125 m。该时期暗色泥岩较为发育，曹庄和永安之间暗色泥岩厚度达 120 m（图 8-5b），富民中部地区和樊川次凹也可达到 90 m，其他地区大多为 30～60 m，这说明 $E_2d_1^1$ 水体最深。

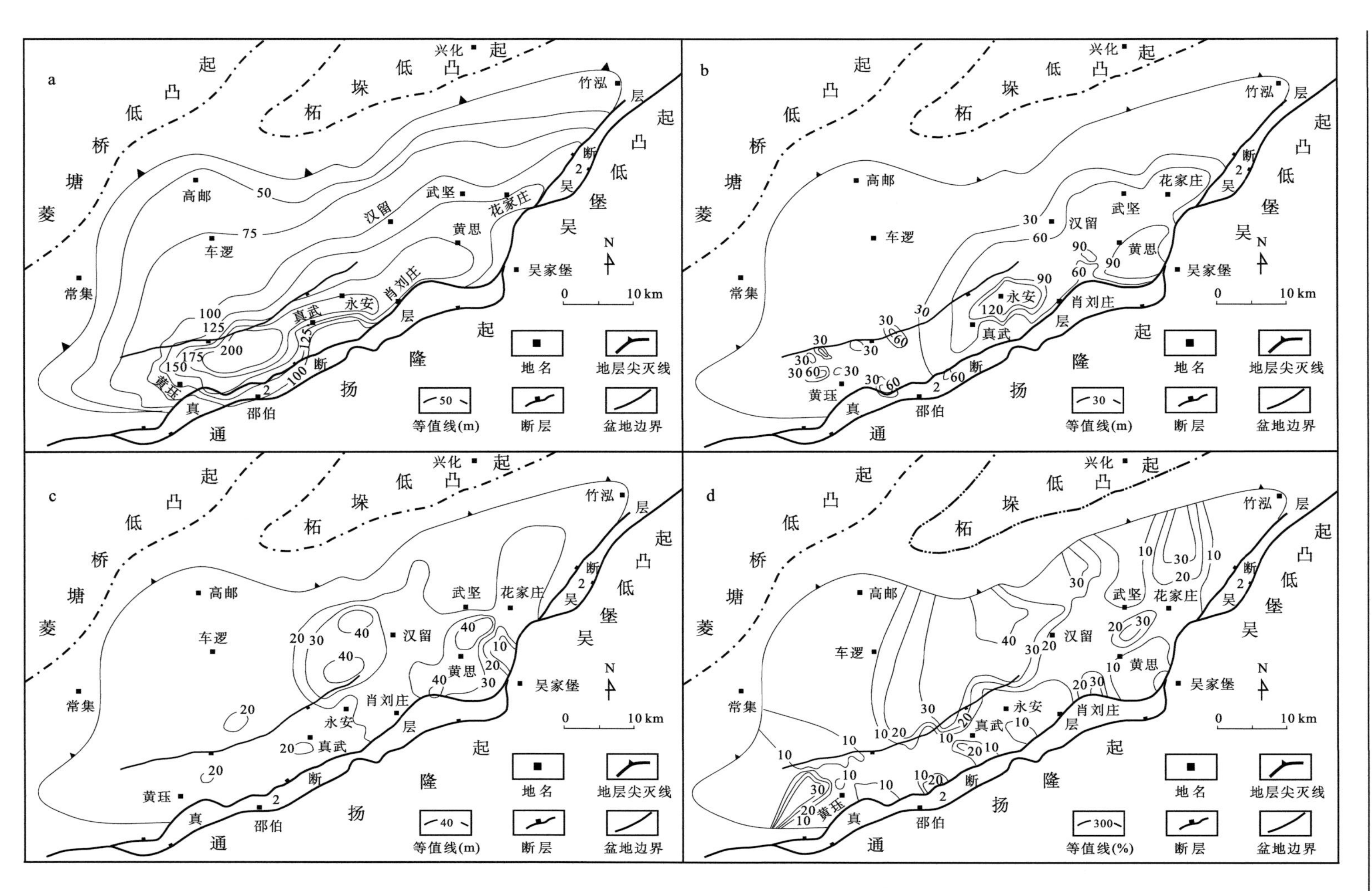

图 8-5　高邮凹陷戴南组一段一亚段地层厚度（a）、暗色泥岩厚度（b）、砂岩厚度（c）和砂岩百分比（d）等值线图

$E_2d_1^1$砂岩厚度和分布范围较$E_2d_1^2$有所减少，主要分布于凹陷北斜坡的沙埝-富民南部-永安地区、富民南部以及樊川次凹（图 8-5c），厚度为 20～40 m，西部砂岩普遍较薄，只有黄珏、联盟庄的个别地区达到了 20 m，其他地区普遍在 20 m 以下。

从砂岩百分比图上看（图 8-5d），北部斜坡带砂体发育位置继承性相对较好，主体仍位于高邮凹陷东部的富民北部-永安地区，砂岩百分比在沙埝北部的沙 33 井处最大，可达 40%以上，向西逐渐减少，到联盟庄地区砂岩百分比降至 10%～20%。瓦庄-花庄地区发育一个近南北向展布的扇形砂体，砂岩百分比为 20%～30%。马家嘴地区北部砂体发育较差，砂岩百分比在 10%以下，南部砂岩发育较好，砂岩百分比为 10%～30%。富民南部地区为 20%～30%，曹庄-真武、邵伯一带砂岩百分比在 10%～20%。黄珏地区砂体发育较差，砂岩百分比在 10%以下。

$E_2d_1^1$水进持续时间长，湖盆规模大，波浪作用强，南部扇三角洲和北部三角洲向湖岸略有退缩（图 8-6），邵伯地区近岸水下扇继续发育，但规模有所缩小。周庄和真武-曹庄地区，分别由中期一个统一的扇三角洲演化成两个独立、小型的扇三角洲；花庄-富民北部-永安地区的三角洲尽管向岸退缩，但仍为一个统一的三角洲。在凹陷的刘五舍、樊川和邵伯次凹发育半深湖沉积，在扇三角洲、三角洲和近岸水下扇的侧翼发育滨浅湖沉积。

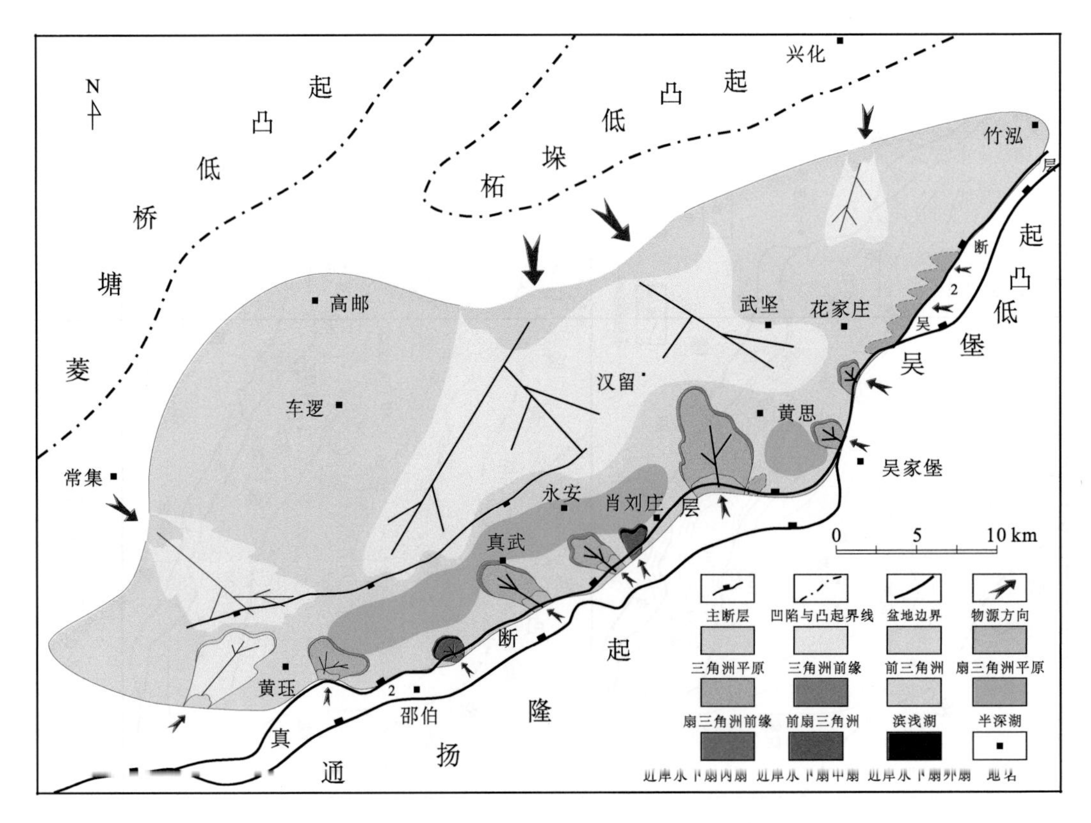

图 8-6 高邮凹陷戴南组一段一亚段沉积相

8.2　戴南组二段

从戴二段地层等厚图上看，地层厚度在深凹带最厚，在邵伯次凹、樊川次凹、刘五舍次凹达到了 700 多米。砂岩主要分布于凹陷东部的北斜坡沙埝、永安、南部的富民以及樊川次凹，厚度一般为 100～300 m，凹陷西部砂岩普遍较薄，只有个别井区达到了 100 m，其他地区普遍在 50 m 以下。凹陷东部砂岩百分比较大，均在 30%以上，在北坡的沙 33、沙 9 井处最大，可达到 70%以上，西部砂岩百分比较东部有所减小。暗色泥岩厚度在该时期较薄，深凹带的邵伯次凹、刘五舍次凹以及永安地区大多在 10～30 m，其他地区大多在 10 m 以下。也说明该时期水体较浅。

戴二段沉积继承了戴一段的格局，又有自己的特色。三角洲平原亚相发育于北斜坡的高邮城北-发财庄-沙埝北部一带（图 7-17）。三角洲前缘亚相发育于北斜坡的码头庄-联盟庄-永安-富民北部-花庄一带，是在较平缓的斜坡上形成的，它延伸的距离较远，表现在砂岩百分比图上等值线递减较均匀、较稀疏。西部韦庄地区的物源，影响范围达到马家嘴地区。凹陷南部陡坡带一侧黄珏-富民-肖刘庄-富民-周庄一带发育扇三角洲相沉积。戴二段邵伯地区水体变浅，由戴一段的近岸水下扇演变为扇三角洲相，凹陷的其余地区发育滨浅湖亚相（姚玉来等，2010）。

8.2.1　戴南组二段五亚段

经戴一段大量陆源碎屑的充填及区域性的抬升运动，至戴二段五亚段沉积时期，凹陷南缘虽仍继承了陡坡带的特征，但坡降已比戴一段时期减小，水体变浅，以滨浅湖环境为主。

从戴二段五亚段地层等厚图上看出（图 8-7a），黄珏、邵伯、联盟庄和真武地区的西北部沉降厚度较大，达到了 200 m，其余地区多在 200 m 以下，且等值线稀疏不一。砂岩厚度（图 8-7b）与地层厚度趋势大体一致，总体特征为东厚西薄，在邵伯最薄，其余地区较厚，马 33-8 井为 50 m，联 5 井为 47 m，黄 30 井为 44 m，真 86 井为 86.5 m，曹 21 为 55.4 m，永 26 井为 61 m，富 19 井为 81.5 m。砂岩百分比（图 8-7c）与砂岩厚度相关，砂岩厚度大者，砂岩比一般也较大。其总体特征与砂岩厚度相似，即西小东大，西部一般在 30%以下，而东部普遍在 30%～70%，其中永 18 井最大，达 66.7%。

总体上，该时期水体范围变化不大，但水体深度变浅显著，南坡的黄珏、邵伯、真武、曹庄、肖刘庄地区较陡，发育近岸水下扇或扇三角洲，马家嘴、联盟庄和永安地区地势平缓，沉积三角洲，富民地区其南部处于陡坡带上，物源来自南方，其北部处于缓坡带前缘，北部缓坡带的三角洲不断向南推进，在该处形成南北两方物质的交替沉积。此时周边物源供应充分，沉积体向湖盆略有推进，西部各三角洲相互独立，东部真武和曹庄地区三角洲连为一体（图 8-7d）。

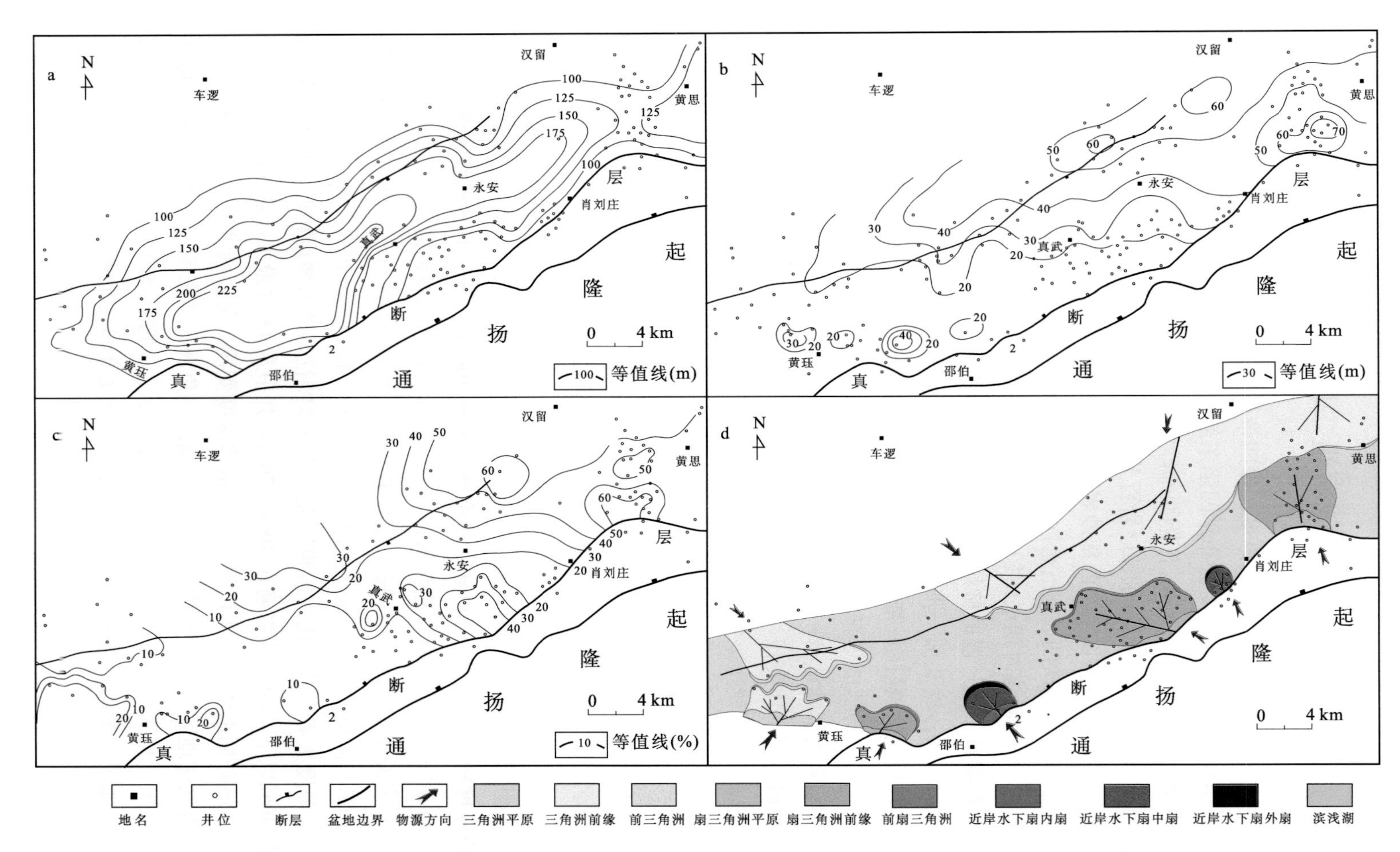

图 8-7　高邮凹陷戴二段五亚段地层厚度（a）、砂岩厚度（b）、砂岩百分比（c）等值线图和沉积相展布图（d）

8.2.2 戴南组二段四亚段

由戴二段四亚段的地层等厚图可知（图 8-8a），全区地层厚度略较戴二段五亚段薄，除邵 3 井地层厚度达到了 270 m 外，其他地区厚度都小于 200 m，所有区块相比较，邵伯最厚，其次是联盟庄、曹庄和永安，其余地区相对较薄。该时期沉积的砂岩厚度总体特征仍为东厚西薄（图 8-8b）。在西部各个区块砂岩局部集中，与周围差异明显，厚度在 30 m 以下，马家嘴地区马 33-8 井最厚为 25.3 m，联 9、联 10 井在联盟庄地区较厚都为 13.5 m，黄珏的黄 11 井最厚为 28 m，邵伯普遍较小，砂岩厚度在 10 m 以下。东部多在 20 m 以上，永安和富民最厚，可达 60 m。砂岩百分比值总体特征仍是东大西小（图 8-8c），与砂岩厚度特征相符。西部多在 20%以下，而东部普遍较高，最高可达 75.8%。

戴二段四亚段与其下伏的五亚段呈整合接触，此时由于次级湖进以及凹陷周缘物源区供屑能力的降低，水深增加，水体范围扩大较明显，近岸水下扇、扇三角洲和三角洲均向岸退积，南坡扇三角洲由相对完整趋向分散，北坡三角洲向湖盆延伸距离缩短，在马家嘴与真武、永安地区变化最为显著（图 8-8d）。

8.2.3 戴南组二段三亚段

戴二段三亚段地层（图 8-9a）与下伏四亚段地层厚度相当，马 3-马 32 井区较厚，为 110～156 m；联 30 井、邵 8 井和邵 13 井都达到了 200 m；黄珏的黄 83 井、黄 13 井、黄 4 井均为 140 m，黄 20 井为 145 m，曹 20、21 井达 150 m，其余地区均小于 150 m。马家嘴与邵伯的砂岩厚度均较小，普遍在 10 m 以下（图 8-9b），只有马 9 井达到了 13 m；联盟庄与黄珏地区厚度较大，其中联 30-联 18-联 10 井区为 28～35 m，黄 66-黄 36-黄 11 井区为 20～35 m；东部地区砂岩厚度较西部明显加大，真 86—真 59 井区为 50～59 m，永 5-永 16-永 x27 井区为 45～60 m，富 83 井高达 71 m。砂岩百分比分布（图 8-9c）与砂岩厚度基本一致，马家嘴和邵伯除马 9 井为 16.6%外，其余都不足 10%；联 10 井在联盟庄最大，为 24%；黄 66-黄 36-黄 46 井区为 23%～30%。同样东部地区含量比西部要高，真武、曹庄相对较小，多在 30%以下；永安和富民相对较高，多在 30%以上，最高可达 60%。

戴二段三亚段与其下伏的四亚段为连续沉积，水深继续增加，水体范围仍然较大，物源供应仍旧较少，扇三角洲和三角洲均有不同程度的缩小和向湖盆退积（图 8-9d），以富民地区最为显著，此时该处只有南边物源的沉积物在此沉积，由于水体加深，北部缓坡三角洲沉积物已推进不到该处。邵伯和肖刘庄地区的近岸水下扇此时已变为扇三角洲沉积。

8.2.4 戴南组二段二亚段

根据戴二段二亚段地层厚度图可看出（图 8-10a），凹陷西部南坡黄珏、邵伯及马家嘴南部靠近真 2 断层处的地层较厚，马 34 和马 32 井达到了 190 m，黄 20 和邵 4 井都达到了 180 m；联盟庄比其他三个区块地层薄，最厚在联 12 井处，为 170 m；东部地层

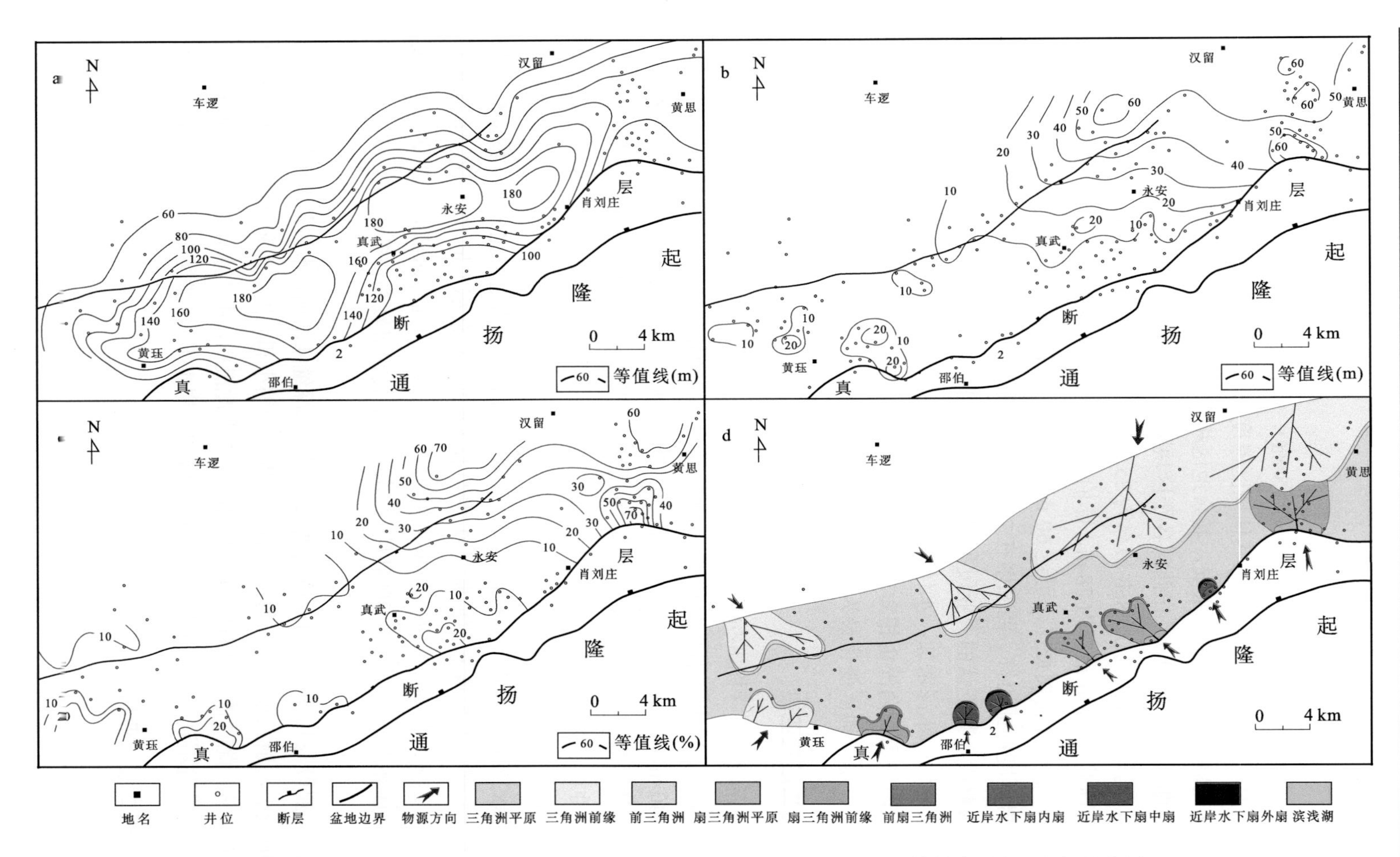

图 8-8 高邮凹陷戴二段四亚段地层厚度（a）、砂岩厚度（b）、砂岩百分比（c）等值线图和沉积相展布图（d）

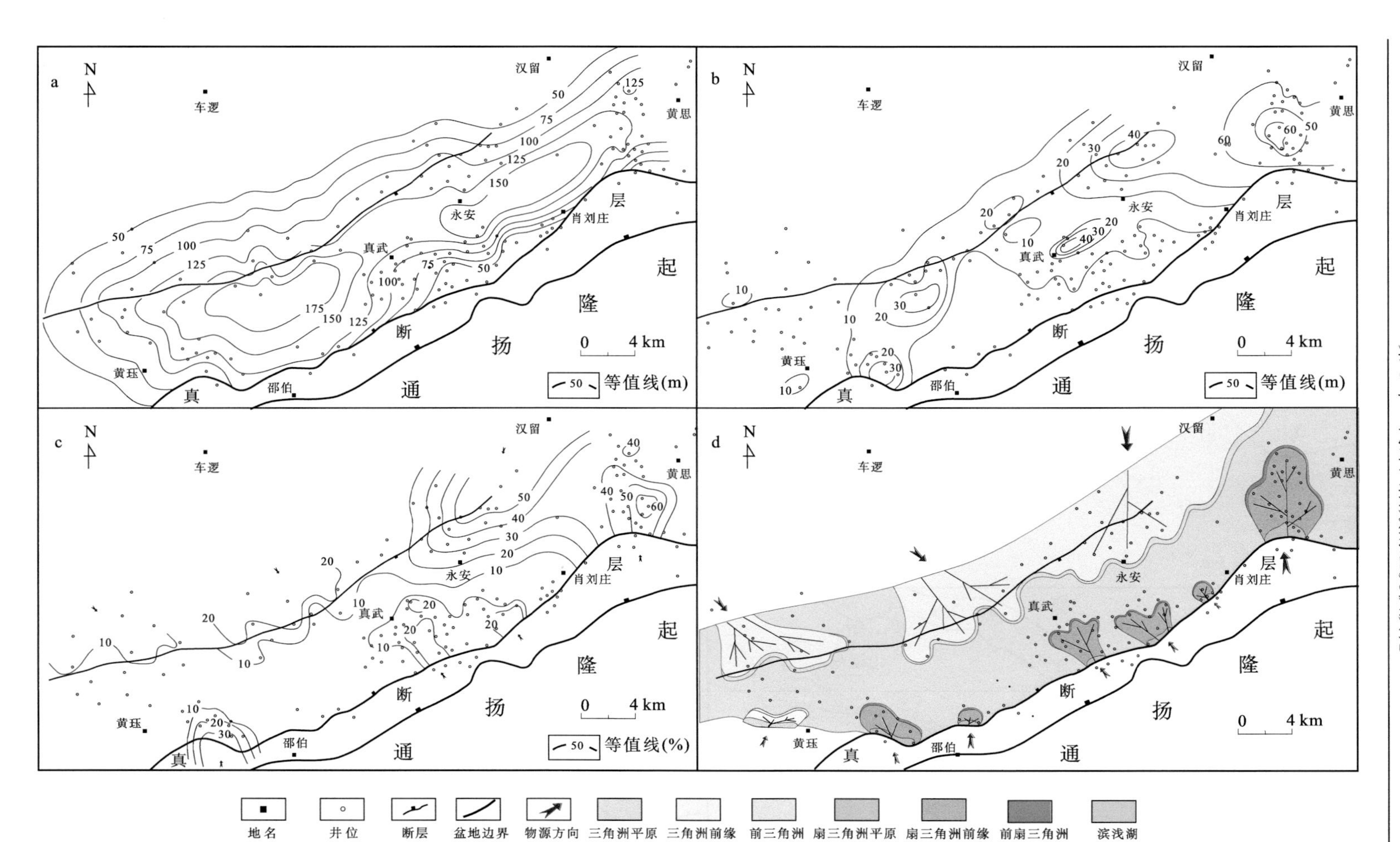

图 8-9　高邮凹陷戴二段三亚段地层厚度（a）、砂岩厚度（b）、砂岩百分比（c）等值线图和沉积相展布图（d）

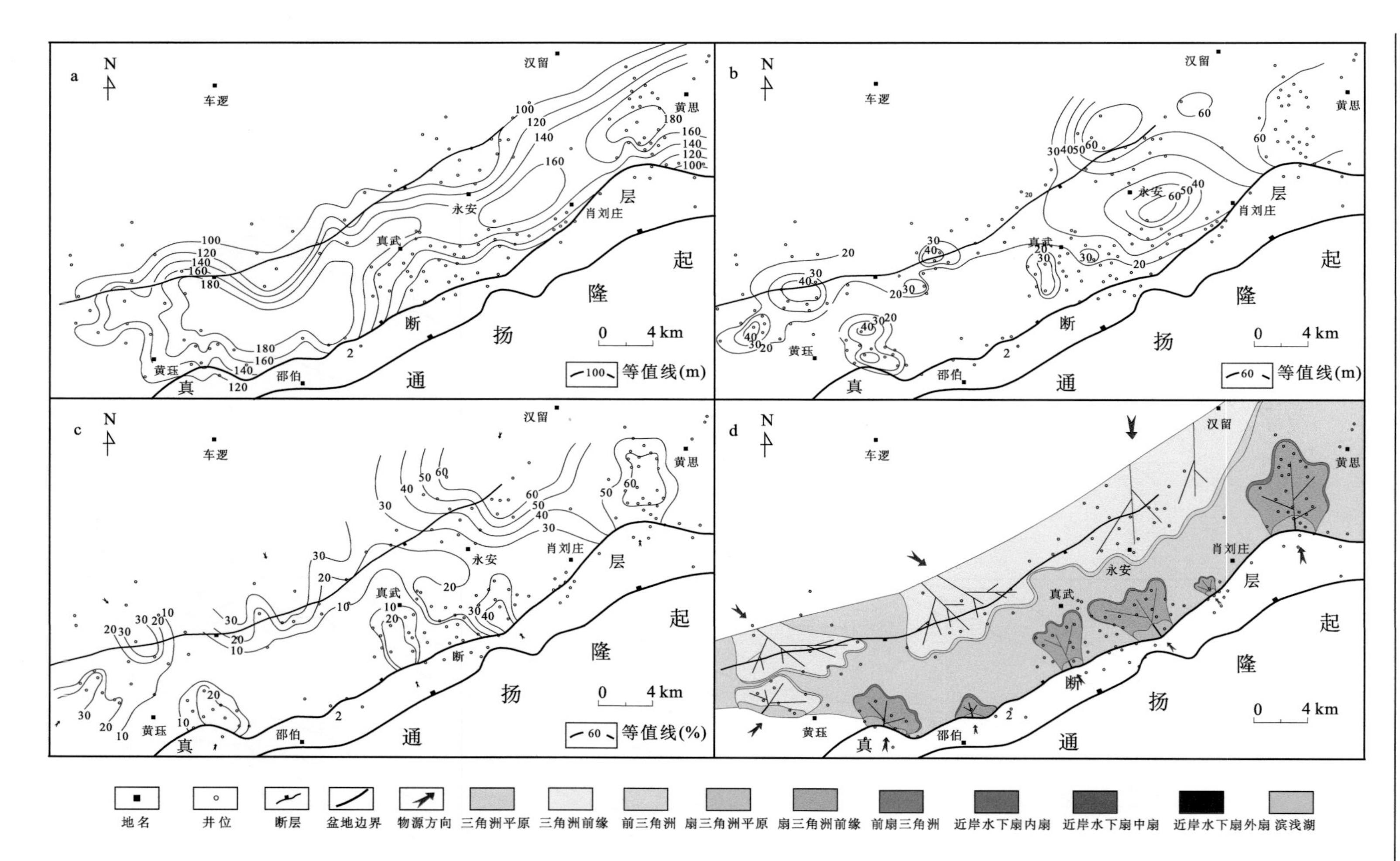

图 8-10　高邮凹陷戴二段二亚段地层厚度（a）、砂岩厚度（b）、砂岩百分比（c）等值线图和沉积相展布图（d）

相对于西部要薄，除曹 20、曹 21 井达 150 m 外，其余均不足 150 m。该沉积时期水体变浅，物源供应充分，砂体厚度较大（图 8-10b），马家嘴在靠近汉留断层两侧附近及真武断层北侧均达到了 40 m；联盟庄横跨汉留断层，在靠近断层处的砂岩厚度较大，联 14 井为 60 m；邵伯砂岩厚度较其他时期厚，但比同时期的其他区块还是较低，邵 8 井最大，为 18 m；黄珏在黄 20 井处较厚，为 46 m。东部地区砂岩厚度仍比西部要厚，真武相对较薄，多在 40 m 以下，永安和曹庄最厚可达 60 m，富民最厚，其中有 9 口井达到了 100 m。砂岩百分比（图 8-10c）与砂岩厚度分布基本一致，马家嘴的马 31-7 井和马 8-9 井分别为 33%和 36%；联 14 井为 43%；邵 8 井为 10%；黄 46 井为 30%。东部百分比仍比西部要高，真武和曹庄多在 40%以下，永安和富民普遍较高，永 20 井为 75%，富 56 为 65%。

二亚段沉积时期，随着湖盆开始不断萎缩，以及大量碎屑物质的充填，高邮凹陷地形渐趋平缓。此时水体变浅，滨湖范围扩大，湖盆周围高地物源供给充足，无论是南坡扇三角洲，还是北坡三角洲，均向湖盆发生较为显著的进积作用，沉积体平面面积明显增大，马家嘴地区三角洲和真武地区扇三角洲沉积变化最为明显（图 8-10d）。

8.2.5　戴南组二段一亚段

由地层等厚图上可知（图 8-11a），戴二段一亚段沉积地层厚度较下部地层薄，马家嘴一般在 55～70 m，马 33 区块较厚，普遍在 60 m 以上，马 32 井最厚，为 89 m；联盟庄地区较厚，大部分在 80 m 以上，联 19 井、联 21 井达到了 115 m；邵伯地层厚度在 55～80 m；黄珏大部分地区在 50 m 左右，而黄 20 井最厚为 98 m。东部厚度与西部大致相当，个别地方稍厚；真武和曹庄在 100m 以下，富民多在 80～110 m，富 84 井达 125m；永安整体最厚，多在 100 m 以上，永 3 井达到 155 m。砂岩在该时期沉积厚度较薄（图 8-11b），联盟庄地区在联 4 井和联 30 井一带，砂岩厚度达到 30 m 以上，相应的砂岩百分比（图 8-11c）为 38%和 24%；邵伯地区靠近凹陷中心砂岩厚度在 10 m 左右，砂岩百分比分布极不均匀，靠近凹陷中心为 20%左右，而靠近断层处在 5%以下；黄珏砂岩厚度大部分在 10 m 以下，黄 88 与黄 20 井区最厚，都在 20 m 以上，而黄 20 井的砂岩百分比为 26%，黄 32 井最大，近 40%；马家嘴地区的砂岩分布不均匀，普遍在 10 m 左右，砂岩百分比大部分在 20%左右，马 3 和马 25 井砂岩较厚，达到了 20 m 以上，而砂岩百分比在 30%以上。东部砂岩厚度与百分比比西部要大，真武和曹庄砂岩厚度多在 20 m 以下，真 21 井最厚为 25.5 m，砂岩百分比多在 40%以下，真 21 井最高为 45%；永安砂岩厚度在 40 m 以上，最高为 52 m，砂岩百分比多在 30%以上，最高为 61%；富民砂岩厚度最大，多在 40～70 m，最大为富 84 井 87 m，砂岩百分比在 40%以上，最大为富 17 井的 75%。

一亚段沉积时期，水体范围与戴二段二亚段相比变化不大，但经过戴二段二亚段的沉积充填，水体变得较浅，滨湖范围进一步扩大（图 8-11d）。由于湖盆周围高地物源供应充足，南坡扇三角洲向湖推进和侧向延展，邵伯和黄珏两地区的扇三角洲连成一片，马家嘴、联盟庄和永安地区的三角洲也向湖盆推进。此时凹陷东部北坡的三角洲又推进到富民北部，与富民南部的扇三角洲交互沉积，连为一体。

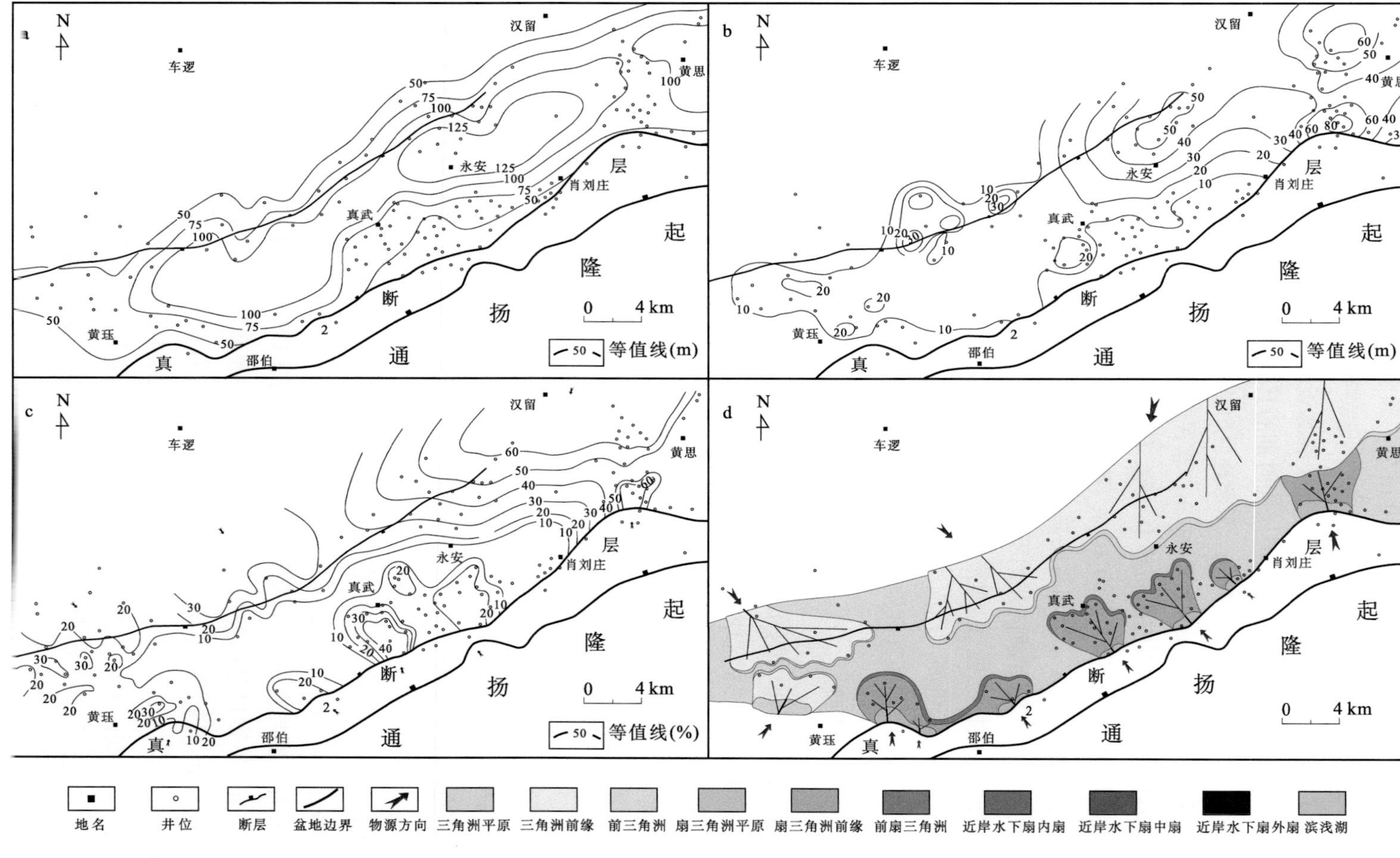

图 8-11　高邮凹陷戴二段一亚段地层厚度（a）、砂岩厚度（b）、砂岩百分比（c）等值线图和沉积相展布图（d）

综上所述，戴二段自下而上，碎屑沉积物粒度由粗变细后再变粗，砂岩百分比先降低后增高，表明戴二段沉积时期湖水由浅变深后又逐渐变浅，在四亚段上部和三亚段时水体最深。表现在沉积相演化上，各沉积体先退积后进积，面积先缩小后逐渐变大。

8.3　高邮凹陷戴南组砂体类型

在高邮凹陷戴南组南部陡坡带发育近岸水下扇、扇三角洲沉积体系，在北部和西部缓坡带发育三角洲沉积体系。湖盆周边高地是高邮凹陷沉积物的主要来源，它们通过河流、分流河道、分支河道进入湖泊，在湖盆周边形成镶嵌状的近岸水下扇、扇三角洲及三角洲沉积体系，此外，湖泊通过波浪、潮汐、等深流等作用，侵蚀湖岸和搬运陆源沉积物，形成湖泊沉积体系。

在岩心观察和沉积体系研究的基础上，从砂岩储层成因角度看，高邮凹陷主要有两类砂体：一是河流入湖形成的砂体，它们与分流河道、分支河道有关；另一类是湖泊砂体，它们与湖泊作用有关。

8.3.1　与河流入湖有关砂体

河流从湖盆周边高地通过河流入湖形成水道和分流水道，在水道与湖浪、潮汐、等深流等相互作用，河流携带的物质在水道及其附近沉积下来，在靠近水道的部位以砂质沉积为主，在远离水道的部位以泥质沉积为主。

在这类砂体中，根据形成环境，又可分为近岸水下扇砂体、扇三角洲砂体和三角洲砂体。砂体主要发育在入湖水道以及其所流经的区域，并且部分被湖泊作用所改造。其中近岸水下扇砂体分布在高邮凹陷南部陡坡邵伯地区，扇三角洲砂体发育在凹陷的南部陡坡带地区，而三角洲砂体发育在凹陷北部以及西南部缓坡地带。在时间上，近岸水下扇砂体发育在戴一段，扇三角洲和三角洲则贯穿整个戴南组。

1. 近岸水下扇砂体

近岸水下扇主要分布在邵伯地区戴一段（图 7-16），其砂体主要发育在水道充填和辫状水道充填之中，岩性较粗，以砂砾岩、砾状砂岩为主，普遍含有砾石，说明砂体沉积时期，水动力较强，其次还有灰质粉砂岩，说明沉积时期，水体相对较深。

近岸水下扇砂体沉积构造有冲刷面、块状层理、递变层理、交错层理等，局部有滑塌变形构造，反映快速沉积，厚度多为 2～5 m。近岸水下扇主要是水下辫状河道的粗碎屑砂砾岩沉积，垂向剖面上单砂层呈正粒序，水道叠合砂岩呈正韵律，内扇、中扇和外扇依次叠加，呈正旋回，总之，无论大小级别的层序均向上变细，没有像扇三角洲三层叠加呈反旋回，或向上粒级变粗的特点（邱旭明等，2006），因此，近岸水下扇砂体沉积特征与扇三角洲砂体是不同的。

近岸水下扇砂体自然电位负异常幅度较低，局部有中-低幅度，电阻率数值较高（表

8-1)，总体反映这种砂体分选较差，沉积物大小混杂，孔渗性差，较为致密。

2. 扇三角洲砂体

扇三角洲沉积体系与高邮凹陷南部陡坡带相联系，在戴二段比较发育（图 7-17），但其地形与近岸水下扇相比，又相对较缓，地形对沉积物的沉积速率、分选、沉积构造有较大的影响，因此，扇三角洲砂体有别于近岸水下扇砂体。扇三角洲的沉积和组成与三角洲类似，但它是冲积扇进入湖盆，粒度比三角洲沉积粗，岩性以砂砾岩、含砾砂岩为主，分流河道发育，河口砂坝发育较差。

扇三角洲沉积体系主要分布在凹陷南部邵伯戴南组二段，黄珏、真武、曹庄、富民、周庄的整个戴南组岩性较粗，但较近岸水下扇要细一些，以含砾砂岩为主，其次是细砂岩、粉砂岩，水体能量还是较强的。

扇三角洲砂体沉积构造主要有递变层理、块状层理、斜层理、交错层理，局部可见滑塌构造，单层沉积厚度多为 3～6 m，多为正韵律沉积，反韵律沉积也可见。

扇三角洲砂体自然电位负异常较为明显，多为钟形（表 8-1），反映扇三角洲砂体有一定的分选性，孔渗性较近岸水下扇变好。

表 8-1　高邮凹陷砂体成因类型及其识别标志

砂体成因类型		岩性特征	单层厚度/m	沉积构造	SP 曲线形态	旋回性质	水体能量	分选性	发育地区时间
近岸水下扇	主水道辫状水道	砂砾岩、砾状砂岩为主，普遍含有砾石	2～5	冲刷面、块状层理、递变层理、交错层理等，局部有滑塌变形构造	自然电位负异常幅度较低，局部有中-低幅度	正韵律	最强	较差	邵伯戴一段
扇三角洲	分流河道	含砾砂岩为主，其次是细砂岩、粉砂岩，局部砾富集	5～15	递变层理、块状层理、斜层理、交错层理，局部可见滑塌构造	自然电位负异常较为明显，多为钟形	正韵律为主，反韵律	较强	中等	邵伯戴二段南坡戴南组
三角洲	分支河道河口坝	细砂岩、粉砂岩为主，其次为不等粒砂岩	3～8	冲刷构造、块状层理、平行层理、波状交错层理，含有植物根茎和虫孔	多为钟形，少数砂体呈漏斗状	正韵律为主，反韵律	一般	好	马家嘴北坡戴南组
湖泊	砂坝砂堤	粉砂岩、泥质粉砂岩为主	1～5	波状层理、小型交错层理	指状或小型钟状	块状	弱	一般	戴南组

3. 三角洲砂体

三角洲沉积体系与凹陷北部和西南部较为缓的地形相联系（图 7-16、图 7-17），较为缓的地形可以使得河流与湖泊的作用时间较长，使得沉积速率变慢，分选变得稍好。

三角洲砂体在整个戴南组均有发育，由于沉积物来自北部和南部较远的物源，沉积物在搬运过程中得到较为充分的物理化学分异和筛选，因此，三角洲砂体沉积物在这些与河流入湖有关的砂体中，粒度较细，以细砂岩、粉砂岩为主，其次为不等粒砂岩。

三角洲砂体的沉积构造有冲刷构造、块状层理、平行层理、波状交错层理，冲刷面上泥质底砾岩较为常见，其次还可以见到一些植物根茎和虫孔以及生物扰动构造，这些反映了水体较浅。

三角洲由于分选好，粒度适中，孔渗性在这几大类砂体中最好，自然电位曲线负异常较为显著，形态多为钟形，少数砂体呈漏斗状，多见于较厚的泥岩段之后，单层厚度在 3～8 m（表 8-1）。

8.3.2　与湖泊作用有关砂体

在湖泊周边，没有河流入湖的区域，或河流作用没有到达的区域，湖泊通过波浪、潮汐、等深流等作用，将来自湖岸或三角洲周边的碎屑物质垂直于湖岸或沿着与湖岸一定角度搬运，在湖岸不远处形成砂堤、砂坝、条带状砂体等（表 8-1）。

一般地，湖泊作用相对河流作用，其能量要弱许多，因此，与湖泊作用有关的砂体岩性细，以粉砂岩、泥质粉砂岩为主，但也有例外，如邵伯地区，可见一些砾质的砂坝砂体，可能与邵伯地区相对较陡的湖岸地形有关。

与湖泊作用相关的砂体一般较薄，自然电位曲线呈指状或小型钟状（表 8-1）。

8.4　高邮凹陷沉积模式

8.4.1　岩性组合型式

高邮凹陷发育多种不同的沉积岩性，包括砂砾岩、砾状砂岩、含砾砂岩、不等粒砂岩、粗砂岩、中砂岩、细砂岩、粉砂岩、泥质粉砂岩、灰色泥岩、红色泥岩等。这些岩性根据沉积能量及环境意义，可分为 5 种：①粗粒级碎屑岩，包括砂砾岩、砾状砂岩、含砾砂岩；②中粒级碎屑岩，包括不等粒砂岩、粗砂岩、中砂岩和细砂岩；③细粒级碎屑岩，包括粉砂岩、泥质粉砂岩；④暗色泥岩，包括深灰色-灰色泥岩、灰绿色泥岩和灰质泥岩；⑤红色泥岩，包括棕色泥岩、红色泥岩和紫色泥岩等。

上述岩性的不同组合关系代表着不同的沉积背景，可反映出其形成环境和沉积能量。根据岩性剖面，可归纳出下面 5 种岩性组合型式。

（1）暗色泥岩与中-细粒级碎屑岩互层组合：反映水体较深，处于还原环境，离物源区较远，沉积能量低。主要见于北部斜坡带的马家嘴、联盟庄和永安地区戴一段，多发育于深水环境的远物源沉积。

（2）暗色泥岩与粗-中碎屑岩互层组合，在邵伯、黄珏、真武、曹庄和富民地区戴一段较发育，反映了近物源、强水动力条件，沉积于深水环境中，属高能量沉积。

（3）红色泥岩与中-细粒级碎屑岩互层组合，反映水体较浅，离物源区远，沉积能量低。主要见于北部斜坡带的马家嘴、联盟庄和永安地区戴二段。

（4）红色泥岩与粗-中粒级碎屑岩互层组合，反映水体浅，水动力条件强，属近物源高能量沉积。主要见于邵伯、黄珏、真武、曹庄和富民地区戴二段。

（5）红色泥岩、暗色泥岩及细粒级碎屑岩薄层组合，反映了氧化-还原过渡带，沉积能量中等，如马 4 井、黄 18 井戴一段沉积物，棕色泥岩、暗色泥岩夹灰色细砂岩、粉砂岩。

8.4.2　旋回叠加型式

根据对多口井的沉积旋回的分析，高邮凹陷沉积序列由三种基本的旋回叠加型式构成，即退积叠加型式、进积叠加型式和加积叠加型式。

（1）退积叠加型式代表了湖平面上升，向上单砂层厚度减小，粒度变细，是水进过程中的沉积产物。此类叠加型式在戴一段晚期和戴二段中期普遍发育，如曹 23 井在戴二段中期，砂岩厚度变薄，自然电位负异常由大到小，电阻率由高变低，发育水进期的扇三角洲到滨湖、浅湖沉积，岩性组合和电性表现出明显的退积组合特征（图 7-7）。

（2）进积叠加型式代表了湖盆萎缩过程中的沉积序列，单砂层厚度向上增大，粒度变粗，是水退过程中发育的岩性组合特点，属于进积沉积样式。反映了水体逐渐变浅，沉积能量逐渐增强的沉积背景，在高邮凹陷，戴二段晚期进积叠加型砂体堆积方式较为发育，如曹 23 井戴二段晚期由浅湖沉积逐渐过渡到扇三角洲前缘沉积（图 7-7）。

（3）加积叠加型式：相同的韵律重复出现而形成的沉积岩性组合，组合中的各个短期旋回在岩层厚度和岩石粒度组成上没有明显的变化，加积叠加型式在戴二段二亚段较为发育，如永 2-2 井戴二段二亚段地层由水下分支河道和水下分支河道间交替沉积（图 7-11）。

8.4.3　沉积模式及其特点

综合凹陷构造特征，沉积相的平面分布与垂向演化特征，可以建立高邮凹陷戴南组平面沉积相展布模式以及剖面地层沉积样式（图 8-12）。

沉积模式的构成有如下三个特点。

（1）在箕状凹陷的构造背景下，近物源沉积体系主要发育于凹陷陡坡，在戴一段时期南坡邵伯沉积近岸水下扇-湖泊沉积体系，黄珏、真武、曹庄、富民、周庄地区沉积扇三角洲-湖泊沉积体系；戴二段沉积时期，断层活动减弱，坡度变缓，南坡沉积扇三角洲-湖泊沉积体系。

（2）戴南组时期，缓坡带的沉积体系始终为三角洲-湖泊沉积体系，总体上沉积规模较南岸陡坡大，在戴二段四、三亚段时期，沉积规模变小。

（3）高邮凹陷的沉积具有同一时期不同地区受构造控制，在同一地区不同时期受湖侵控制，垂向沉积具有继承性，但又有侧向迁移性，还有退积、进积等多种复杂的变化。

8.4.4　沉积演化的控制因素

一定的沉积体系分布在盆地的一定部位，盆地内同一部位在不同时期又有不同的沉积特征，这种演化过程是有一定规律的。

沉积体系的分布、沉积环境的演化一般要受到多种因素的影响，例如气候的冷暖、潮湿干旱，物源供给量，断裂活动，基底沉降，古地形以及突发性事件等，其中区域的构造、气候、湖侵乃至全球海平面变化等是控制因素。认识沉积体系在时间、空间上的演化序列，掌握其演化规律，无疑会对油气勘探起到重要的作用。

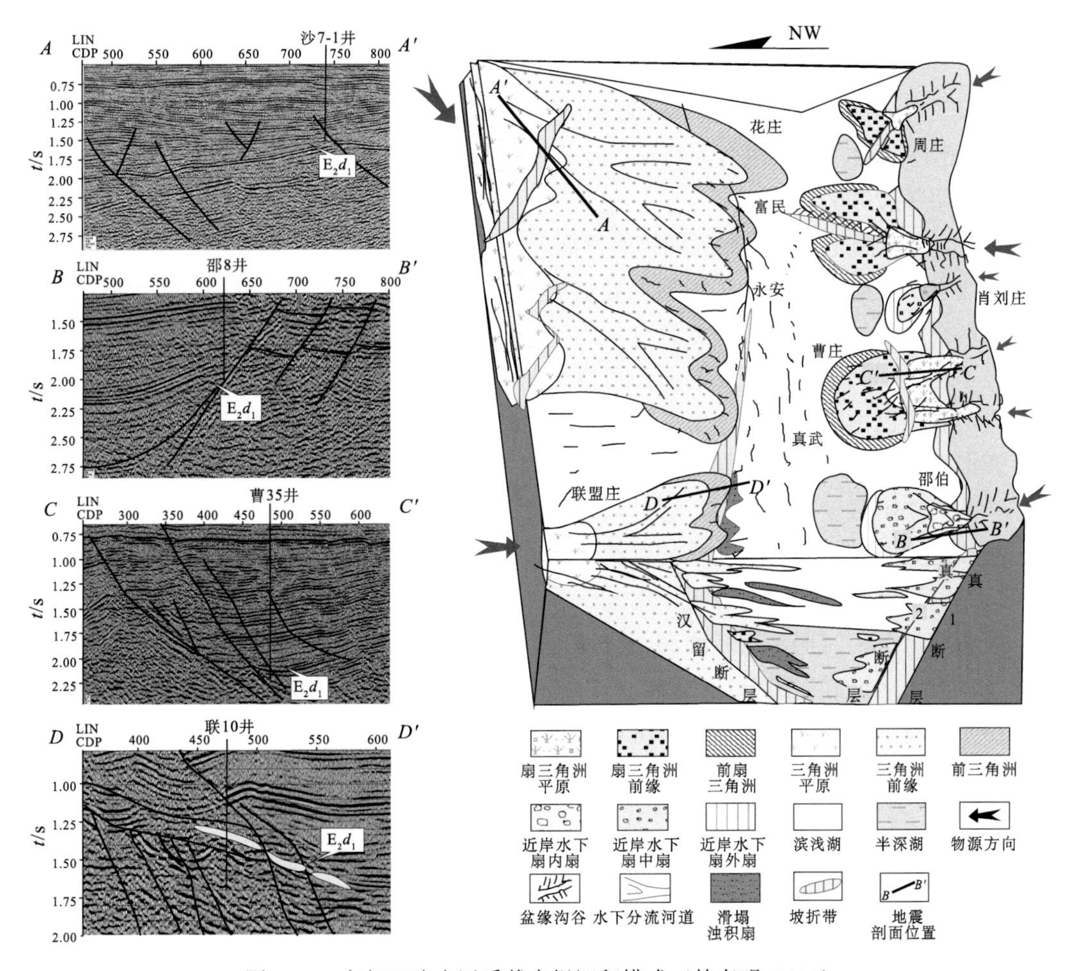

图 8-12　高邮凹陷古近系戴南组沉积模式（林春明, 2019）

根据上述沉积体系展布特征分析，高邮凹陷戴南组各地层的发育过程中，其沉积演化的控制因素主要有四个。

1. 古构造格局和古地理格局

构造背景控制着沉积物源、沉积水流机制、沉积类型、沉积规模、沉积体几何形态等。不同沉积时期的古地形坡折带、下切沟谷、古地形高地等控制沉积的地貌单元继承性发育，但随着时间的推移，其在规模、发育部位等方面有所变化。

高邮凹陷戴南组时期由于真武断层的控制，南坡较陡，广泛发育扇三角洲，尤其是邵伯地区，为深凹带中的次凹，水体更深，在戴一段时期发育近岸水下扇，但沉积规模较小。黄珏、曹庄、真武、富民、周庄地区在戴南组发育扇三角洲，凹陷北坡及马家嘴南坡地势平缓，汇水面积大，河流入湖后发育三角洲沉积，且沉积规模较南坡大。

2. 古气候因素

在戴南组沉积时期，古生物组合的介形类以德卡里金星介-后双脊湖花介-网纹中华金星介组合为代表，该组繁衍于整个戴南组，以中华金星介的灭绝、金星介的兴起为特征；轮藻类以华南新轮藻-常州横棒轮藻-潜江扁球轮藻组合为特征，该组合繁衍于整个戴南组；孢粉以榆-杉-松组合为特征，显示该时期湿热程度高，为湿润的中-南亚热带气候（邱旭明等, 2006）。

气候主要从两个方面影响沉积物的特征，一是沉积物的颜色，二是沉积物的物源特征。

在浅水中及露出水面的沉积物，处于氧化环境，往往表现为较为鲜艳的颜色，细粒物质，特别是泥岩，只要其中含有少量的三价铁，就可以显红色，而砂岩在表示氧化环境方面不是特别灵敏，沉积物的颜色可以判断沉积物是否有暴露到大气中。戴南组自下而上，泥岩颜色由深灰、灰色变为棕色、紫色等，反映戴南组的沉积环境特点是由还原条件逐渐转为氧化条件，根据江苏油田地质科学研究院的重矿物资料分析，从下向上自生矿物中黄铁矿含量由多变少，这一点也可佐证这一认识。

气候影响着风化和沉积物质的供给速率，同时在一定程度上影响湖平面的升降，对沉积体系的发育有较重要的控制作用。

在戴南组沉积时期，气候湿润，物源区以化学风化作用为主，粗碎屑物源较少，河流体系主要搬运细碎屑组分及化学组分，湖盆面积扩大，受古构造格局影响，陡坡带沉积近岸水下扇、扇三角洲，缓坡带沉积三角洲。

3. 湖侵

湖侵是指湖面大规模的上升，它对沉积速率和沉积体系的形态有影响。

根据前人研究，高邮凹陷经历了 3 次湖侵，分别发生在戴一段三亚段、一亚段和戴二段四、三亚段沉积时期（邱旭明等, 2006），后者规模较大，湖侵对戴二段的沉积影响较为明显，具体表现在三角洲、扇三角洲的规模明显缩小。

4. 断层及其活动差异性

在高邮凹陷的南坡和北坡分布着两条规模较大的断层：南坡的真武断层、北坡的汉留断层。真武断层断距大，造成凹陷南坡较陡，使邵伯地区发育近岸水下扇，黄珏、真武、曹庄、富民和周庄地区发育扇三角洲，汉留断层断距小，活动性弱，造成北坡较平缓，沉积了三角洲；戴南组沉积时期，真武断层活动逐渐减弱，湖盆由于碎屑物质的充填，水体逐渐变浅，湖水范围扩大，三角洲和扇三角洲沉积向岸退缩。

以上各种因素从不同的方面控制着沉积盆地的物质供应以及沉积环境，物质供应充足、沉积环境适宜有利于沉积物的沉积和保存，有利于恢复古沉积环境和追踪砂体的延展方向。

参考文献

蔡乾忠. 2003. 黄海与周边地质构造及盆地含油气性的区域对比//海洋地质杂志社. 黄海海域油气地质. 北京: 海洋出版社: 14-27.

蔡小李. 1988. 苏北盆地介形类的演化与构造运动. 石油勘探与开发, 6(2): 41-45.

曹洋, 牛漫兰, 谢成龙, 谢文雅, 王敬欣. 2010. 郯庐断裂带张八岭隆起北段晚中生代岩体的成因. 合肥工业大学学报(自然科学版), 33(3): 415-420.

陈安定. 2001. 苏北箕状断陷形成的动力学机制. 高校地质学报, 7(4): 408-418.

陈沪生, 张永鸿, 徐师文. 1999. 下扬子及邻区岩石圈结构构造特征与油气资源评价. 北京: 地质出版社.

陈清华. 2007. 陆相断陷盆地“五扇一沟”的地震响应特征. 特种油气藏, 14(1): 15-18.

陈衍景, 杨忠芳, 赵太平. 1996. 微量元素示踪物源区和地壳成分的方法和现状. 地质地球化学, 15(3): 7-11.

傅强, 李益, 张国栋, 刘玉瑞. 2007. 苏北盆地晚白垩世—古新世海侵湖泊的证据及其地质意义. 沉积学报, 25(3): 380-385.

高剑锋, 陆建军, 赖明远, 林雨萍, 濮巍. 2003. 岩石样品中微量元素的高分辨率等离子质谱分析. 南京大学学报(自然科学版), 39(6): 844-850.

高丽坤, 林春明, 姚玉来, 张志萍, 张霞, 李艳丽, 岳信东, 刘玉瑞, 马英俊. 2010. 苏北盆地高邮凹陷古近系戴南组沉积相及沉积演化. 沉积学报, 28(4): 706-716.

郭坤一, 汪迎平. 1995. 张八岭变质地体细碧石英角斑岩系岩石学和岩石化学. 火山地质与矿产, 16(4): 25-35.

郭令智, 舒良树, 卢华复, 施央申, 马瑞士, 张庆龙, 王良书, 贾东. 2000. 中国地体构造研究进展综述. 南京大学学报(自然科学), 36(1): 1-17.

何幼斌, 王文广. 2017. 沉积岩与沉积相. 2 版. 北京: 石油工业出版社.

胡建, 邱检生, 王汝成, 蒋少涌, 于津海, 倪培. 2007. 新元古代Rodinia超大陆裂解事件在扬子北东缘的最初响应: 东海片麻状碱性花岗岩的锆石 U-Pb 年代学及 Nd 同位素制约. 岩石学报, 23(6): 1321-1333.

胡建, 邱检生, 徐夕生, 王孝磊, 李真. 2010. 大别山东缘片麻状变质花岗岩的锆石 U-Pb 年代学与地球化学: 对扬子板块北东缘新元古构造-岩浆作用的启示. 中国科学(地球科学), 40(2): 138-155.

胡世玲, 郝杰, 李曰俊, 戴橦谟, 蒲志平. 1999. 大别山碧溪岭榴辉岩激光探针 ^{40}Ar-^{39}Ar 年龄. 地质科学, (4): 427-431.

姜在兴. 2010. 沉积学. 2 版. 北京: 石油工业出版社.

焦文放, 吴元保, 彭敏, 汪晶, 杨赛红. 2009. 扬子板块最古老岩石的锆石 U-Pb 年龄和 Hf 同位素组成. 中国科学(D 辑), 39(7): 972-978.

金强. 1994. 单断式盆地充填模式与油气聚集——东濮凹陷东南部实例分析. 沉积学报, 12(4): 118-122.

李储华, 刘启东, 陈平原, 杨立干, 徐健, 罗龙玉, 杨芝文. 2007. 高邮凹陷瓦庄东地区断层封闭性多方法对比研究. 中国西部油气地质, 3(1): 65-68.

李国玉, 吕鸣岗. 2002. 中国含油气盆地图集. 北京: 石油工业出版社.

李海涛, 朱筱敏, 崔刚, 黄捍东, 刘蓓蓓, 韩军铮, 陈贺贺, 李琪. 2019. 断陷湖盆斜坡带油气地质与勘探实践——以渤海湾盆地饶阳凹陷为例. 北京: 石油工业出版社.

李明龙, 陈林, 田景春, 郑德顺, 许克元, 方喜林, 曹文胜, 赵军, 冉中夏. 2019. 鄂西走马地区南华纪古城期-南沱早期古气候和古氧相演化: 来自细碎屑岩元素地球化学的证据. 地质学报, 93(9): 2158-2170.

李丕龙. 2003. 陆相断陷盆地油气地质与勘探(卷二). 北京: 石油工业出版社.

李双应, 李任伟, 孟庆任, 王道轩, 刘因. 2005. 大别山东南麓中新生代碎屑岩地球化学特征及其对物源的制约. 岩石学报, 21(4): 1157-1166.

李献华. 1999. 广西北部新元古代花岗岩锆石 U- Pb 年代化学及其构造意义. 地球化学, 28(1): 1- 91.

李艳丽, 林春明, 张霞, 曲长伟, 周健, 潘峰, 姚玉来. 2011. 钱塘江河口区晚第四纪古环境演化及其元素地球化学响应. 第四纪研究, 31(5): 822-836.

李忠, 孙枢, 李任伟, 江茂生. 2000. 合肥盆地中生代充填序列及其对大别山造山作用的指示. 中国科学(D 辑), 30(3): 256-263.

梁细荣, 李献华. 2000. 激光探针等离子体质谱法(LAM-ICPMS)用于年轻锆石 U-Pb 定年. 地球化学, 29(1): 1- 51.

林畅松, 潘元林, 肖建新, 孔凡仙, 刘景彦, 郑和荣. 2000. “构造坡折带”——断陷盆地层序分析和油气预测的重要概念. 地球科学, 25(3): 260-265.

林春明. 2019. 沉积岩石学. 北京: 科学出版社.

林春明, 张霞. 2018. 江浙沿海平原晚第四纪地层沉积与天然气地质学. 北京: 科学出版社.

林春明, 凌洪飞, 王淑君, 张顺. 2002. 苏皖地区石炭纪海相碳酸盐岩碳、氧同位素演化规律. 地球化学, 31(5): 415-423.

林春明, 宋宁, 牟荣, 赵彦彦, 汪亚军, 杨德洲. 2003. 江苏盐阜拗陷晚白垩世浦口组沉积相与沉积演化. 沉积学报, 19(4): 553-559.

林春明, 冯志强, 张顺, 赵波, 卓弘春, 李艳丽, 薛涛. 2007a. 松辽盆地北部白垩纪超层序特征. 古地理学报, 9(5): 619-634.

林春明, 张志萍, 岳信东, 李艳丽, 漆滨汶, 徐深谋, 姚玉来, 张霞. 2007b. 高邮凹陷深凹带西部戴南组沉积微相研究. 南京大学科研报告: 1-86.

林春明, 张志萍, 李艳丽, 岳信东, 徐深谋, 张霞, 漆滨汶. 2009a. 二连盆地白音查干凹陷早白垩世腾格尔组沉积特征及物源探讨. 高校地质学报, 15(2): 19-34.

林春明, 张志萍, 高丽坤, 姚玉来, 周健, 岳信东. 2009b. 高邮凹陷东部戴南组沉积微相研究. 南京大学科研报告, 1-113.

林春明, 周健, 张妮, 张霞, 陈顺勇, 张猛. 2010. 高邮凹陷戴南组物源体系研究. 南京大学科研报告: 1-173.

刘福来, 许志琴, 宋彪. 2003. 苏鲁超高压变质带中非超高压花岗质片麻岩的准确识别: 来自锆石微区矿物包体及 SHRIMP U-Pb 定年的证据. 地质学报, (4): 61-75.

刘立, 胡春燕. 1991. 砂岩中主要碎屑成分的物源区意义. 岩相古地理, 11(6): 48-53.

刘立, 王东坡. 1996. 陆相地层的层序地层学: 层序的特征与模式. 岩相古地理, 16(5): 47-53.

刘秋生. 2001. “花窗结构, 菱形中心”—断陷盆地的沉积规律. 石油与天然气地质, 22(3): 217-220.

刘玉瑞, 刘启东, 杨小兰. 2004. 苏北盆地走滑断层特征与油气聚集关系. 石油与天然气地质, 25(3): 279-293.

刘玉瑞. 2010. 苏北后生断陷层序地层格架与沉积体系. 复杂油气藏, 3(1): 10-14.

刘招君. 2003. 湖泊水下扇沉积特征及影响因素——以伊通盆地莫里青断陷双阳组为例. 沉积学报, 21(1): 149-154.

柳小明, 高山, 袁洪林, 胡兆初. 2007. 单颗粒锆石的20 μm 小斑束原位微区LA-ICP-MS U-Pb年龄和微量元素的同时测定. 科学通报, 52(2): 228-235.

楼法生, 沈渭洲, 王德滋, 舒良树, 吴富江, 张芳荣, 于津海. 2005. 江西武功山穹隆复式花岗岩的锆石U-Pb年代学研究. 地质学报, 79(5): 636-644.

陆松年, 李怀坤, 陈志宏, 于海峰, 金巍, 郭坤一. 2004. 新元古时期中国古大陆与罗迪尼亚超大陆的关系. 地学前缘, 11(2): 515-523.

毛凤鸣, 戴靖. 2005. 复杂小断块石油勘探开发技术. 北京: 中国石化出版社.

牛漫兰. 2006. 张八岭隆起南缘早白垩世火山岩REE对比研究. 中国稀土学报, 24(6): 739-743.

牛漫兰, 朱光, 谢成龙, 柳小明, 曹洋, 谢文雅. 2008. 郯庐断裂带张八岭隆起南段花岗岩LA-ICPMS锆石U-Pb年龄及其构造意义. 岩石学报, 24(8): 1837-1847.

彭敏, 吴元保, 汪晶, 焦文放, 刘小驰, 杨赛红. 2009. 扬子崆岭高级变质地体古元古代基性岩脉的发现及其意义. 科学通报. 54(5): 641-647.

邱海峻, 许志琴, 张建新, 杨经绥, 张泽明, 李海兵. 2003. 苏北连云港地区蓝闪绿片岩相岩块的发现. 岩石矿物学杂志, 22(1): 34-40.

邱旭明, 刘玉瑞, 傅强. 2006. 苏北盆地上白垩统—第三系层序地层与沉积演化. 北京: 地质出版社.

佘振兵. 2007. 中上扬子上元古界—中生界碎屑锆石年代学研究. 北京: 中国地质大学(北京).

石永红, 朱光, 王道轩, 赵群. 2007. 皖中张八岭群“蓝片岩”中钠质角闪石及其变质 p-T 条件分析. 矿物学报, 27(2): 179-188.

舒良树, 王博, 王良书, 何光玉. 2005. 苏北盆地晚白垩世—新近纪原型盆地分析. 高校地质学报, 11(4): 534-543.

宋彪, 张玉海, 万渝生. 2002. 锆石SHRIMP 样品靶制作、年龄测定及有关现象讨论. 地质论评, 48(增刊): 26-30.

王爱华, 叶思源, 刘建坤, 丁喜桂, 李华玲, 许乃岑. 2020. 不同选择性提取方法锶钡比的海陆相沉积环境判别探讨——以现代黄河三角洲为例. 沉积学报, 38 : 1-15.

王德滋, 沈渭洲. 2003. 中国东南部花岗岩成因与地壳演化. 地学前缘, 10(3): 209-219.

王纪祥. 2003. 山东惠民凹陷伸展构造及调节带特征. 现代地质, 17(2): 203-208.

王明磊, 张廷山, 王兵, 支东明. 2009. 重矿物分析在古地理研究中的应用——以准噶尔盆地南缘中段古近系紫泥泉子组紫三段为例. 中国地质, 36(2): 456 -464.

王一同, 张顺, 林春明, 杨知盛. 2018. 松辽盆地古龙凹陷泉头组坡折带特征及其对沉积层序的控制作用. 高校地质学报, 24(3): 425-732.

吴崇筠, 薛叔浩. 1993. 中国含油气盆地沉积学. 北京: 石油工业出版社.

吴维平, 徐树桐, 江来利, 刘贻灿, 苏文, 石永红, 范高红, 陈金苗, 沈欢喜. 1998. 大别山东部超高压变质带北侧的花岗片麻岩及其构造背景. 安徽地质, 8(1): 19-26.

徐田武, 宋海强, 况昊, 王英民, 陈莉琼, 齐立新. 2009. 物源分析方法的综合运用——以苏北盆地高邮凹陷泰一段地层为例. 地球学报, 30(1): 111-118.

薛怀民, 刘福来, 孟繁聪. 2006. 苏鲁造山带胶东区段花岗片麻岩类的常量与微量元素地球化学: 扬子克拉通北缘新元古代活动大陆边缘的证据. 岩石学报, 22(7): 1779-1790.

薛叔浩. 2002. 湖盆沉积地质与油气勘探. 北京: 石油工业出版社.
杨守业, 李从先. 1999. REE示踪沉积物物源研究进展. 地球科学进展, 14(2): 164-167.
姚玉来, 林春明, 高丽坤, 刘玉瑞, 马英骏, 李艳丽, 张霞, 张志萍. 2010. 苏北盆地高邮凹陷深凹带东部古近系戴南组二段沉积相及沉积演化. 沉积与特提斯地质, 30(2): 1-10.
于建国, 林春明, 杨云岭, 朱应科, 王金铎, 赵彦彦. 2002. 分流河道特征及其识别方法——以东营凹陷东部地区为例. 高校地质学报, 8(3): 152-159.
于兴河, 姜辉, 李胜利, 陈永峤. 2007. 中国东部中、新生代陆相断陷盆地沉积充填模式及其控制因素——以济阳拗陷东营凹陷为例. 岩性油气藏, 19(1): 39-45.
张建林. 2002. 断陷湖盆断裂、古地貌及物源对沉积体系的控制作用——以孤北洼陷沙三段为例. 油气地质与采收率, 9(4): 24-27.
张建珍, 杜建国, 张友联. 1998. 大别山榴辉岩岩石学及地球化学特征. 地质论评, 44(3): 255-263.
张丽娟, 马昌前, 王连训, 佘振兵, 王世明. 2011. 扬子地台北缘古元古代环斑花岗岩的发现及其意义. 科学通报, 56(1): 44-57.
张萌, 田景春. 1999. "近岸水下扇"的命名、特征及其储集性. 岩相古地理, 19(4): 42-52.
张妮. 2012. 沉积盆地的物源综合研究——以苏北盆地高邮凹陷古近系戴南组为例. 南京: 南京大学.
张妮, 林春明, 周健, 陈顺勇, 张猛, 刘玉瑞, 董桂玉. 2012a. 苏北盆地高邮凹陷古近系戴一段元素地球化学特征及其地质意义. 地质学报, 86(2): 269-279.
张妮, 林春明, 周健, 陈顺勇, 刘玉瑞, 董桂玉. 2012b. 苏北盆地高邮凹陷古近系戴南组一段稀土元素特征及其物源指示意义. 地质论评, 58(2): 369-378.
张妮, 武毅, 张霞, 黄舒雅, 李铁军, 张新培, 林春明, 江凯禧, 夏长发. 2020. 辽河拗陷大民屯凹陷古近系沙河街组三段地球化学特征及其地质意义. 地质学报, 94(9): DOI: 10.19762/j.cnki.dizhixuebao.2020252.
张术根, 阳杰华. 2008. 宁镇中段燕山期中酸性侵入岩的稀土和微量元素地球化学研究. 地质与勘探, 44(6): 43-48.
张顺, 林春明, 吴朝东, 杨建国. 2003. 黑龙江漠河盆地构造特征与成盆演化. 高校地质学报, 9(3): 411-419.
张天福, 孙立新, 张云, 程银行, 李艳锋, 马海林, 鲁超, 杨才, 郭根万. 2016. 鄂尔多斯盆地北缘侏罗纪延安组、直罗组泥岩微量、稀土元素地球化学特征及其古沉积环境意义. 地质学报, 90(12): 3454-3472.
张喜林, 朱筱敏, 郭长敏, 杨俊生, 王玉秀. 2006. 苏北盆地高邮凹陷古近系戴南组滨浅湖沉积中的遗迹化石. 沉积学报, 24(1): 81-89.
张霞, 林春明, 杨守业, 高抒, Dalrymple R W. 2018. 晚第四纪钱塘江下切河谷充填物物源特征. 古地理学报, 20(5): 877-892.
张永鸿. 1991. 下扬子区构造演化中的黄桥转换事件与中、古生界油气勘探方向. 石油与天然气地质, 12(4): 439-448.
赵澄林, 朱平, 陈方鸿. 2001. 高邮凹陷高分辨率层序地层学及储层研究. 北京: 石油工业出版社.
赵红格, 刘池洋. 2003. 物源分析方法及研究进展. 沉积学报, 21(3): 409-412.
赵志根, 李宝芳, 张惠良. 2001. 大别山北麓与华北上古生界稀土元素特征的对比研究. 地球化学, 30(4): 368-371.
赵子福, 郑永飞. 2009. 俯冲大陆岩石圈重熔: 大别-苏鲁造山带中生代岩浆岩成因. 中国科学(D辑),

39(7): 888-909.

周健, 林春明, 李艳丽, 姚玉来, 张霞, 张志萍, 高丽坤. 2010. 苏北盆地高邮凹陷马家嘴地区古近系戴南组物源分析. 沉积学报, 28(6): 1117-1128.

周健, 林春明, 张霞, 姚玉来, 潘峰, 俞昊, 陈顺勇, 张猛. 2011. 高邮凹陷古近系戴南组一段物源体系和沉积体系研究. 古地理学报, 13(2): 161-174.

周祖翼, 毛凤鸣, 廖宗廷, 郭彤楼. 2001. 裂变径迹年龄多成分分离技术及其在沉积盆地物源分析中的应用. 沉积学报, 19(3): 456-473.

朱光, 谢成龙, 王勇生, 牛漫兰, 刘国生. 2005. 郯庐高压走滑韧性剪切带特征及 $^{40}Ar/^{39}Ar$ 定年. 岩石学报, 21(6): 335-342.

朱夏, 徐旺. 1990. 中国中新生代沉积盆地. 北京: 石油工业出版社.

朱筱敏. 1998. 层序地层学原理及应用. 北京: 石油工业出版社.

朱筱敏, 杨海军, 潘荣, 李勇, 王贵文, 刘芬. 2017. 库车拗陷克拉苏构造带碎屑岩储层成因机制与发育模式. 北京: 科学出版社.

Basu A, Young S, Suttner L, James W. 1975. Re-evaluation of the use of undulatory extinction and crystallinity in detrital quartz for provenance interpretation. Journal of Sedimentary Petrology, 45: 873-882.

Bhatia M R. 1985. Rare earth element geochemistry of Australian Paleozoic graywackes and mudrocks: province and tectonic control. Sedimentary Geology, 45: 97-113.

Bhatia M R, Crook K A W. 1986. Trace element characteristics of graywackes and tectonic setting discrimination of sedimentary basins. Contributions to Mineralogy and Petrology, 92: 181-193.

Broussard M L. 1975. Deltas: models for exploration. Houston: Houston Geological Society.

Colella A, Prior D B. 1993. Coarse-grained deltas//International Association of Sedimentologists. Sepecial Publication No. 10. Blackwell Scientific Publications, Oxford: 29-168.

Compston W, Williams I S, Kirschvink J L, Zhang Z C, Guogan M A. 1992. Zircon U-Pb ages for the Early Cambrian time-scale. Journal of the Geological Society, 149: 171-184.

Crook K A W. 1974. Lithogenesis and geotectonics: the significance of compositional variations in flysch arenites(graywackes)//Dott R H, Shaver R H. Modern and Ancient Geosynclinal Sedimentation: 304- 310.

Cullers R L. 2000. The geochemistry of shales, siltstones and sandstones of Pennsylvanian-Permian age, Colorado, USA: implications for provenance and metamorphic studies. Lithos, 51: 181-203.

Dickinson W R. 1985. Interpreting provenance relations from detrital modes of sandstone//Zuffa G G. Provenance of arenites. NATO ASI Series(Series C: Mathematical and Physical Sciences), vol 148. Dordrecht: Springer, https: //doi. org/10. 1007/978-94-017-2809-6_15.

Dodson M H, Compston W, Williams I S, Wilson J F. 1988. A search for ancient detrital zircons in Zimbabwean sediments. Journal of the Geological Society, 145(6): 977-983.

Dunkili G A, Kuhlemann J. 2001. Combination of single grain fission-track chronology and morphological analysis of detrital zircon crystals in provenance studies-sources of the Macigno Formation(Apennines, Italy). Journal of Sedimentary Rearch, 71(4): 516-525.

Fedo C M, Nesbitt H W, Young G M. 1995. Unraveling the effects of potassium metasomatism in sedimentary rocks and paleosols, with implications for paleoweathering conditions and provenance. Geology, 23 : 921-924.

Folk R. 1974. Petrology of sedimentary rocks. 2nd ed. Texas, Austin: Hemphill Press.

Galloway W E. 1976. Sediments and stratigraphic framework of the Copper river fan-delta, Alaska. Journal of Sedimentary Research, 46(6): 726-737.

Galloway W E. 1998. Siliciclastic slope and base off-slope deposition system: component facies, stratigraphic architecture and classification. AAPG Bulletin, 82(4): 569-595.

Gao L K, Lin C M. 2012. A facies analysis and sedimentary architecture of the Paleogene Dainan Formation in the Gaoyou Depression, North Jiangsu Basin, eastern China. Petroleum Science and Technology, 30(14): 1486-1497.

Gu X X. 1994. Geochemical characteristics of the Tethys- turbidites in northwestern Sichuan, China: implications for provenance and interpretation of the tectonic setting. Geochimica et Cosmochimica Acta, 58(21): 4615-4631.

Gu X X, Liu J M, Zheng M H. 2002. Provenance and tectonic setting of the Proterozoic turbidites in Hunan, South China: geochemical evidence. Journal of Sedimentary Research, 72(3): 393-407.

Holmes A. 1965. Principles of physical geology. New York: Romald Press Company.

Howell D G, Gromet L P, Haskin L A, Korotev R L. 1984. The "North American shale composite": its compilation, major and trace element characteristics. Geochimica et Cosmochimica Acta, 48(12): 2469-2482.

Huang J, Zheng Y F, Zhao Z F, Wu Y B, Zhou H B, Liu X M. 2006. Melting of subducted continent: element and isotopic evidence for a genetic relationship between Neoproterozoic and Mesozoic granitoids in the Sulu orogen. Chemical Geology, 229: 227-256.

Ingersoll R V, Fullard T F, Ford R L, Grimm J P, Pickle J D, Sares S W. 1984. The effect of grain size on detrital modes: a test of the Gazzi-Dickinson point counting method. Journal of Sedimentary Petrology, 54: 103-116.

Jackson S E, Pearson N J, Griffin W L, Belousova E A. 2004. The application of laser ablation-inductively coupled plasma-mass spectrometry to in-situ U-Pb zircon geochronology. Chemical Geology, 211: 47-69.

Jiang K X, Lin C M, Zhang X, He W X, Xiao F. 2018. Geochemical characteristics and possible origin of shale gas in the Toolebuc Formation in the northeastern part of the Eromanga Basin, Australia. Journal of Natural Gas Science and Engineering, 57: 68-76.

Jiang K X, Lin C M, Peng L, Zhang X, Cai C F. 2019. Methyltrimethyltridecylchromans(MTTCs)in lacustrine sediments in the northern Bohai Bay Basin, China. Organic Geochemistry, 133: 1-9.

Kingston D R, Dishroon C P, Williams P A. 1983. Global basin classification system. AAPG Bulletin, 67: 2175-2193.

Lacassie J P, Roser B, Del Solar J R, Herve F. 2004. Discovering geochemical patterns using self-organizing neural networks: a new perspective for sedimentary provenance analysis. Sedimentary Geology, 165: 175-191.

Lin C M, Zhang X, Zhang N, Chen S Y, Zhou J, Liu Y R. 2014. Provenance records of the North Jiangsu Basin: zircon U-Pb geochronology and geochemistry from the Paleogene Dainan Formation in the Gaoyou Sag. Journal of Palaeogeography, 3(1): 99-114.

Liu F L, Gerdes A, Liu P H. 2012. U-Pb trace element and Lu-Hf properties of unique dissolution–reprecipitation zircon from UHP eclogite in SW Sulu terrane, eastern China. Gondwana Research, 22:

169-183.

McLennan S M. 1989. Rare earth elements in sedimentary rocks: influence of provenance and sedimentary processes. Reviews in Mineralogy, 21: 169-200.

McLennan S M, Hemming S R, Mcdaniel D K, Hanson G N. 1993. Geochemical approaches to sedimentation, provenance and tectonics. Geological Society of America, Special Paper, 284: 21-40.

Miall A D. 1977. A review of the braided river depositional environment. Earth Science Reviews, 13: 1-62.

Miall A D. 1978. Lithofacies types and vertical profile models in braided river deposits: a summary//Miall A D. Fluvial sedimentology. Canadian Society of Petroleum Geology Memoir, 5: 597-604.

Morton A C, Hallsworth C R. 1999. Processes controlling the compositionof heavy mineral assemblages in sandstones. Sedimentary Geology, 124: 3-29.

Nesbitt H W, Young G M. 1982. Early Proterozoic climates and plate motions inferred from major element chemistry of lutites. Nature, 299: 715-717.

Roser B P, Korsch R J. 1986. Determination of tectonic setting of sandstone-mudstone suites using SiO_2 content and K_2O/Na_2O ratio. Journal of Geology, 94: 635-650.

Sullwold H H. 1960. Tarzana fan-deep submarine fan of late Miocene age, Los Angeles County, California. AAPG Bulletin, 44: 433-457.

Taylor S R, McLennan S M. 1985. The continental crust: its composition and evolution. Oxford: Blackwell.

Vermeesch P. 2004. How many grains are needed for a provenance study? Earth and Planetary Science Letters, 224: 441-451.

Walker R G. 1978. Deep-water sandstone facies and ancient submarine fans: models for exploration for stratigraphic traps. AAPG Bulletin, 62: 932-966.

Weislogel A L, Graham S A, Chang E Z, Wooden J L, Gehrels G E, Yang H S. 2006. Detrital zircon provenance of the Late Triassic Songpan-Ganze complexes: sedimentary record of collision of the North and South China blocks. Geology, 34: 97-100.

Zhang N, Lin C M, Zhang X. 2014. Petrographic and geochemical characteristics of the Paleogene sedimentary rocks from the North Jiangsu Basin, East China: implications for provenance and tectonic setting. Mineralogy and Petrology, 108(4): 571-588.

Zhang X, Lin C M, Cai Y F, Qu C W, Chen Z Y. 2012. Pore-lining chlorite cements in lacustrine-deltaic sandstones from the upper Triassic Yanchang Formation, Ordos basin, China. Journal of Geology, 35(3): 273-290.

Zhang X, Dalrymple R W, Yang S Y, Lin C M, Wang P. 2015. Provenance of Holocene sediments in the outer part of the Paleo-Qiantang River estuary, China. Marine Geology, 366: 1-15.

Zhang X, Lin C M, Yin Y, Zhang N, Zhou J, Liu Y R. 2016. Sedimentary characteristics and processes of Paleogene Dainan Formation in the Gaoyou Depression, North Jiangsu Basin, eastern China. Petroleum Science, 13(3): 385-401.

Zheng Y F, Zhao Z F, Wu Y B, Zhang S B, Liu X M, Wu F Y. 2006. Zircon U-Pb age, Hf and O isotope constraints on protolith origin of ultrahigh- pressure eclogite and gneiss in Dabie orogen. Chemical Geology, 231: 135-158.

附　　表

附表 1　高邮凹陷 Zr1 样品锆石 LA-ICP-MS 同位素测年结果

测试点号	同位素比值						年龄比值						谐和度	质量分数/10^{-6}		Th/U
	$^{207}Pb/^{206}Pb$	1σ	$^{207}Pb/^{235}U$	1σ	$^{206}Pb/^{238}U$	1σ	$^{207}Pb/^{206}Pb$	1σ	$^{207}Pb/^{235}U$	1σ	$^{206}Pb/^{238}U$	1σ		Th	U	
Zr1-01	0.05046	0.00377	0.13809	0.01014	0.01985	0.00043	216	127	131	9	127	3	103	528	150	3.53
Zr1-02	0.11222	0.00172	4.69796	0.08087	0.30361	0.00428	1836	14	1767	14	1709	21	107	168	472	0.36
Zr1-03	0.05757	0.00271	0.21972	0.01011	0.02768	0.00052	513	68	202	8	176	3	115	236	210	1.13
Zr1-04	0.055	0.00187	0.3715	0.01257	0.049	0.00082	412	46	321	9	308	5	104	413	248	1.67
Zr1-05	0.08632	0.00279	0.50731	0.01598	0.04262	0.00074	67	129	240	18	258	7	93	514	190	2.70
Zr1-06	0.05548	0.00141	0.42998	0.01103	0.05621	0.00086	432	31	363	8	353	5	103	719	1128	0.64
Zr1-07	0.11194	0.00312	5.14392	0.14191	0.33332	0.00586	1831	26	1843	23	1854	28	99	85	61	1.40
Zr1-08	0.18351	0.00343	12.05637	0.2347	0.47663	0.00673	2685	15	2609	18	2513	29	107	495	595	0.83
Zr1-09	0.05409	0.0013	0.29204	0.00711	0.03915	0.00058	375	29	260	6	248	4	105	172	681	0.25
Zr1-10	0.11841	0.00232	5.68338	0.11749	0.34813	0.00521	2409	14	2191	16	1965	24	123	300	400	0.75
Zr1-11	0.1557	0.00258	7.6502	0.13566	0.3564	0.005	1848	24	1847	21	1847	24	100	193	253	0.76
Zr1-12	0.11296	0.00282	5.16575	0.12505	0.33186	0.00488	1932	18	1929	18	1926	25	100	466	932	0.50
Zr1-13	0.05034	0.00107	0.18886	0.00417	0.02721	0.00039	211	26	176	4	173	2	102	1425	1558	0.91
Zr1-14	0.12041	0.00157	2.91579	0.04459	0.17568	0.00236	1962	12	1386	12	1043	13	188	561	1954	0.29
Zr1-15	0.17103	0.00265	11.44201	0.19375	0.48535	0.00668	2568	13	2560	16	2551	29	101	221	220	1.00
Zr1-16	0.1245	0.00181	6.28881	0.10317	0.36632	0.005	2022	13	2017	14	2012	24	100	470	668	0.70
Zr1-17	0.17426	0.00289	11.98256	0.21629	0.49867	0.00724	2599	14	2603	17	2608	31	100	122	125	0.98
Zr1-18	0.05448	0.00302	0.19299	0.01036	0.02569	0.00053	391	83	179	9	164	3	109	427	218	1.96
Zr1-19	0.16702	0.00271	8.58431	0.15047	0.37286	0.00524	2528	13	2295	16	2043	25	124	205	137	1.49
Zr1-20	0.16738	0.00253	11.04716	0.18353	0.47881	0.0064	2532	13	2527	15	2522	28	100	953	452	2.11
Zr1-21	0.05803	0.00108	0.27568	0.0054	0.03446	0.00047	531	21	247	4	218	3	113	1628	2358	0.69
Zr1-22	0.11695	0.00222	5.3351	0.10392	0.33094	0.00455	1910	17	1875	17	1843	22	104	136	260	0.52
Zr1-23	0.05019	0.00144	0.1434	0.00409	0.02073	0.00031	204	39	136	4	132	2	103	2976	1175	2.53
Zr1-24	0.11614	0.0018	4.85808	0.08357	0.30347	0.00412	1929	25	1834	22	1752	23	110	308	2764	0.11
Zr1-25	0.05719	0.00109	0.53517	0.0106	0.06787	0.00093	499	22	435	7	423	6	103	1107	799	1.38
Zr1-26	0.13126	0.00151	4.09327	0.05567	0.22619	0.0029	2006	38	1594	14	1301	15	154	880	2775	0.32
Zr1-27	0.17787	0.00204	9.9769	0.13565	0.40685	0.00523	2555	18	2490	20	2412	30	106	269	973	0.28
Zr1-28	0.1707	0.00378	11.02711	0.24343	0.46856	0.008	2565	17	2525	21	2477	35	104	84	61	1.39
Zr1-29	0.05235	0.0017	0.28393	0.00907	0.03934	0.00062	301	44	254	7	249	4	102	923	419	2.20
Zr1-30	0.14344	0.00206	2.16939	0.03392	0.10969	0.00148	1734	210	1039	70	741	14	140	734	716	1.02
Zr1-31	0.05278	0.00130	0.19179	0.00502	0.02633	0.00039	319	33	178	4	168	2	106	374	504	0.74
Zr1-32	0.05564	0.00397	0.38633	0.02645	0.05036	0.00129	438	107	332	19	317	8	105	81	92	0.88
Zr1-33	0.1623	0.00185	10.43551	0.14166	0.46636	0.00599	2480	10	2474	13	2468	26	100	632	749	0.84

续表

测试点号	同位素比值						年龄比值						谐和度	质量分数/10^{-6}		Th/U
	$^{207}Pb/^{206}Pb$	1σ	$^{207}Pb/^{235}U$	1σ	$^{206}Pb/^{238}U$	1σ	$^{207}Pb/^{206}Pb$	1σ	$^{207}Pb/^{235}U$	1σ	$^{206}Pb/^{238}U$	1σ		Th	U	
Zr1-34	0.1633	0.00194	10.58807	0.14708	0.47029	0.0061	2490	10	2488	13	2485	27	100	570	594	0.96
Zr1-35	0.06214	0.00128	0.20744	0.00439	0.02421	0.00034	679	23	191	4	154	2	124	879	1261	0.70
Zr1-36	0.06793	0.00124	1.22818	0.02349	0.13114	0.00181	866	19	814	11	794	10	103	285	330	0.86
Zr1-37	0.05479	0.00107	0.52567	0.01074	0.0696	0.00097	404	23	429	7	434	6	99	1426	1176	1.21
Zr1-38	0.05487	0.00168	0.35951	0.01096	0.04753	0.00075	407	40	312	8	299	5	104	311	317	0.98
Zr1-39	0.11164	0.00181	4.80133	0.08284	0.31195	0.00416	1826	15	1785	14	1750	20	104	911	558	1.63
Zr1-40	0.05468	0.00116	0.46323	0.0102	0.06147	0.00087	399	26	387	7	385	5	101	1311	542	2.42
Zr1-41	0.04316	0.00414	0.1547	0.01446	0.026	0.0007	-115	146	146	13	165	4	88	629	205	3.07
Zr1-42	0.16722	0.00296	10.80676	0.20194	0.46886	0.00686	2530	14	2507	17	2479	30	102	117	74	1.58
Zr1-43	0.07202	0.00201	1.66208	0.04662	0.16742	0.00272	987	32	994	18	998	15	100	655	318	2.06
Zr1-44	0.23701	0.00502	1.6318	0.03345	0.04995	0.00079	1151	532	360	72	250	7	144	235	212	1.11
Zr1-45	0.11634	0.00212	5.38904	0.10579	0.33617	0.0049	1901	17	1883	17	1868	24	102	297	230	1.29
Zr1-46	0.11547	0.00194	5.26227	0.09936	0.33069	0.00479	1887	16	1863	16	1842	23	102	1144	2324	0.49
Zr1-47	0.11831	0.00235	5.66742	0.11847	0.34766	0.00516	1931	18	1926	18	1923	25	100	107	160	0.67
Zr1-48	0.0533	0.00212	0.25612	0.00987	0.0349	0.00061	342	56	232	8	221	4	105	1272	1168	1.09
Zr1-49	0.05298	0.00102	0.35241	0.00712	0.04825	0.00067	536	24	339	6	311	4	109	1035	909	1.14
Zr1-50	0.05817	0.00121	0.39684	0.00861	0.04948	0.00071	328	23	307	5	304	4	101	1516	817	1.86
Zr1-51	0.04986	0.00171	0.14358	0.00485	0.02089	0.00034	188	49	136	4	133	2	102	1323	507	2.61
Zr1-52	0.12089	0.00171	5.71763	0.09051	0.34307	0.00456	1969	13	1934	14	1901	22	104	347	465	0.75
Zr1-53	0.05585	0.00152	0.30427	0.00827	0.03952	0.00059	446	35	270	6	250	4	108	463	402	1.15
Zr1-54	0.17021	0.00267	11.24151	0.19113	0.47908	0.00663	2560	13	2543	16	2523	29	101	170	115	1.47
Zr1-55	0.06762	0.00124	1.13205	0.02177	0.12143	0.00167	857	19	769	10	739	10	104	518	428	1.21
Zr1-56	0.11503	0.00166	5.21364	0.0836	0.32877	0.00432	1880	13	1855	14	1832	21	103	115	1672	0.07
Zr1-57	0.05641	0.00288	0.2756	0.01362	0.03544	0.00071	469	74	247	11	225	4	110	124	150	0.83
Zr1-58	0.10001	0.0039	0.24891	0.00919	0.01805	0.00035	70	275	115	22	118	7	97	285	204	1.40
Zr1-59	0.05095	0.00125	0.23617	0.00585	0.03362	0.00048	239	32	215	5	213	3	101	1098	755	1.45
Zr1-60	0.11119	0.00165	4.5727	0.0756	0.29833	0.00402	1819	14	1744	14	1683	20	108	822	1109	0.74
Zr1-61	0.1149	0.00173	5.1835	0.08705	0.3272	0.00447	1878	14	1850	14	1825	22	103	488	492	0.99
Zr1-62	0.11943	0.00205	5.7642	0.10574	0.35	0.0049	1948	15	1941	16	1935	23	101	213	263	0.81
Zr1-63	0.05169	0.00101	0.27988	0.00577	0.03928	0.00056	272	23	251	5	248	3	101	1937	1904	1.02
Zr1-64	0.05046	0.00115	0.25367	0.00596	0.03646	0.00052	216	29	230	5	231	3	100	1341	886	1.51
Zr1-65	0.15005	0.00246	7.73169	0.13599	0.37361	0.00508	2346	14	2200	16	2046	24	115	662	409	1.62
Zr1-66	0.1588	0.00253	9.4984	0.16326	0.43376	0.00595	2443	13	2387	16	2323	27	105	289	168	1.73
Zr1-67	0.1604	0.00227	10.1756	0.16229	0.46009	0.00614	2460	12	2451	15	2440	27	101	265	495	0.54
Zr1-68	0.0505	0.00254	0.14969	0.00734	0.02149	0.00041	218	78	142	6	137	3	104	1058	418	2.53
Zr1-69	0.05652	0.00208	0.29555	0.0107	0.03792	0.00066	473	50	263	8	240	4	110	1092	343	3.18
Zr1-70	0.06635	0.00132	1.18588	0.02463	0.1296	0.00182	817	22	794	11	786	10	101	136	849	0.16
Zr1-71	0.13468	0.00235	5.63229	0.10657	0.30329	0.00436	2160	15	1921	16	1708	22	126	577	325	1.77
Zr1-72	0.05693	0.00138	0.30096	0.00744	0.03834	0.00057	489	29	267	6	243	4	110	2421	744	3.25

续表

测试	同位素比值						年龄比值						谐和度	质量分数/10^{-6}		Th/U
点号	$^{207}Pb/^{206}Pb$	1σ	$^{207}Pb/^{235}U$	1σ	$^{206}Pb/^{238}U$	1σ	$^{207}Pb/^{206}Pb$	1σ	$^{207}Pb/^{235}U$	1σ	$^{206}Pb/^{238}U$	1σ		Th	U	
Zr1-73	0.105	0.00507	4.27688	0.19636	0.29556	0.00718	1714	49	1689	38	1669	36	103	65	56	1.17
Zr1-74	0.11342	0.00183	5.23046	0.09441	0.33463	0.00483	1855	15	1858	15	1861	23	100	918	548	1.67
Zr1-75	0.16335	0.00255	10.43329	0.18297	0.46337	0.00675	2491	13	2474	16	2454	30	102	244	261	0.93
Zr1-76	0.1863	0.00277	13.33706	0.21732	0.51929	0.00705	2710	12	2704	15	2696	30	101	124	178	0.70
Zr1-77	0.05104	0.0015	0.28694	0.00848	0.04078	0.00065	243	39	256	7	258	4	99	400	490	0.82
Zr1-78	0.05086	0.00222	0.32246	0.0138	0.04603	0.00088	234	64	284	11	290	5	98	874	668	1.31
Zr1-79	0.10095	0.00184	3.49005	0.06744	0.25078	0.00366	1642	17	1525	15	1442	19	114	61	123	0.49
Zr1-80	0.05202	0.00169	0.28682	0.00935	0.04000	0.00069	286	44	256	7	253	4	101	760	842	0.90
Zr1-81	0.05028	0.00183	0.32923	0.01179	0.04749	0.00079	208	52	289	9	299	5	97	292	322	0.90
Zr1-82	0.0651	0.0015	1.02125	0.024	0.11379	0.0017	778	26	715	12	695	10	103	386	298	1.30
Zr1-83	0.13919	0.0031	7.66801	0.1749	0.39955	0.00591	2217	20	2193	20	2167	27	102	966	645	1.50
Zr1-84	0.16215	0.00265	9.4035	0.16371	0.42079	0.0056	2478	14	2378	16	2264	25	109	783	808	0.97
Zr1-85	0.058	0.00151	0.60143	0.01578	0.07522	0.00115	530	32	478	10	468	7	102	377	369	1.02
Zr1-86	0.17517	0.00236	12.10887	0.18793	0.50141	0.00686	2608	12	2613	15	2620	29	100	364	426	0.86
Zr1-87	0.11145	0.00167	5.16402	0.08506	0.33629	0.00458	1823	14	1847	14	1869	22	98	342	252	1.36
Zr1-88	0.11015	0.00182	4.82197	0.08576	0.31759	0.00444	1802	15	1789	15	1778	22	101	199	234	0.85
Zr1-89	0.05343	0.00269	0.3759	0.01844	0.05102	0.00111	347	72	324	14	321	7	101	396	519	0.76
Zr1-90	0.16285	0.0031	10.5962	0.21096	0.47237	0.00706	2485	16	2488	18	2494	31	100	61	129	0.47
Zr1-91	0.04835	0.00108	0.18397	0.00423	0.0276	0.0004	116	28	171	4	176	3	97	1607	1093	1.47
Zr1-92	0.16136	0.00234	9.65682	0.15722	0.43418	0.00597	2470	12	2403	15	2325	27	106	336	300	1.12
Zr1-93	0.05314	0.00142	0.36101	0.00972	0.0493	0.00076	335	34	313	7	310	5	101	763	930	0.82
Zr1-94	0.05606	0.00151	0.31623	0.00857	0.04094	0.00063	455	34	279	7	259	4	108	775	1103	0.70
Zr1-95	0.06485	0.00142	1.20948	0.02723	0.13532	0.00198	769	24	805	13	818	11	98	528	370	1.43
Zr1-96	0.11558	0.00292	5.37582	0.13562	0.33752	0.00534	1889	24	1881	22	1875	26	101	320	188	1.71
Zr1-97	0.05153	0.00113	0.2992	0.00676	0.04213	0.0006	265	27	266	5	266	4	100	455	1113	0.41
Zr1-98	0.05382	0.00459	0.35406	0.02898	0.04773	0.00139	364	132	308	22	301	9	102	116	91	1.28
Zr1-99	0.13295	0.00191	4.34436	0.06949	0.23705	0.00319	2055	57	1657	23	1361	17	151	329	437	0.75
Zr1-100	0.06301	0.00257	0.38548	0.01525	0.04439	0.00083	709	53	331	11	280	5	118	302	224	1.35
Zr1-101	0.0523	0.00167	0.31793	0.01011	0.0441	0.0007	299	44	280	8	278	4	101	664	348	1.91
Zr1-102	0.05092	0.00153	0.29028	0.00874	0.04134	0.00066	237	41	259	7	261	4	99	629	831	0.76
Zr1-103	0.15751	0.00269	9.89557	0.1773	0.45581	0.0063	2429	14	2425	17	2421	28	100	354	187	1.89
Zr1-104	0.05366	0.00123	0.37731	0.00888	0.05101	0.00075	357	28	325	7	321	5	101	940	951	0.99
Zr1-105	0.06303	0.00117	0.45122	0.00879	0.05193	0.00072	709	20	378	6	326	4	116	836	979	0.85
Zr1-106	0.16381	0.00235	10.38598	0.16554	0.45993	0.00616	2495	12	2470	15	2439	27	102	259	309	0.84
Zr1-107	0.06022	0.00317	0.38585	0.01968	0.04648	0.00094	611	75	331	14	293	6	113	105	86	1.23
Zr1-108	0.13597	0.00254	7.30052	0.14291	0.38945	0.00574	2176	16	2149	17	2120	27	103	151	106	1.42

附表 2　高邮凹陷 Zr2 样品锆石 LA-ICP-MS 同位素测年结果

测试	同位素比值						年龄比值						谐和度	质量分数/10^{-6}		Th/U
点号	$^{207}Pb/^{206}Pb$	1σ	$^{207}Pb/^{235}U$	1σ	$^{206}Pb/^{238}U$	1σ	$^{207}Pb/^{206}Pb$	1σ	$^{207}Pb/^{235}U$	1σ	$^{206}Pb/^{238}U$	1σ		Th	U	
Zr2-01	0.06981	0.00207	1.60931	0.04852	0.16718	0.00279	923	35	974	19	997	15	98	73	83	0.88
Zr2-02	0.14324	0.00277	8.75236	0.18466	0.44355	0.00703	2267	17	2313	19	2367	31	98	1039	794	1.31
Zr2-03	0.09351	0.00172	2.62687	0.05259	0.20369	0.00311	1451	34	1280	23	1181	20	108	196	212	0.92
Zr2-04	0.05189	0.00172	0.31858	0.01058	0.04451	0.00074	281	46	281	8	281	5	100	555	509	1.09
Zr2-05	0.13586	0.00251	7.51645	0.15069	0.40117	0.00617	2175	16	2175	18	2174	28	100	278	296	0.94
Zr2-06	0.11333	0.00314	5.21369	0.14662	0.33398	0.00574	1853	27	1855	24	1858	28	100	331	496	0.67
Zr2-07	0.18219	0.00387	12.35328	0.27311	0.49152	0.00738	2673	18	2632	21	2577	32	102	717	1349	0.53
Zr2-08	0.16026	0.00312	9.79518	0.20387	0.44321	0.00673	2458	17	2416	19	2365	30	102	1762	1512	1.17
Zr2-09	0.05183	0.00104	0.25378	0.00541	0.03551	0.00052	278	24	230	4	225	3	102	2677	2907	0.92
Zr2-10	0.05907	0.00120	0.71950	0.01539	0.08833	0.00131	570	23	550	9	546	8	101	458	1474	0.31
Zr2-11	0.18308	0.00430	12.10026	0.29083	0.47930	0.00792	2681	20	2612	23	2524	35	103	171	151	1.13
Zr2-12	0.07092	0.00171	1.30046	0.03220	0.13287	0.00205	955	27	846	14	804	12	105	439	1243	0.35
Zr2-13	0.13294	0.00250	7.40812	0.15244	0.40418	0.00635	2137	17	2162	18	2188	29	99	448	575	0.78
Zr2-14	0.05540	0.00139	0.40730	0.01051	0.05332	0.00082	428	31	347	8	335	5	104	1247	563	2.22
Zr2-15	0.06632	0.00121	1.16393	0.02314	0.12729	0.00186	816	20	784	11	772	11	102	847	523	1.62
Zr2-16	0.16419	0.00234	8.36210	0.13908	0.36937	0.00526	2545	15	2407	18	2246	29	107	858	629	1.36
Zr2-17	0.06330	0.00147	0.36469	0.00879	0.04179	0.00064	718	27	316	7	264	4	120	886	822	1.08
Zr2-18	0.08199	0.00123	2.45907	0.04239	0.21752	0.00312	1245	15	1260	12	1269	17	99	336	578	0.58
Zr2-19	0.16226	0.00282	10.07648	0.19352	0.45047	0.00662	2479	15	2442	18	2397	29	102	1437	1184	1.21
Zr2-20	0.10817	0.00188	4.70564	0.08999	0.31556	0.00465	1769	16	1768	16	1768	23	100	302	340	0.89
Zr2-21	0.11137	0.00215	4.84567	0.10017	0.31555	0.00464	1822	18	1793	17	1768	23	101	537	1541	0.35
Zr2-22	0.07744	0.00169	1.86267	0.04246	0.17446	0.00264	1133	23	1068	15	1037	14	103	1781	898	1.98
Zr2-23	0.10458	0.00169	2.81559	0.05122	0.19527	0.00282	1774	22	1558	19	1406	21	111	2375	1696	1.40
Zr2-24	0.18021	0.00341	13.34055	0.27502	0.53705	0.00823	2655	16	2704	19	2771	35	98	212	393	0.54
Zr2-25	0.05281	0.00110	0.32057	0.00705	0.04403	0.00065	321	25	282	5	278	4	101	2819	1682	1.68
Zr2-26	0.23226	0.00301	19.01644	0.28997	0.59392	0.00817	3068	11	3043	15	3005	33	101	274	262	1.04
Zr2-27	0.04926	0.00692	0.13653	0.01871	0.02010	0.00070	160	240	130	17	128	4	102	420	170	2.47
Zr2-28	0.06160	0.00118	0.45561	0.00932	0.05365	0.00078	660	21	381	7	337	5	113	1159	903	1.28
Zr2-29	0.16459	0.00237	10.35943	0.17042	0.45656	0.00639	2503	12	2467	15	2424	28	102	266	332	0.80
Zr2-30	0.04980	0.00195	0.30651	0.01188	0.04464	0.00080	186	57	271	9	282	5	96	507	642	0.79
Zr2-31	0.05507	0.00172	0.37975	0.01187	0.05002	0.00082	415	41	327	9	315	5	104	788	377	2.09
Zr2-32	0.15788	0.00312	9.74750	0.20398	0.44778	0.00680	2433	17	2411	19	2385	30	101	324	204	1.59
Zr2-33	0.05971	0.00347	0.34013	0.01920	0.04132	0.00092	593	84	297	15	261	6	114	358	238	1.50
Zr2-34	0.05130	0.00125	0.27975	0.00706	0.03955	0.00061	254	31	250	6	250	4	100	1502	1194	1.26
Zr2-35	0.10177	0.00214	4.53399	0.10110	0.32313	0.00508	1657	20	1737	19	1805	25	96	128	156	0.82
Zr2-36	0.12789	0.00237	3.35939	0.06738	0.19053	0.00277	2061	19	1567	18	1228	17	128	2940	2519	1.17

续表

测试	同位素比值						年龄比值						谐和度	质量分数/10^{-6}		Th/U
点号	$^{207}Pb/^{206}Pb$	1σ	$^{207}Pb/^{235}U$	1σ	$^{206}Pb/^{238}U$	1σ	$^{207}Pb/^{206}Pb$	1σ	$^{207}Pb/^{235}U$	1σ	$^{206}Pb/^{238}U$	1σ		Th	U	
Zr2-37	0.16661	0.00297	10.76904	0.20455	0.46876	0.00678	2524	15	2503	18	2478	30	101	643	584	1.10
Zr2-38	0.11059	0.00180	5.27816	0.09795	0.34619	0.00523	1809	15	1865	16	1916	25	97	377	839	0.45
Zr2-39	0.05217	0.00150	0.24151	0.00690	0.03360	0.00052	293	38	220	6	213	3	103	678	1816	0.37
Zr2-40	0.05553	0.00499	0.25651	0.02244	0.03352	0.00090	434	148	232	18	213	6	109	450	163	2.77
Zr2-41	0.11185	0.00178	2.99824	0.05300	0.19446	0.00277	1830	15	1407	13	1145	15	123	438	1480	0.30
Zr2-42	0.05269	0.00175	0.33197	0.01095	0.04572	0.00076	315	45	291	8	288	5	101	1189	766	1.55
Zr2-43	0.18291	0.00330	13.39696	0.25908	0.53140	0.00811	2679	15	2708	18	2747	34	98	42	143	0.29
Zr2-44	0.05157	0.00137	0.12781	0.00339	0.01798	0.00026	266	35	122	3	115	2	231	1493	1246	1.20
Zr2-45	0.06558	0.00171	1.17678	0.03057	0.13012	0.00197	793	30	790	14	789	11	101	217	223	0.97
Zr2-46	0.10989	0.00185	4.79419	0.08688	0.31643	0.00446	1798	15	1784	15	1772	22	101	367	442	0.83
Zr2-47	0.13870	0.00227	4.07381	0.07160	0.21304	0.00299	2192	36	2130	32	2067	34	106	228	368	0.62
Zr2-48	0.05448	0.00289	0.24237	0.01251	0.03227	0.00064	391	80	220	10	205	4	191	124	241	0.52
Zr2-49	0.15925	0.00246	6.59934	0.11402	0.30060	0.00424	2448	13	2059	15	1694	21	145	282	1544	0.18
Zr2-50	0.11200	0.00182	5.44957	0.09729	0.35292	0.00502	1832	15	1893	15	1949	24	94	696	521	1.34
Zr2-51	0.15731	0.00280	9.63898	0.18053	0.44445	0.00627	2427	15	2401	17	2371	28	102	264	225	1.18
Zr2-52	0.14413	0.00276	7.27989	0.14547	0.36653	0.00510	2204	31	2137	27	2069	29	107	597	883	0.68
Zr2-53	0.07156	0.00227	1.12257	0.03525	0.11377	0.00194	973	37	764	17	695	11	140	184	129	1.43
Zr2-54	0.05308	0.00259	0.20821	0.00990	0.02845	0.00055	332	73	192	8	181	3	183	780	598	1.30
Zr2-55	0.05121	0.00171	0.34849	0.01157	0.04936	0.00081	250	47	304	9	311	5	80	503	505	1.00
Zr2-56	0.16510	0.00345	11.11416	0.24089	0.48822	0.00739	2509	18	2533	20	2563	32	98	196	217	0.91
Zr2-57	0.06558	0.00140	1.16721	0.02598	0.12911	0.00186	793	24	785	12	783	11	101	736	836	0.88
Zr2-58	0.07476	0.00650	1.99307	0.16729	0.19358	0.00612	1062	118	1113	57	1141	33	93	12	32	0.37
Zr2-59	0.05427	0.00188	0.31029	0.01071	0.04147	0.00071	382	47	274	8	262	4	146	439	472	0.93
Zr2-60	0.05151	0.00149	0.27305	0.00802	0.03845	0.00060	264	39	245	6	243	4	109	635	762	0.83
Zr2-61	0.11013	0.00171	5.11370	0.08846	0.33686	0.00483	1802	14	1838	15	1872	23	96	393	325	1.21
Zr2-62	0.11204	0.00220	5.09617	0.10461	0.32993	0.00504	1833	18	1835	17	1838	24	100	139	72	1.92
Zr2-63	0.06075	0.00243	0.52619	0.02048	0.06283	0.00115	630	53	429	14	393	7	160	335	229	1.46
Zr2-64	0.05400	0.00159	0.26589	0.00785	0.03571	0.00057	371	38	239	6	226	4	164	2054	691	2.97
Zr2-65	0.05361	0.00090	0.39593	0.00734	0.05357	0.00077	355	19	339	5	336	5	106	3193	2964	1.08
Zr2-66	0.12502	0.00213	5.47471	0.10214	0.31770	0.00456	2029	15	1897	16	1778	22	114	1121	1630	0.69
Zr2-67	0.18535	0.00327	12.66298	0.23984	0.49547	0.00703	2701	15	2655	18	2594	30	104	413	483	0.86
Zr2-68	0.05371	0.00129	0.34571	0.00858	0.04669	0.00071	359	30	301	6	294	4	122	1318	792	1.66
Zr2-69	0.11469	0.00191	5.34713	0.09831	0.33819	0.00480	1875	15	1876	16	1878	23	100	1798	925	1.94
Zr2-70	0.05465	0.00156	0.30966	0.00895	0.04110	0.00064	398	38	274	7	260	4	153	758	527	1.44
Zr2-71	0.09378	0.00175	3.36328	0.06743	0.26014	0.00379	1504	18	1496	16	1491	19	101	230	311	0.74
Zr2-72	0.05084	0.00521	0.15838	0.01564	0.02259	0.00071	234	164	149	14	144	4	163	1086	367	2.96
Zr2-73	0.07364	0.00122	1.74636	0.03233	0.17204	0.00251	1032	17	1026	12	1023	14	101	609	762	0.80
Zr2-74	0.06235	0.00162	0.35169	0.00925	0.04091	0.00062	686	31	306	7	258	4	266	1724	600	2.87
Zr2-75	0.11394	0.00163	5.27285	0.08658	0.33561	0.00461	1863	13	1864	14	1866	22	100	1497	1792	0.84

续表

测试点号	同位素比值						年龄比值						谐和度	质量分数/10^{-6}		Th/U
	$^{207}Pb/^{206}Pb$	1σ	$^{207}Pb/^{235}U$	1σ	$^{206}Pb/^{238}U$	1σ	$^{207}Pb/^{206}Pb$	1σ	$^{207}Pb/^{235}U$	1σ	$^{206}Pb/^{238}U$	1σ		Th	U	
Zr2-76	0.10806	0.00191	4.66600	0.08874	0.31323	0.00450	1767	16	1761	16	1757	22	101	321	295	1.09
Zr2-77	0.05097	0.00099	0.27817	0.00574	0.03958	0.00056	239	24	249	5	250	3	96	1899	1303	1.46
Zr2-78	0.05258	0.00126	0.27430	0.00675	0.03784	0.00056	311	30	246	5	239	3	130	830	753	1.10
Zr2-79	0.13692	0.00200	7.65513	0.12670	0.40553	0.00558	2189	13	2191	15	2194	26	100	712	1157	0.62
Zr2-80	0.05106	0.00333	0.15286	0.00974	0.02174	0.00047	244	107	144	9	139	3	176	686	464	1.48
Zr2-81	0.14360	0.00227	8.26442	0.14460	0.41742	0.00585	2271	14	2260	16	2249	27	101	348	347	1.00
Zr2-82	0.13883	0.00276	7.33048	0.15475	0.38333	0.00571	2213	18	2153	19	2092	27	106	229	460	0.50
Zr2-83	0.11430	0.00167	5.51055	0.09200	0.34972	0.00488	1869	14	1902	14	1933	23	97	77	974	0.08
Zr2-84	0.06535	0.00123	1.20640	0.02443	0.13393	0.00197	786	20	804	11	810	11	97	85	616	0.14
Zr2-85	0.10175	0.00163	3.92069	0.06786	0.27948	0.00382	1634	14	1655	14	1671	21	98	458	376	1.22
Zr2-86	0.12139	0.00173	5.84935	0.09320	0.34949	0.00463	1977	13	1954	14	1932	22	102	631	1054	0.60
Zr2-87	0.16386	0.00256	10.57693	0.17947	0.46817	0.00644	2496	13	2487	16	2476	28	101	813	398	2.04
Zr2-88	0.08972	0.00132	1.28294	0.02095	0.10371	0.00138	1147	131	752	33	627	9	183	2980	3818	0.78
Zr2-89	0.06304	0.00194	0.14946	0.00455	0.01720	0.00027	63	193	106	9	108	2	58	745	1037	0.72
Zr2-90	0.05348	0.00269	0.15167	0.00744	0.02057	0.00038	349	77	143	7	131	2	266	434	411	1.06
Zr2-91	0.05638	0.00127	0.44222	0.01018	0.05689	0.00081	467	27	372	7	357	5	131	419	760	0.55
Zr2-92	0.05535	0.00112	0.52173	0.01099	0.06837	0.00096	426	24	426	7	426	6	100	2147	1052	2.04
Zr2-93	0.16465	0.00311	10.73850	0.21151	0.47306	0.00697	2504	16	2501	18	2497	31	100	188	104	1.80
Zr2-94	0.16056	0.00294	9.01757	0.17347	0.40735	0.00585	2435	23	2386	24	2333	33	104	333	165	2.02
Zr2-95	0.11076	0.00309	4.86900	0.13368	0.31885	0.00549	1812	26	1797	23	1784	27	102	95	70	1.36
Zr2-96	0.13201	0.00245	7.09068	0.13842	0.38959	0.00552	2125	16	2123	17	2121	26	100	352	252	1.40
Zr2-97	0.15743	0.00174	5.34934	0.07322	0.24648	0.00326	2447	22	2172	22	1893	25	129	1412	2338	0.60
Zr2-98	0.16545	0.00192	9.95327	0.14012	0.43637	0.00584	2512	11	2430	13	2334	26	108	596	465	1.28
Zr2-99	0.20033	0.00260	13.97091	0.20985	0.50588	0.00704	2829	11	2748	14	2639	30	107	184	151	1.22
Zr2-100	0.07065	0.00236	0.21212	0.00694	0.02178	0.00037	947	40	195	6	139	2	140	1781	681	2.61
Zr2-101	0.04813	0.00306	0.17495	0.01084	0.02637	0.00057	106	99	164	9	168	4	98	730	555	1.31
Zr2-102	0.05257	0.00129	0.12839	0.00322	0.01771	0.00026	310	31	123	3	113	2	109	2241	1094	2.05
Zr2-103	0.17128	0.00211	11.29539	0.16451	0.47837	0.00651	2570	11	2548	14	2520	28	101	400	350	1.14
Zr2-104	0.05353	0.00143	0.33733	0.00913	0.04572	0.00068	351	35	295	7	288	4	102	756	476	1.59
Zr2-105	0.07013	0.00135	0.68085	0.01379	0.07042	0.00100	932	20	527	8	439	6	120	740	559	1.32

附表 3　高邮凹陷 Zr3 样品锆石 LA-ICP-MS 同位素测年结果

测试	同位素比值						年龄比值						谐和度	质量分数/10^{-6}		Th/U
点号	$^{207}Pb/^{206}Pb$	1σ	$^{207}Pb/^{235}U$	1σ	$^{206}Pb/^{238}U$	1σ	$^{207}Pb/^{206}Pb$	1σ	$^{207}Pb/^{235}U$	1σ	$^{206}Pb/^{238}U$	1σ		Th	U	
Zr3-01	0.1631	0.00238	9.46205	0.15687	0.42099	0.00582	2488	13	2384	15	2265	26	110	1482	952	1.56
Zr3-02	0.06904	0.00164	1.26493	0.03077	0.13296	0.00204	900	26	830	14	805	12	103	1622	873	1.86
Zr3-03	0.16592	0.0022	10.89464	0.16962	0.47644	0.00652	2517	12	2514	14	2512	28	100	283	865	0.33
Zr3-04	0.07217	0.00135	1.44543	0.02887	0.14534	0.0021	991	20	908	12	875	12	104	770	337	2.29
Zr3-05	0.11495	0.00206	5.45199	0.10682	0.34416	0.0051	1879	17	1893	17	1907	24	99	554	1218	0.45
Zr3-06	0.05118	0.00183	0.29859	0.01067	0.04233	0.0007	249	52	265	8	267	4	99	620	321	1.93
Zr3-07	0.06897	0.00185	1.2384	0.03363	0.1303	0.00207	898	31	818	15	790	12	104	307	192	1.60
Zr3-08	0.06331	0.002	1.1386	0.03591	0.13051	0.00218	719	39	772	17	791	12	98	248	150	1.66
Zr3-09	0.16562	0.00316	10.67592	0.21729	0.46777	0.0072	2514	16	2495	19	2474	32	102	108	121	0.89
Zr3-10	0.05455	0.0017	0.14792	0.00462	0.01968	0.00032	394	41	140	4	126	2	111	653	927	0.70
Zr3-11	0.15382	0.00257	9.48698	0.17475	0.44763	0.00644	2389	14	2386	17	2385	29	100	426	300	1.42
Zr3-12	0.17291	0.00299	4.25488	0.0802	0.17857	0.00257	2221	117	1474	49	1012	17	219	1098	1050	1.05
Zr3-13	0.12073	0.00215	5.81728	0.10977	0.34955	0.00518	1967	16	1949	16	1932	25	102	212	103	2.06
Zr3-14	0.06591	0.00118	1.11363	0.02131	0.12257	0.00172	804	19	760	10	745	10	102	1057	466	2.27
Zr3-15	0.11083	0.00158	4.90798	0.07863	0.32125	0.00443	1813	13	1804	14	1796	22	101	59	261	0.22
Zr3-16	0.11326	0.00163	5.14803	0.083	0.32974	0.00456	1852	13	1844	14	1837	22	101	380	219	1.74
Zr3-17	0.11421	0.00155	5.24352	0.08148	0.33308	0.00456	1867	13	1860	13	1853	22	101	1662	1364	1.22
Zr3-18	0.10916	0.00127	3.7513	0.05283	0.24931	0.0033	1785	11	1582	11	1435	17	124	237	2362	0.10
Zr3-19	0.11375	0.00132	5.24606	0.07377	0.33457	0.00443	1860	11	1860	12	1860	21	100	590	1694	0.35
Zr3-20	0.11462	0.00146	4.88817	0.07293	0.30939	0.00417	1874	12	1800	13	1738	21	108	269	622	0.43
Zr3-21	0.07022	0.00153	1.03963	0.02329	0.10741	0.00158	935	23	724	12	658	9	110	273	272	1.01
Zr3-22	0.11351	0.00137	5.12345	0.07393	0.32745	0.00437	1856	12	1840	12	1826	21	102	1045	1103	0.95
Zr3-23	0.11614	0.00148	5.49696	0.08193	0.34337	0.00463	1898	12	1900	13	1903	22	100	376	654	0.58
Zr3-24	0.06345	0.00158	1.12166	0.02844	0.12825	0.00194	723	29	764	14	778	11	98	297	201	1.47
Zr3-25	0.0509	0.00217	0.21503	0.00052	0.03064	0.00906	236	513	197.8	0.4	195	57	101	417	461	0.90
Zr3-26	0.06449	0.00229	1.13764	0.0023	0.12794	0.04034	758	632	771	1	776	231	99	399	254	1.57
Zr3-27	0.13205	0.00279	7.22136	0.00598	0.39653	0.15904	2125	950	2139.1	0.7	2153	734	99	199	257	0.78
Zr3-28	0.06461	0.00128	1.19129	0.00193	0.1337	0.02477	762	412	796.6	0.9	809	141	98	411	452	0.91
Zr3-29	0.05504	0.00137	0.31101	0.00061	0.04097	0.0079	414	392	275	0.5	259	49	106	692	874	0.79
Zr3-30	0.17692	0.00401	12.56118	0.00777	0.5147	0.2956	2624	1402	2647.3	0.6	2677	1258	98	325	1815	0.18
Zr3-31	0.08997	0.00205	0.20933	0.00025	0.01687	0.00479	1425	613	193	0.2	108	30	179	11666	5653	2.06
Zr3-32	0.11066	0.00192	4.86061	0.00449	0.31842	0.09044	1810	616	1795.5	0.8	1782	442	102	289	672	0.43
Zr3-33	0.05823	0.00226	0.41939	0.00087	0.05221	0.01613	538	590	355.6	0.6	328	99	108	306	244	1.25
Zr3-34	0.15926	0.0029	11.12451	0.00714	0.50641	0.21472	2448	1012	2533.6	0.6	2641	919	93	1317	870	1.51
Zr3-35	0.11162	0.00287	5.55358	0.00571	0.36065	0.14569	1826	955	1908.9	0.9	1985	690	92	284	441	0.64
Zr3-36	0.11686	0.0034	5.5303	0.00559	0.34302	0.16117	1909	1142	1905.3	0.9	1901	774	100	405	584	0.69

续表

测试	同位素比值						年龄比值						谐和度	质量分数/10^{-6}		Th/U
点号	$^{207}Pb/^{206}Pb$	1σ	$^{207}Pb/^{235}U$	1σ	$^{206}Pb/^{238}U$	1σ	$^{207}Pb/^{206}Pb$	1σ	$^{207}Pb/^{235}U$	1σ	$^{206}Pb/^{238}U$	1σ		Th	U	
Zr3-37	0.06328	0.00266	1.07703	0.04458	0.12337	0.00209	718	59	742	22	750	12	99	184	95	1.93
Zr3-38	0.06975	0.00094	1.54995	0.02347	0.16108	0.00209	921	14	950	9	963	12	99	787	1394	0.56
Zr3-39	0.17994	0.0022	12.62309	0.17817	0.50853	0.00659	2652	10	2652	13	2650	28	100	404	458	0.88
Zr3-40	0.16707	0.00202	11.10383	0.15574	0.48179	0.00621	2529	11	2532	13	2535	27	100	686	550	1.25
Zr3-41	0.06363	0.0024	1.13392	0.04218	0.12919	0.00212	729	51	770	20	783	12	98	120	112	1.07
Zr3-42	0.15952	0.00192	8.47054	0.11845	0.38493	0.00495	2452	17	2423	19	2386	29	103	1162	1226	0.95
Zr3-43	0.06634	0.00142	1.09417	0.024	0.11956	0.00167	817	24	751	12	728	10	103	390	256	1.52
Zr3-44	0.06399	0.00177	1.01939	0.02823	0.11549	0.00173	741	34	714	14	705	10	101	496	223	2.22
Zr3-45	0.06397	0.00245	1.06487	0.04039	0.12067	0.00193	741	53	736	20	734	11	100	158	93	1.69
Zr3-46	0.06474	0.00167	1.05036	0.0272	0.11762	0.00172	766	31	729	13	717	10	102	379	222	1.71
Zr3-47	0.06447	0.00275	1.05937	0.0443	0.11911	0.00209	757	59	734	22	725	12	101	223	117	1.90
Zr3-48	0.06529	0.00102	1.18963	0.02008	0.13209	0.00174	784	16	796	9	800	10	100	843	624	1.35
Zr3-49	0.13038	0.00194	7.02557	0.11198	0.39086	0.00524	2103	13	2115	14	2127	24	99	282	168	1.67
Zr3-50	0.12092	0.0016	5.99278	0.08805	0.35948	0.00464	1970	12	1975	13	1980	22	99	579	288	2.01
Zr3-51	0.16524	0.00253	11.06618	0.18047	0.48579	0.0067	2510	12	2529	15	2552	29	98	254	71	3.60
Zr3-52	0.04949	0.00863	0.20888	0.0361	0.03061	0.00086	171	298	193	30	194	5	99	75	75	1.00
Zr3-53	0.11115	0.00138	5.01207	0.07041	0.32707	0.00415	1818	11	1821	12	1824	20	100	339	412	0.82
Zr3-54	0.11096	0.0014	4.82854	0.0685	0.31564	0.00402	1815	11	1790	12	1768	20	103	507	493	1.03
Zr3-55	0.16637	0.00226	10.93243	0.16318	0.47663	0.0063	2521	11	2517	14	2513	28	100	317	166	1.91
Zr3-56	0.15342	0.00263	9.47946	0.16868	0.44818	0.00644	2384	14	2386	16	2387	29	100	87	93	0.94
Zr3-57	0.04637	0.00366	0.22353	0.01741	0.03496	0.00068	17	134	205	14	222	4	92	319	201	1.58
Zr3-58	0.06307	0.00161	1.0469	0.02674	0.1204	0.00174	711	31	727	13	733	10	99	336	302	1.11
Zr3-59	0.13817	0.00299	7.4713	0.16105	0.39223	0.0062	2204	18	2170	19	2133	29	103	93	125	0.74
Zr3-60	0.10466	0.00275	4.19824	0.10904	0.29097	0.00463	1708	26	1674	21	1646	23	104	80	57	1.42
Zr3-61	0.11501	0.00254	5.42174	0.12065	0.3418	0.00509	1880	20	1888	19	1895	24	99	190	150	1.27
Zr3-62	0.05547	0.00192	0.58864	0.02015	0.07701	0.0012	431	49	470	13	478	7	98	145	290	0.50
Zr3-63	0.11192	0.00182	5.06141	0.08773	0.32832	0.00442	1831	15	1830	15	1830	21	100	263	229	1.15
Zr3-64	0.11072	0.00206	4.95929	0.09598	0.32494	0.00449	1811	17	1812	16	1814	22	100	194	370	0.53
Zr3-65	0.11553	0.00226	5.40032	0.1099	0.33918	0.00482	1888	18	1885	17	1883	23	100	68	256	0.26
Zr3-66	0.06347	0.00285	1.00562	0.04477	0.11501	0.00192	724	66	707	23	702	11	101	180	90	2.00
Zr3-67	0.14351	0.00337	6.1468	0.14644	0.31083	0.00457	2270	22	1997	21	1745	22	130	458	708	0.65
Zr3-68	0.16361	0.00288	10.51333	0.19631	0.46631	0.00631	2493	15	2481	17	2467	28	101	120	370	0.32
Zr3-69	0.08084	0.0018	2.30678	0.053	0.20701	0.003	1218	24	1214	16	1213	16	100	118	643	0.18
Zr3-70	0.11977	0.00298	5.91305	0.14998	0.35805	0.00565	1953	24	1963	22	1973	27	99	331	114	2.90
Zr3-71	0.07079	0.00143	1.27754	0.0269	0.13099	0.00183	951	22	836	12	794	10	105	464	380	1.22
Zr3-72	0.05128	0.00171	0.30991	0.01037	0.04386	0.00069	253	48	274	8	277	4	99	528	614	0.86
Zr3-73	0.04908	0.00202	0.2584	0.01058	0.03818	0.00062	152	65	233	9	242	4	96	478	446	1.07
Zr3-74	0.11437	0.0016	5.29752	0.0844	0.33599	0.00449	1870	13	1868	14	1867	22	100	942	1458	0.65
Zr3-75	0.06758	0.00208	1.25475	0.03818	0.13461	0.00216	856	37	826	17	814	12	101	748	314	2.39

续表

测试点号	同位素比值						年龄比值						谐和度	质量分数/10^{-6}		Th/U
	$^{207}Pb/^{206}Pb$	1σ	$^{207}Pb/^{235}U$	1σ	$^{206}Pb/^{238}U$	1σ	$^{207}Pb/^{206}Pb$	1σ	$^{207}Pb/^{235}U$	1σ	$^{206}Pb/^{238}U$	1σ		Th	U	
Zr3-76	0.05645	0.00137	0.31152	0.00768	0.04003	0.00058	470	30	275	6	253	4	109	1260	1309	0.96
Zr3-77	0.17327	0.00557	11.6805	0.37058	0.48881	0.00958	2589	28	2579	30	2566	41	101	99	89	1.11
Zr3-78	0.12564	0.00197	5.14527	0.08898	0.29707	0.00404	2182	16	2152	18	2124	28	103	1613	2407	0.67
Zr3-79	0.15862	0.00318	5.1376	0.10651	0.23494	0.0033	2441	18	1842	18	1360	17	179	2088	3231	0.65
Zr3-80	0.12939	0.00266	6.80155	0.14691	0.38128	0.00564	2090	19	2086	19	2082	26	100	641	460	1.39
Zr3-81	0.18596	0.00292	5.12626	0.0874	0.19996	0.00267	2069	138	1466	58	1086	17	191	1075	2498	0.43
Zr3-82	0.06784	0.00211	1.20681	0.03687	0.12902	0.00203	864	38	804	17	782	12	103	1176	227	5.19
Zr3-83	0.05151	0.0016	0.28104	0.00863	0.03958	0.00061	264	43	251	7	250	4	100	1243	1252	0.99
Zr3-84	0.11371	0.00209	5.25284	0.09876	0.33511	0.00447	1860	17	1861	16	1863	22	100	406	884	0.46
Zr3-85	0.06447	0.00193	1.11623	0.03335	0.12558	0.00182	757	39	761	16	763	10	100	203	110	1.85
Zr3-86	0.11832	0.00184	1.00704	0.0167	0.06175	0.0008	1931	14	707	8	386	5	183	1878	2990	0.63
Zr3-87	0.1513	0.00222	9.4334	0.1509	0.45224	0.00591	2361	12	2381	15	2405	26	98	149	328	0.45
Zr3-88	0.18689	0.01035	13.43843	0.70825	0.52142	0.01581	2715	48	2711	50	2705	67	100	0	6	0.00
Zr3-89	0.08301	0.002	1.51272	0.0364	0.13218	0.00192	1269	25	936	15	800	11	117	521	324	1.60
Zr3-90	0.05934	0.00121	0.64054	0.01354	0.07829	0.00108	580	24	503	8	486	6	103	1989	1411	1.41
Zr3-91	0.16459	0.00225	10.90849	0.1671	0.4807	0.00621	2503	12	2515	14	2530	27	99	1128	690	1.63
Zr3-92	0.0638	0.00196	0.38984	0.01194	0.04432	0.00068	735	39	334	9	280	4	119	508	440	1.15
Zr3-93	0.10627	0.0016	4.67411	0.07702	0.31901	0.0042	1736	14	1763	14	1785	21	97	225	362	0.62
Zr3-94	0.17952	0.00331	12.70646	0.24507	0.51332	0.00701	2648	16	2658	18	2671	30	99	355	310	1.14
Zr3-95	0.24186	0.00396	8.32835	0.14614	0.24973	0.00329	3132	13	2267	16	1437	17	218	2066	2186	0.95
Zr3-96	0.05925	0.00173	0.23812	0.00691	0.02915	0.00044	576	37	217	6	185	3	117	1096	1378	0.80
Zr3-97	0.06754	0.00123	1.29419	0.0019	0.13901	0.02471	854	395	843.2	0.8	839	140	101	1060	713	1.49
Zr3-98	0.05887	0.00225	0.33798	0.0007	0.04165	0.01267	562	583	295.6	0.5	263	78	112	311	578	0.54
Zr3-99	0.05683	0.00161	0.43252	0.00083	0.05521	0.01219	485	438	365	0.6	346	74	105	839	873	0.96
Zr3-100	0.11053	0.00159	4.95274	0.00433	0.32509	0.07823	1808	501	1811.3	0.7	1815	381	100	162	206	0.79
Zr3-101	0.08146	0.00144	2.40604	0.00295	0.21429	0.04473	1233	454	1244.4	0.9	1252	237	98	384	315	1.22
Zr3-102	0.1498	0.00224	9.0419	0.00601	0.43791	0.14647	2344	737	2342.3	0.6	2341	657	100	115	116	0.98
Zr3-103	0.06325	0.00222	0.59053	0.00112	0.06773	0.02027	717	594	471.2	0.7	422	122	112	396	386	1.03
Zr3-104	0.11646	0.00167	5.49355	0.00458	0.34222	0.08657	1903	528	1899.6	0.7	1897	416	100	216	545	0.40
Zr3-105	0.11061	0.00136	4.39679	0.00371	0.28837	0.06226	1801	14	1711	14	1640	21	110	450	1977	0.23
Zr3-106	0.14848	0.00198	9.36882	0.00606	0.45778	0.14015	2328	648	2374.8	0.6	2430	620	96	388	395	0.98
Zr3-107	0.11293	0.00147	5.2527	0.0044	0.33743	0.07725	1847	468	1861.2	0.7	1874	372	99	315	530	0.59
Zr3-108	0.16559	0.0025	11.06268	0.00674	0.48469	0.18022	2514	845	2528.4	0.6	2548	783	99	349	127	2.75

附表 4　高邮凹陷 Zr4 样品锆石 LA-ICP-MS 同位素测年结果

测试点号	同位素比值						年龄比值						谐和度	质量分数/10^{-6}		Th/U
	$^{207}Pb/^{206}Pb$	1σ	$^{207}Pb/^{235}U$	1σ	$^{206}Pb/^{238}U$	1σ	$^{207}Pb/^{206}Pb$	1σ	$^{207}Pb/^{235}U$	1σ	$^{206}Pb/^{238}U$	1σ		Th	U	
Zr4-01	0.06523	0.00124	1.16321	0.02373	0.12936	0.00194	782	20	783	11	784	11	100	932	286	3.26
Zr4-02	0.06	0.00187	0.78127	0.02409	0.09446	0.00156	604	39	586	14	582	9	101	797	577	1.38
Zr4-03	0.06506	0.00506	0.93429	0.06932	0.10405	0.0031	776	106	670	36	638	18	105	216	139	1.55
Zr4-04	0.0539	0.00163	0.12292	0.00371	0.01654	0.00027	367	39	118	3	106	2	111	2584	882	2.93
Zr4-05	0.05057	0.00209	0.25304	0.01028	0.03629	0.00065	221	61	229	8	230	4	100	24	226	0.11
Zr4-06	0.11029	0.00181	4.79098	0.08597	0.31508	0.00449	1804	15	1783	15	1766	22	102	290	378	0.77
Zr4-07	0.13269	0.00425	6.68586	0.20642	0.36553	0.00654	2134	30	2071	27	2008	31	106	157	166	0.95
Zr4-08	0.05424	0.00186	0.111	0.00377	0.01484	0.00025	381	46	107	3	95	2	113	2373	1171	2.03
Zr4-09	0.05186	0.00513	0.1481	0.01405	0.02073	0.00067	279	155	140	12	132	4	106	429	427	1.01
Zr4-10	0.07138	0.00302	0.87115	0.03547	0.08857	0.00172	968	52	636	19	547	10	116	1125	782	1.44
Zr4-11	0.05283	0.00349	0.11306	0.00722	0.01552	0.00035	322	104	109	7	99	2	110	471	255	1.85
Zr4-12	0.15283	0.00336	8.91611	0.1982	0.42319	0.00635	2378	19	2329	20	2275	29	105	208	167	1.25
Zr4-13	0.05166	0.00319	0.35002	0.02084	0.04914	0.00112	270	95	305	16	309	7	99	517	155	3.33
Zr4-14	0.04936	0.00526	0.11671	0.01201	0.01716	0.00054	165	172	112	11	110	3	102	281	195	1.44
Zr4-15	0.04953	0.00275	0.13632	0.00733	0.01998	0.00041	173	87	130	7	128	3	102	837	472	1.77
Zr4-16	0.11322	0.00163	5.13136	0.08281	0.32873	0.00441	1852	13	1841	14	1832	21	101	247	902	0.27
Zr4-17	0.33853	0.00738	35.12934	0.78445	0.75306	0.0112	3656	17	3642	22	3619	41	101	432	388	1.11
Zr4-18	0.10462	0.0029	4.32997	0.11853	0.30025	0.00507	1708	27	1699	23	1693	25	101	84	64	1.32
Zr4-19	0.07146	0.00159	1.07027	0.02428	0.10866	0.00158	971	24	739	12	665	9	111	7238	759	9.53
Zr4-20	0.08388	0.00635	2.59977	0.18474	0.22441	0.00701	1290	90	1301	52	1305	37	99	141	158	0.89
Zr4-21	0.07771	0.00176	1.63339	0.0376	0.15249	0.00228	1139	24	983	14	915	13	107	457	223	2.04
Zr4-22	0.06559	0.00122	1.2118	0.0236	0.13401	0.00186	793	20	806	11	811	11	99	1362	765	1.78
Zr4-23	0.04986	0.01043	0.15196	0.03035	0.0221	0.00141	188	294	144	27	141	9	102	117	105	1.11
Zr4-24	0.06394	0.0011	1.07289	0.01971	0.12169	0.00168	740	18	740	10	740	10	100	976	1043	0.94
Zr4-25	0.09001	0.00189	3.00675	0.06438	0.24223	0.00347	1426	21	1409	16	1398	18	102	223	319	0.70
Zr4-26	0.16231	0.00355	10.28037	0.23991	0.45955	0.0073	2480	20	2460	22	2438	32	102	1309	1163	1.13
Zr4-27	0.05061	0.00166	0.28348	0.00928	0.04063	0.00067	223	46	253	7	257	4	98	661	482	1.37
Zr4-28	0.06438	0.00294	0.4336	0.01914	0.04888	0.00097	754	60	366	14	308	6	119	543	327	1.66
Zr4-29	0.06229	0.00182	1.02391	0.03015	0.11924	0.00209	684	34	716	15	726	12	99	1070	616	1.74
Zr4-30	0.04821	0.00155	0.22072	0.00704	0.03321	0.00051	110	47	203	6	211	3	96	186	405	0.46
Zr4-31	0.0597	0.00324	0.67902	0.03575	0.0825	0.00171	593	78	526	22	511	10	103	49	51	0.97
Zr4-32	0.10444	0.0022	4.18884	0.09135	0.29091	0.00443	1704	20	1672	18	1646	22	104	188	101	1.85
Zr4-33	0.05508	0.00194	0.41197	0.01427	0.05425	0.00092	415	47	350	10	341	6	103	268	365	0.73
Zr4-34	0.06777	0.00135	1.28546	0.02661	0.13761	0.00193	862	22	839	12	831	11	101	525	609	0.86
Zr4-35	0.05209	0.00132	0.31434	0.00805	0.04378	0.00065	289	32	278	6	276	4	101	1495	742	2.02
Zr4-36	0.0657	0.00175	1.14848	0.03065	0.1268	0.00196	797	31	777	14	770	11	101	295	203	1.45

续表

测试	同位素比值						年龄比值						谐和度	质量分数/10^{-6}		Th/U
点号	$^{207}Pb/^{206}Pb$	1σ	$^{207}Pb/^{235}U$	1σ	$^{206}Pb/^{238}U$	1σ	$^{207}Pb/^{206}Pb$	1σ	$^{207}Pb/^{235}U$	1σ	$^{206}Pb/^{238}U$	1σ		Th	U	
Zr4-37	0.07171	0.00145	1.21195	0.02541	0.1226	0.00175	978	21	806	12	746	10	108	537	235	2.29
Zr4-38	0.05054	0.00298	0.1585	0.00903	0.02277	0.0005	220	91	149	8	145	3	103	555	502	1.11
Zr4-39	0.04916	0.00564	0.12219	0.01353	0.01803	0.00062	155	184	117	12	115	4	102	266	169	1.58
Zr4-40	0.1126	0.00305	4.68453	0.13002	0.30181	0.0051	1842	27	1764	23	1700	25	108	140	1822	0.08
Zr4-41	0.06587	0.00125	1.19657	0.0239	0.1318	0.00186	802	20	799	11	798	11	100	1084	688	1.58
Zr4-42	0.07465	0.00312	0.3741	0.01502	0.03635	0.00069	1059	50	323	11	230	4	140	309	261	1.18
Zr4-43	0.05361	0.00223	0.30489	0.01251	0.04125	0.00078	355	59	270	10	261	5	103	908	598	1.52
Zr4-44	0.05183	0.00303	0.25724	0.01461	0.03601	0.00077	278	91	232	12	228	5	102	33	172	0.19
Zr4-45	0.0497	0.00354	0.11093	0.00764	0.01619	0.00039	181	112	107	7	104	2	103	482	347	1.39
Zr4-46	0.05022	0.00349	0.10465	0.00706	0.01512	0.00035	205	112	101	6	97	2	104	441	314	1.41
Zr4-47	0.04904	0.00412	0.09924	0.00807	0.01468	0.00038	150	134	96	7	94	2	102	409	247	1.65
Zr4-48	0.06229	0.00154	0.61045	0.01544	0.07111	0.00109		307	372	54	434	7	86	1382	1021	1.35
Zr4-49	0.05084	0.0044	0.26476	0.02229	0.03777	0.00098	234	143	238	18	239	6	100	81	69	1.17
Zr4-50	0.05719	0.00198	0.44664	0.01521	0.05665	0.00092	499	47	375	11	355	6	106	202	152	1.33
Zr4-51	0.15825	0.00281	2.99012	0.05618	0.13704	0.00187	2437	15	1405	14	828	11	170	2872	3050	0.94
Zr4-52	0.1426	0.00261	3.76457	0.07207	0.19149	0.00263	2259	16	1585	15	1129	14	200	1022	1030	0.99
Zr4-53	0.06495	0.00524	0.39125	0.03012	0.04373	0.00126	773	114	335	22	276	8	121	186	115	1.61
Zr4-54	0.05648	0.0045	0.37769	0.02901	0.0485	0.00137	471	120	325	21	305	8	107	243	120	2.02
Zr4-55	0.16541	0.00685	10.66511	0.4308	0.46777	0.00976	373	56	126	5	113	2	112	127	151	0.84
Zr4-56	0.05405	0.00214	0.13185	0.00512	0.0177	0.00031	2512	40	2494	37	2474	43	102	512	461	1.11
Zr4-57	0.10325	0.01366	4.18817	0.51965	0.29437	0.01736	1683	144	1672	102	1663	86	101	15	16	0.93
Zr4-58	0.11462	0.00307	5.38095	0.14671	0.3406	0.00552	1874	27	1882	23	1890	27	99	414	683	0.61
Zr4-59	0.04534	0.00365	0.09987	0.00782	0.01598	0.00039	-2	125	97	7	102	2	95	575	360	1.60
Zr4-60	0.06435	0.00235	1.05869	0.03815	0.11936	0.00215	753	46	733	19	727	12	101	246	160	1.54
Zr4-61	0.12724	0.00378	4.23679	0.12268	0.24152	0.00447	2060	27	1681	24	1395	23	148	33	26	1.29
Zr4-62	0.09505	0.01389	1.68046	0.23564	0.12826	0.00614	1115	503	889	182	800	69	111	3	6	0.54
Zr4-63	0.19849	0.00864	1.87404	0.07328	0.06851	0.00171	1086	819	477	144	360	15	133	157	94	1.67
Zr4-64	0.04909	0.00229	0.11222	0.00512	0.01659	0.00032	152	70	108	5	106	2	102	2914	1097	2.66
Zr4-65	0.04994	0.00156	0.14163	0.0044	0.02058	0.00031	192	44	134	4	131	2	102	291	468	0.62
Zr4-66	0.08604	0.00197	1.20277	0.0277	0.10143	0.0015	1339	23	802	13	623	9	129	374	207	1.81
Zr4-67	0.07102	0.00164	1.18904	0.02799	0.12147	0.00181	958	25	796	13	739	10	108	422	188	2.25
Zr4-68	0.05251	0.00191	0.11366	0.00408	0.01571	0.00026	308	52	109	4	100	2	109	963	534	1.80
Zr4-69	0.16117	0.0025	7.48833	0.12741	0.33713	0.00457	2310	79	2235	38	2153	28	107	248	519	0.48
Zr4-70	0.06614	0.00148	1.09687	0.02513	0.12029	0.00177	811	25	752	12	732	10	103	831	472	1.76
Zr4-71	0.065	0.00215	1.0377	0.03375	0.11581	0.00196	774	40	723	17	706	11	102	399	216	1.85
Zr4-72	0.05323	0.00197	0.23979	0.00873	0.03268	0.00056	339	52	218	7	207	3	105	849	422	2.01

续表

测试点号	同位素比值						年龄比值						谐和度	质量分数/10^{-6}		Th/U
	$^{207}Pb/^{206}Pb$	1σ	$^{207}Pb/^{235}U$	1σ	$^{206}Pb/^{238}U$	1σ	$^{207}Pb/^{206}Pb$	1σ	$^{207}Pb/^{235}U$	1σ	$^{206}Pb/^{238}U$	1σ		Th	U	
Zr4-73	0.1331	0.00202	7.07541	0.11992	0.38557	0.00532	2139	13	2121	15	2102	25	102	373	490	0.76
Zr4-74	0.05289	0.00319	0.17204	0.0101	0.02359	0.0005	324	95	161	9	150	3	107	370	186	1.99
Zr4-75	0.11515	0.00196	3.91167	0.07139	0.24641	0.00339	1882	15	1616	15	1420	18	133	984	987	1.00
Zr4-77	0.06607	0.00562	0.14868	0.01216	0.01632	0.00046	463	143	126	11	109	3	116	221	146	1.51
Zr4-79	0.06696	0.00162	1.21789	0.03018	0.13192	0.00202	837	27	809	14	799	12	101	2833	624	4.54
Zr4-80	0.05701	0.0014	0.54283	0.01357	0.06907	0.00103	492	30	440	9	431	6	102	853	787	1.08
Zr4-81	0.07951	0.00168	2.21019	0.04789	0.20164	0.00287	1185	22	1184	15	1184	15	100	652	756	0.86
Zr4-82	0.06516	0.00163	1.02926	0.02607	0.11456	0.00176	780	29	719	13	699	10	103	261	137	1.91
Zr4-83	0.06567	0.0039	0.1875	0.01069	0.02071	0.00049	272	163	139	13	131	4	106	480	321	1.50
Zr4-84	0.06662	0.00153	1.16407	0.027	0.12673	0.00182	826	26	784	13	769	10	102	2637	890	2.96
Zr4-85	0.07974	0.00486	0.22613	0.01306	0.02057	0.00051		232	120	13	126	3	95	272	224	1.22
Zr4-86	0.05128	0.00205	0.137	0.00538	0.01938	0.00034	253	58	130	5	124	2	105	911	539	1.69
Zr4-87	0.16899	0.0026	11.17809	0.19322	0.47977	0.00686	2548	13	2538	16	2526	30	101	261	156	1.67
Zr4-88	0.05036	0.00956	0.23538	0.04337	0.03389	0.00169	212	292	215	36	215	11	100	57	48	1.19
Zr4-89	0.11157	0.00217	5.14439	0.10812	0.33434	0.0051	1825	18	1843	18	1859	25	98	432	351	1.23
Zr4-90	0.11089	0.00179	4.51037	0.07978	0.29505	0.00415	1814	15	1733	15	1667	21	109	119	165	0.72
Zr4-91	0.05416	0.00253	0.11713	0.00531	0.01569	0.0003	378	68	112	5	100	2	112	1267	593	2.14
Zr4-92	0.06082	0.00194	0.48389	0.01534	0.05771	0.00094		220	312	29	355	6	88	356	293	1.21
Zr4-94	0.04479	0.00674	0.10226	0.01487	0.01656	0.0007	–30	209	99	14	106	4	93	536	274	1.95
Zr4-95	0.05755	0.00281	0.16538	0.00782	0.02084	0.00041	513	69	155	7	133	3	117	609	325	1.87

附表 5　高邮凹陷 Zr5 样品锆石 LA-ICP-MS 同位素测年结果

测试点号	同位素比值						年龄比值						谐和度	质量分数/10^{-6}		Th/U
	$^{207}Pb/^{206}Pb$	1σ	$^{207}Pb/^{235}U$	1σ	$^{206}Pb/^{238}U$	1σ	$^{207}Pb/^{206}Pb$	1σ	$^{207}Pb/^{235}U$	1σ	$^{206}Pb/^{238}U$	1σ		Th	U	
Zr5-01	0.11369	0.00168	5.3367	0.08827	0.34046	0.00469	1859	13	1875	14	1889	23	99	-0.74113	173	453
Zr5-02	0.0803	0.00124	1.66282	0.02859	0.15026	0.00211	1204	15	994	11	902	12	110	10.19956	610	594
Zr5-03	0.11146	0.00168	5.05249	0.08486	0.3288	0.00456	1823	14	1828	14	1833	22	100	-0.27278	462	383
Zr5-04	0.16006	0.0033	9.77115	0.20957	0.44281	0.00651	2456	18	2413	20	2363	29	102	2.115954	2311	1313
Zr5-05	0.11519	0.00215	5.49393	0.10845	0.34592	0.00494	1883	17	1900	17	1915	24	99	-0.78329	846	858
Zr5-06	0.13744	0.00301	7.55121	0.16972	0.39853	0.00596	2195	20	2179	20	2162	27	101	0.786309	351	610
Zr5-07	0.16581	0.00353	10.96521	0.24057	0.47977	0.00746	2516	18	2520	20	2526	32	100	-0.23753	137	183
Zr5-08	0.15313	0.00659	9.12992	0.37871	0.43363	0.00946	2381	42	2351	38	2322	43	101	1.248923	307	328.9158
Zr5-09	0.22586	0.00435	18.63784	0.37697	0.59853	0.0089	3023	15	3023	19	3024	36	100	-0.03307	112	211
Zr5-10	0.06683	0.00168	0.59298	0.01512	0.06435	0.00098	832	29	473	10	402	6	118	17.66169	545	655
Zr5-11	0.05329	0.00139	0.3631	0.00958	0.04942	0.00074	341	34	315	7	311	5	101	1.286174	1053	667
Zr5-12	0.10329	0.00455	3.30533	0.13722	0.23208	0.00342	1684	83	1482	32	1345	18	110	10.18587	722	1969
Zr5-13	0.1128	0.00121	4.89803	0.06601	0.31509	0.00416	1845	20	1802	11	1766	20	102	2.038505	1351	1912
Zr5-14	0.11138	0.00118	5.59611	0.07498	0.3646	0.00481	1822	20	1915	12	2004	23	96	-4.44112	822	3352
Zr5-15	0.0676	0.00104	1.17854	0.02012	0.12651	0.00174	856	33	791	9	768	10	103	2.994792	458	322
Zr5-16	0.27228	0.01373	2.52381	0.11203	0.06723	0.00161	3319	81	1279	32	419	10	305	205.2506	121	70
Zr5-17	0.06683	0.00075	1.26578	0.01757	0.13744	0.00182	832	24	831	8	830	10	100	0.120482	2726	1976
Zr5-18	0.11806	0.00493	0.91245	0.03481	0.05606	0.00096	1927	77	658	18	352	6	187	86.93182	199	162
Zr5-19	0.06204	0.00105	0.46324	0.00853	0.05418	0.00075	675	37	387	6	340	5	114	13.82353	580	595
Zr5-20	0.16061	0.00171	9.96163	0.13394	0.45006	0.00595	2462	18	2431	12	2396	26	101	1.460768	1287	1235
Zr5-21	0.11693	0.00127	4.98287	0.0675	0.30924	0.00409	1910	20	1816	11	1737	20	105	4.548071	1004	1295
Zr5-22	0.11358	0.00142	4.61628	0.06796	0.29494	0.004	1857	23	1752	12	1666	20	105	5.162065	334	223
Zr5-23	0.05131	0.0007	0.28175	0.00443	0.03985	0.00054	255	32	252	4	252	3	100	0	1446	1992
Zr5-24	0.05988	0.001	0.27344	0.00499	0.03314	0.00046	599	37	245	4	210	3	117	16.66667	1871	1025
Zr5-25	0.16507	0.00214	10.87593	0.1675	0.47791	0.00656	2508	22	2513	14	2518	29	100	-0.19857	834	673
Zr5-26	0.1109	0.00149	4.72024	0.07461	0.3087	0.00427	1814	25	1771	13	1734	21	102	2.133795	313	817
Zr5-27	0.16574	0.00225	11.00793	0.17536	0.48173	0.00673	2515	23	2524	15	2535	29	100	-0.43393	302	391
Zr5-28	0.15436	0.00206	9.02126	0.14282	0.42388	0.00589	2395	23	2340	14	2278	27	103	2.721686	962	884
Zr5-29	0.1726	0.00229	11.92126	0.18882	0.50094	0.00696	2583	23	2598	15	2618	30	99	-0.76394	2611	1883
Zr5-30	0.16253	0.0022	10.50185	0.16896	0.46865	0.00655	2482	23	2480	15	2478	29	100	0.08071	519	1797
Zr5-31	0.16655	0.00268	11.32183	0.20384	0.49303	0.00732	2523	28	2550	17	2584	32	99	-1.31579	175	118
Zr5-32	0.06395	0.00118	1.0493	0.02106	0.11901	0.00175	740	40	729	10	725	10	101	0.551724	579	563
Zr5-33	0.11369	0.00169	5.46986	0.0946	0.34893	0.005	1859	27	1896	15	1929	24	98	-1.71073	614	813
Zr5-34	0.16237	0.00242	11.12616	0.19322	0.49698	0.00715	2480	26	2534	16	2601	31	97	-2.57593	202	816
Zr5-35	0.11296	0.00175	5.4325	0.09717	0.34881	0.00506	1848	29	1890	15	1929	24	98	-2.02177	248	919
Zr5-36	0.11445	0.00179	5.35468	0.09669	0.33934	0.00493	1871	29	1878	15	1883	24	100	-0.26553	365	1619

续表

测试点号	同位素比值						年龄比值						谐和度	质量分数/10^{-6}		Th/U
	$^{207}Pb/^{206}Pb$	1σ	$^{207}Pb/^{235}U$	1σ	$^{206}Pb/^{238}U$	1σ	$^{207}Pb/^{206}Pb$	1σ	$^{207}Pb/^{235}U$	1σ	$^{206}Pb/^{238}U$	1σ		Th	U	
Zr5-37	0.1511	0.00209	9.10739	0.14179	0.4373	0.00609	2358	24	2349	14	2339	27	100	0.427533	339	349
Zr5-38	0.12263	0.00149	6.09528	0.0874	0.36062	0.00481	1995	22	1990	13	1985	23	100	0.251889	746	845
Zr5-39	0.05086	0.00255	0.30002	0.01467	0.0428	0.00083	234	117	266	11	270	5	99	-1.48148	1049	517
Zr5-40	0.1357	0.00192	7.4509	0.11799	0.39837	0.00555	2173	25	2167	14	2162	26	100	0.231267	373	474
Zr5-41	0.04836	0.00188	0.12755	0.00492	0.01914	0.00031	117	89	122	4	122	2	100	0	888	609
Zr5-42	0.11846	0.00131	5.27518	0.07181	0.3231	0.00423	1933	20	1865	12	1805	21	103	3.3241	108	1429
Zr5-43	0.05869	0.00069	0.74157	0.01051	0.09168	0.0012	556	26	563	6	565	7	100	-0.35398	3683	3639
Zr5-44	0.04922	0.00179	0.13955	0.00504	0.02057	0.00033	158	86	133	4	131	2	102	1.526718	1124	719
Zr5-45	0.05039	0.00201	0.12618	0.00496	0.01817	0.0003	213	94	121	4	116	2	104	4.310345	1708	660
Zr5-46	0.11635	0.00133	5.21245	0.07207	0.32506	0.00428	1901	21	1855	12	1814	21	102	2.260198	396	842
Zr5-47	0.06406	0.00122	0.26897	0.0054	0.03046	0.00043	744	41	242	4	193	3	125	25.3886	991	1053
Zr5-48	0.0556	0.00171	0.61641	0.01897	0.08044	0.00123	436	70	488	12	499	7	98	-2.20441	294	160
Zr5-49	0.05394	0.00187	0.13346	0.00459	0.01795	0.0003	369	80	127	4	115	2	110	10.43478	2362	1097
Zr5-50	0.16068	0.00196	10.16305	0.14865	0.45878	0.00621	2463	21	2450	14	2434	27	101	0.657354	665	1165
Zr5-51	0.11404	0.00142	5.39818	0.08002	0.34336	0.00464	1865	23	1885	13	1903	22	99	-0.94587	807	1391
Zr5-52	0.05742	0.00103	0.42449	0.00816	0.05363	0.00075	508	40	359	6	337	5	107	6.52819	1493	1172
Zr5-53	0.16602	0.00203	11.28184	0.16543	0.4929	0.00664	2518	21	2547	14	2583	29	99	-1.39373	765	924
Zr5-54	0.07089	0.00162	1.65544	0.03885	0.1694	0.00258	954	48	992	15	1009	14	98	-1.68484	1413	398
Zr5-55	0.06609	0.0012	1.1911	0.02318	0.13072	0.00186	809	39	796	11	792	11	101	0.505051	293	724
Zr5-56	0.05917	0.00137	0.39114	0.0093	0.04795	0.00071	573	52	335	7	302	4	111	10.92715	2183	849
Zr5-57	0.11419	0.00154	5.27523	0.08238	0.33508	0.00457	1867	25	1865	13	1863	22	100	0.107354	170	676
Zr5-58	0.10529	0.0015	4.35647	0.07086	0.30013	0.00414	1719	27	1704	13	1692	21	101	0.70922	39	457
Zr5-59	0.11303	0.00166	5.27405	0.08741	0.33845	0.0047	1849	27	1865	14	1879	23	99	-0.74508	370	558
Zr5-60	0.10874	0.00208	4.73284	0.09525	0.31571	0.00473	1778	36	1773	17	1769	23	100	0.226116	109	126
Zr5-61	0.07037	0.00196	0.43304	0.01197	0.04465	0.00071	939	58	365	8	282	4	129	29.43262	2341	621
Zr5-62	0.05189	0.00161	0.31041	0.00962	0.0434	0.00068	281	73	274	7	274	4	100	0	959	688
Zr5-63	0.15825	0.00185	10.24687	0.14407	0.46982	0.00632	2437	20	2457	13	2483	28	99	-1.04712	1019	702
Zr5-64	0.12909	0.00175	5.30007	0.08162	0.29789	0.00412	2086	24	1869	13	1681	20	111	11.18382	448	614
Zr5-65	0.12762	0.00246	3.54819	0.05068	0.20165	0.00262	2065	35	1538	11	1184	14	130	29.89865	2137	11432
Zr5-66	0.05525	0.00239	0.35351	0.01497	0.04643	0.00084	422	99	307	11	293	5	105	4.778157	885	320
Zr5-67	0.10936	0.00213	4.48591	0.09055	0.29762	0.00453	1789	36	1728	17	1679	23	103	2.918404	115	133
Zr5-68	0.05056	0.00367	0.15297	0.0108	0.02195	0.0005	221	166	145	10	140	3	104	3.571429	668	304
Zr5-69	0.06245	0.00129	1.0682	0.02286	0.12411	0.0018	690	45	738	11	754	10	98	-2.12202	1206	513
Zr5-70	0.11232	0.00135	5.16804	0.07411	0.33385	0.00448	1837	22	1847	12	1857	22	99	-0.5385	364	1518
Zr5-71	0.05502	0.00272	0.16777	0.00809	0.02212	0.00042	413	113	157	7	141	3	111	11.34752	347	525
Zr5-72	0.05803	0.00156	0.75353	0.02041	0.09422	0.00145	531	60	570	12	580	9	98	-1.72414	501	381

续表

测试点号	同位素比值						年龄比值						谐和度	质量分数/10^{-6}		Th/U
	$^{207}Pb/^{206}Pb$	1σ	$^{207}Pb/^{235}U$	1σ	$^{206}Pb/^{238}U$	1σ	$^{207}Pb/^{206}Pb$	1σ	$^{207}Pb/^{235}U$	1σ	$^{206}Pb/^{238}U$	1σ		Th	U	
Zr5-73	0.11188	0.00128	4.83605	0.06801	0.31355	0.0042	1830	21	1791	12	1758	21	102	1.877133	190	986
Zr5-74	0.15179	0.00165	9.41932	0.12862	0.45013	0.00599	2366	19	2380	13	2396	27	99	-0.66778	2731	1983
Zr5-75	0.06457	0.00121	1.1848	0.02353	0.13309	0.00191	760	40	794	11	805	11	99	-1.36646	425	669
Zr5-76	0.11199	0.00123	5.02924	0.06913	0.32576	0.00434	1832	20	1824	12	1818	21	100	0.330033	1599	1670
Zr5-77	0.11103	0.00153	5.08466	0.08017	0.33219	0.00461	1816	26	1834	13	1849	22	99	-0.81125	181	165
Zr5-78	0.11452	0.00251	4.51126	0.10031	0.28574	0.0046	1872	40	1733	18	1620	23	107	6.975309	186	108
Zr5-79	0.07387	0.00106	1.75233	0.02841	0.17206	0.00236	1038	30	1028	10	1023	13	100	0.488759	475	444
Zr5-80	0.15698	0.00174	10.19638	0.14042	0.47115	0.00629	2423	19	2453	13	2489	28	99	-1.44636	766	996
Zr5-81	0.05512	0.00086	0.43103	0.00745	0.05672	0.00078	417	36	364	5	356	5	102	2.247191	790	1333
Zr5-82	0.16592	0.0021	10.79834	0.16055	0.47208	0.00653	2517	22	2506	14	2493	29	101	0.52146	304	141
Zr5-83	0.10387	0.00189	4.25483	0.08201	0.29713	0.00443	1694	34	1685	16	1677	22	100	0.477042	190	210
Zr5-84	0.18283	0.0021	12.94201	0.18179	0.51348	0.00693	2679	19	2675	13	2671	30	100	0.149757	865	604
Zr5-85	0.07395	0.00101	1.18862	0.01917	0.11657	0.00165	1040	28	795	9	711	10	112	11.81435	2282	2216
Zr5-86	0.07155	0.0013	1.66929	0.03299	0.16918	0.00251	973	38	997	13	1008	14	99	-1.09127	383	516
Zr5-87	0.11446	0.00253	4.7659	0.10859	0.30195	0.00497	1871	41	1779	19	1701	25	105	4.585538	105	47
Zr5-88	0.06025	0.00133	0.59492	0.01371	0.07161	0.00108	613	49	474	9	446	6	106	6.278027	189	678
Zr5-89	0.11416	0.00129	5.56044	0.08036	0.35323	0.00491	1867	21	1910	12	1950	23	98	-2.05128	754	1036
Zr5-90	0.05789	0.00205	0.36623	0.01295	0.04588	0.00077	526	80	317	10	289	5	110	9.688581	532	230
Zr5-91	0.0544	0.00239	0.59406	0.02556	0.0792	0.00152	388	101	473	16	491	9	96	-3.66599	383	445
Zr5-92	0.06374	0.00213	0.77015	0.02559	0.08762	0.00151	733	72	580	15	541	9	107	7.208872	355	196
Zr5-93	0.07334	0.00117	1.60803	0.02889	0.15899	0.0023	1023	33	973	11	951	13	102	2.313354	855	772
Zr5-94	0.11225	0.00121	5.19521	0.07321	0.33564	0.00463	1836	20	1852	12	1866	22	99	-0.75027	567	1866
Zr5-95	0.10801	0.00122	4.71543	0.06817	0.31661	0.0044	1766	21	1770	12	1773	22	100	-0.1692	951	1003
Zr5-96	0.10883	0.00135	3.41335	0.05186	0.22745	0.0032	1780	23	1507	12	1321	17	114	14.08024	4261	3651
Zr5-97	0.0603	0.00097	0.69639	0.01287	0.08376	0.00122	614	36	537	8	519	7	103	3.468208	546	696
Zr5-98	0.06114	0.00508	0.22467	0.01813	0.02665	0.00054	644	185	206	15	170	3	121	21.17647	2947	241
Zr5-99	0.11224	0.00227	4.89569	0.10546	0.31637	0.00511	1836	37	1802	18	1772	25	102	1.693002	80	53
Zr5-100	0.11667	0.00145	5.58817	0.08703	0.34741	0.005	1906	23	1914	13	1922	24	100	-0.41623	307	338
Zr5-101	0.11518	0.00133	5.58939	0.08371	0.35198	0.00501	1883	21	1914	13	1944	24	98	-1.54321	302	744
Zr5-102	0.07118	0.00118	1.1745	0.02207	0.11966	0.00178	963	35	789	10	729	10	108	8.230453	462	418
Zr5-103	0.05573	0.00157	0.17483	0.00506	0.02275	0.00036	442	64	164	4	145	2	113	13.10345	1137	669
Zr5-104	0.10619	0.00225	4.66877	0.10209	0.3189	0.00498	1735	40	1762	18	1784	24	99	-1.23318	90	102
Zr5-105	0.10474	0.00163	4.00049	0.07149	0.27702	0.00414	1710	29	1634	15	1576	21	104	3.680203	230	146
Zr5-106	0.11701	0.00132	5.80257	0.08615	0.35968	0.0051	1911	21	1947	13	1981	24	98	-1.7163	492	971

附表 6　高邮凹陷 Zr6 样品锆石 LA-ICP-MS 同位素测年结果

测试	同位素比值						年龄比值						谐和度	质量分数/10^{-6}		Th/U
点号	$^{207}Pb/^{206}Pb$	1σ	$^{207}Pb/^{235}U$	1σ	$^{206}Pb/^{238}U$	1σ	$^{207}Pb/^{206}Pb$	1σ	$^{207}Pb/^{235}U$	1σ	$^{206}Pb/^{238}U$	1σ		Th	U	
Zr6-01	0.07852	0.00096	2.14109	0.03194	0.19779	0.0027	1160	25	1162	10	1163	15	100	4035	1989	2.028401
Zr6-02	0.13542	0.00186	7.46607	0.11885	0.39992	0.0056	2169	24	2169	14	2169	26	100	298	341	0.875397
Zr6-03	0.16561	0.0021	11.0328	0.16675	0.48323	0.0067	2514	22	2526	14	2541	29	99	1135	450	2.520235
Zr6-04	0.06817	0.00174	1.35717	0.03506	0.14442	0.0023	874	54	871	15	870	13	100	223	199	1.120528
Zr6-05	0.06208	0.00527	0.20835	0.01725	0.02434	0.0005	677	188	192	14	155	3	124	746	694	1.075998
Zr6-06	0.06648	0.00739	0.15131	0.01644	0.01651	0.0004	822	243	143	14	106	2	135	612	402	1.522581
Zr6-07	0.11246	0.00146	5.56355	0.08472	0.35886	0.0049	1840	24	1910	13	1977	23	97	433	754	0.575287
Zr6-08	0.11251	0.00173	5.0512	0.08594	0.32566	0.0046	1840	28	1828	14	1817	22	101	253	201	1.254888
Zr6-09	0.06582	0.00376	0.32493	0.01789	0.03581	0.0008	801	123	286	14	227	5	126	95	178	0.533065
Zr6-10	0.06764	0.00125	1.28803	0.0253	0.13812	0.002	858	39	840	11	834	11	101	342	504	0.678937
Zr6-11	0.04858	0.00194	0.11532	0.00455	0.01722	0.0003	128	92	111	4	110	2	101	800	572	1.397827
Zr6-12	0.0705	0.00243	0.8507	0.02867	0.08752	0.0015	943	72	625	16	541	9	116	402	221	1.817137
Zr6-13	0.05496	0.00099	0.49473	0.00944	0.0653	0.0009	411	41	408	6	408	5	100	37	1888	0.019639
Zr6-14	0.16609	0.0022	10.84589	0.16463	0.47366	0.0063	2519	23	2510	14	2500	28	100	692	794	0.871507
Zr6-15	0.05553	0.0016	0.17609	0.00509	0.02301	0.0004	434	66	165	4	147	2	112	4356	1366	3.187188
Zr6-16	0.05005	0.00204	0.11889	0.00479	0.01723	0.0003	197	96	114	4	110	2	104	1047	635	1.648841
Zr6-17	0.05513	0.00105	0.32245	0.00651	0.04243	0.0006	417	44	284	5	268	4	106	929	1143	0.812485
Zr6-18	0.10657	0.00168	4.55286	0.07854	0.30992	0.0043	1742	30	1741	14	1740	21	100	272	255	1.066289
Zr6-19	0.09579	0.00196	3.59138	0.07625	0.27198	0.0041	1544	39	1548	17	1551	21	100	217	150	1.44722
Zr6-20	0.10373	0.00174	4.17277	0.0753	0.29181	0.004	1692	32	1669	15	1651	20	101	1321	1273	1.037868
Zr6-21	0.16789	0.00343	10.69586	0.22443	0.46212	0.0072	2537	35	2497	19	2449	32	102	133	67	1.9847
Zr6-22	0.10572	0.00212	4.20604	0.08701	0.28857	0.0043	1727	38	1675	17	1634	21	103	371	126	2.94164
Zr6-23	0.20955	0.00345	16.51826	0.29494	0.57191	0.008	2902	27	2907	17	2916	33	100	370	468	0.790927
Zr6-24	0.12022	0.00314	5.70068	0.1549	0.3441	0.0059	1959	48	1931	23	1906	28	101	507	718	0.707095
Zr6-25	0.05085	0.0012	0.19076	0.00461	0.02721	0.0004	234	56	177	4	173	2	102	1209	1426	0.847573
Zr6-26	0.16764	0.00224	9.72977	0.1493	0.42089	0.0055	2534	23	2410	14	2265	25	106	638	2795	0.228287
Zr6-27	0.0874	0.0015	2.59462	0.04787	0.2153	0.003	1369	34	1299	14	1257	16	103	506	300	1.684303
Zr6-28	0.03745	0.00385	0.17639	0.01791	0.03415	0.0008	-443	262	165	15	216	5	76	545	217	2.505796
Zr6-29	0.12443	0.00257	6.32976	0.135	0.36886	0.0055	2021	37	2023	19	2024	26	100	1340	315	4.242961
Zr6-30	0.05893	0.00143	0.55585	0.0138	0.06841	0.001	565	54	449	9	427	6	105	686	462	1.483174
Zr6-31	0.05486	0.0025	0.18524	0.00827	0.02448	0.0005	407	105	173	7	156	3	111	574	768	0.747835
Zr6-32	0.11567	0.0019	5.40283	0.0967	0.33875	0.0047	1890	30	1885	15	1881	22	100	483	826	0.585677
Zr6-33	0.11752	0.00243	4.87118	0.1047	0.3007	0.0043	1919	38	1797	18	1695	21	106	476	1294	0.367817
Zr6-34	0.04873	0.00271	0.11867	0.00643	0.01765	0.0004	135	126	114	6	113	2	101	949	626	1.515816
Zr6-35	0.1153	0.00234	4.83797	0.10219	0.30422	0.0044	1885	37	1792	18	1712	22	105	327	1314	0.248968
Zr6-36	0.13589	0.00316	8.37083	0.20512	0.44695	0.0077	2175	41	2272	22	2382	34	95	215	133	1.615752

续表

测试点号	同位素比值						年龄比值						谐和度	质量分数/10^{-6}		Th/U
	$^{207}Pb/^{206}Pb$	1σ	$^{207}Pb/^{235}U$	1σ	$^{206}Pb/^{238}U$	1σ	$^{207}Pb/^{206}Pb$	1σ	$^{207}Pb/^{235}U$	1σ	$^{206}Pb/^{238}U$	1σ		Th	U	
Zr6-37	0.05389	0.00175	0.15507	0.00505	0.02087	0.0003	366	75	146	4	133	2	110	1204	683	1.762654
Zr6-38	0.16418	0.00231	10.67493	0.16966	0.47163	0.0064	2499	24	2495	15	2491	28	100	719	544	1.321672
Zr6-39	0.10864	0.00162	4.50632	0.07432	0.30087	0.0041	1777	28	1732	14	1696	20	102	510	1450	0.352233
Zr6-40	0.05271	0.00152	0.3481	0.0101	0.04791	0.0007	316	67	303	8	302	5	100	736	506	1.45477
Zr6-41	0.05564	0.00118	0.53369	0.01185	0.06957	0.001	438	48	434	8	434	6	100	917	601	1.524762
Zr6-42	0.16642	0.00278	10.76143	0.19324	0.46904	0.0066	2522	29	2503	17	2479	29	101	194	544	0.356487
Zr6-43	0.17206	0.00268	11.46592	0.1986	0.48345	0.0067	2578	27	2562	16	2542	29	101	533	1100	0.48502
Zr6-44	0.05386	0.00089	0.2538	0.00464	0.03418	0.0005	365	38	230	4	217	3	106	676	3960	0.170841
Zr6-45	0.10254	0.00382	3.9331	0.14162	0.2782	0.0056	1671	71	1621	29	1582	28	102	31	49	0.630631
Zr6-46	0.05818	0.00233	0.27925	0.01032	0.03481	0.0005	537	90	250	8	221	3	113	78	415	0.189046
Zr6-47	0.05019	0.00104	0.23357	0.00504	0.03376	0.0005	204	49	213	4	214	3	100	2793	1552	1.79901
Zr6-48	0.16828	0.00338	10.86541	0.22451	0.46838	0.0071	2541	34	2512	19	2476	31	101	185	102	1.816831
Zr6-49	0.10577	0.00504	0.29166	0.01333	0.02	0.0004	1728	90	260	10	128	3	203	299	172	1.738183
Zr6-50	0.11301	0.00154	4.99138	0.0771	0.32033	0.0043	1848	25	1818	13	1791	21	102	607	734	0.827301
Zr6-51	0.07446	0.00169	1.10395	0.02557	0.10754	0.0016	1054	47	755	12	658	9	115	494	270	1.828486
Zr6-52	0.16435	0.00235	10.40043	0.16617	0.45899	0.0063	2501	25	2471	15	2435	28	101	224	125	1.792678
Zr6-53	0.13358	0.00252	6.93696	0.13643	0.37668	0.0054	2146	34	2103	17	2061	25	102	282	406	0.695653
Zr6-54	0.15518	0.00205	9.44177	0.14374	0.4413	0.0059	2404	23	2382	14	2356	26	101	805	1055	0.76325
Zr6-55	0.06994	0.00121	1.45161	0.02685	0.15054	0.0021	927	36	911	11	904	12	101	408	362	1.127344
Zr6-56	0.05469	0.0022	0.25904	0.01031	0.03436	0.0006	400	92	234	8	218	4	107	6844	259	0.264768
Zr6-57	0.11518	0.00157	5.01009	0.07723	0.31549	0.0042	1883	25	1821	13	1768	20	103	5144	1354	0.380102
Zr6-58	0.11544	0.00235	5.3637	0.11324	0.33703	0.0048	1887	37	1879	18	1872	23	100	3784	991	0.38207
Zr6-59	0.05694	0.00108	0.53752	0.01073	0.06847	0.0009	489	43	437	7	427	6	102	6607	812	0.812619
Zr6-60	0.19436	0.00439	12.85302	0.29778	0.47962	0.0069	2779	38	2669	22	2526	30	106	107861	1685	0.639872
Zr6-61	0.11573	0.00155	5.3395	0.082	0.33464	0.0045	1891	25	1875	13	1861	22	101	98955	1233	0.80217
Zr6-62	0.05253	0.00275	0.11833	0.00612	0.01634	0.0003	309	122	114	6	104	2	110	66059	406	1.626998
Zr6-63	0.05734	0.0009	0.38774	0.00677	0.04905	0.0007	505	35	333	5	309	4	108	56014	1312	0.426783
Zr6-64	0.05651	0.0018	0.20548	0.00655	0.02638	0.0004	472	72	190	6	168	3	113	156721	930	1.684782
Zr6-65	0.11446	0.00157	5.33016	0.08382	0.33777	0.0046	1871	25	1874	13	1876	22	100	87025	549	1.584898
Zr6-66	0.10689	0.00278	4.63941	0.12181	0.31481	0.0051	1747	49	1756	22	1764	25	100	403	31	1.275614
Zr6-67	0.05144	0.00223	0.28163	0.01195	0.03971	0.0007	261	102	252	9	251	5	100	184253	599	3.071597
Zr6-68	0.10913	0.00206	4.46132	0.08843	0.2966	0.0043	1785	35	1724	16	1674	21	103	34436	269	1.276793
Zr6-69	0.1139	0.00161	5.27753	0.08567	0.33609	0.0046	1863	26	1865	14	1868	22	100	100447	682	1.471671
Zr6-70	0.06142	0.00292	0.17754	0.00831	0.02097	0.0004	654	105	166	7	134	2	124	63018	314	2.002978
Zr6-71	0.05417	0.00249	0.12211	0.00331	0.01635	0.0003	378	106	117	5	105	2	111	106327	676	1.571672
Zr6-72	0.20938	0.00328	15.47953	0.26907	0.53574	0.0074	2902	26	2845	17	2766	31	103	148718	717	2.073587

续表

测试	同位素比值						年龄比值						谐和度	质量分数/10^{-6}		Th/U
点号	$^{207}Pb/^{206}Pb$	1σ	$^{207}Pb/^{235}U$	1σ	$^{206}Pb/^{238}U$	1σ	$^{207}Pb/^{206}Pb$	1σ	$^{207}Pb/^{235}U$	1σ	$^{206}Pb/^{238}U$	1σ		Th	U	
Zr6-73	0.07042	0.00348	0.32566	0.01562	0.03354	0.0007	941	104	286	12	213	4	134	65174	177	3.677555
Zr6-74	0.04902	0.00223	0.10765	0.00483	0.01593	0.0003	149	105	104	4	102	2	102	169637	773	2.194199
Zr6-75	0.07247	0.00126	1.57478	0.02941	0.15763	0.0022	999	36	960	12	944	12	102	71319	475	1.501393
Zr6-76	0.11242	0.00185	5.08	0.09074	0.32781	0.0047	1839	30	1833	15	1828	23	100	2043	208	0.978979
Zr6-77	0.11327	0.00192	4.93031	0.09068	0.3157	0.0045	1853	31	1807	16	1769	22	102	69622	644	1.080199
Zr6-78	0.05811	0.00222	0.12814	0.00486	0.01599	0.0003	534	86	122	4	102	2	120	77748	545	1.425875
Zr6-79	0.06888	0.00163	1.30929	0.03165	0.13786	0.0021	895	50	850	14	833	12	102	93688	577	1.622197
Zr6-80	0.16548	0.00242	10.16669	0.16716	0.44569	0.0061	2512	25	2450	15	2376	27	103	65975	838	0.786769
Zr6-81	0.17059	0.00331	11.26188	0.23048	0.47891	0.0071	2563	33	2545	19	2523	31	101	6196	389	1.588704
Zr6-82	0.12103	0.00314	5.63095	0.14623	0.33744	0.0058	1971	47	1921	22	1874	28	103	56	59	0.948186
Zr6-83	0.06381	0.00106	0.72045	0.01313	0.08191	0.0011	735	36	551	8	508	7	108	6395	1311	4.876104
Zr6-84	0.16567	0.00288	10.56474	0.1983	0.46266	0.0065	2514	30	2486	17	2451	29	101	1630	822	1.981673
Zr6-85	0.11118	0.0015	4.93384	0.07704	0.32197	0.0044	1819	25	1808	13	1799	22	101	564	398	1.417178
Zr6-86	0.05373	0.00212	0.34453	0.01335	0.04657	0.0008	360	91	301	10	293	5	103	979	453.	2.159206
Zr6-87	0.11464	0.0023	5.39103	0.11184	0.34114	0.005	1874	37	1883	18	1892	24	100	485	350	1.386075
Zr6-88	0.12599	0.00223	4.8952	0.09204	0.28215	0.0039	2043	32	1801	16	1602	20	112	7448	3476	2.142158
Zr6-89	0.05498	0.00436	0.28391	0.0217	0.03759	0.001	411	183	254	17	238	6	107	318	312	1.019207
Zr6-91	0.07255	0.00132	1.95853	0.03831	0.19587	0.0029	1001	38	1101	13	1153	16	95	905	1206	0.750451
Zr6-92	0.16658	0.00755	6.31557	0.26584	0.27497	0.0046	2524	78	2021	37	1566	23	129	971	1579	0.614893
Zr6-93	0.14597	0.00258	8.3557	0.15658	0.41544	0.0061	2299	31	2270	17	2240	28	101	265	174	1.527422
Zr6-94	0.11207	0.00198	5.17535	0.09671	0.33544	0.0048	1833	33	1849	16	1865	23	99	50	320	0.157249
Zr6-95	0.06775	0.00303	1.13665	0.04922	0.12189	0.0025	861	95	771	23	741	15	104	250	194	1.29018
Zr6-96	0.10036	0.00251	3.89125	0.09756	0.28123	0.0046	1631	48	1612	20	1598	23	101	211	165	1.27756
Zr6-97	0.0518	0.00148	0.20269	0.00584	0.02839	0.0004	277	67	187	5	180	3	104	1102	767	1.435933
Zr6-98	0.12159	0.00365	0.3645	0.01046	0.02175	0.0004	1980	55	316	8	139	2	227	640	474	1.351853
Zr6-99	0.04966	0.00236	0.13411	0.00622	0.0196	0.0004	179	110	128	6	125	2	102	1592	931	1.710051
Zr6-100	0.10732	0.00229	4.29564	0.0945	0.29035	0.0045	1754	40	1693	18	1643	22	103	890	480	1.853532
Zr6-101	0.06692	0.00148	1.23558	0.02777	0.13406	0.002	835	47	817	13	811	11	101	1613	896	1.798918
Zr6-102	0.11161	0.00436	5.00088	0.18741	0.32505	0.0068	1826	73	1819	32	1814	33	100	28	66	0.436974
Zr6-103	0.1537	0.00399	9.38274	0.24076	0.44291	0.0077	2388	45	2376	24	2364	34	101	95	58	1.63063
Zr6-104	0.14314	0.00418	7.81414	0.22472	0.39658	0.0067	2266	52	2210	26	2153	31	103	293	344	0.85433
Zr6-105	0.05651	0.00295	0.32507	0.01641	0.04172	0.0009	472	119	286	13	263	6	109	164	650	0.252477

附表 7　高邮凹陷 Zr7 样品锆石 LA-ICP-MS 同位素测年结果

测试	同位素比值						年龄比值						谐和度	质量分数/10^{-6}		Th/U
点号	$^{207}Pb/^{206}Pb$	1σ	$^{207}Pb/^{235}U$	1σ	$^{206}Pb/^{238}U$	1σ	$^{207}Pb/^{206}Pb$	1σ	$^{207}Pb/^{235}U$	1σ	$^{206}Pb/^{238}U$	1σ		Th	U	
Zr7-01	0.13307	0.00205	7.22646	0.12266	0.39382	0.00544	2139	28	2140	15	2141	25	100	977	1584	0.62
Zr7-02	0.14339	0.00239	8.01774	0.14292	0.40553	0.00564	2269	29	2233	16	2194	26	103	460	529	0.87
Zr7-03	0.06583	0.00195	1.23059	0.03589	0.13558	0.00207	801	64	815	16	820	12	99	222	112	1.98
Zr7-04	0.17724	0.00268	12.16634	0.20236	0.49786	0.00691	2627	26	2617	16	2605	30	101	231	218	1.06
Zr7-05	0.08364	0.00152	1.44787	0.02832	0.12555	0.00184	1284	36	909	12	762	11	119	872	1194	0.73
Zr7-06	0.11048	0.00175	4.88666	0.08073	0.32075	0.00405	1807	29	1800	14	1793	20	101	1425	1191	1.20
Zr7-07	0.11855	0.0024	5.70637	0.1159	0.34904	0.00485	1934	37	1932	18	1930	23	100	231	143	1.61
Zr7-08	0.13828	0.00224	7.36283	0.12374	0.38613	0.00485	2206	29	2156	15	2105	23	105	1484	1941	0.76
Zr7-09	0.21052	0.00357	16.23217	0.2836	0.55914	0.00749	2910	28	2891	17	2863	31	102	119	114	1.04
Zr7-10	0.06653	0.00132	1.10798	0.02233	0.12078	0.00162	823	42	757	11	735	9	103	751	369	2.04
Zr7-11	0.19909	0.00569	15.11377	0.42545	0.55131	0.00905	2819	48	2822	27	2831	38	100	191	132	1.45
Zr7-12	0.04684	0.00453	0.13231	0.01248	0.02052	0.00052	41	212	126	11	131	3	96	510	200	2.55
Zr7-13	0.11493	0.00212	5.38145	0.10432	0.3396	0.00472	1879	34	1882	17	1885	23	100	615	1110	0.55
Zr7-14	0.05897	0.0013	0.33288	0.00736	0.04094	0.00056	566	49	292	6	259	3	113	1137	1050	1.08
Zr7-15	0.10545	0.00266	3.96667	0.09757	0.27313	0.00409	1722	47	1627	20	1557	21	111	361	166	2.17
Zr7-16	0.05328	0.00126	0.25843	0.00627	0.03518	0.00052	341	55	233	5	223	3	104	1962	1160	1.69
Zr7-17	0.15919	0.002	10.44339	0.14845	0.47588	0.00603	2447	22	2475	13	2509	26	98	721	732	0.99
Zr7-18	0.0532	0.00391	0.39816	0.02857	0.05429	0.00117	337	170	340	21	341	7	100	161	84	1.92
Zr7-19	0.05936	0.00162	0.33051	0.00892	0.04038	0.00058	580	61	290	7	255	4	114	1706	527	3.24
Zr7-20	0.07042	0.00103	1.53879	0.02453	0.15849	0.00204	941	31	946	10	948	11	100	710	1259	0.56
Zr7-21	0.05223	0.00175	0.28658	0.00946	0.0398	0.00064	295	78	256	7	252	4	102	727	740	0.98
Zr7-22	0.16624	0.00277	11.42324	0.2048	0.49838	0.00685	2520	29	2558	17	2607	29	97	854	574	1.49
Zr7-23	0.05592	0.00192	0.45626	0.01542	0.05918	0.00094	449	78	382	11	371	6	103	355	233	1.52
Zr7-24	0.05816	0.00169	0.42288	0.01219	0.05274	0.0008	536	65	358	9	331	5	108	326	334	0.98
Zr7-25	0.16186	0.00453	10.0881	0.27149	0.45195	0.00803	2475	48	2443	25	2404	36	103	121	66	1.83
Zr7-26	0.06117	0.00164	0.4203	0.01103	0.04983	0.00072	645	59	356	8	313	4	114	453	658	0.69
Zr7-27	0.11455	0.00153	5.34074	0.08147	0.33818	0.0045	1873	25	1875	13	1878	22	100	139	645	0.21
Zr7-28	0.11437	0.00166	5.2272	0.08105	0.33148	0.00416	1870	27	1857	13	1846	20	101	458	1086	0.42
Zr7-29	0.13316	0.00229	6.81699	0.12006	0.37128	0.00491	2140	31	2088	16	2035	23	105	166	220	0.75
Zr7-30	0.06616	0.00169	1.20385	0.03048	0.13197	0.00191	811	55	802	14	799	11	100	122	247	0.50
Zr7-31	0.15084	0.00341	8.97669	0.19501	0.43144	0.00585	2355	40	2336	20	2312	26	102	479	758	0.63
Zr7-32	0.11485	0.00161	5.13094	0.07896	0.32404	0.00418	1878	26	1841	13	1809	20	104	142	600	0.24
Zr7-33	0.06094	0.00157	0.55402	0.01423	0.06594	0.00095	637	57	448	9	412	6	109	312	269	1.16
Zr7-34	0.05834	0.00127	0.37486	0.01291	0.07147	0.00104	543	49	461	8	445	6	104	1557	778	2.00
Zr7-35	0.07292	0.00171	1.60357	0.03646	0.15945	0.00214	1012	49	972	14	954	12	102	233	370	0.63
Zr7-36	0.1588	0.0037	9.92979	0.23078	0.45357	0.00659	2443	40	2428	21	2411	29	101	2050	649	3.16

续表

测试点号	同位素比值						年龄比值						谐和度	质量分数/10^{-6}		Th/U
	$^{207}Pb/^{206}Pb$	1σ	$^{207}Pb/^{235}U$	1σ	$^{206}Pb/^{238}U$	1σ	$^{207}Pb/^{206}Pb$	1σ	$^{207}Pb/^{235}U$	1σ	$^{206}Pb/^{238}U$	1σ		Th	U	
Zr7-37	0.13041	0.00181	7.03601	0.10551	0.39135	0.00502	2103	25	2116	13	2129	23	99	321	359	0.89
Zr7-38	0.15774	0.00206	6.82654	0.09774	0.31391	0.00396	2391	37	2064	15	1752	19	136	319	932	0.34
Zr7-39	0.11058	0.00152	5.15466	0.07706	0.3381	0.0043	1809	26	1845	13	1878	21	96	249	362	0.69
Zr7-40	0.1145	0.00176	5.09296	0.08294	0.32264	0.00424	1872	28	1835	14	1803	21	104	197	155	1.27
Zr7-41	0.10704	0.0031	4.58973	0.12885	0.31102	0.0054	1750	54	1747	23	1746	27	100	136	78	1.73
Zr7-42	0.06093	0.00225	0.44506	0.01599	0.05298	0.00088	637	81	374	11	333	5	112	269	186	1.45
Zr7-43	0.04922	0.00303	0.16656	0.00995	0.02455	0.00051	158	140	156	9	156	3	100	599	370	1.62
Zr7-44	0.11383	0.00168	5.21356	0.08275	0.33223	0.00429	1861	27	1855	14	1849	21	101	465	479	0.97
Zr7-45	0.05097	0.00153	0.23219	0.00689	0.03304	0.0005	239	71	212	6	210	3	101	1636	1728	0.95
Zr7-46	0.11503	0.00169	5.43324	0.08609	0.3426	0.0044	1880	27	1890	14	1899	21	99	434	742	0.59
Zr7-47	0.16037	0.00245	10.388	0.16998	0.46983	0.00615	2460	26	2470	15	2483	27	99	84	440	0.19
Zr7-48	0.05868	0.0014	0.39955	0.00958	0.04939	0.0007	555	53	341	7	311	4	110	411	439	0.94
Zr7-49	0.16178	0.00237	10.27636	0.16833	0.46072	0.00637	2474	25	2460	15	2443	28	101	537	863	0.62
Zr7-50	0.05468	0.00247	0.48101	0.02113	0.06378	0.00122	399	104	399	14	399	7	100	1344	766	1.76
Zr7-51	0.11207	0.00144	4.99177	0.07163	0.32305	0.00407	1833	24	1818	12	1805	20	102	972	1345	0.72
Zr7-52	0.06523	0.00116	1.15654	0.02099	0.12861	0.00163	782	38	780	10	780	9	100	278	766	0.36
Zr7-53	0.10722	0.00235	4.45265	0.09662	0.30114	0.00439	1753	41	1722	18	1697	22	103	128	97	1.33
Zr7-54	0.16096	0.00249	10.32859	0.17592	0.46546	0.00661	2466	27	2465	16	2464	29	100	371	272	1.36
Zr7-55	0.13981	0.00295	7.54788	0.15843	0.39181	0.00563	2225	37	2179	19	2131	26	104	408	180	2.26
Zr7-56	0.11278	0.00198	5.21503	0.09419	0.33529	0.00439	1845	33	1855	15	1864	21	99	239	625	0.38
Zr7-57	0.16109	0.00237	10.44082	0.16591	0.47008	0.00606	2467	25	2475	15	2484	27	99	937	1626	0.58
Zr7-58	0.13255	0.00203	7.38347	0.12528	0.40403	0.00562	2132	27	2159	15	2188	26	97	474	508	0.93
Zr7-59	0.11747	0.00219	5.59619	0.11226	0.34556	0.00516	1918	34	1916	17	1913	25	100	1151	1511	0.76
Zr7-60	0.06903	0.00123	1.5494	0.02902	0.16278	0.00222	900	38	950	12	972	12	98	531	312	1.70
Zr7-61	0.11358	0.00273	5.24003	0.12639	0.33459	0.00502	1857	44	1859	21	1861	24	100	1620	1576	1.03
Zr7-62	0.11264	0.00248	5.42104	0.12234	0.34904	0.00523	1842	41	1888	19	1930	25	95	1540	1198	1.29
Zr7-63	0.06876	0.00251	1.25892	0.04418	0.13282	0.00224	892	77	827	20	804	13	103	667	228	2.92
Zr7-64	0.06146	0.00117	0.31225	0.00608	0.03686	0.00048	655	42	276	5	233	3	118	496	680	0.73
Zr7-65	0.15608	0.00244	9.53576	0.15443	0.44317	0.00581	2414	27	2391	15	2365	26	102	180	103	1.75
Zr7-66	0.10467	0.00185	4.07724	0.07534	0.28268	0.0039	1709	33	1650	15	1605	20	106	243	345	0.70
Zr7-67	0.09206	0.00117	2.24784	0.03262	0.17716	0.00228	1469	25	1196	10	1051	12	140	3106	3081	1.01
Zr7-68	0.16095	0.00228	9.82288	0.14963	0.44279	0.00561	2466	24	2418	14	2363	25	104	357	429	0.83
Zr7-69	0.11402	0.00155	5.01105	0.07487	0.31881	0.00407	1864	25	1821	13	1784	20	104	229	433	0.53
Zr7-70	0.11922	0.00289	5.01854	0.12049	0.30554	0.00438	1945	44	1822	20	1719	22	113	1120	625	1.79
Zr7-71	0.20256	0.00312	15.60836	0.25294	0.55898	0.00716	2847	26	2853	15	2862	30	99	151	233	0.65
Zr7-72	0.15077	0.00478	8.33674	0.26064	0.40119	0.00747	2355	55	2268	28	2175	34	108	340	204	1.66
Zr7-73	0.16572	0.00309	10.88845	0.20786	0.47685	0.00622	2515	32	2514	18	2514	27	100	343	736	0.47
Zr7-74	0.1131	0.00202	5.14511	0.09395	0.32998	0.00425	1850	33	1844	16	1838	21	101	185	396	0.47
Zr7-75	0.05208	0.00155	0.35468	0.0104	0.04941	0.00072	289	70	308	8	311	4	99	422	479	0.88

续表

测试点号	同位素比值						年龄比值						谐和度	质量分数/10^{-6}		Th/U
	$^{207}Pb/^{206}Pb$	1σ	$^{207}Pb/^{235}U$	1σ	$^{206}Pb/^{238}U$	1σ	$^{207}Pb/^{206}Pb$	1σ	$^{207}Pb/^{235}U$	1σ	$^{206}Pb/^{238}U$	1σ		Th	U	
Zr7-76	0.14543	0.00229	8.26505	0.13472	0.41283	0.00519	2293	28	2260	15	2228	24	103	439	772	0.57
Zr7-77	0.10914	0.00189	4.78103	0.08539	0.31785	0.00426	1785	32	1782	15	1779	21	100	197	192	1.03
Zr7-78	0.05801	0.00278	0.32162	0.01496	0.04021	0.00078	530	108	283	11	254	5	111	224	304	0.74
Zr7-79	0.07215	0.00113	1.65655	0.02783	0.16659	0.00217	990	33	992	11	993	12	100	285	759	0.38
Zr7-80	0.19659	0.00378	14.64711	0.29007	0.54065	0.0075	2798	32	2793	19	2786	31	100	512	994	0.51
Zr7-81	0.05399	0.002	0.36158	0.01296	0.04861	0.0008	371	85	313	10	306	5	102	569	789	0.72
Zr7-82	0.05948	0.00229	0.41804	0.01557	0.05102	0.00089	585	86	355	11	321	5	111	1405	1149	1.22
Zr7-83	0.11305	0.00225	4.9702	0.09999	0.31907	0.00437	1849	37	1814	17	1785	21	104	428	371	1.15
Zr7-84	0.06469	0.00144	1.09207	0.02428	0.12254	0.00168	764	48	750	12	745	10	101	1049	573	1.83
Zr7-85	0.05633	0.00164	0.63052	0.01808	0.08119	0.00123	465	66	496	11	503	7	99	626	676	0.93
Zr7-86	0.11203	0.00214	4.6672	0.09083	0.30223	0.00407	1833	35	1761	16	1702	20	108	315	428	0.74
Zr7-87	0.16223	0.00234	10.29055	0.1628	0.46017	0.00602	2479	25	2461	15	2440	27	102	1569	1344	1.17
Zr7-88	0.11644	0.0024	4.95721	0.10428	0.30877	0.00434	1902	38	1812	18	1735	21	110	1004	508	1.98
Zr7-89	0.12089	0.00251	5.90101	0.12246	0.35413	0.00516	1969	38	1961	18	1954	25	101	433	116	3.73
Zr7-90	0.05623	0.00124	0.54857	0.01232	0.07079	0.00099	461	50	444	8	441	6	101	502	449	1.12
Zr7-91	0.05096	0.00357	0.16335	0.01107	0.02326	0.00053	239	161	154	10	148	3	104	302	319	0.94
Zr7-92	0.18538	0.00293	13.36458	0.22221	0.52305	0.00681	2702	27	2706	16	2712	29	100	673	385	1.75
Zr7-93	0.12673	0.00275	6.35393	0.13904	0.36354	0.00515	2053	39	2026	19	1999	24	103	609	823	0.74
Zr7-94	0.16995	0.00455	11.16698	0.29177	0.47756	0.00795	2557	46	2537	24	2517	35	102	228	112	2.03
Zr7-95	0.0624	0.00229	0.43378	0.01548	0.05045	0.00083	688	80	366	11	317	5	115	133	262	0.51
Zr7-96	0.116	0.00226	5.04992	0.09968	0.31607	0.00424	1895	36	1828	17	1771	21	107	154	484	0.32
Zr7-97	0.11659	0.00322	4.75513	0.12742	0.29665	0.00436	1905	51	1777	22	1675	22	114	816	1267	0.64
Zr7-98	0.07356	0.0062	1.57623	0.12708	0.15547	0.00501	1029	176	961	50	932	28	103	39	40	0.97
Zr7-99	0.07167	0.00161	1.43391	0.03314	0.14515	0.00215	977	47	903	14	874	12	103	601	366	1.64

附表 8　高邮凹陷 Zr8 样品锆石 LA-ICP-MS 同位素测年结果

测试点号	同位素比值						年龄比值						谐和度	质量分数/10^{-6}		Th/U
	^{207}Pb/^{206}Pb	1σ	^{207}Pb/^{235}U	1σ	^{206}Pb/^{238}U	1σ	^{207}Pb/^{206}Pb	1σ	^{207}Pb/^{235}U	1σ	^{206}Pb/^{238}U	1σ		Th	U	
Zr8-01	0.0626	0.00113	1.06554	0.02027	0.12354	0.0017	695	39	737	10	751	10	98	999	965	1.04
Zr8-02	0.17729	0.00277	12.44291	0.20848	0.50936	0.00693	2628	27	2638	16	2654	30	99	265	241	1.10
Zr8-03	0.07376	0.00303	1.58194	0.06265	0.15561	0.00307	1035	85	963	25	932	17	111	93	84	1.10
Zr8-04	0.11399	0.00202	5.23018	0.09691	0.33316	0.00457	1864	33	1858	16	1854	22	101	280	607	0.46
Zr8-05	0.11236	0.00187	5.13503	0.09116	0.33152	0.00461	1838	31	1842	15	1846	22	100	462	216	2.14
Zr8-06	0.05132	0.00266	0.34656	0.01738	0.04901	0.00099	255	122	302	13	308	6	98	407	334	1.22
Zr8-07	0.05807	0.00215	0.27099	0.00977	0.03387	0.00058	532	83	243	8	215	4	113	956	397	2.41
Zr8-08	0.08394	0.00141	2.59842	0.04709	0.22464	0.00315	1291	33	1300	13	1306	17	99	957	561	1.71
Zr8-09	0.05411	0.00117	0.51955	0.01158	0.06969	0.00102	376	50	425	8	434	6	98	1411	1152	1.22
Zr8-10	0.05159	0.00138	0.32019	0.00864	0.04504	0.0007	267	63	282	7	284	4	99	2008	1281	1.57
Zr8-11	0.14118	0.0063	5.90599	0.2603	0.30334	0.00701	2242	79	1962	38	1708	35	131	2515	3987	0.63
Zr8-12	0.11601	0.00222	5.37918	0.10678	0.3364	0.00479	1896	35	1882	17	1869	23	101	343	258	1.33
Zr8-13	0.1865	0.0025	12.51618	0.18953	0.48675	0.00636	2712	23	2644	14	2557	28	106	2489	1365	1.82
Zr8-14	0.15902	0.00416	10.23244	0.26151	0.46674	0.00723	2445	45	2456	24	2469	32	99	230	220	1.05
Zr8-15	0.16979	0.00281	11.03195	0.19276	0.47118	0.00649	2556	28	2526	16	2489	28	103	127	121	1.05
Zr8-16	0.06977	0.00176	1.24551	0.03145	0.12956	0.00193	922	53	821	14	785	11	105	2168	804	2.70
Zr8-17	0.14431	0.00228	8.42815	0.15227	0.42379	0.00619	2280	28	2278	16	2278	28	100	387	1717	0.23
Zr8-18	0.04883	0.00444	0.1203	0.01048	0.01786	0.00052	140	206	115	9	114	3	101	333	766	0.44
Zr8-19	0.05886	0.00264	0.4515	0.01966	0.05564	0.00105	562	100	378	14	349	6	108	9	141	0.06
Zr8-20	0.0572	0.00204	0.43974	0.01532	0.05575	0.0009	499	80	370	11	350	5	106	304	210	1.45
Zr8-21	0.11169	0.00233	4.97484	0.10869	0.32318	0.00476	1827	39	1815	18	1805	23	101	819	429	1.91
Zr8-22	0.05865	0.00223	0.53496	0.01978	0.06614	0.00112	554	85	435	13	413	7	105	274	223	1.23
Zr8-23	0.11882	0.00335	5.11605	0.14853	0.31268	0.00546	1939	52	1839	25	1754	27	111	128	383	0.33
Zr8-24	0.16826	0.0046	10.8783	0.28709	0.46931	0.00708	2540	47	2513	25	2481	31	102	123	181	0.68
Zr8-25	0.11406	0.00167	5.28248	0.08764	0.33592	0.00464	1865	27	1866	14	1867	22	100	821	1035	0.79
Zr8-26	0.05751	0.00169	0.54037	0.01571	0.06815	0.00105	511	66	439	10	425	6	103	693	799	0.87
Zr8-27	0.10865	0.00196	4.22064	0.08354	0.28166	0.00422	1777	34	1678	16	1600	21	111	190	517	0.37
Zr8-28	0.11627	0.00206	5.22739	0.10164	0.32596	0.00482	1900	33	1857	17	1819	23	104	314	710	0.44
Zr8-29	0.07321	0.00224	1.43409	0.04411	0.14208	0.0025	1020	63	903	18	856	14	119	175	238	0.73
Zr8-30	0.05286	0.00133	0.30879	0.00791	0.04237	0.00064	323	58	273	6	268	4	102	1331	1115	1.19
Zr8-31	0.16559	0.00313	11.15098	0.2249	0.48834	0.00715	2514	33	2536	19	2563	31	98	261	334	0.78
Zr8-32	0.18633	0.00354	12.74348	0.25995	0.49576	0.00743	2557	57	2551	28	2543	32	101	85	299	0.29
Zr8-33	0.11296	0.00277	5.1458	0.12971	0.33013	0.00551	1848	45	1844	21	1839	27	100	174	124	1.40
Zr8-34	0.05326	0.00206	0.36579	0.01381	0.04981	0.00088	340	90	317	10	313	5	101	1497	1024	1.46
Zr8-35	0.11674	0.0023	5.6195	0.11663	0.34905	0.00513	1907	36	1919	18	1930	25	99	197	237	0.83
Zr8-36	0.16083	0.00262	10.89734	0.18693	0.49134	0.00648	2464	28	2514	16	2576	28	96	593	450	1.32

续表

测试点号	同位素比值						年龄比值						谐和度	质量分数/10^{-6}		Th/U
	$^{207}Pb/^{206}Pb$	1σ	$^{207}Pb/^{235}U$	1σ	$^{206}Pb/^{238}U$	1σ	$^{207}Pb/^{206}Pb$	1σ	$^{207}Pb/^{235}U$	1σ	$^{206}Pb/^{238}U$	1σ		Th	U	
Zr8-37	0.1563	0.00407	9.24101	0.23747	0.42832	0.0065	2416	45	2362	24	2298	29	105	681	652	1.05
Zr8-38	0.15169	0.00364	10.45005	0.24933	0.4994	0.00726	2365	42	2475	22	2611	31	91	221	733	0.30
Zr8-39	0.16484	0.00276	11.08159	0.19871	0.48718	0.00695	2506	29	2530	17	2558	30	98	240	140	1.71
Zr8-40	0.06783	0.00269	1.10331	0.04207	0.11795	0.00214	863	84	755	20	719	12	105	465	1592	0.29
Zr8-41	0.1138	0.00197	5.39085	0.09961	0.3433	0.00478	1861	32	1883	16	1903	23	98	397	860	0.46
Zr8-42	0.11626	0.00282	5.10617	0.12305	0.31842	0.00469	1899	45	1837	20	1782	23	107	150	581	0.26
Zr8-43	0.14223	0.00321	8.03265	0.18231	0.40946	0.00591	2255	40	2235	20	2212	27	102	403	558	0.72
Zr8-44	0.11492	0.00185	5.53579	0.09735	0.34939	0.00485	1879	30	1906	15	1932	23	97	213	559	0.38
Zr8-45	0.10393	0.00184	4.26907	0.08134	0.29798	0.00433	1695	33	1687	16	1681	22	101	169	223	0.76
Zr8-46	0.10734	0.00204	4.4722	0.08847	0.30218	0.00431	1755	36	1726	16	1702	21	103	221	233	0.95
Zr8-47	0.1066	0.00439	3.22449	0.12964	0.21949	0.00419	1742	77	1463	31	1279	22	136	728	1117	0.65
Zr8-48	0.05654	0.00138	0.58132	0.01439	0.07457	0.00112	474	55	465	9	464	7	100	616	485	1.27
Zr8-49	0.09415	0.00152	3.30914	0.05852	0.25494	0.00356	1511	31	1483	14	1464	18	103	350	406	0.86
Zr8-50	0.1124	0.00163	5.30823	0.08702	0.34254	0.00468	1839	27	1870	14	1899	22	97	225	759	0.30
Zr8-51	0.15691	0.00255	9.22154	0.1609	0.42629	0.00585	2423	28	2360	16	2289	26	106	375	320	1.17
Zr8-52	0.11362	0.00231	5.24024	0.10946	0.33453	0.00495	1858	38	1859	18	1860	24	100	91	96	0.94
Zr8-53	0.11347	0.00173	5.38925	0.09119	0.34451	0.00472	1856	28	1883	14	1908	23	97	375	618	0.61
Zr8-54	0.0691	0.0013	1.34069	0.02668	0.14074	0.00198	902	40	864	12	849	11	102	468	415	1.13
Zr8-55	0.11156	0.00194	5.20334	0.09723	0.33831	0.00481	1825	32	1853	16	1879	23	97	326	211	1.54
Zr8-56	0.1543	0.00272	9.47514	0.1783	0.4454	0.00636	2394	31	2385	17	2375	28	101	160	183	0.87
Zr8-57	0.10378	0.00315	3.86845	0.11519	0.27046	0.00445	1693	57	1607	24	1543	23	110	98	473	0.21
Zr8-58	0.06939	0.00226	1.45881	0.04639	0.15253	0.00254	910	69	914	19	915	14	100	270	461	0.59
Zr8-59	0.116	0.00217	5.56639	0.1111	0.34804	0.00496	1895	34	1911	17	1925	24	98	219	1039	0.21
Zr8-60	0.09553	0.00198	3.267	0.07026	0.24805	0.00355	1539	40	1473	17	1428	18	108	518	902	0.57
Zr8-61	0.13849	0.00167	8.15862	0.11853	0.42742	0.00578	2208	11	2249	13	2294	26	96	307	501	0.61
Zr8-62	0.11169	0.00162	5.18153	0.0858	0.33649	0.0047	1827	14	1850	14	1870	23	98	677	504	1.34
Zr8-63	0.11144	0.00171	5.32275	0.08954	0.34651	0.00478	1823	14	1873	14	1918	23	95	404	218	1.85
Zr8-64	0.05425	0.00117	0.43346	0.00968	0.05798	0.00082	381	26	366	7	363	5	101	927	873	1.06
Zr8-65	0.12199	0.0018	5.97441	0.09667	0.35541	0.0047	1986	13	1972	14	1960	22	101	411	938	0.44
Zr8-66	0.16235	0.00244	10.98722	0.18535	0.49086	0.00685	2480	13	2522	16	2574	30	96	665	463	1.44
Zr8-67	0.11068	0.00169	5.2504	0.08887	0.34412	0.00479	1811	14	1861	14	1906	23	95	399	263	1.52
Zr8-68	0.16092	0.00251	10.67431	0.18331	0.48118	0.00695	2465	13	2495	16	2532	30	97	317	94	3.39
Zr8-69	0.0498	0.00164	0.14353	0.00469	0.02091	0.00033	186	47	136	4	133	2	102	1723	1518	1.14
Zr8-70	0.10949	0.00175	5.09154	0.08899	0.33729	0.00467	1791	15	1835	15	1874	23	96	290	438	0.66
Zr8-71	0.12263	0.00267	4.97586	0.10605	0.29447	0.00401	1995	20	1815	18	1664	20	120	1468	1759	0.83
Zr8-72	0.05757	0.00187	0.68195	0.02203	0.08592	0.00139	513	43	528	13	531	8	99	1208	232	5.21
Zr8-73	0.11102	0.00166	5.05543	0.08994	0.33313	0.00452	1816	15	1836	15	1854	22	98	735	510	1.44
Zr8-74	0.15691	0.00207	10.46631	0.16508	0.48381	0.00686	2423	12	2477	15	2544	30	95	790	716	1.10
Zr8-75	0.11888	0.00166	5.95176	0.09561	0.36313	0.0051	1939	13	1969	14	1997	24	97	226	290	0.78

续表

测试点号	同位素比值						年龄比值						谐和度	质量分数/10^{-6}		Th/U
	$^{207}Pb/^{206}Pb$	1σ	$^{207}Pb/^{235}U$	1σ	$^{206}Pb/^{238}U$	1σ	$^{207}Pb/^{206}Pb$	1σ	$^{207}Pb/^{235}U$	1σ	$^{206}Pb/^{238}U$	1σ		Th	U	
Zr8-76	0.1084	0.00142	5.04605	0.07793	0.33765	0.0047	1773	13	1827	13	1875	23	95	807	806	1.00
Zr8-77	0.06621	0.00109	1.26709	0.02291	0.13882	0.00198	813	17	831	10	838	11	99	376	457	0.82
Zr8-78	0.05454	0.00108	0.3248	0.0068	0.04319	0.00062	393	23	286	5	273	4	105	1597	1108	1.44
Zr8-79	0.05467	0.00312	0.29101	0.01606	0.0386	0.00092	399	81	259	13	244	6	106	768	618	1.24
Zr8-80	0.05406	0.00211	0.2837	0.01093	0.03806	0.00066	374	56	254	9	241	4	105	776	457	1.70
Zr8-81	0.10055	0.0019	3.85481	0.07595	0.27805	0.00393	1634	18	1604	16	1582	20	103	356	217	1.64
Zr8-82	0.05212	0.00181	0.34391	0.01174	0.04785	0.00077	291	49	300	9	301	5	100	358	435	0.82
Zr8-83	0.06281	0.00198	1.01517	0.03197	0.11723	0.00192	702	40	711	16	715	11	99	136	108	1.26
Zr8-84	0.11187	0.00295	4.47666	0.11691	0.29018	0.00437	1830	26	1727	22	1642	22	111	450	557	0.81
Zr8-85	0.16098	0.00217	11.31592	0.18004	0.50982	0.00718	2466	23	2550	15	2656	31	93	526	747	0.70
Zr8-86	0.09756	0.00143	3.51092	0.05813	0.26096	0.00365	1578	28	1530	13	1495	19	106	1046	823	1.27
Zr8-87	0.16205	0.00217	11.16307	0.17346	0.49949	0.00688	2477	23	2537	14	2612	30	95	278	729	0.38
Zr8-88	0.11018	0.00159	5.1703	0.08374	0.3403	0.00469	1802	27	1848	14	1888	23	95	252	438	0.58
Zr8-89	0.16319	0.0031	10.75722	0.21663	0.47803	0.00748	2489	33	2502	19	2519	33	99	229	285	0.81
Zr8-90	0.05303	0.00106	0.32808	0.00686	0.04486	0.00064	330	46	288	5	283	4	102	600	977	0.61
Zr8-91	0.1484	0.00218	9.00401	0.14598	0.43995	0.00598	2328	26	2338	15	2350	27	99	788	607	1.30
Zr8-92	0.11058	0.00202	4.78969	0.08996	0.31407	0.00431	1809	34	1783	16	1761	21	103	381	516	0.74
Zr8-93	0.11862	0.00277	5.63233	0.13099	0.34429	0.00537	1936	43	1921	20	1907	26	102	130	150	0.87
Zr8-94	0.11705	0.0022	5.70572	0.11145	0.35358	0.00506	1912	35	1932	17	1952	24	98	436	825	0.53
Zr8-95	0.11832	0.00324	5.35695	0.14313	0.32834	0.00558	1931	50	1878	23	1830	27	106	70	32	2.21
Zr8-96	0.05227	0.00226	0.28374	0.01189	0.03937	0.0007	297	101	254	9	249	4	102	509	411	1.24

附表 9 高邮凹陷 Zr9 样品锆石 LA-ICP-MS 同位素测年结果

测试点号	同位素比值						年龄比值						谐和度	质量分数/10^{-6}		Th/U
	$^{207}Pb/^{206}Pb$	1σ	$^{207}Pb/^{235}U$	1σ	$^{206}Pb/^{238}U$	1σ	$^{207}Pb/^{206}Pb$	1σ	$^{207}Pb/^{235}U$	1σ	$^{206}Pb/^{238}U$	1σ		Th	U	
Zr9-01	0.12087	0.00208	5.69013	0.1052	0.34141	0.00482	1969	31	1930	16	1893	23	104	854	402	2.12
Zr9-02	0.11058	0.00154	5.27776	0.08238	0.34617	0.00453	1809	26	1865	13	1916	22	94	820	1494	0.55
Zr9-03	0.06439	0.00207	0.3297	0.01043	0.03714	0.0006	754	69	289	8	235	4	123	330	250	1.32
Zr9-04	0.0783	0.0015	1.44197	0.02819	0.13357	0.00177	1154	39	907	12	808	10	143	2350	1427	1.65
Zr9-05	0.05667	0.00219	0.40432	0.01534	0.05175	0.00085	479	88	345	11	325	5	106	109	165	0.66
Zr9-06	0.1068	0.002	2.71656	0.05217	0.1845	0.00245	1746	35	1333	14	1092	13	160	895	1823	0.49
Zr9-07	0.12036	0.00194	5.39524	0.093	0.32516	0.00428	1962	29	1884	15	1815	21	108	590	1503	0.39
Zr9-08	0.13829	0.00266	0.48821	0.00965	0.02561	0.00035	1802	121	323	17	157	2	1148	3433	7817	0.44
Zr9-09	0.12203	0.00219	5.54354	0.10528	0.3295	0.00453	1986	33	1907	16	1836	22	108	766	670	1.14
Zr9-10	0.11236	0.0018	4.88136	0.08484	0.31509	0.00424	1838	30	1799	15	1766	21	104	1453	2325	0.62
Zr9-11	0.0679	0.00149	1.29666	0.02936	0.13852	0.00204	866	47	844	13	836	12	101	361	417	0.87
Zr9-12	0.0665	0.00123	1.3406	0.02622	0.14623	0.00202	822	40	863	11	880	11	98	337	3630	0.09
Zr9-13	0.11119	0.00169	5.3254	0.09055	0.3474	0.00484	1819	28	1873	15	1922	23	95	888	1103	0.80
Zr9-14	0.15603	0.00233	7.68383	0.1252	0.3572	0.00476	2267	99	2102	47	1938	27	117	506	408	1.24
Zr9-15	0.05672	0.00163	0.55714	0.01591	0.07126	0.0011	481	65	450	10	444	7	101	665	754	0.88
Zr9-16	0.16566	0.00295	10.7569	0.20567	0.471	0.00688	2514	31	2502	18	2488	30	101	269	449	0.60
Zr9-17	0.10688	0.00206	4.18293	0.08232	0.28395	0.0038	1747	36	1671	16	1611	19	108	1139	752	1.51
Zr9-18	0.13824	0.00263	6.44853	0.12938	0.33836	0.00489	2205	34	2039	18	1879	24	117	719	556	1.29
Zr9-19	0.05137	0.00127	0.18633	0.0047	0.02631	0.0004	257	58	173	4	167	3	104	2077	1951	1.06
Zr9-20	0.11303	0.00229	5.01559	0.10604	0.32187	0.00475	1849	37	1822	18	1799	23	103	177	330	0.54
Zr9-21	0.07932	0.00162	2.39355	0.05126	0.21888	0.00325	1180	41	1241	15	1276	17	92	485	396	1.23
Zr9-22	0.16588	0.00326	10.99117	0.22872	0.4806	0.00711	2516	34	2522	19	2530	31	99	1178	1266	0.93
Zr9-23	0.11114	0.00295	4.90695	0.13043	0.32025	0.00521	1818	49	1803	22	1791	25	102	370	134	2.76
Zr9-24	0.11652	0.0026	5.54676	0.12743	0.34529	0.00519	1904	41	1908	20	1912	25	100	429	404	1.06
Zr9-25	0.11198	0.00165	5.27219	0.08512	0.34145	0.00451	1832	27	1864	14	1894	22	97	335	437	0.77
Zr9-26	0.11396	0.00167	5.20252	0.08342	0.3311	0.00432	1864	27	1853	14	1844	21	101	335	914	0.37
Zr9-27	0.05144	0.00133	0.33076	0.00863	0.04664	0.00069	261	61	290	7	294	4	99	1377	1010	1.36
Zr9-28	0.05268	0.00167	0.27719	0.00871	0.03817	0.0006	315	74	248	7	241	4	103	880	951	0.92
Zr9-29	0.05143	0.00141	0.30819	0.00849	0.04346	0.00064	260	64	273	7	274	4	100	763	451	1.69
Zr9-30	0.05042	0.00173	0.28294	0.00966	0.0407	0.00061	214	81	253	8	257	4	98	510	300	1.70
Zr9-31	0.05484	0.0019	0.51903	0.01783	0.06864	0.0011	406	79	425	12	428	7	99	27	178	0.15
Zr9-32	0.11173	0.00217	5.26324	0.10847	0.3416	0.00511	1828	36	1863	18	1894	25	97	313	268	1.17
Zr9-33	0.05223	0.00142	0.3598	0.00986	0.04996	0.00075	295	64	312	7	314	5	99	431	428	1.01
Zr9-34	0.06322	0.00134	1.01653	0.02193	0.11662	0.00161	716	46	712	11	711	9	100	841	513	1.64
Zr9-35	0.16534	0.00354	10.73156	0.23375	0.47075	0.0069	2511	37	2500	20	2487	30	101	142	110	1.29
Zr9-36	0.05314	0.0023	0.52691	0.02232	0.07192	0.00134	335	101	430	15	448	8	96	791	395	2.00

续表

测试点号	同位素比值						年龄比值						谐和度	质量分数/10^{-6}		Th/U
	$^{207}Pb/^{206}Pb$	1σ	$^{207}Pb/^{235}U$	1σ	$^{206}Pb/^{238}U$	1σ	$^{207}Pb/^{206}Pb$	1σ	$^{207}Pb/^{235}U$	1σ	$^{206}Pb/^{238}U$	1σ		Th	U	
Zr9-37	0.11383	0.00243	5.20381	0.11231	0.33157	0.0047	1861	39	1853	18	1846	23	101	538	932	0.58
Zr9-38	0.04819	0.00299	0.14064	0.00852	0.02116	0.00047	109	139	134	8	135	3	99	280	405	0.69
Zr9-39	0.1102	0.00239	4.89373	0.10595	0.32214	0.00458	1803	40	1801	18	1800	22	100	105	579	0.18
Zr9-40	0.05777	0.00117	0.68096	0.01439	0.08549	0.00122	521	45	527	9	529	7	100	424	686	0.62
Zr9-41	0.04778	0.00104	0.18873	0.00426	0.02864	0.00041	88	52	176	4	182	3	97	1531	1451	1.06
Zr9-42	0.11044	0.00229	5.58708	0.1182	0.36693	0.00528	1807	39	1914	18	2015	25	90	113	374	0.30
Zr9-43	0.10193	0.00617	4.20281	0.24596	0.29955	0.00771	1660	115	1675	48	1689	38	98	3242	1237	2.62
Zr9-44	0.08699	0.00183	2.86091	0.06145	0.23849	0.00348	1360	41	1372	16	1379	18	99	124	144	0.86
Zr9-45	0.05446	0.00227	0.34316	0.01406	0.04571	0.00088	390	96	300	11	288	5	104	672	624	1.08
Zr9-46	0.18245	0.00418	13.05445	0.29844	0.51895	0.00748	2675	39	2684	22	2695	32	99	640	824	0.78
Zr9-47	0.16473	0.00346	14.57314	0.31762	0.64136	0.00966	2505	36	2788	21	3194	38	78	315	264	1.19
Zr9-48	0.05126	0.00222	0.32481	0.01378	0.04593	0.00087	253	102	286	11	289	5	99	771	434	1.78
Zr9-49	0.10645	0.00157	3.79737	0.06315	0.2587	0.00362	1739	28	1592	13	1483	19	117	107	659	0.16
Zr9-50	0.06864	0.00198	1.38374	0.03884	0.14624	0.0022	888	61	882	17	880	12	100	131	134	0.97
Zr9-51	0.06527	0.00195	1.08246	0.03141	0.12031	0.00182	783	64	745	15	732	10	102	607	201	3.02
Zr9-52	0.09233	0.00142	3.32505	0.05416	0.26123	0.00335	1474	30	1487	13	1496	17	99	1401	755	1.86
Zr9-53	0.08781	0.00178	3.08971	0.06568	0.25516	0.0038	1378	40	1430	16	1465	20	94	771	1111	0.69
Zr9-54	0.07023	0.00119	1.43165	0.02534	0.14786	0.00195	935	36	902	11	889	11	101	200	1122	0.18
Zr9-55	0.11327	0.0018	5.5252	0.09452	0.35377	0.00475	1853	29	1905	15	1953	23	95	219	859	0.25
Zr9-56	0.11563	0.00315	3.58443	0.09535	0.22491	0.00352	1890	50	1546	21	1308	19	144	437	346	1.26
Zr9-57	0.05098	0.00125	0.27945	0.00688	0.03976	0.00056	240	58	250	5	251	3	100	855	616	1.39
Zr9-58	0.05175	0.00177	0.29691	0.00984	0.04162	0.00066	274	80	264	8	263	4	100	696	958	0.73
Zr9-59	0.1539	0.00306	8.84417	0.185	0.41682	0.00618	2390	35	2322	19	2246	28	106	372	533	0.70
Zr9-60	0.05653	0.00185	0.35085	0.01136	0.04501	0.00072	473	74	305	9	284	4	107	329	267	1.23
Zr9-61	0.111	0.00213	4.7915	0.09119	0.31347	0.00403	1816	36	1783	16	1758	20	103	525	392	1.34
Zr9-62	0.0642	0.00158	0.31001	0.00782	0.03504	0.00055	748	53	274	6	222	3	123	3492	1228	2.84
Zr9-63	0.0507	0.00194	0.32386	0.01208	0.04637	0.00077	227	91	285	9	292	5	98	436	674	0.65
Zr9-64	0.03716	0.00165	0.14967	0.00662	0.02924	0.00057	-462	268	142	6	186	4	76	658	738	0.89
Zr9-65	0.16082	0.00258	10.52119	0.18134	0.47459	0.00642	2464	28	2482	16	2504	28	98	603	430	1.40
Zr9-66	0.1185	0.00199	5.84318	0.10443	0.35774	0.00484	1934	31	1953	15	1971	23	98	347	616	0.56
Zr9-67	0.05817	0.00149	0.41111	0.01061	0.05127	0.00076	536	57	350	8	322	5	109	267	360	0.74
Zr9-68	0.06391	0.00227	0.40783	0.01441	0.04629	0.00086	739	77	347	10	292	5	119	816	726	1.12
Zr9-69	0.10848	0.00201	3.8028	0.07677	0.25429	0.00377	1774	35	1593	16	1461	19	121	4897	2334	2.10
Zr9-70	0.05683	0.00288	0.39074	0.0193	0.04988	0.00095	485	115	335	14	314	6	107	166	129	1.29
Zr9-71	0.12553	0.0042	5.60961	0.18673	0.32446	0.00535	2036	61	1918	29	1811	26	112	260	424	0.61
Zr9-72	0.11616	0.00311	5.10013	0.14022	0.31862	0.00484	1898	49	1836	23	1783	24	106	201	1045	0.19

续表

测试点号	同位素比值						年龄比值						谐和度	质量分数/10^{-6}		Th/U
	$^{207}Pb/^{206}Pb$	1σ	$^{207}Pb/^{235}U$	1σ	$^{206}Pb/^{238}U$	1σ	$^{207}Pb/^{206}Pb$	1σ	$^{207}Pb/^{235}U$	1σ	$^{206}Pb/^{238}U$	1σ		Th	U	
Zr9-73	0.0609	0.00168	0.8011	0.02201	0.09543	0.00146	636	61	597	12	588	9	102	18	675	0.03
Zr9-74	0.11425	0.00173	5.46561	0.09111	0.34705	0.0047	1868	28	1895	14	1920	22	97	90	815	0.11
Zr9-75	0.0655	0.00102	1.23877	0.02071	0.1372	0.0018	790	33	818	9	829	10	99	647	581	1.11
Zr9-76	0.06758	0.00229	1.13302	0.03811	0.12159	0.00218	856	72	769	18	740	13	104	473	276	1.71
Zr9-77	0.11309	0.00186	5.14252	0.0889	0.3299	0.00438	1850	30	1843	15	1838	21	101	389	357	1.09
Zr9-78	0.17525	0.0032	12.01881	0.2287	0.49753	0.00696	2608	31	2606	18	2603	30	100	38	328	0.12
Zr9-79	0.06055	0.00246	0.62965	0.02501	0.07546	0.00144	623	90	496	16	469	9	106	490	546	0.90
Zr9-80	0.17184	0.00302	11.60591	0.21611	0.48993	0.00692	2576	30	2573	17	2570	30	100	222	269	0.83
Zr9-81	0.11848	0.00244	5.72465	0.1262	0.35045	0.00542	1933	38	1935	19	1937	26	100	202	1606	0.13
Zr9-82	0.11548	0.00183	5.43744	0.09202	0.34156	0.00451	1887	29	1891	15	1894	22	100	112	1701	0.07
Zr9-83	0.0644	0.00158	1.13178	0.02757	0.1275	0.00185	755	53	769	13	774	11	99	549	297	1.85
Zr9-84	0.06406	0.00156	1.24864	0.02989	0.1414	0.00199	744	53	823	13	853	11	96	543	315	1.72
Zr9-85	0.13197	0.00255	6.89996	0.13335	0.37924	0.00498	2124	35	2099	17	2073	23	102	369	480	0.77
Zr9-86	0.1115	0.00348	5.07341	0.15223	0.33002	0.0058	1824	58	1832	25	1838	28	99	92	48	1.92
Zr9-87	0.11949	0.00243	2.07057	0.04384	0.12583	0.00186	1949	37	1139	14	764	11	255	6295	5187	1.21
Zr9-88	0.1634	0.0027	6.85009	0.12075	0.30418	0.00434	2491	28	2092	16	1712	21	146	243	156	1.56
Zr9-89	0.10338	0.00339	4.27064	0.13487	0.29972	0.00532	1686	62	1688	26	1690	26	100	56	42	1.35
Zr9-90	0.11214	0.00162	5.07788	0.07957	0.32858	0.00422	1834	27	1832	13	1831	20	100	251	1175	0.21
Zr9-91	0.15707	0.00308	9.52808	0.18642	0.44007	0.00583	2424	34	2390	18	2351	26	103	152	290	0.52
Zr9-92	0.16322	0.00287	9.73242	0.1796	0.43285	0.00598	2489	30	2410	17	2319	27	107	331	540	0.61
Zr9-93	0.05347	0.00142	0.41895	0.01093	0.05684	0.00081	349	61	355	8	356	5	100	1180	605	1.95
Zr9-94	0.06437	0.0018	1.09951	0.03014	0.12395	0.00185	754	60	753	15	753	11	100	543	164	3.31
Zr9-95	0.1125	0.00218	5.08488	0.09994	0.32805	0.00449	1840	36	1834	17	1829	22	101	256	282	0.91
Zr9-96	0.05275	0.00222	0.29634	0.01206	0.04078	0.00069	318	98	264	9	258	4	102	120	261	0.46

附表 10 高邮凹陷 Zr10 样品锆石 LA-ICP-MS 同位素测年结果

测试点号	同位素比值						年龄比值						谐和度	质量分数/10^{-6}		Th/U
	$^{207}Pb/^{206}Pb$	1σ	$^{207}Pb/^{235}U$	1σ	$^{206}Pb/^{238}U$	1σ	$^{207}Pb/^{206}Pb$	1σ	$^{207}Pb/^{235}U$	1σ	$^{206}Pb/^{238}U$	1σ		Th	U	
Zr10-01	0.06615	0.00152	0.91166	0.02148	0.09994	0.00151	811	49	658	11	614	9	107	758	516	1.47
Zr10-02	0.14746	0.00439	8.7864	0.27021	0.42978	0.00776	2317	52	2316	28	2305	35	101	265	1426	0.19
Zr10-03	0.05316	0.00174	0.10557	0.00346	0.01441	0.00025	336	76	102	3	92	2	111	1984	1904	1.04
Zr10-04	0.1394	0.00198	8.06031	0.13174	0.41937	0.00589	2220	25	2238	15	2258	27	98	1191	415	2.87
Zr10-05	0.1124	0.00185	4.72268	0.08579	0.30473	0.00434	1839	30	1771	15	1715	21	107	496	1419	0.35
Zr10-06	0.05983	0.0011	0.63824	0.01275	0.07737	0.00114	597	41	501	8	480	7	104	1995	1320	1.51
Zr10-07	0.06446	0.00373	0.37783	0.02111	0.04252	0.001	678	139	314	16	268	6	117	6	214	0.03
Zr10-08	0.11056	0.00178	5.07631	0.09274	0.3331	0.0049	1809	30	1832	15	1853	24	98	64	2781	0.02
Zr10-09	0.05893	0.00116	0.56302	0.01174	0.0693	0.00102	565	44	453	8	432	6	105	590	903	0.65
Zr10-10	0.07971	0.00152	2.1817	0.04428	0.19854	0.00291	1190	39	1175	14	1167	16	102	489	505	0.97
Zr10-11	0.14181	0.00338	5.89405	0.14457	0.30149	0.00479	2249	42	1960	21	1699	24	132	2497	2681	0.93
Zr10-12	0.11166	0.0026	4.95908	0.11726	0.32214	0.00509	1827	43	1812	20	1800	25	102	145	96	1.50
Zr10-13	0.05046	0.00142	0.15311	0.00435	0.02201	0.00034	216	67	145	4	140	2	104	1746	1186	1.47
Zr10-14	0.04804	0.00213	0.09686	0.0042	0.01463	0.00027	101	100	94	4	94	2	100	1766	1680	1.05
Zr10-15	0.11369	0.00171	5.36965	0.09067	0.34261	0.00475	1859	28	1880	14	1899	23	98	393	483	0.81
Zr10-16	0.1069	0.00243	2.7837	0.06541	0.18888	0.00312	1747	43	1351	18	1115	17	157	203	156	1.30
Zr10-17	0.05973	0.00146	0.30498	0.00767	0.03704	0.00058	594	54	270	6	234	4	115	3544	2584	1.37
Zr10-18	0.11169	0.00276	5.04051	0.12556	0.32738	0.00502	1827	46	1826	21	1826	24	100	294	697	0.42
Zr10-19	0.07853	0.00176	2.06351	0.04814	0.19055	0.00298	1160	45	1137	16	1124	16	103	652	548	1.19
Zr10-20	0.06742	0.00279	1.19769	0.04811	0.12886	0.00244	851	88	800	22	781	14	102	147	112	1.31
Zr10-21	0.10974	0.00371	4.44378	0.14732	0.29376	0.00569	1795	63	1721	27	1660	28	108	80	49	1.64
Zr10-22	0.10634	0.00225	3.67367	0.08208	0.25052	0.00388	1738	40	1566	18	1441	20	121	575	730	0.79
Zr10-23	0.04757	0.00601	0.06764	0.00835	0.01031	0.00032	78	252	66	8	66	2	100	339	240	1.41
Zr10-24	0.05102	0.00393	0.12132	0.00873	0.0174	0.00048	242	176	116	8	111	3	105	6759	1776	3.80
Zr10-25	0.15303	0.00273	9.09363	0.17207	0.43095	0.0063	2380	31	2347	17	2310	28	103	215	127	1.69
Zr10-26	0.058	0.0011	0.57074	0.01174	0.07138	0.00107	530	43	458	8	444	6	103	1092	1056	1.03
Zr10-27	0.05004	0.00172	0.15254	0.00516	0.02213	0.00036	197	82	144	5	141	2	102	6116	1583	3.86
Zr10-28	0.07368	0.00292	0.57106	0.02208	0.05622	0.00111	1033	82	459	14	353	7	293	763	416	1.83
Zr10-29	0.06492	0.00191	1.11198	0.03287	0.12423	0.00211	772	63	759	16	755	12	101	2234	536	4.17
Zr10-30	0.13134	0.00241	7.10535	0.14095	0.39238	0.00595	2116	33	2125	18	2134	28	99	186	168	1.11
Zr10-31	0.05354	0.00111	0.448	0.00981	0.06069	0.00089	352	48	376	7	380	5	99	1536	1196	1.28
Zr10-32	0.11461	0.00209	5.54977	0.10922	0.35123	0.00509	1874	34	1908	17	1940	24	97	477	810	0.59
Zr10-33	0.11924	0.00307	6.12074	0.16081	0.37232	0.00603	1945	47	1993	23	2040	28	95	356	675	0.53
Zr10-34	0.11328	0.00207	5.04668	0.0999	0.32314	0.00475	1853	34	1827	17	1805	23	103	489	3356	0.15
Zr10-35	0.07539	0.00448	1.56503	0.08908	0.15058	0.00383	1079	123	956	35	904	21	119	456	143	3.19
Zr10-36	0.04902	0.0023	0.12659	0.00579	0.01874	0.00034	149	108	121	5	120	2	101	985	544	1.81

续表

测试点号	同位素比值						年龄比值						谐和度	质量分数/10^{-6}		Th/U
	$^{207}Pb/^{206}Pb$	1σ	$^{207}Pb/^{235}U$	1σ	$^{206}Pb/^{238}U$	1σ	$^{207}Pb/^{206}Pb$	1σ	$^{207}Pb/^{235}U$	1σ	$^{206}Pb/^{238}U$	1σ		Th	U	
Zr10-37	0.16499	0.00308	11.18264	0.21957	0.49171	0.00748	2507	32	2538	18	2578	32	97	156	69	2.26
Zr10-38	0.05544	0.00402	0.13624	0.00949	0.01786	0.00044	430	166	130	8	114	3	114	1019	347	2.94
Zr10-39	0.06357	0.00391	0.3801	0.02233	0.04334	0.00107	727	134	327	16	274	7	119	980	697	1.41
Zr10-40	0.11357	0.00183	4.5042	0.07941	0.28771	0.00404	1857	30	1732	15	1630	20	114	711	496	1.43
Zr10-41	0.10286	0.00272	4.01524	0.10559	0.28327	0.00469	1676	50	1637	21	1608	24	104	123	85	1.45
Zr10-42	0.04664	0.00466	0.12019	0.01162	0.0187	0.00059	31	209	115	11	119	4	97	944	359	2.63
Zr10-43	0.11002	0.00241	4.76255	0.10542	0.31429	0.00455	1800	41	1778	19	1762	22	102	240	426	0.56
Zr10-44	0.06454	0.00248	1.11361	0.04176	0.12522	0.00222	759	83	760	20	761	13	100	218	92	2.36
Zr10-45	0.07088	0.00193	0.33281	0.00895	0.03406	0.00053	954	57	292	7	216	3	135	3913	1634	2.39
Zr10-46	0.0788	0.00172	2.02354	0.04507	0.18628	0.00275	1167	44	1123	15	1101	15	106	1141	390	2.92
Zr10-47	0.06425	0.00169	1.11223	0.029	0.12557	0.00192	750	57	759	14	763	11	99	432	550	0.79
Zr10-48	0.04993	0.00163	0.1811	0.00582	0.02631	0.00042	192	78	169	5	167	3	101	664	675	0.98
Zr10-49	0.16836	0.00265	10.75598	0.18729	0.46337	0.00667	2541	27	2502	16	2454	29	104	372	168	2.21
Zr10-50	0.06833	0.00421	0.11622	0.00686	0.01235	0.0003	879	131	112	6	79	2	142	2315	800	2.89
Zr10-51	0.1562	0.00405	6.02286	0.154	0.27976	0.00452	2415	45	1979	22	1590	23	152	215	245	0.88
Zr10-52	0.05254	0.00427	0.14831	0.01164	0.02049	0.00054	309	187	140	10	131	3	107	467	355	1.31
Zr10-53	0.06604	0.00119	1.06905	0.02043	0.11744	0.00164	808	39	738	10	716	9	103	2063	726	2.84
Zr10-54	0.04877	0.00283	0.12858	0.0073	0.01912	0.00037	137	132	123	7	122	2	101	936	318	2.94
Zr10-55	0.05241	0.00174	0.25043	0.00834	0.03466	0.0006	303	77	227	7	220	4	103	23	649	0.04
Zr10-56	0.05408	0.00302	0.31442	0.01708	0.04217	0.00085	374	129	278	13	266	5	105	305	174	1.75
Zr10-57	0.04985	0.00198	0.07617	0.00298	0.01108	0.00019	188	94	75	3	71	1	106	861	1107	0.78
Zr10-58	0.12608	0.00541	1.58057	0.06556	0.09091	0.00183	1325	578	710	134	532	17	249	598	1196	0.50
Zr10-59	0.04876	0.00327	0.14471	0.00941	0.02154	0.00051	136	152	137	8	137	3	100	356	540	0.66
Zr10-60	0.07115	0.00282	1.13428	0.04367	0.11564	0.00214	962	83	770	21	705	12	109	189	154	1.23
Zr10-61	0.1155	0.00182	4.62451	0.0801	0.29042	0.00407	1888	29	1754	14	1644	20	115	292	335	0.87
Zr10-62	0.18197	0.00272	11.85165	0.19559	0.4724	0.00645	2671	25	2593	15	2494	28	107	267	255	1.05
Zr10-63	0.06867	0.0021	1.10267	0.0333	0.11647	0.00191	889	65	755	16	710	11	106	348	205	1.70
Zr10-64	0.1187	0.00207	5.3418	0.10247	0.32651	0.0048	1937	32	1876	16	1821	23	106	249	1911	0.13
Zr10-65	0.06489	0.00147	1.141	0.02652	0.12753	0.00189	771	49	773	13	774	11	100	294	235	1.25
Zr10-66	0.11333	0.00242	5.43314	0.12102	0.34778	0.00518	1853	39	1890	19	1924	25	96	150	848	0.18
Zr10-67	0.09613	0.00169	3.80561	0.07203	0.28715	0.00407	1550	34	1594	15	1627	20	95	769	508	1.51
Zr10-68	0.10072	0.00252	3.96813	0.10185	0.28583	0.00461	1637	48	1628	21	1621	23	101	263	343	0.77
Zr10-69	0.04724	0.00247	0.10761	0.00548	0.01652	0.00032	61	115	104	5	106	2	98	1787	777	2.30
Zr10-70	0.06269	0.00215	0.16242	0.00552	0.01879	0.00032	698	75	153	5	120	2	128	1832	545	3.36
Zr10-71	0.13672	0.0024	5.57903	0.10709	0.29596	0.00427	2186	31	1913	17	1671	21	131	231	2850	0.08
Zr10-72	0.07911	0.00162	2.20683	0.04741	0.20234	0.00298	1175	41	1183	15	1188	16	99	174	394	0.44
Zr10-73	0.05474	0.001	0.24836	0.00486	0.03291	0.00047	402	42	225	4	209	3	108	2221	2232	0.99
Zr10-74	0.156	0.00232	8.32513	0.13841	0.38707	0.00537	2413	26	2267	15	2109	25	114	289	438	0.66
Zr10-75	0.07553	0.00284	1.35591	0.05036	0.13025	0.00247	1083	77	870	22	789	14	137	906	787	1.15

续表

测试点号	同位素比值						年龄比值						谐和度	质量分数/10^{-6}		Th/U
	$^{207}Pb/^{206}Pb$	1σ	$^{207}Pb/^{235}U$	1σ	$^{206}Pb/^{238}U$	1σ	$^{207}Pb/^{206}Pb$	1σ	$^{207}Pb/^{235}U$	1σ	$^{206}Pb/^{238}U$	1σ		Th	U	
Zr10-76	0.15923	0.00332	10.36131	0.22086	0.47198	0.00737	2448	36	2468	20	2492	32	98	84	74	1.13
Zr10-77	0.06818	0.00168	1.19699	0.02959	0.12734	0.00193	874	52	799	14	773	11	103	769	292	2.63
Zr10-78	0.06879	0.00189	0.92865	0.02523	0.09793	0.00152	892	58	667	13	602	9	111	1282	567	2.26
Zr10-79	0.1551	0.00365	9.74385	0.22979	0.45577	0.0068	2403	41	2411	22	2421	30	99	257	495	0.52
Zr10-80	0.07872	0.00247	2.09837	0.06463	0.19335	0.00328	1165	64	1148	21	1139	18	102	135	83	1.62
Zr10-81	0.0811	0.0022	2.36905	0.06338	0.21193	0.0033	1224	55	1233	19	1239	18	99	294	417	0.70
Zr10-82	0.06751	0.00203	0.95596	0.02885	0.10271	0.00177	854	64	681	15	630	10	108	769	850	0.91
Zr10-83	0.14029	0.00371	7.56658	0.20124	0.39123	0.00613	2231	47	2181	24	2129	28	105	274	695	0.39
Zr10-84	0.11291	0.00202	4.85145	0.09327	0.31166	0.00449	1847	33	1794	16	1749	22	106	675	574	1.18
Zr10-85	0.1102	0.00215	4.89013	0.10072	0.32199	0.00477	1803	36	1801	17	1799	23	100	449	751	0.60
Zr10-86	0.05008	0.0014	0.24622	0.00687	0.03566	0.00054	199	66	224	6	226	3	99	946	877	1.08
Zr10-87	0.06207	0.0023	0.15452	0.00561	0.01806	0.00032	677	81	146	5	115	2	127	2982	1389	2.15
Zr10-88	0.1564	0.00254	9.83481	0.17325	0.45607	0.00636	2417	28	2419	16	2422	28	100	472	234	2.01
Zr10-89	0.04851	0.00312	0.16274	0.01019	0.02433	0.00054	124	145	153	9	155	3	99	278	276	1.01
Zr10-90	0.1463	0.0021	8.27123	0.13595	0.41005	0.00569	2303	25	2261	15	2215	26	104	393	383	1.03
Zr10-91	0.06894	0.0019	1.32244	0.03723	0.13918	0.00238	897	58	856	16	840	13	102	3400	1435	2.37
Zr10-92	0.05687	0.00136	0.56691	0.0139	0.0723	0.00108	486	54	456	9	450	6	101	697	418	1.67
Zr10-93	0.07374	0.00209	1.19002	0.03379	0.11706	0.00193	1034	59	796	16	714	11	145	126	394	0.32
Zr10-94	0.04963	0.00311	0.14668	0.00898	0.02143	0.00044	178	143	139	8	137	3	101	208	261	0.80
Zr10-95	0.12502	0.0027	6.41115	0.1421	0.37191	0.00538	2029	39	2034	19	2038	25	100	303	361	0.84
Zr10-96	0.12486	0.00372	5.32456	0.1578	0.30934	0.00501	2027	54	1873	25	1737	25	117	555	1871	0.30
Zr10-97	0.11666	0.00219	5.12969	0.10244	0.31892	0.00455	1906	34	1841	17	1784	22	107	229	520	0.44
Zr10-98	0.07391	0.00191	0.55049	0.01454	0.05403	0.00088	1039	53	445	10	339	5	306	673	1589	0.42

附表 11　高邮凹陷 Zr11 样品锆石 LA-ICP-MS 同位素测年结果

测试点号	同位素比值						年龄比值						谐和度	质量分数/10^{-6}		Th/U
	$^{207}Pb/^{206}Pb$	1σ	$^{207}Pb/^{235}U$	1σ	$^{206}Pb/^{238}U$	1σ	$^{207}Pb/^{206}Pb$	1σ	$^{207}Pb/^{235}U$	1σ	$^{206}Pb/^{238}U$	1σ		Th	U	
Zr11-01	0.12332	0.00189	5.59237	0.09364	0.32911	0.00441	2005	28	1915	14	1834	21	109	489	887	0.55
Zr11-02	0.09142	0.002	2.81994	0.06195	0.2239	0.00303	1455	43	1361	16	1302	16	112	488	582	0.84
Zr11-03	0.05292	0.00123	0.24075	0.00571	0.03301	0.00047	229	80	210	6	209	3	100	107	821	0.13
Zr11-04	0.05272	0.00143	0.27865	0.00754	0.03834	0.00055	317	63	250	6	243	3	103	553	562	0.98
Zr11-05	0.11131	0.00164	4.82011	0.07872	0.31419	0.00415	1821	27	1788	14	1761	20	103	880	851	1.03
Zr11-06	0.11062	0.00206	4.93113	0.09867	0.32358	0.00479	1810	35	1808	17	1807	23	100	388	391	0.99
Zr11-07	0.1102	0.00277	4.60988	0.12181	0.30362	0.0052	1803	47	1751	22	1709	26	106	1284	1598	0.80
Zr11-08	0.05901	0.00139	0.16492	0.004	0.02028	0.0003	567	52	155	3	129	2	120	1370	1172	1.17
Zr11-09	0.05578	0.0021	0.32926	0.01223	0.04281	0.00072	444	86	289	9	270	4	107	524	283	1.85
Zr11-10	0.11267	0.00211	5.42509	0.11101	0.34916	0.00489	1843	35	1889	18	1931	23	95	1207	1289	0.94
Zr11-11	0.07524	0.00236	0.52741	0.01658	0.05085	0.00088	1075	64	430	11	320	5	336	1280	355	3.60
Zr11-12	0.05164	0.00155	0.24979	0.00758	0.03509	0.00056	270	70	226	6	222	3	102	987	627	1.58
Zr11-13	0.15565	0.0034	9.14877	0.21636	0.42634	0.00726	2409	38	2353	22	2289	33	105	2292	2386	0.96
Zr11-14	0.05644	0.00149	0.47271	0.01262	0.06075	0.00093	470	60	393	9	380	6	103	977	468	2.09
Zr11-15	0.10584	0.00194	4.61407	0.08975	0.31622	0.00471	1729	34	1752	16	1771	23	98	85	108	0.79
Zr11-16	0.15873	0.00213	9.30045	0.14675	0.42506	0.00593	2442	23	2368	14	2283	27	107	974	926	1.05
Zr11-17	0.05028	0.00139	0.1633	0.00454	0.02357	0.00037	208	66	154	4	150	2	103	3587	3344	1.07
Zr11-18	0.06603	0.00107	1.20993	0.0214	0.13293	0.00184	807	35	805	10	805	10	100	1542	1048	1.47
Zr11-19	0.06908	0.00142	1.31462	0.02813	0.13804	0.00202	901	43	852	12	834	11	102	455	323	1.41
Zr11-20	0.16703	0.00256	10.9688	0.18468	0.47634	0.00654	2528	26	2520	16	2511	29	101	560	644	0.87
Zr11-21	0.11337	0.0019	5.22379	0.09705	0.33431	0.00494	1854	31	1857	16	1859	24	100	490	741	0.66
Zr11-22	0.10493	0.00184	4.41609	0.08247	0.30528	0.00438	1713	33	1715	15	1717	22	100	200	193	1.04
Zr11-23	0.05905	0.00101	0.30357	0.00562	0.03729	0.00053	569	38	269	4	236	3	114	1522	2889	0.53
Zr11-24	0.11362	0.00218	5.13304	0.10319	0.32773	0.0047	1858	35	1842	17	1827	23	102	165	637	0.26
Zr11-25	0.1435	0.00304	6.72013	0.14405	0.3397	0.00527	2270	37	2075	19	1885	25	120	216	120	1.81
Zr11-26	0.11194	0.00157	4.77017	0.07582	0.30913	0.00414	1824	37	1776	13	1736	20	105	76	2861	0.03
Zr11-27	0.10539	0.00172	3.25569	0.05726	0.22407	0.00312	1473	115	1355	43	1282	18	115	302	363	0.83
Zr11-28	0.11336	0.00341	4.78457	0.14011	0.30613	0.00551	1854	56	1782	25	1722	27	108	50	49	1.02
Zr11-29	0.06776	0.00195	1.21656	0.03484	0.13023	0.00206	861	61	808	16	789	12	102	195	142	1.37
Zr11-30	0.13882	0.00212	7.90735	0.13215	0.41316	0.00562	2213	27	2221	15	2229	26	99	565	468	1.21
Zr11-31	0.10456	0.00239	4.37707	0.10076	0.30369	0.00467	1707	43	1708	19	1710	23	100	71	91	0.78
Zr11-32	0.15178	0.00287	8.21341	0.16003	0.3925	0.0054	2366	33	2255	18	2134	25	111	427	1173	0.36
Zr11-33	0.1238	0.00559	5.49239	0.23584	0.32198	0.00771	2012	82	1899	37	1799	38	112	76	54	1.42
Zr11-34	0.06003	0.00217	0.17742	0.00628	0.02144	0.00037	605	80	166	5	137	2	121	704	569	1.24
Zr11-35	0.11639	0.00191	5.38586	0.0947	0.33567	0.00454	1902	30	1883	15	1866	22	102	646	1135	0.57
Zr11-36	0.12048	0.00194	5.84369	0.10376	0.35181	0.0049	1963	29	1953	15	1943	23	101	667	841	0.79

续表

测试点号	同位素比值						年龄比值						谐和度	质量分数/10^{-6}		Th/U
	$^{207}Pb/^{206}Pb$	1σ	$^{207}Pb/^{235}U$	1σ	$^{206}Pb/^{238}U$	1σ	$^{207}Pb/^{206}Pb$	1σ	$^{207}Pb/^{235}U$	1σ	$^{206}Pb/^{238}U$	1σ		Th	U	
Zr11-37	0.20647	0.00259	16.29554	0.24123	0.57244	0.00762	2878	21	2894	14	2918	31	99	963	1705	0.56
Zr11-38	0.11019	0.002	4.89053	0.09586	0.32204	0.00483	1803	34	1801	17	1800	24	100	330	290	1.14
Zr11-39	0.10172	0.00264	5.24238	0.14088	0.37368	0.00674	1656	49	1860	23	2047	32	81	3794	782	4.85
Zr11-40	0.22257	0.00315	17.94648	0.28519	0.5848	0.00779	2999	23	2987	15	2968	32	101	1071	1075	1.00
Zr11-41	0.051	0.00541	0.33604	0.03437	0.0478	0.0016	241	243	294	26	301	10	98	154	157	0.98
Zr11-42	0.11203	0.00162	5.0019	0.08179	0.32381	0.00439	1833	27	1820	14	1808	21	101	212	1219	0.17
Zr11-43	0.12309	0.00178	5.84216	0.09564	0.34422	0.00469	2001	26	1953	14	1907	22	105	711	595	1.19
Zr11-44	0.05814	0.00292	0.41474	0.02031	0.05175	0.00104	535	113	352	15	325	6	108	424	181	2.34
Zr11-45	0.05213	0.00179	0.13097	0.00448	0.01822	0.00031	291	80	125	4	116	2	108	1808	1216	1.49
Zr11-46	0.05746	0.00108	0.55875	0.01125	0.07052	0.00101	509	42	451	7	439	6	103	816	1058	0.77
Zr11-47	0.11397	0.00187	5.3928	0.09844	0.3432	0.00494	1864	30	1884	16	1902	24	98	280	569	0.49
Zr11-48	0.10272	0.00172	4.2716	0.07898	0.30159	0.00428	1674	32	1688	15	1699	21	99	913	1124	0.81
Zr11-49	0.11728	0.00157	5.46952	0.08629	0.33824	0.0047	1915	25	1896	14	1878	23	102	429	902	0.48
Zr11-50	0.11372	0.00159	5.30259	0.08573	0.33818	0.00473	1860	26	1869	14	1878	23	99	317	372	0.85
Zr11-51	0.051	0.00158	0.16158	0.00495	0.02297	0.00036	241	73	152	4	146	2	104	807	1229	0.66
Zr11-52	0.05917	0.00315	0.31208	0.0161	0.03825	0.00086	573	119	276	12	242	5	114	959	474	2.02
Zr11-53	0.05166	0.00189	0.14647	0.00527	0.02056	0.00035	270	86	139	5	131	2	106	545	964	0.57
Zr11-54	0.05677	0.00145	0.35348	0.0091	0.04515	0.00068	483	58	307	7	285	4	108	1186	894	1.33
Zr11-55	0.05636	0.00165	0.37848	0.01105	0.0487	0.00075	467	66	326	8	307	5	106	398	441	0.90
Zr11-56	0.16697	0.00363	11.02919	0.24326	0.47902	0.00753	2527	37	2526	21	2523	33	100	102	92	1.10
Zr11-57	0.17621	0.00386	11.31865	0.25487	0.46589	0.00786	2618	37	2550	21	2466	35	106	40	41	0.98
Zr11-58	0.06079	0.00212	0.43776	0.01497	0.05223	0.00088	632	77	369	11	328	5	113	460	300	1.53
Zr11-59	0.19718	0.00293	14.51733	0.24444	0.53405	0.00746	2803	25	2784	16	2758	31	102	4	563	0.01
Zr11-60	0.14635	0.00223	6.74598	0.11516	0.33438	0.00466	2304	27	2079	15	1860	23	124	563	745	0.76
Zr11-61	0.06587	0.00231	1.20973	0.04181	0.13316	0.00226	802	75	805	19	806	13	100	405	223	1.82
Zr11-62	0.05611	0.00122	0.33755	0.00759	0.04363	0.00062	457	49	295	6	275	4	107	1010	1647	0.61
Zr11-63	0.15028	0.00247	8.70539	0.15541	0.42012	0.00594	2349	29	2308	16	2261	27	104	230	210	1.09
Zr11-64	0.12311	0.00275	5.8264	0.13285	0.34325	0.00537	2002	41	1950	20	1902	26	105	269	121	2.23
Zr11-65	0.12117	0.00332	5.13868	0.13942	0.30756	0.0053	1974	50	1843	23	1729	26	114	57	70	0.82
Zr11-66	0.1247	0.00175	6.33344	0.10641	0.36842	0.00538	2025	25	2023	15	2022	25	100	1950	2439	0.80
Zr11-67	0.11442	0.00689	0.77517	0.04397	0.04914	0.00128	230	501	279	69	285	9	81	106	94	1.12
Zr11-68	0.0636	0.00307	0.39116	0.01846	0.04461	0.00085	728	105	335	13	281	5	119	450	203	2.22
Zr11-69	0.0792	0.00115	2.1409	0.03579	0.19608	0.00273	1177	29	1162	12	1154	15	102	1872	1591	1.18
Zr11-70	0.16264	0.00315	10.03594	0.20367	0.44758	0.00669	2483	33	2438	19	2384	30	104	216	121	1.79
Zr11-71	0.15699	0.00313	8.94738	0.18761	0.41331	0.00592	2423	35	2333	19	2230	27	109	1673	1201	1.39
Zr11-72	0.15659	0.00246	9.42709	0.16723	0.43672	0.00617	2419	27	2380	16	2336	28	104	287	1492	0.19

续表

测试点号	同位素比值						年龄比值						谐和度	质量分数/10^{-6}		Th/U
	$^{207}Pb/^{206}Pb$	1σ	$^{207}Pb/^{235}U$	1σ	$^{206}Pb/^{238}U$	1σ	$^{207}Pb/^{206}Pb$	1σ	$^{207}Pb/^{235}U$	1σ	$^{206}Pb/^{238}U$	1σ		Th	U	
Zr11-73	0.1665	0.00228	10.91763	0.17364	0.47561	0.00657	2523	24	2516	15	2508	29	101	603	675	0.89
Zr11-74	0.06828	0.0011	1.34547	0.02394	0.14294	0.00199	877	34	866	10	861	11	101	964	1096	0.88
Zr11-75	0.16666	0.00214	11.25739	0.1743	0.48995	0.00684	2524	22	2545	14	2570	30	98	698	625	1.12
Zr11-76	0.11776	0.00165	5.68144	0.09304	0.34995	0.00494	1923	26	1929	14	1934	24	99	321	560	0.57
Zr11-77	0.05173	0.00436	0.26108	0.02134	0.03661	0.00095	273	193	236	17	232	6	102	31	141	0.22
Zr11-78	0.16144	0.00248	11.04368	0.18876	0.4962	0.00706	2471	27	2527	16	2597	30	95	270	160	1.69
Zr11-79	0.11947	0.0017	5.72587	0.09457	0.34761	0.00488	1948	26	1935	14	1923	23	101	680	1033	0.66
Zr11-80	0.05281	0.00144	0.1677	0.00461	0.02304	0.00035	321	63	157	4	147	2	107	1046	1239	0.84
Zr11-81	0.11802	0.00239	5.32613	0.11726	0.32724	0.00514	1926	37	1873	19	1825	25	106	830	2195	0.38
Zr11-82	0.06697	0.00351	0.41807	0.02104	0.04528	0.001	837	112	355	15	285	6	125	713	457	1.56
Zr11-83	0.05291	0.00452	0.17529	0.01438	0.02403	0.00069	325	197	164	12	153	4	107	636	456	1.39
Zr11-84	0.05084	0.00159	0.14949	0.00465	0.02133	0.00034	234	74	141	4	136	2	104	5240	1101	4.76
Zr11-85	0.1885	0.00265	13.1563	0.21021	0.50624	0.00697	2729	24	2691	15	2641	30	103	466	619	0.75
Zr11-86	0.16323	0.00217	10.95671	0.17208	0.48682	0.00683	2489	23	2519	15	2557	30	97	375	396	0.95
Zr11-87	0.11571	0.00159	5.49236	0.08725	0.34428	0.00475	1891	25	1899	14	1907	23	99	1356	880	1.54
Zr11-88	0.12204	0.00191	5.35136	0.09137	0.31807	0.00431	1986	28	1877	15	1780	21	112	600	1304	0.46
Zr11-89	0.10678	0.00227	4.51226	0.09827	0.30649	0.0047	1745	40	1733	18	1723	23	101	123	75	1.64
Zr11-90	0.11754	0.00212	5.54369	0.10597	0.3421	0.0049	1919	33	1907	16	1897	24	101	802	435	1.84
Zr11-91	0.06035	0.00231	0.1498	0.00563	0.01801	0.00033	616	85	142	5	115	2	123	3971	2252	1.76
Zr11-92	0.04903	0.00301	0.13946	0.00833	0.02063	0.00043	149	139	133	7	132	3	101	259	314	0.83
Zr11-93	0.05336	0.00119	0.25252	0.00584	0.03433	0.0005	344	52	229	5	218	3	105	626	944	0.66
Zr11-94	0.05137	0.00155	0.28689	0.00873	0.04051	0.00062	257	71	256	7	256	4	100	978	347	2.82
Zr11-95	0.11329	0.00205	5.14382	0.09838	0.32932	0.00471	1853	33	1843	16	1835	23	101	286	215	1.33
Zr11-96	0.05152	0.00123	0.35645	0.00865	0.05018	0.00074	264	56	310	6	316	5	98	47	1610	0.03
Zr11-97	0.06316	0.00383	0.20266	0.0118	0.02327	0.00054	714	132	187	10	148	3	126	839	378	2.22
Zr11-98	0.17626	0.00294	12.03476	0.21654	0.49522	0.00688	2618	28	2607	17	2593	30	101	290	479	0.60

附表 12　高邮凹陷 Zr12 样品 LA-ICP-MS 同位素测年结果

测试点号	同位素比值						年龄比值						谐和度	质量分数/10^{-6}		Th/U
	$^{207}Pb/^{206}Pb$	1σ	$^{207}Pb/^{235}U$	1σ	$^{206}Pb/^{238}U$	1σ	$^{207}Pb/^{206}Pb$	1σ	$^{207}Pb/^{235}U$	1σ	$^{206}Pb/^{238}U$	1σ		Th	U	
Zr12-01	0.06655	0.00128	1.23282	0.02441	0.13434	0.00181	824	41	816	11	813	10	100	904	698	1.29
Zr12-02	0.05853	0.00301	0.16472	0.00822	0.0204	0.00041	550	115	155	7	130	3	119	1256	577	2.18
Zr12-03	0.11271	0.00456	5.10333	0.19843	0.32834	0.00705	1844	75	1837	33	1830	34	101	20	18	1.14
Zr12-04	0.05573	0.00209	0.29142	0.01077	0.03792	0.00063	442	85	260	8	240	4	108	361	242	1.49
Zr12-05	0.09557	0.00376	4.13954	0.1582	0.31456	0.00667	1539	76	1662	31	1763	33	87	474	1051	0.45
Zr12-06	0.05566	0.00237	0.45805	0.01913	0.05968	0.00104	439	97	383	13	374	6	102	349	155	2.25
Zr12-07	0.05159	0.00262	0.1965	0.00975	0.02762	0.00052	267	119	182	8	176	3	103	188	228	0.82
Zr12-08	0.05366	0.00202	0.14218	0.00529	0.01921	0.00032	357	87	135	5	123	2	110	806	485	1.66
Zr12-09	0.04995	0.00148	0.26467	0.00784	0.03843	0.0006	193	71	238	6	243	4	98	1409	1591	0.89
Zr12-10	0.12336	0.00269	6.53589	0.1477	0.38424	0.00561	2005	40	2051	20	2096	26	96	621	799	0.78
Zr12-11	0.11317	0.00317	5.13488	0.14307	0.32904	0.00579	1851	52	1842	24	1834	28	101	46	43	1.07
Zr12-12	0.04887	0.00158	0.26021	0.00843	0.03862	0.00062	142	77	235	7	244	4	96	653	465	1.41
Zr12-13	0.0484	0.00183	0.14631	0.00546	0.02193	0.00037	119	87	139	5	140	2	99	391	684	0.57
Zr12-14	0.05492	0.00189	0.49157	0.01668	0.06493	0.0011	409	79	406	11	406	7	100	1004	514	1.95
Zr12-15	0.05557	0.00106	0.57018	0.0115	0.07442	0.00107	435	43	458	7	463	6	99	750	1054	0.71
Zr12-16	0.06665	0.00188	1.28443	0.03658	0.13978	0.00247	827	60	839	16	843	14	100	914	1820	0.50
Zr12-17	0.05572	0.00171	0.55159	0.01678	0.07181	0.00116	441	70	446	11	447	7	100	332	289	1.15
Zr12-18	0.05169	0.00107	0.4929	0.01068	0.06917	0.00103	272	49	407	7	431	6	94	634	950	0.67
Zr12-19	0.04927	0.00224	0.13832	0.00614	0.02037	0.00037	161	105	132	5	130	2	102	343	384	0.89
Zr12-20	0.06536	0.00126	1.21274	0.02431	0.1346	0.0019	786	41	806	11	814	11	99	685	587	1.17
Zr12-21	0.05588	0.00187	0.53514	0.01778	0.06946	0.00121	448	76	435	12	433	7	100	785	507	1.55
Zr12-22	0.16216	0.00316	10.50195	0.21531	0.46983	0.00691	2478	34	2480	19	2483	30	100	348	381	0.91
Zr12-23	0.16223	0.0041	10.50328	0.27025	0.46962	0.00775	2479	44	2480	24	2482	2479	100	495	192	2.58
Zr12-24	0.10971	0.00221	4.93016	0.10234	0.32598	0.00478	1795	38	1807	18	1819	1795	99	130	153	0.85
Zr12-25	0.04745	0.00341	0.13827	0.00974	0.02114	0.00045	72	160	132	9	135	72	98	590	163	3.63
Zr12-26	0.1852	0.00429	13.24224	0.31419	0.51862	0.0092	2700	39	2697	22	2693	2700	100	78	56	1.39
Zr12-27	0.16298	0.00389	10.67938	0.25241	0.47529	0.00757	2487	41	2496	22	2507	2487	99	222	97	2.29
Zr12-28	0.05659	0.00102	0.53955	0.01037	0.06916	0.00097	476	41	438	7	431	476	102	829	956	0.87
Zr12-29	0.18052	0.00319	13.07695	0.25399	0.5254	0.00787	2658	30	2685	18	2722	2658	98	496	663	0.75
Zr12-30	0.05337	0.00138	0.28996	0.0076	0.03941	0.0006	345	60	259	6	249	345	104	378	670	0.56
Zr12-31	0.10955	0.00201	5.0965	0.10009	0.33755	0.00487	1792	34	1836	17	1875	1792	96	614	739	0.83
Zr12-32	0.0491	0.00349	0.13838	0.00961	0.02045	0.00044	153	161	132	9	130	153	102	632	232	2.73
Zr12-33	0.10881	0.00211	4.95392	0.10025	0.33029	0.00479	1780	36	1811	17	1840	1780	97	33	249	0.13
Zr12-34	0.14122	0.00388	8.03564	0.22269	0.41279	0.00724	2242	49	2235	25	2228	2242	101	837	1789	0.47
Zr12-35	0.05753	0.00162	0.58401	0.01648	0.07366	0.00115	512	63	467	11	458	512	102	618	646	0.96
Zr12-36	0.05413	0.00165	0.53965	0.01639	0.07232	0.00116	376	70	438	11	450	376	97	552	388	1.42

续表

测试点号	同位素比值						年龄比值						谐和度	质量分数/10^{-6}		Th/U
	$^{207}Pb/^{206}Pb$	1σ	$^{207}Pb/^{235}U$	1σ	$^{206}Pb/^{238}U$	1σ	$^{207}Pb/^{206}Pb$	1σ	$^{207}Pb/^{235}U$	1σ	$^{206}Pb/^{238}U$	1σ		Th	U	
Zr12-37	0.07911	0.00163	2.23773	0.04815	0.20517	0.00307	1175	42	1193	15	1203	1175	98	169	179	0.95
Zr12-38	0.05886	0.00112	0.57785	0.01168	0.07118	0.00102	562	42	463	8	443	562	105	1159	1753	0.66
Zr12-39	0.05108	0.00192	0.20235	0.00748	0.02872	0.00049	244	89	187	6	183	244	102	905	648	1.40
Zr12-40	0.16155	0.00379	10.73661	0.25893	0.48264	0.00802	2472	41	2501	22	2539	2472	97	232	516	0.45
Zr12-41	0.11655	0.00202	5.47882	0.10119	0.34094	0.00472	1904	32	1897	16	1891	1904	101	762	902	0.84
Zr12-42	0.10692	0.0017	3.56435	0.06161	0.24178	0.00328	1748	30	1542	14	1396	1748	125	1366	1379	0.99
Zr12-43	0.1184	0.00339	5.45529	0.15325	0.33406	0.00585	1932	52	1894	24	1858	1932	104	88	64	1.38
Zr12-44	0.13444	0.00424	7.16031	0.22287	0.38684	0.00732	2157	56	2132	28	2108	2157	102	110	99	1.11
Zr12-45	0.18603	0.00409	13.29045	0.29812	0.51796	0.00773	2707	37	2701	21	2691	33	101	307	399	0.77
Zr12-46	0.06162	0.0017	0.58381	0.01615	0.06872	0.00109	661	61	467	10	428	7	109	346	503	0.69
Zr12-47	0.07176	0.0021	1.56175	0.04562	0.15805	0.00262	979	61	955	18	946	15	101	3198	2404	1.33
Zr12-48	0.05936	0.0012	0.78257	0.01643	0.09565	0.00136	580	45	587	9	589	8	100	176	1340	0.13
Zr12-49	0.11956	0.002	5.96221	0.10753	0.36163	0.00499	1950	31	1970	16	1990	24	98	216	555	0.39
Zr12-50	0.11199	0.00207	5.17164	0.10013	0.33506	0.00477	1832	34	1848	16	1863	23	98	215	188	1.14
Zr12-51	0.06021	0.00215	0.30996	0.01081	0.03734	0.00063	611	79	274	8	236	4	116	2340	847	2.76
Zr12-52	0.12979	0.00245	6.76344	0.13564	0.37797	0.00556	2095	34	2081	18	2067	26	101	448	465	0.96
Zr12-53	0.113	0.00184	5.19538	0.09133	0.33347	0.00461	1848	30	1852	15	1855	22	100	271	228	1.19
Zr12-54	0.19004	0.00333	13.78887	0.25732	0.52611	0.00743	2743	29	2735	18	2725	31	101	240	259	0.92
Zr12-55	0.04932	0.00144	0.1825	0.00532	0.02684	0.0004	163	70	170	5	171	3	99	762	627	1.22
Zr12-56	0.05512	0.00132	0.5404	0.0132	0.07112	0.00103	417	55	439	9	443	6	99	699	384	1.82
Zr12-57	0.05532	0.00141	0.5398	0.01383	0.07078	0.00104	425	58	438	9	441	6	99	284	363	0.78
Zr12-58	0.07169	0.00528	0.39261	0.02764	0.03977	0.00115	977	155	336	20	251	7	134	708	153	4.62
Zr12-59	0.10553	0.00252	4.28205	0.1025	0.29431	0.00458	1724	45	1690	20	1663	23	104	75	57	1.31
Zr12-60	0.05489	0.00253	0.31887	0.01438	0.04214	0.00084	408	106	281	11	266	5	106	291	361	0.80
Zr12-61	0.11161	0.00176	5.11434	0.08675	0.33238	0.00441	1826	29	1838	14	1850	21	99	457	512	0.89
Zr12-62	0.18073	0.00347	12.54861	0.24991	0.50363	0.00723	2660	33	2646	19	2629	31	101	339	235	1.44
Zr12-63	0.11522	0.00217	5.07308	0.09965	0.31935	0.00462	1883	35	1832	17	1787	23	105	56	121	0.46
Zr12-64	0.06635	0.00125	1.19971	0.02353	0.13115	0.00178	817	40	800	11	794	10	101	308	648	0.48
Zr12-65	0.16583	0.00809	0.87158	0.03936	0.03811	0.00089		1450	190	236	205	16	0	3002	923	3.25
Zr12-66	0.23337	0.00407	19.67659	0.36542	0.61158	0.00835	3075	29	3076	18	3076	33	100	868	1578	0.55
Zr12-67	0.05379	0.00216	0.41136	0.01615	0.05546	0.00099	362	93	350	12	348	6	101	725	331	2.19
Zr12-68	0.05171	0.00155	0.20924	0.00627	0.02935	0.00045	273	70	193	5	186	3	104	248	651	0.38
Zr12-69	0.11238	0.00275	5.04783	0.12593	0.32574	0.00502	1838	45	1827	21	1818	24	101	1013	857	1.18
Zr12-70	0.11339	0.00277	5.11771	0.12733	0.32734	0.00505	1854	45	1839	21	1825	25	102	413	872	0.47
Zr12-71	0.05226	0.00263	0.28737	0.01415	0.03991	0.00087	297	118	256	11	252	5	102	862	1310	0.66
Zr12-72	0.1193	0.00292	5.85286	0.14413	0.35583	0.00561	1946	45	1954	21	1962	27	99	72	86	0.84

续表

测试点号	同位素比值						年龄比值						谐和度	质量分数/10^{-6}		Th/U
	$^{207}Pb/^{206}Pb$	1σ	$^{207}Pb/^{235}U$	1σ	$^{206}Pb/^{238}U$	1σ	$^{207}Pb/^{206}Pb$	1σ	$^{207}Pb/^{235}U$	1σ	$^{206}Pb/^{238}U$	1σ		Th	U	
Zr12-73	0.16656	0.00253	10.94446	0.18334	0.4766	0.00661	2523	26	2518	16	2512	29	100	99	181	0.55
Zr12-74	0.07897	0.00199	2.20521	0.05589	0.20255	0.00315	1171	51	1183	18	1189	17	98	113	153	0.73
Zr12-75	0.05891	0.00334	0.61886	0.03392	0.07619	0.00161	564	127	489	21	473	10	103	45	112	0.40
Zr12-76	0.12882	0.00283	6.52571	0.15042	0.36763	0.00588	2082	40	2049	20	2018	28	103	1008	1244	0.81
Zr12-77	0.19106	0.00316	13.74691	0.2465	0.52188	0.00728	2751	28	2732	17	2707	31	102	545	542	1.01
Zr12-78	0.05445	0.00205	0.47143	0.01734	0.06281	0.00104	390	87	392	12	393	6	100	602	319	1.88
Zr12-79	0.14335	0.00234	4.38775	0.07736	0.222	0.00303	2268	29	1710	15	1292	16	176	1588	1139	1.39
Zr12-80	0.11476	0.00192	5.32845	0.09507	0.33677	0.00459	1876	31	1873	15	1871	22	100	280	328	0.85
Zr12-81	0.17131	0.00348	10.95527	0.22708	0.46387	0.00641	2570	35	2519	19	2457	28	105	593	623	0.95
Zr12-82	0.10146	0.00327	4.00408	0.12706	0.28623	0.00539	1651	61	1635	26	1623	27	102	125	88	1.43
Zr12-83	0.05088	0.00562	0.28869	0.0314	0.04115	0.00102	235	249	258	25	260	6	99	109	51	2.15
Zr12-84	0.0584	0.00452	0.181	0.01361	0.02248	0.00054	545	175	169	12	143	3	118	183	160	1.14
Zr12-85	0.16123	0.00267	10.82794	0.19847	0.48708	0.00722	2469	29	2508	17	2558	31	97	393	653	0.60
Zr12-86	0.04596	0.00376	0.15335	0.01222	0.0242	0.00061	-4	180	145	11	154	4	94	351	288	1.22
Zr12-87	0.11522	0.00217	5.45043	0.10828	0.34308	0.00498	1883	35	1893	17	1901	24	99	870	797	1.09
Zr12-88	0.15758	0.0028	10.65039	0.20334	0.49022	0.00717	2430	31	2493	18	2572	31	94	130	380	0.34
Zr12-89	0.17319	0.00417	11.10537	0.26584	0.4651	0.00764	2589	41	2532	22	2462	34	105	239	124	1.92
Zr12-90	0.16361	0.00271	10.87365	0.19484	0.48206	0.00691	2493	29	2512	17	2536	30	98	140	127	1.10
Zr12-91	0.11811	0.00212	5.6746	0.10624	0.34846	0.00489	1928	33	1928	16	1927	23	100	368	116	3.17
Zr12-92	0.17275	0.0029	11.1799	0.19782	0.46938	0.00636	2584	29	2538	16	2481	28	104	387	250	1.55
Zr12-93	0.05494	0.00607	0.25796	0.02788	0.03405	0.00093	410	252	233	23	216	6	108	151	68	2.22
Zr12-94	0.16812	0.00703	11.36953	0.46076	0.49075	0.00945	2539	72	2554	38	2574	41	99	636	1416	0.45
Zr12-95	0.05333	0.00147	0.32788	0.00893	0.04459	0.00065	343	64	288	7	281	4	102	814	619	1.31
Zr12-96	0.06362	0.00226	0.52758	0.01833	0.06015	0.00106	729	77	430	12	377	6	114	318	400	0.80
Zr12-97	0.05279	0.00482	0.16501	0.01475	0.02267	0.00055	320	209	155	13	145	3	107	169	133	1.27
Zr12-98	0.06521	0.00358	1.14053	0.06036	0.12684	0.00286	781	118	773	29	770	16	100	358	170	2.11
Zr12-99	0.06524	0.00131	1.22681	0.02581	0.13639	0.00196	782	43	813	12	824	11	99	366	298	1.23
Zr12-100	0.05754	0.00362	0.38437	0.02318	0.04846	0.00111	512	142	330	17	305	7	108	356	226	1.57
Zr12-101	0.21521	0.00435	17.01052	0.35926	0.57307	0.00843	2945	33	2935	20	2920	35	101	251	363	0.69
Zr12-102	0.05108	0.00151	0.25221	0.00749	0.03581	0.00057	244	70	228	6	227	4	100	20	866	0.02
Zr12-103	0.08308	0.00153	2.23634	0.04342	0.19525	0.00272	1271	37	1193	14	1150	15	111	448	249	1.80
Zr12-104	0.07864	0.00153	2.1885	0.04446	0.20185	0.00286	1163	39	1177	14	1185	15	98	406	227	1.78
Zr12-105	0.07398	0.00125	1.84686	0.03382	0.18107	0.00249	1041	35	1062	12	1073	14	97	443	1794	0.25
Zr12-106	0.04847	0.00238	0.12424	0.00599	0.01859	0.00034	122	112	119	5	119	2	100	2518	482	5.23
Zr12-107	0.06496	0.00212	1.19166	0.03877	0.13304	0.00232	773	70	797	18	805	13	99	195	158	1.23
Zr12-108	0.11501	0.00194	3.97342	0.07266	0.25059	0.00346	1880	31	1629	15	1442	18	130	448	1441	0.31